Database Theory and Application

SQL Server 2019 数据库原理及应用

微课视频版

胡艳菊◎著
Hu Yanju

清華大學出版社
北京

内容简介

本书在全面、系统讲述数据库原理、数据库应用技术的基础上，着重介绍数据库系统设计原理、设计方法和开发技术，案例全面，配以图表和准确的代码，采用最新的数据库软件 SQL Server 2019 作为应用学习的基础；以模拟实现 ATM 柜员机系统为例，详细介绍复杂数据库系统的设计与开发；最后介绍数据访问技术，以人事管理系统、公交网站和物流管理系统的开发为例，详细说明如何使用 C#、Java、PHP 语言和 SQL Server 数据库实现 3 个大型数据库系统软件的开发，同时简单介绍使用 Python 语言访问 SQL Server 数据库的方法。

全书共分 3 篇：第 1 篇(第 1～3 章)为原理篇，着重介绍数据库系统构建的历史背景、原理和理论基础；第 2 篇(第 4～13 章)为应用篇，着重介绍使用 SSMS 创建数据库，全面介绍 SQL 的语法，视图、事务和触发器等高级数据库对象在 SQL Server 2019 中的使用，以及一个复杂数据库系统的设计与实现；第 3 篇(第 14 章)为开发篇，基于几个大型数据库系统软件开发案例，介绍几种流行的高级面向对象语言的数据访问技术及数据库系统软件开发过程。本书提供了大量应用实例，第 1～12 章后均附有习题。

本书内容丰富，可作为高等院校计算机、软件工程专业高年级本科生和研究生的教材，也可作为计算机专业开发人员、广大科技工作者和研究人员的参考工具书，还可供零基础的计算机专业爱好者自学使用。

图书在版编目(CIP)数据

SQL Server 2019 数据库原理及应用：微课视频版/胡艳菊著. —北京：清华大学出版社，2020.5
(2023.8 重印)
(清华科技大讲堂丛书)
ISBN 978-7-302-53373-3

Ⅰ. ①S… Ⅱ. ①胡… Ⅲ. ①关系数据库系统 Ⅳ. ①TP311.132.3

中国版本图书馆 CIP 数据核字(2019)第 166197 号

策划编辑：魏江江
责任编辑：王冰飞
封面设计：刘 键
责任校对：时翠兰
责任印制：沈 露

出版发行：清华大学出版社
网　　址：http://www.tup.com.cn，http://www.wqbook.com
地　　址：北京清华大学学研大厦 A 座　　**邮　　编**：100084
社 总 机：010-83470000　　**邮　　购**：010-62786544
投稿与读者服务：010-62776969，c-service@tup.tsinghua.edu.cn
质量反馈：010-62772015，zhiliang@tup.tsinghua.edu.cn
课件下载：http://www.tup.com.cn，010-83470236
印 装 者：三河市龙大印装有限公司
经　　销：全国新华书店
开　　本：185mm×260mm　　**印　　张**：21　　**字　　数**：499 千字
版　　次：2020 年 8 月第 1 版　　**印　　次**：2023 年 8 月第 4 次印刷
印　　数：3701～4900
定　　价：59.00 元

产品编号：083963-01

前　言

课程寄语

党的二十大报告中指出：教育、科技、人才是全面建设社会主义现代化国家的基础性、战略性支撑。必须坚持科技是第一生产力、人才是第一资源、创新是第一动力，深入实施科教兴国战略、人才强国战略、创新驱动发展战略，这三大战略共同服务于创新型国家的建设。高等教育与经济社会发展紧密相连，对促进就业创业、助力经济社会发展、增进人民福祉具有重要意义。

数据库技术几乎应用于所有的信息技术领域，是研究数据库系统、数据库数学基础、数据库设计理论和具体的数据库结构、存储、设计和使用的一门学科。SQL Server 2019 既是高级数据库系统软件的典范，也是融合大数据、网络云、人工智能、Python 等跨平台开发的数据库系统。

本书以培养创新人才为目的，在全面、系统讲述数据库原理、数据库应用技术的基础上，着重介绍数据库系统设计原理、设计方法和开发技术，案例全面，配以图表和准确的代码，采用最新的数据库软件 SQL Server 2019 作为应用学习的基础；以模拟实现 ATM 柜员机系统为例，详细介绍复杂数据库系统的设计与开发；最后介绍数据访问技术，以人事管理系统、公交网站和物流管理系统的开发为例，详细说明如何使用 C＃、Java、PHP 语言和 SQL Server 数据库实现 3 个大型数据库系统软件的开发，同时简单介绍使用 Python 语言访问 SQL Server 数据库的方法。

全书共分 3 篇：第 1 篇（第 1～3 章）为原理篇，着重介绍数据库系统构建的历史背景、原理和理论基础，为实际应用和开发打好理论基础；第 2 篇（第 4～13 章）为应用篇，着重介绍使用 SSMS 创建数据库，全面介绍 SQL 的语法，视图、事务和触发器等高级数据库对象在 SQL Server 2019 中的使用，以及一个复杂数据库系统的设计与实现，培养学生使用实际的数据库管理系统、设计性能良好的数据库、进行数据管理的能力；第 3 篇（第 14 章）为开发篇，基于几个大型数据库系统软件开发案例，介绍几种流行的高级面向对象语言的数据访问技术及数据库系统软件开发过程，培养学生开发数据库系统软件的能力。本书提供了大量应用实例，第 1～12 章后均附有习题。

本书配套资源丰富，提供教学大纲、教学课件、电子教案、程序源码、习题答案、期末试卷，本书还提供 600 分钟的微课视频。

资源下载提示

课件等资源：扫描封底的“课件下载”二维码，在公众号“书圈”下载。

素材（源码）等资源：扫描目录上方的二维码下载。

视频等资源：扫描封底刮刮卡中的二维码，再扫码书里章节中的二维码可以在线学习。

本书由胡艳菊著，全书共包括14章，其中带“*”的章节为选修部分。本书的4.2节和4.3节由申野编写，其余各章节由胡艳菊编写。感谢申野对全书格式的修改和对内容的校正。感谢所有在本书编写过程中给予帮助和建议的朋友，以及那些曾经交流过的良师益友。限于篇幅，一些内容的出处在参考文献中未能一一列出，这里对相关作者表示深深的感谢。如有未尽事宜，敬请谅解。

本书可作为高等院校计算机、软件工程专业高年级本科生和研究生的教材，也可作为计算机专业开发人员、广大科技工作者和研究人员的参考工具书，还可供零基础的计算机专业爱好者自学使用。

由于编者水平有限，书中疏漏、不当之处在所难免，恳请读者指正。

作　者

2020年4月

目　录

源码下载

第1篇　原理篇——数据库原理

第 3 篇　开发篇——数据库系统软件开发

第1篇
原理篇——数据库原理

第1章 数据库系统概述

重点难点解析

典题例题

知识结构图

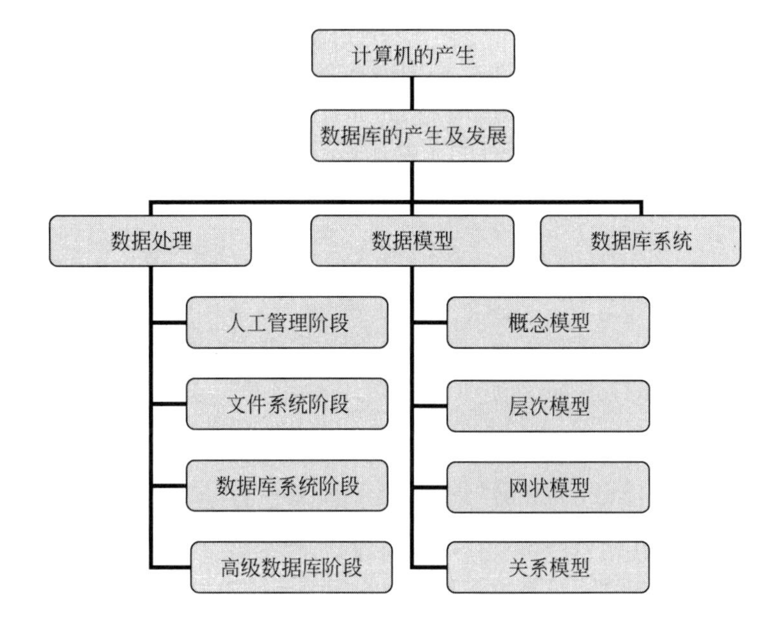

学习目标

了解数据库的发展历史
了解数据库系统的概念
了解数据库系统的结构
了解数据库管理系统的组成

导入案例

在远古时代，人类社会的生产力低下，生存环境恶劣，人们几乎没有剩余的物质财富，过着茹毛饮血的原始生活。在这个时代，人们没有计数工具。在之后的岁月里，人们渐渐学会了刀耕火种，将采集来的种子撒在地里，之后有了更多的果实；将吃不了的猎物圈养起来，这样有了在人类社会中繁衍下去的家畜。随着物质的丰富，使得人类开始有了管理财物的需要。在现代社会，人类的物质文明和精神文明财富早已超出了个人的想象，使用高效的数据库系统来管理这些数据是社会发展的需要。本章主要介绍数据库系统的产生、数据库技术的发展、数据模型和数据库系统概述等内容，使读者掌握构建和应用数据库系统的理论基础。

1.1 引 言

1.1.1 计算机是人类计算工具发展的产物

在漫长的人类历史长河中，随着社会的发展和科技的进步，人类统计、管理事物的方式和方法在不断变化。

视频讲解

在远古时代，人们开始使用石块、贝壳、动物的骨头等来一一计算实物，后来又在木头上刻画记事或者结绳计数，这方便了许多。人类的10个手指是天生的“计数器”。原始人不穿鞋袜，再加上10个脚趾，计数的范围就更大了。

利用木、竹、骨制成小棒计数，在我国称为“算筹”。小棒可以随意移动、摆放，较之上述各种计算工具就更加方便了，因而沿用的时间较长。刘徽用这种方法把圆周率计算到3.1410，祖冲之更是把圆周率计算到小数点后第7位。在欧洲，后来发展到在木片上刻条纹表示债务或税款，劈开后债务双方各存一半，结账时拼合验证无误则被认可。

珠算是以圆珠代替“算筹”，并将其连成整体，简化了操作过程，在运用时更加得心应手。它起源于中国，元代末年(1366年)陶宗义著的《南村辍耕录》中首先提到“算盘”一词，并说“拨之则动”。在15世纪的《鲁班木经》中详细记载了算盘的制作方法。

1621年英国人冈特(Gunter)发明了计算尺，这是世界上最早的模拟计算工具，开创了模拟计算的先河。在此基础上，人们又发明了多种类型的其他计算尺，这些计算尺曾经为科学和工程计算做出了巨大的贡献。直到20世纪中叶，计算尺才逐渐被袖珍计算器取代。

1642年法国数学家帕斯卡(B. Pascal)利用齿轮技术制成了世界上第一台最简单的计算机——加法机。它解决了自动进位这一关键问题，它是由一系列的齿轮连接起来的轮子组成的。加法机的设计原理对计算机的发展产生了持久的影响。

1673年德国数学家莱布尼兹(G. W. Leibniz)在加法机的基础上设计完成了能进行加、减、乘、除的机械乘除器——乘法自动计算机。莱布尼兹不仅发明了手动的可进行完整四则运算的机械式计算设备，还提出了“可以用机械代替人进行烦琐重复的计算工作”这一重要思想。

1822年英国数学家巴比奇(Charles Babbage)尝试设计用于航海和天文计算的差分机，这是最早采用寄存器来存储数据的计算机。这是一台用来计算多项式的加法机，巴比奇用这台机器计算了平方表和其他一些表格(函数数值表)。

1834年巴比奇又完成了一项新计算装置的构想，该计算装置具有通用性，能解决数学上的各种问题，不仅可以进行数字运算，还能进行逻辑运算，巴比奇把这种逻辑运算装置命名为“分析机”。按巴比奇的方案，分析机以蒸汽为动力，通过大量齿轮来传动。这个分析机已经有了今天计算机的基本框架。

1884年美国人赫尔曼·霍勒瑞斯(Herman Hollerith)受到提花织机的启发，想到用穿孔卡片来表示数据，制造出了第一台机电式穿孔卡系统——制表机。

1937年德国工程师楚泽制造了Z-1机电式计算机，1941年又制造出Z-3，它们都采用继电器，同时采用浮点记数法、二进制运算、带数字存储地址的指令形式等，这是世界上第一台真正的通用程序控制的计算机。

1944 年 5 月，由美国人霍华德·艾肯(Howard Aiken)提出、由 IBM 公司生产了自动序列控制演算器(ASCC)，即 Mark-Ⅰ，它结合了霍勒瑞斯的"穿孔卡"技术和巴比奇的通用可编程机器的思想。1944 年，Mark-Ⅰ正式在哈佛大学投入运行。IBM 公司从此走向开发与生产计算机之路。

1946 年 2 月，世界上第一台电子数字积分计算机(Electronic Numerical Integrator and Computer，ENIAC)宣告研制成功，承担开发任务的"莫尔小组"由莫契利(总设计师)、埃克特(总工程师)、格尔斯(数学总工程师)、勃克斯(数学家)和另外 4 位科学家组成。第一台现代计算机终于诞生了。

人类对未知世界探索的愿望从未停止，了解、适应并掌握现实世界的理想不断实现，需要处理的信息越来越清晰和庞大，这迫使人类不断更新和完善数据的计算方法、管理算法和算法工具。

1.1.2 数据库是计算机技术发展的产物

自 20 世纪 50 年代中期以来，计算机应用由科学研究部门扩展到企业、行政部门，数据处理很快上升为计算机应用的一个重要方面。随着计算机软/硬件技术的发展，数据处理经历了人工管理阶段、文件系统阶段和数据库系统阶段。1968 年，IBM 公司推出了世界上第一个成功的商品化数据管理系统(Information Management System，IMS)，之后数据库技术得到迅猛发展。数据库技术成为计算机的重要应用之一。

1.1.3 SQL Server 的优越性

SQL Server 是由 Microsoft 开发和推广的关系数据库管理系统(DBMS)，它最初是由 Microsoft、Sybase 和 Ashton-Tate 3 家公司共同开发的，并于 1988 年推出了第一个 OS/2 版本。SQL Server 近年来不断更新版本，1996 年，Microsoft 推出了 SQL Server 6.5 版本；1998 年，SQL Server 7.0 版本和用户见面；SQL Server 2000 是 Microsoft 公司于 2000 年推出的版本，是人们公认的最稳定、兼容性最好的版本。随着 Microsoft 的.NET 技术的不断改进，SQL Server 不断推陈出新，伴随着 VS.NET 2005 而流行 SQL Server 2005，以及伴随着 VS.NET 2008 而流行 SQL Server 2008。从 SQL Server 2005 开始，Microsoft 公司将企业管理器、服务管理器、查询分析器等数据库组件组合在一起，称为 Microsoft SQL Server Management Studio(简称 SSMS)，并且在 SQL 语言的语法上略有改进，使其更加方便用户的使用。2012 年 SQL Server 2012 面世，除了继续使用 SSMS 进行综合服务管理之外，数据分析与挖掘等功能也更加容易被一般用户所接受，只要针对现有数据库，并在提供的选项中选择数据挖掘算法即可。在 SQL Server 2012 中，用户可直接开发基于.NET 4.0 的程序，进行方便的数据管理、云计算、数据挖掘与分析等，SQL Server 2012 开始支持大数据。SQL Server 2014 采用最新的内存技术将处理速度平均提高了 10 倍，由此开始了混合云搭建的数据一致管理。SQL Server 2016 提供了更快的查询速度、更安全的行级保护和引入 R 语言等功能。SQL Server 2017 开始提供跨平台服务，可运行在 Windows、Linux 或者 Mac OS 等操作系统上，并且开始融合人工智能使数据传输智能化，同时提供机器学习功能，除了已有的 R 语言之外，还开始使用 Python 语言。2018 年的下半年，SQL Server 2019 面世。2019 年 2 月，Microsoft 推出 SQL Server 2019 预览版，提供更强大的大数据和手机智能数据库开发功能。

SQL Server 与 Oracle 数据库相比，后者适合做极大规模的数据服务器，并且长于分布式存储；但前者规模适中，与流行的 Windows 操作系统的各个版本极易匹配，安装方便，对硬件配置要求适中，占据的系统资源也适中，是最好的 C/S 结构的后台数据库以及门户网站的首选后台数据库，并且在基本的操作、功能和 SQL 语法上与 Oracle 数据库极其相近。另外，虽然 MySQL 数据库因小巧和开源而广受人们欢迎，但是 MySQL 数据库的数据存储规模较小，数据库系统的数据保护能力较低，数据库对象和相应的 SQL 语言也不那么丰富。同样，Access 数据库作为 Office 应用软件自带的数据库软件，数据存储规模较小，数据保护能力较弱，数据库对象较少。选择 SQL Server 数据库作为数据库软件应用学习的起点，一方面是因为其数据库软件界面友好，操作简单，容易掌握；另一方面是因为其粒度适中，在学习之后，既可以较快地掌握比它规模大并且复杂的数据库系统，也可以轻松地使用比它简单的数据库系统软件。除了以往版本的优点，SQL Server 2019 的大数据、人工智能开发等性能充分体现了新时代将实现万物互联的特色。本书以 SQL Server 2019 为基础介绍数据库应用技术。

视频讲解

1.2 数据库技术的发展

1.2.1 信息与数据

信息的广泛性定义为“信息是信息论中的一个术语，常常把消息中有意义的内容称为信息”。1948 年，美国数学家、信息论的创始人香农在题为《通信的数学理论》一文中指出“信息是用来消除随机不定性的东西”。1948 年，美国著名数学家、控制论的创始人维纳在《控制论》一书中指出“信息就是信息，既非物质，也非能量”。

信息的专业性(通信科技(一级学科)、通信原理与基本技术(二级学科))定义为“以适合于通信、存储或处理的形式来表示的知识或消息”。

数据是用来记录信息的可识别的符号，是信息的具体表现形式。

数据的概念在数据处理领域中已大大拓宽了，其表现形式不仅包括数字和文字，还包括图形、图像、声音等。这些数据可以记录在纸上，也可以记录在各种存储器中。

数据是信息的符号表示或载体，信息则是数据的内涵，是对数据的语义解释。

1.2.2 数据处理

数据处理是将数据转换成信息的过程，包括对数据的收集、存储、加工、检索、传输等一系列活动。其目的是从大量的原始数据中抽取和推导出有价值的信息，作为决策的依据。数据是原料，是输入；而信息是产出，是输出结果。“信息处理”的真正含义应该是为了产生信息而处理数据。当然，作为原料的数据也是经过特殊处理后的信息结果。

数据处理技术分为 4 个阶段，如表 1.1 所示。

表 1.1　数据处理的 4 个阶段

数据处理技术	时　　间
人工管理阶段	20 世纪 50 年代中期以前
文件系统阶段	20 世纪 50 年代后期至 60 年代中期
数据库系统阶段	20 世纪 60 年代后期至 70 年代中期
高级数据库阶段	20 世纪 70 年代中期以后

1.2.3　人工管理阶段

人工管理阶段出现在 20 世纪 50 年代中期以前，计算机主要用于科学计算（数据量小、结构简单，例如高阶方程、曲线拟合等）。在该阶段，硬件系统没有大容量的存储设备，外存只有磁带、卡片、纸带等，没有磁盘等直接存取设备；没有操作系统，没有数据管理软件，软件只有汇编语言（用户也用机器指令编码）；数据处理的方式基本上是批处理；数据不保存，应用程序管理数据，数据面向程序，数据不能共享，数据不具有独立性；数据和程序是一一对应的，即一组数据只能用于一个程序，如图 1.1 所示。

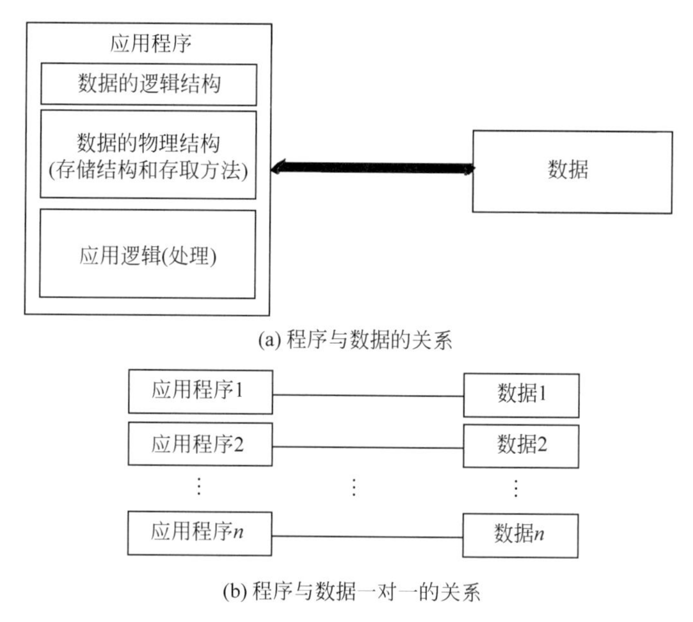

(a) 程序与数据的关系

(b) 程序与数据一对一的关系

图 1.1　人工管理阶段程序与数据的关系

人工管理阶段的缺点是半自动化，效率低下。

1.2.4　文件系统阶段

文件系统阶段为 20 世纪 50 年代后期至 60 年代中期，计算机不仅用于科学计算，还大量用于管理。在该阶段，硬件有了磁盘、磁鼓等直接存取设备；在软件方面出现了高级语言和操作系统，操作系统中有了专门管理数据的软件，一般称为文件系统。数据以文件形式长期保存，按名访问，按记录存取，文件形式多样化（索引文件、链接文件、直接存取文件、倒排文件等）。一个数据文件对应一个或几个用户程序，并且是面向应用的，具有一定的共享性。

通过文件系统提供存取方法，支持对文件的基本操作（增、删、改、查等），用户编写程序不必考虑物理细节。数据的存取基本上以记录为单位。数据与程序有一定的独立性，因为数据的逻辑结构与存储结构由文件系统进行转换，数据在存储上的改变不一定反映在程序上，如图 1.2 所示。

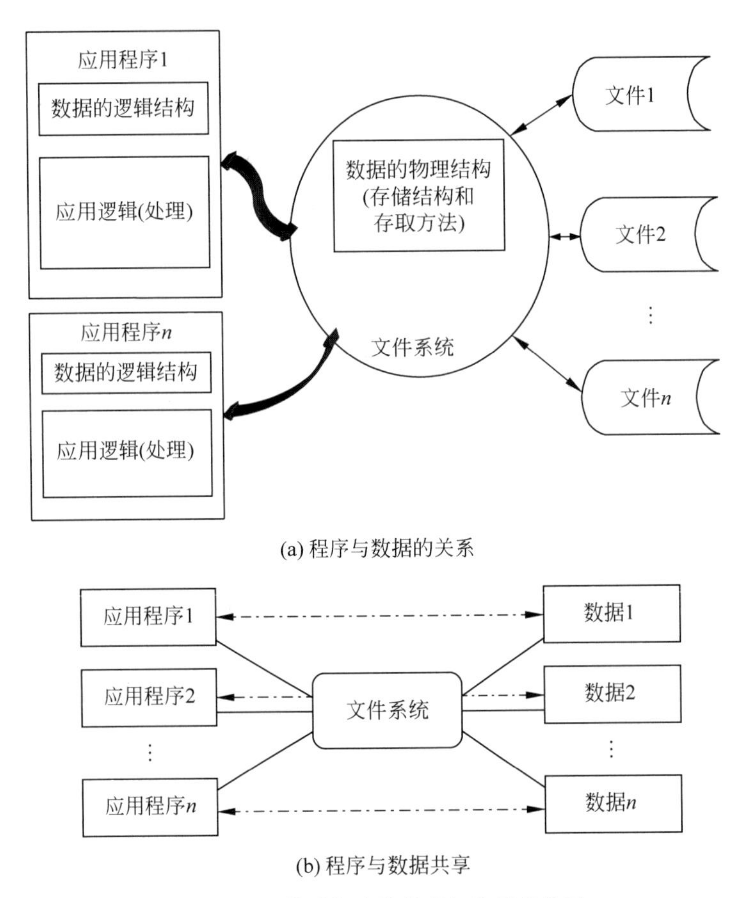

图 1.2　文件系统阶段程序与数据的关系

通过文件系统，程序和数据文件之间可以组合，即一个程序可以使用多个数据文件，多个程序也可以共享同一个数据文件。文件系统阶段的缺点是数据冗余，不一致性，数据孤立，数据独立性差，并发访问异常。

1.2.5　数据库系统阶段

数据库系统阶段为 20 世纪 60 年代后期至 70 年代中期。在该阶段，计算机应用于管理的规模更加庞大，数据量急剧增加；硬件方面出现了大容量磁盘，使计算机联机存取大量数据成为可能；软件价格上升，硬件价格下降，开发和维护成本增加，其中维护的成本更高。此时，文件系统的数据管理方法已经无法适应开发应用系统的需要。为解决多用户、多个应用程序共享数据的需求，出现了统一管理数据的专门软件系统（数据库管理系统）。数据不是依赖于处理过程的附属品，而是现实世界中独立存在的对象，如图 1.3 所示。

数据库管理系统（DBMS）操纵数据库中的数据，对数据库进行统一控制。

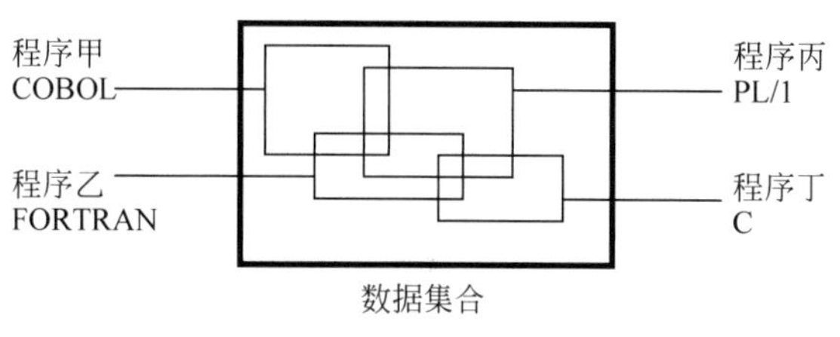

(a) 数据独立于程序

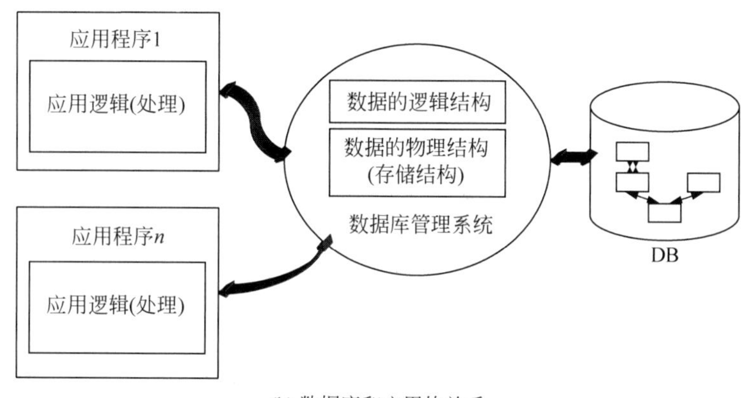

(b) 数据库和应用的关系

图 1.3　数据库系统阶段程序和数据的关系

1.2.6　高级数据库阶段

自 20 世纪 70 年代中期以来，随着计算机技术和应用的不断发展，数据处理的规模迅速扩大，在常规数据库系统技术应用的基础上又出现了一些新的数据处理方式，即高级数据库技术，主要有并行数据库系统、分布式数据库系统、面向对象数据库系统、数据仓库、多媒体数据库、智能型知识数据库等。

视频讲解

1.3　数据模型

数据库系统是面向计算机世界的，而应用是面向现实世界的，两个世界存在着很大差异，要直接将现实世界中的语义映射到计算机世界是十分困难的，因此引入信息世界作为现实世界通向计算机世界的“桥梁”。信息世界是对现实世界的抽象，从纷繁的现实世界中抽取出能反映现实本质的概念和基本关系。信息世界中的概念和关系还要以一定的方式映射到计算机世界中，在计算机系统上最终实现。信息世界起到了承上启下的作用，如图 1.4 所示。

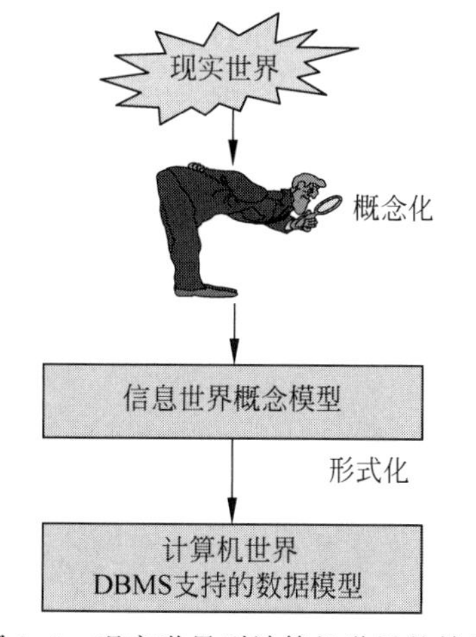

图 1.4　现实世界到计算机世界的抽象

模型是现实世界特征的模拟和抽象。数据模型则是现实世界数据特征的抽象，是数据库技术的核心。数据模型应满足 3 个方面的要求：能比较真实地模拟

现实世界；容易为人理解；便于在计算机上实现。

1.3.1 数据模型的分类

数据库中的数据是按一定的逻辑结构存放的，这种结构是用数据模型来表示的。从数据库开发的方法和过程来看，对数据和信息建模分为概念模型、逻辑模型和物理模型。

(1) 概念模型：用于组织信息世界的概念，表现从现实世界中抽象出来的事物以及它们之间的联系。这类模型强调其语义表达能力，概念简单、清晰，易于用户理解。它是现实世界到信息世界的抽象，例如 E-R 模型。

(2) 逻辑模型：从计算机实现的角度对数据建模，是信息世界中的概念和联系在计算机世界中的表示方法，例如从 E-R 图转化的关系模式。

(3) 物理模型：从计算机的物理存储角度对数据建模，是数据在物理设备上的存取方法和表现形式的描述，以实现数据的高效存取；按数据库系统实现的观点来建模，主要研究如何组织、管理数据库系统内部的数据。

这种数据模型由 3 个组成要素构成，即数据结构、数据操作和数据的约束条件。

① 数据结构：描述系统的静态特性，即实体对象存储在数据库中的记录型的集合，包括数据本身(类型、内容、性质)和数据之间的联系。在数据库系统中一般按数据结构的类型来命名数据模型。按照数据结构的特点来分类，数据模型主要有层次模型、网状模型和关系模型。

② 数据操作：对系统动态特性的描述，用于描述施加于数据之上的各种操作，即对数据库中各种对象(型)的实例允许执行的操作的集合，包括操作及操作规则，主要有检索、更新(插入、删除、修改)两大类操作。数据模型要定义操作含义、操作符号、操作规则，以及实现操作的语言。

③ 数据的约束条件：完整性规则的集合，规定数据库状态及状态变化所应满足的条件，以保证数据的正确、有效、相容，有“通用的完整性约束条件”和“特定的语义约束条件”之分。

1.3.2 概念模型

概念模型是把现实世界中的具体事务抽象为某种信息结构，使其成为某种数据库管理系统支持的数据模型，这种信息结构并不依赖于计算机系统，而是概念级的模型。

1. 概念模型的几个术语

(1) 实体(Entity)：指客观存在并相互区分的事物。

(2) 属性(Attribute)：实体所具有的特性。

(3) 键(Key)：能唯一标识一个实体的属性及属性值。

(4) 实体型(Entity Type)：用实体名及其属性名集合来抽象和刻画同类实体，例如学生(学号,…)。

(5) 实体集(Entity Set)：具有相同属性(或特性)的实体的集合。

(6) 联系(Relationship)：实体(型)内部或实体(型)之间的联系。

2. 实体联系的两种形式

实体联系有以下两种形式：

(1) 实体内部(属性)的联系。

(2) 实体间的联系，一般指不同实体集之间的联系。

两实体型之间的联系有以下几种。

(1) 一对一($1:1$):例如班级和班长。

(2) 一对多($1:M$):例如班级和学生。

(3) 多对多($M:N$):例如学生和教师。

同一实体集内的各实体间也存在一对一、一对多和多对多的联系。

3. 实体-联系模型(E-R 模型及 EE-R 模型)

E-R(Entity-Relationship Model)和 EE-R(Extend Entity-Relationship Model)用简单的图形方式描述现实世界中的数据,其中信息由实体、实体属性和实体联系来表示。

(1) 实体:概念模型的对象,用矩形表示。

(2) 实体属性:说明实体,用椭圆表示。

(3) 实体联系:实体类型间有名称的关联,用菱形表示。

例如学生实体和学生选课 E-R 图如图 1.5 所示。

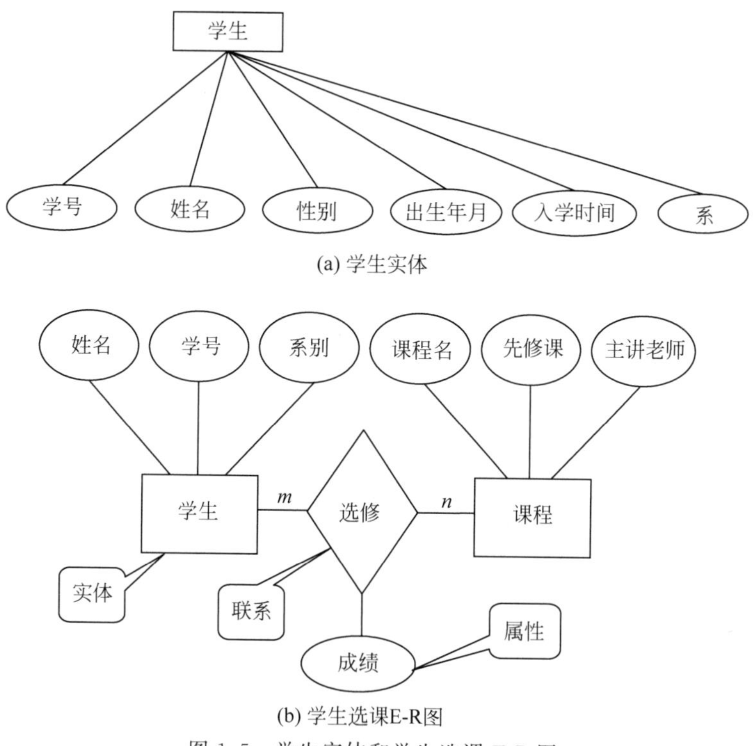

(a) 学生实体

(b) 学生选课E-R图

图 1.5 学生实体和学生选课 E-R 图

1.3.3 层次模型

在具有层次模型的数据集合中,数据对象之间是一种一对一或一对多的联系,模型中层次清晰,可沿层次路径存取和访问各个数据,用树结构表示实体之间的这种联系的模型叫层次模型。

层次模型的数据结构是树。树由结点和连线组成,结点代表实体型,连线表示两实体型间的一对多联系。树有以下特性:每棵树有且仅有一个结点无父结点,此结点称为树的根(Root);树中的其他结点都有且仅有一个父结点,如图 1.6 所示。

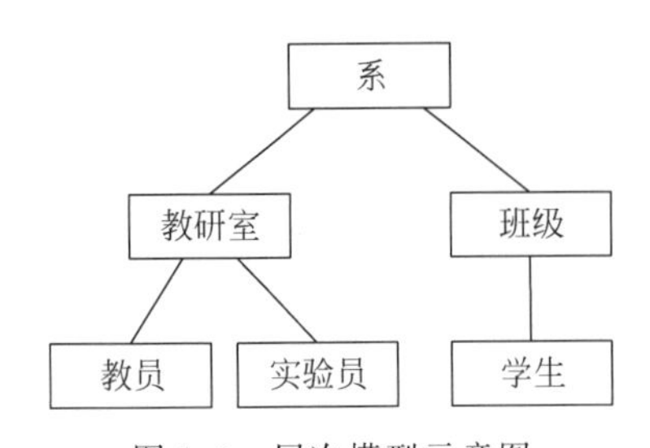

图 1.6　层次模型示意图

层次模型的数据操作主要有查询、插入、删除和修改。

在进行插入、删除和修改操作时要满足层次模型的完整性约束条件：进行插入操作时，如果没有相应的双亲结点值，就不能插入子女结点值；进行删除操作时，如果删除双亲结点值，则相应的子女结点值也被同时删除；进行修改操作时，应修改所有相应的记录，以保证数据的一致性。

层次模型的优点如下：

(1) 操作比较简单，只需很少几条命令。

(2) 逻辑结构较易理解，因为现实世界中许多实体间的联系本来就呈现出一种很自然的层次关系，例如行政层次、家族关系本身就是层次结构。另外，物理结构和逻辑结构相对一致，较易实现，结点间的联系简单，只要知道每个结点的双亲结点，就可知道整个模型结构。

(3) 它提供了良好的数据完整性支持。

层次模型的缺点如下：

(1) 无法直观地表现复杂的事物关系，例如不能直接表示两个以上实体型间的复杂的联系和实体型间的多对多联系，只能通过引入冗余数据或创建虚拟结点的方法来解决，易产生不一致性。

(2) 对数据的插入和删除的操作限制太多。

(3) 查询子女结点必须通过双亲结点，浪费搜索时间。

层次模型的代表产品是 IBM 公司的 IMS 数据库，它于 1969 年研制成功。

1.3.4　网状模型

各数据实体之间建立的是一种层次不清的一对一、一对多或多对多的联系，用来表示这种复杂的数据逻辑关系的模型就是网状模型，其数据结构是一个满足下列条件的有向图：可以有一个以上的结点无父结点，至少有一个结点有多于一个的父结点（排除树结构），如图 1.7 所示。

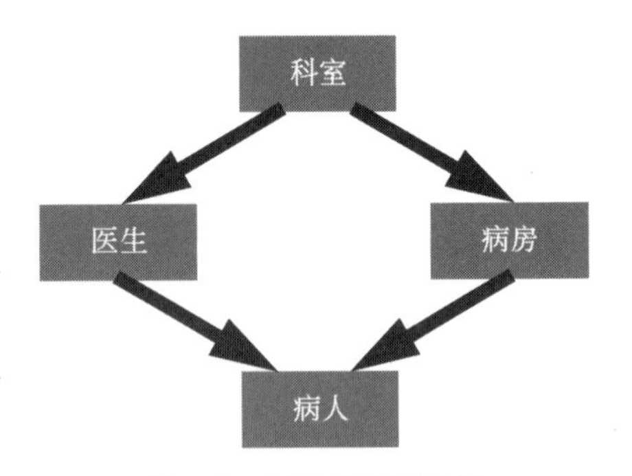

图 1.7　网状模型示意图

网状模型具有表达的联系种类丰富、结构复杂等特点。

在网状模型发展的历史上有一个里程碑式的标准，即 DBTG 报告。它在 1969 年由美国 CODASYL (Conference on Data System Language，数据系统语言协商会）下属的 DBTG（Data Base Task Group）组提出，在报告中确立了网状数据库系统的概念、方法、技术。

网状模型的数据操作主要包括查询、插入、删除和修改数据。在插入数据时，允许插入尚未确定双亲结点值的子女结点值，例如可增加一名尚未分配到某个教研室的新教师，也可增加一些刚来报到，还未分配宿舍的学生。在删除数据时，允许只删除双亲结点值，例如可删除一个教研室，而该教研室所有教师的信息仍保留在数据库中。在修改数据时，可直接表示非树形结构，而无须像层次模型那样增加冗余结点，因此在进行修改操作时只需更新指定记录即可。

它没有像层次数据库那样有严格的完整性约束条件，只提供一定的完整性约束。

网状模型的优点如下：

(1) 能更为直接地描述客观世界，可表示实体间的多种复杂联系。

(2) 具有良好的性能和存储效率。

其缺点如下：

(1) 由于更好地体现了事物之间的联系，所以实现起来结构复杂，其 DDL 语言极其复杂。

(2) 诸多的联系也导致了数据独立性差，由于实体间的联系本质上是通过存取路径表示的，所以应用程序在访问数据时要指定存取路径。

这些缺点直接导致了网状模型更多地停留在理论阶段，没有特别优秀的商用数据库产品出现。

1.3.5 关系模型

关系模型是一种易于理解并具有较强数据描述能力的数据模型，数据结构是用二维表来表示实体及实体之间的联系。每张二维表称为一个关系(Relation)，其中存放了两种类型的数据，实体间的联系是通过不同关系中具有相同的属性名来实现的，如表 1.2 所示。

表 1.2 T(教师)表

TNO 教师	TN 姓名	SEX 性别	AG 年龄	PROF 职称	SAL 工资	COMM 补助	DEPT 部门
T1	李力	男	47	教授	1500	3000	计算
T2	王平	女	28	讲师	800	1200	信息
T3	刘伟	男	30	讲师	900	1200	计算
T4	张雪	女	51	教授	1600	3000	自动
T5	张兰	女	39	副教授	1300	2000	信息

下面介绍几个基本概念。

(1) 关系(Relation)：一个关系对应一张二维表，如表 1.2 所示。

(2) 元组(Tuple)：表格中的一行即为一个元组，例如 T 表中的一个学生记录。

(3) 属性(Attribute)：表格中的一列，相当于记录中的一个字段。例如学生表中有 5 个属性，即学号、姓名、性别、年龄、系别。

(4) 关键字(Key)：可唯一标识元组的属性或属性集，也称为关系键或主码。例如学生表中的学号可以唯一确定一个学生，是学生关系的主码。

(5) 域(Domain)：属性的取值范围，例如年龄的域是(14～40)，性别的域是(男，女)。

(6) 分量：每一行对应的列的属性值，即元组中的一个属性值，例如学号、姓名、年龄等均是一个分量。

(7) 关系模式：对关系的描述，一般表示为关系名(属性 1，属性 2，…，属性 n)，例如学生(学号，姓名，性别，年龄，系别)。

在关系模型中，实体是用关系来表示的，例如学生(学号，姓名，性别，年龄，系别)、课程(课程号，课程名，课时)。

实体间的关系也是用关系来表示的,例如学生和课程之间的关系——选课关系(学号,课程号,成绩)。

数据操作主要包括查询、插入、删除和修改数据,这些操作必须满足关系的完整性约束条件,即实体完整性、参照完整性和用户定义的完整性。在非关系模型中,操作对象是单个记录,而关系模型中的数据操作是集合操作,操作对象和操作结果都是关系,即若干元组的集合;用户只要指出“干什么”,而不必详细说明“怎么干”,从而大大地提高了数据的独立性,提高了用户的生产率。

关系模型的特征如下。

(1) 结构单一化:关系模型的逻辑结构实际上是二维表,基于关系模型的关系数据库的逻辑结构也是二维表,这个二维表即是关系。每个关系(或表)由一组元组组成,每个元组又由若干属性和域构成。只有两个属性的关系称为二元关系,以此类推,有 n 个属性的关系称为 n 元关系。

(2) 坚实的数学理论基础。

关系模型的优点(与其他模型数据库比较)如下:

(1) 简单,表的概念直观,处理数据的效率高。

(2) 描述的一致性,不仅用关系描述实体本身,还用关系描述实体之间的联系。

(3) 数据独立性高,有较好的一致性和良好的保密性。

(4) 可以动态地导出和维护视图。

(5) 数据结构简单,便于了解和维护,并且可以配备多种高级接口。

其缺点是由于存取路径对用户透明,查询效率往往不如非关系模型。因此,为了提高性能,必须对用户的查询表示进行优化,增加了开发数据库管理系统的负担。

1.4 数据库系统

视频讲解

1.4.1 数据库系统的定义

数据库(Data Base,DB)是长期存储在计算机内的、有组织的、可共享的数据集合。数据库中的数据按一定的数据模型组织、存储和描述,由 DBMS 统一管理,多用户共享。

数据库管理系统(Data Base Management System,DBMS)是一个通用的软件系统,由一组计算机程序构成。它能够对数据库进行有效的管理,并为用户提供了一个软件环境,方便用户使用数据库中的信息。

数据库系统(Data Base System,DBS)是一个存储记录的计算机系统,能存储信息并支持用户检索和更新所需要的信息。这里讨论的信息可以是个人或企业所关心的任何信息,换句话说,它是指任何对个人或组织经营企业的一般处理过程有帮助的数据。

1.4.2 数据库系统的组成

数据库系统通常由软件、数据库和数据管理员组成。其软件主要包括操作系统、各种宿主语言、实用程序以及数据库管理系统。数据库由数据库管理系统统一管理,数据的插入、修改和检索均要通过数据库管理系统进行。数据管理员负责创建、监控和维护整个数据库，使数据能被任何有权使用的人有效使用。数据库管理员一般是由业务水平较高、资历较深的人员担任。

数据库系统(DBS)通常涉及4个部分，即数据库(Data Base)、硬件(Hardware)、软件(Software)、用户(User)。

数据库是系统日常运营所需要的各种数据，包括数据本身及对数据的说明信息(由DBMS的数据字典管理)。

硬件包括足够的内存，以运行操作系统、DBMS以及应用程序和提供数据缓存；足够的存取设备(例如磁盘)，提供数据存储和备份；足够的I/O能力和运算速度，保证较高的性能。

软件包括数据库管理系统(DBMS)，支持DBMS运行的操作系统，具有与数据库接口的高级语言及其编译系统，应用开发工具及为特定应用环境开发的数据库应用系统。

用户包括数据库管理员(Data Base Administrator，DBA)、应用程序员(Application Programmer，包括数据库设计者、系统分析员、程序员)、最终用户(End User，包括偶然用户、简单用户、复杂用户)，如图1.8所示。

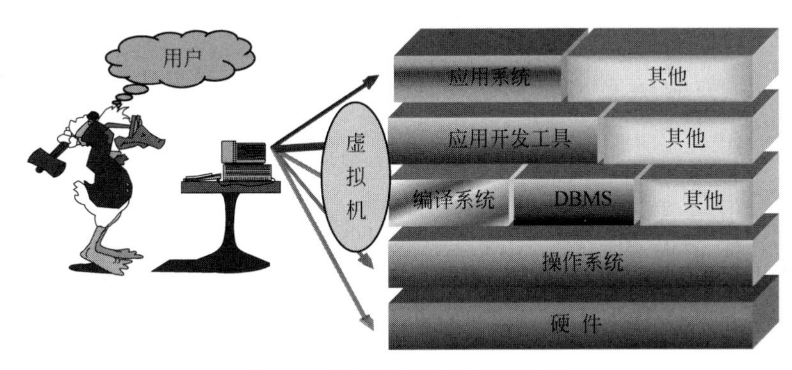

图1.8 计算机系统涉及部分图

1.4.3 数据库系统的特点

数据库系统具有数据结构化、数据集成与共享、数据独立性好、方便的外部接口和统一的控制机制5个特点。

(1) 数据结构化：在文件系统管理中，不同文件的记录型之间没有联系，它仅关心数据项之间的联系；数据库系统则不仅考虑数据项之间的联系，还要考虑记录型之间的联系。相互间联系是通过存取路径来实现的，这是数据库系统与文件系统的根本区别。例如学生记录(学号，姓名，系名，…)、课程记录(课程名，学分，教师，…)、选课(学号，课程名，成绩)。

(2) 数据集成与共享：数据面向整个系统，而不是面向某一应用，数据集中管理，并可以被多个用户和多个应用程序所共享。数据共享可以减少数据冗余，节省存储空间，减少存取时间，并避免数据之间的不相容性和不一致性。每个应用选用数据库的一个子集，只要重新选取不同子集或者加上一小部分数据，就可以满足新的应用要求，这就是易扩充性。根据应用的需要，用户可以控制数据的冗余度。

(3) 数据独立性好：表现在3个方面，一是三级结构体系，即用户数据的逻辑结构、整体数据的逻辑结构和数据的物理结构；二是数据与程序相对独立，把数据库的定义和描述从应用程序中分离出去(描述又是分级的(全局逻辑、局部逻辑、存储),数据的存取由系统管理,用户不必考虑存取路径等细节,从而简化了应用程序);三是数据独立性,当数据的结构发生变化时,通过系统提供的映像(转换)功能使应用程序不必改变。数据独立性包括数据的物理独立性和逻辑独立性。

(4) 方便的外部接口:利用数据库系统提供的查询语言和交互式命令操纵数据库;利用高级语言(C、COBOL 等)编写程序操纵数据库。

(5) 统一的控制机制(并发共享):

① 数据的安全性控制(Security):保护数据,以防止不合法的使用所造成的数据泄露和破坏。措施为用户标识与鉴定、存取控制。

② 数据的完整性控制(Integrity):数据的正确性、有效性、相容性。措施为完整性约束条件定义和检查。

③ 并发控制(Concurrency):对多用户的并发操作加以控制、协调,防止其互相干扰而得到错误的结果,并使数据库完整性遭到破坏。措施为封锁。

④ 数据库恢复(Recovery):将数据库从错误状态恢复到某一已知的正确状态,防止数据丢失和损害,保证数据的正确性。

1.4.4 数据库系统的模式

在数据模型中包含型与值,型是指对某一类数据的结构和属性的说明,值是型的一个具体赋值。

模式是数据库的框架,是对数据库中全体数据的逻辑结构和特征的描述,它仅仅涉及型的描述,不涉及具体的值。模式的一个具体值称为模式的一个实例。同一个模式可以有很多实例。模式是相对稳定的,而实例是相对变动的,因为数据库的数据是在不断更新的。模式反映的是数据的结构及其联系,而实例反映的是数据库某一时刻的状态。

数据字典(Data Dictionary)是一种用户可以访问的记录数据库和应用程序源数据的目录。主动数据字典是指在对数据库或应用程序结构进行修改时,其内容可以由 DBMS 自动更新的数据字典。被动数据字典是指修改时必须手工更新其内容的数据字典。数据字典是一个预留空间,用来存储信息数据库本身。

数据字典通常包括数据项、数据结构、数据流、数据存储和处理过程五部分。

数据字典是关于数据的信息的集合,也就是对数据流图中包含的所有元素的定义的集合。数据字典还有另一种含义,即在进行数据库设计时用到的一种工具,用来描述数据库中基本表的设计,主要包括字段名、数据类型、主键、外键等描述表的属性的内容。

为了提高数据的物理独立性和逻辑独立性,使数据库的用户观点(即用户看到的数据库)与数据库的物理方面(即实际存储的数据库)区分开来,数据库系统的模式是分级的。

美国数据系统语言协商会(Conference on Data System Language,CODASYL)提出模式、外模式、内模式(三级模式)的概念。三级模式之间有两级映像,如图 1.9 所示。

(1) 外模式(External Schema):又称子模式,它是用户的数据视图,是数据的局部逻辑结构,模式的子集。

(2) 模式(Schema):所有用户的公共数据视图,它是数据库中全体数据的全局逻辑结构和特性的描述。

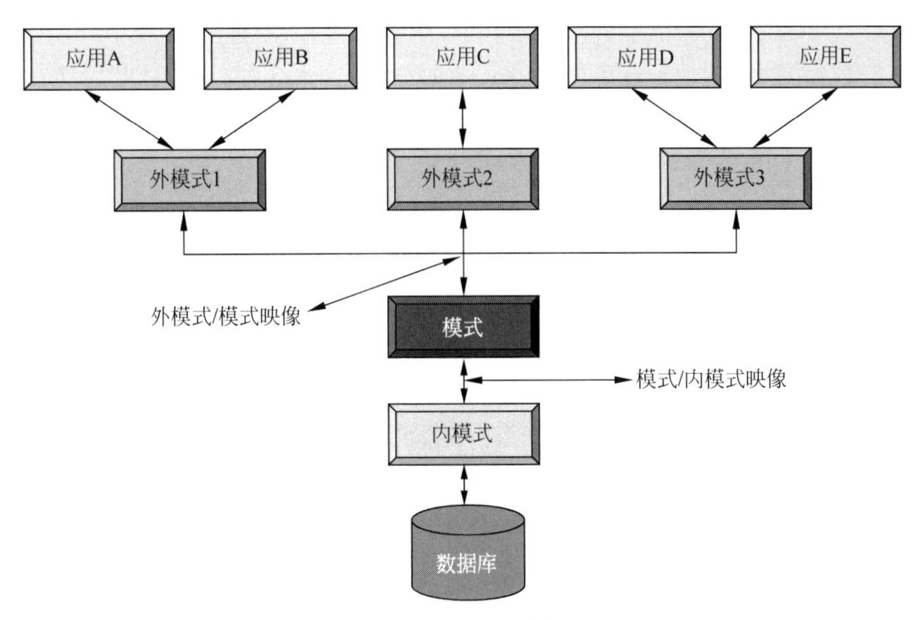

图 1.9　三级模式结构图

(3) 内模式(Internal Schema)：又称存储模式,它是数据的物理结构及存储方式。

外模式/模式映像定义某一个外模式和模式之间的对应关系,映像定义通常包含在各外模式中。当模式改变时修改此映像,使外模式保持不变,从而使应用程序保持不变,这称为逻辑独立性。

模式/内模式映像定义数据逻辑结构与存储结构之间的对应关系。当存储结构改变时修改此映像,使模式保持不变,从而使应用程序保持不变,这称为物理独立性。

1.4.5　DBMS 管理功能

数据库管理系统(Data Base Management System)是一种操纵和管理数据库的大型软件,用于建立、使用和维护数据库,简称为 DBMS。它对数据库进行统一的管理和控制,以保证数据库的安全性和完整性。用户通过 DBMS 访问数据库中的数据,数据库管理员也通过 DBMS 进行数据库的维护工作。它可以使多个应用程序和用户用不同的方法在同一时刻或不同时刻去建立、修改和询问数据库。DBMS 提供了数据定义语言(Data Definition Language,DDL)和数据操作语言(Data Manipulation Language,DML),供用户定义数据库的模式结构与权限约束,实现对数据的追加、删除等操作。

DBMS 管理层次结构如图 1.10 所示。

根据处理对象的不同,数据库管理系统的层次结构由高级到低级依次为应用层、语言翻译处理层、数据存取层、数据存储层、操作系统。

(1) 应用层：应用层是 DBMS 与终端用户和应用程序的界面层,处理的对象是各种各样的数据库应用。

(2) 语言翻译处理层：语言翻译处理层是对数据库语言的各类语句进行语法分析、视图转换、授权检查、完整性检查等。

(3) 数据存取层：数据存取层处理的对象是单个元组,它将上层的集合操作转换为单记录操作。

(4) 数据存储层：数据存储层处理的对象是数据页和系统缓冲区。

(5) 操作系统：操作系统是 DBMS 的基础。操作系统提供的存取原语和基本的存取方法通常是作为和 DBMS 存储层的接口。

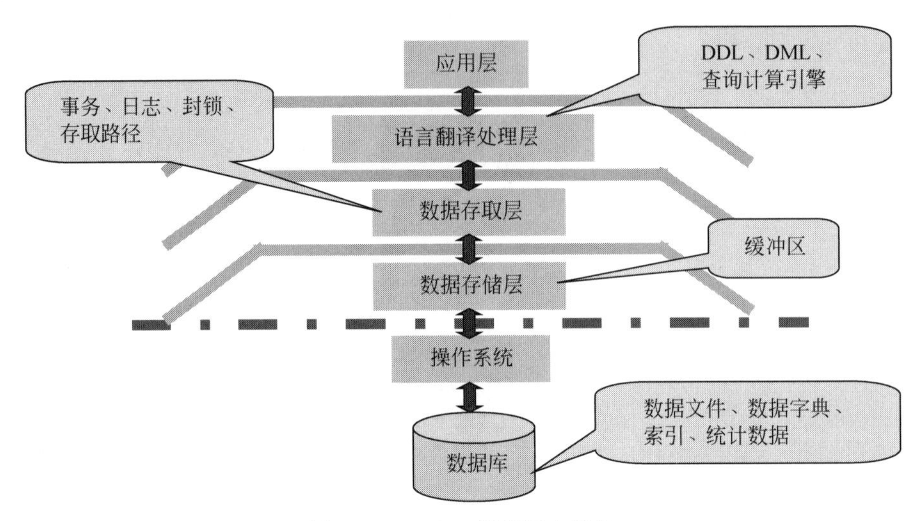

图 1.10　DBMS 管理层次结构

下面介绍 DBMS 的主要功能。

(1) 数据定义：DBMS 提供了数据定义语言(Data Definition Language，DDL)，供用户定义数据库的三级模式(外模式、模式和内模式(源模式))结构、两级映像以及完整性约束和保密限制等约束。DDL 主要用于建立、修改数据库的库结构。DDL 所描述的库结构仅仅给出了数据库的框架，数据库的框架信息被存放在数据字典(Data Dictionary)中。模式翻译程序把源模式翻译成目标模式，存入数据字典中。内模式的生成过程如图 1.11 所示。

图 1.11　内模式的生成过程

(2) 数据操作：DBMS 提供了数据操作语言(Data Manipulation Language，DML)，供用户实现对数据的插入、删除、更新、查询等操作。

① DML 类型：对于宿主型，DML 不独立使用，嵌入高级语言(主语言)程序中使用；对于自含型，独立使用，交互式命令方式。

② DBMS 控制并执行 DML 语句：宿主型有预编译和增强编译两种方式；自含型为解释执行。

(3) 数据库的运行管理：数据库的运行管理功能是 DBMS 的运行控制、管理功能，包括多用户环境下的并发控制、安全性检查和存取限制控制、完整性检查和执行、运行日志的组织管理、事务的管理和自动恢复，即保证事务的原子性。这些功能保证了数据库系统的正常运行。

(4) 数据的组织、存储与管理：DBMS 要分类组织、存储和管理各种数据，包括数据字典、用户数据、存取路径等，需确定以何种文件结构和存取方式在存储级上组织这些数据，如何实现数据之间的联系。数据组织和存储的基本目标是提高存储空间利用率，选择合适的存取方法提高存取效率。

（5）数据库的保护：数据库中的数据是信息社会的战略资源，因此对数据库的保护至关重要。DBMS 对数据库的保护通过 4 个方面来实现，即数据库的恢复、数据库的并发控制、数据库的完整性控制、数据库的安全性控制。DBMS 还有系统缓冲区的管理以及数据存储的某些自适应调节机制等其他保护功能。

（6）数据库的维护：这一部分包括数据库的数据载入、转换、转储，数据库的重组合/重构，以及性能监控和分析等功能，这些功能分别由各个应用程序来完成。

（7）通信：DBMS 具有与操作系统的联机处理、分时系统及远程作业输入相关的接口，负责处理数据的传送。对于网络环境下的数据库系统，还应该包括 DBMS 与网络中其他软件系统的通信功能以及数据库之间的互操作功能。

DBMS 的工作过程如图 1.12 所示。

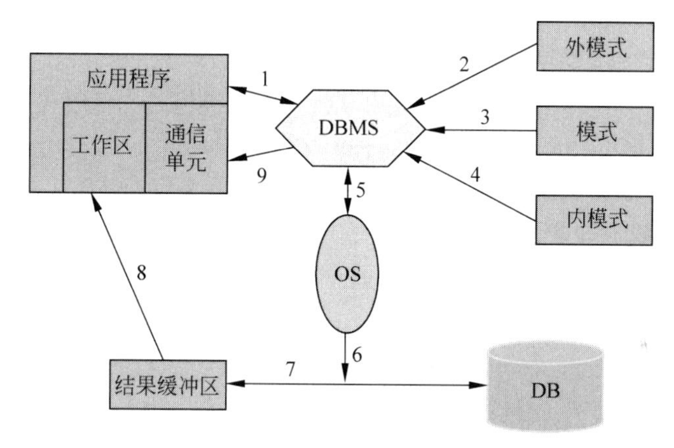

图 1.12　DBMS 工作过程示意图

（1）应用程序通过 DML 命令向 DBMS 发送读请求，并提供读取记录参数，例如记录名、关键字值等。

（2）DBMS 根据应用程序对应的外模式中的信息检查用户权限，决定是否接受读请求。

（3）如果是合法用户，则调用模式，根据模式与外模式间数据的对应关系确定需要读取的逻辑数据记录。

（4）DBMS 根据内模式确定需要读取的物理记录。

（5）DBMS 向操作系统发送读取记录的命令。

（6）操作系统执行该命令，控制存储设备读出记录数据。

（7）在操作系统控制下，将读出的记录送入系统缓冲区。

（8）DBMS 比较模式和外模式，从系统缓冲区中得到所需的逻辑记录，并经过必要的数据变换后将数据送入用户工作区。

（9）DBMS 向应用程序发送读命令执行情况的状态信息。

最后，应用程序对工作区中读出的数据进行相应处理。对于数据的其他操作，其过程与读出一个记录相似。

1.4.6 数据库系统的不同视图

前面已讲述，数据库系统的管理、开发和使用人员主要有数据库管理员、系统分析员、应用程序员和用户，这些人员的职责和作用是不同的，因而涉及不同的数据抽象级别，有不同的数据视图。

1. 用户

用户分为应用程序和最终用户(End User)两类，它(他)们通过数据库系统提供的接口和开发工具软件使用数据库。目前常用的接口方式有菜单驱动、表格操作、利用数据库与高级语言的接口编程、生成报表等。这些接口给用户带来很大的方便。

2. 应用程序员

应用程序员负责设计应用系统的程序模块，编写应用程序通过数据库管理员为他建立的外模式来操纵数据库中的数据。

3. 系统分析员

系统分析员负责应用系统的需求分析和规范说明。系统分析员要与用户和数据库管理员配合好，确定系统的软/硬件配置，共同做好数据库各级模式的概要设计。

4. 数据库管理员

数据库管理员(Data Base Administrator，DBA)可以是一个人，也可以是由几个人组成的小组。他们全面负责管理、维护和控制数据库系统，一般来说由业务水平较高和资历较深的人员担任。下面介绍 DBA 的具体职责，如图 1.13 所示。

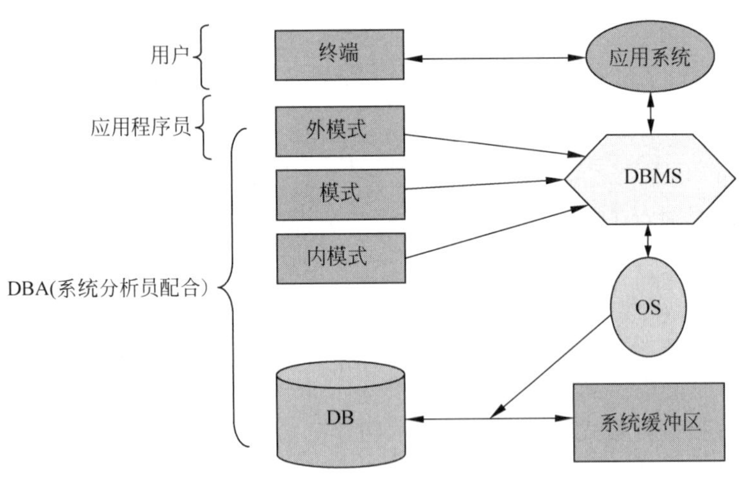

图 1.13　DBA 的具体职责

(1) 决定数据库的信息内容：数据库中存放什么信息是由 DBA 决定的。他们确定应用程序的实体(实体包括属性及实体间的联系)，完成数据库模式的设计，并和应用程序员一起完成外模式的设计工作。

(2) 决定数据库存储结构和存取策略：确定数据的物理组织、存放方式及数据存取方法。

(3) 定义存取权限和有效性检验：用户对数据库的存取权限、数据的保密级别和数据的约束条件都是由 DBA 确定的。

(4) 建立数据库：DBA 负责原始数据的装入，建立用户数据库。

(5) 监督数据库的运行：DBA 负责监视数据库的正常运行，当出现软/硬件故障时能及时排除，使数据库恢复到正常状态，并负责数据库的定期转储和日志文件的维护等工作。

(6) 重组和改进数据库：DBA 通过各种日志和统计数字分析系统性能。当系统性能下降(例如存取效率和空间利用率低)时对数据库进行重新组织，同时根据用户的使用情况不断改进数据库的设计，以提高系统性能，满足用户需要。

小　结

数据处理技术经历了人工管理阶段、文件系统阶段和数据库系统阶段。

数据库系统无论是从专业设计人员角度还是从用户角度出发，都需要经过在现实世界中调研—抽象为数据模型—在计算机中实现 3 个步骤。

数据模型分为概念模型、逻辑模型和物理模型。

概念模型以 E-R 图为主要建模工具；逻辑模型是将概念模型转化为物理模型的理论模型；物理模型是数据库在计算机中具体存储的模型。

数据模型由三部分构成，即数据结构、数据操作和数据的约束条件。按照数据结构的不同，数据模型分为层次模型、网状模型和关系模型。

数据库系统由数据库应用人员、数据库管理系统、数据库和支持它的计算机软/硬件组成。

课　后　题

一、选择题

1. (　　)是位于用户与操作系统之间的一层数据管理软件，数据库在建立、使用和维护时由其统一管理、统一控制。

A. DBMS　　B. DB　　C. DBS　　D. DBA

2. (　　)是刻画一个数据模型的性质最重要的方面，因此在数据库系统中人们通常按它的类型来命名数据模型。

A. 数据结构　　B. 数据操纵　　C. 完整性约束　　D. 数据联系

3. (　　)属于信息世界的模型。

A. 数据模型　　B. 概念模型　　C. 非关系模型　　D. 关系模型

4. 当数据库的(　　)改变时，由数据库管理员对(　　)映像做相应改变，可以使(　　)保持不变，从而保证了数据的物理独立性。

(1) 模式　　(2) 存储结构　　(3) 外模式/模式　　(4) 用户模式

(5) 模式/内模式

A. (1)、(3)和(4)　　B. (1)、(5)和(3)

C. (2)、(5)和(1)　　D. (1)、(2)和(4)

5. 英文缩写 DBA 代表(　　)。

A. 数据库管理员　　B. 数据库管理系统

C. 数据定义语言　　D. 数据操纵语言

二、填空题

1. 数据库就是长期存储在计算机内________、________的数据集合。

2. 数据管理技术已经历了________、________和________ 3 个发展阶段。

3. 数据模型通常由________、________和________ 3 个要素组成。

4. 用二维表结构表示实体以及实体间联系的数据模型称为________数据模型。

5. 在数据库的三级模式体系结构中，外模式与模式之间的映像实现了数据库的____________独立性。

三、简答题

1. 简述计算机数据管理技术发展的 3 个阶段。

2. 什么是数据库、数据库系统、数据库管理系统？

3. 数据模型有哪些分类？简述每类中数据模型的特点。

4. 简述三级模型。

四、综合题

1. 分析学生管理系统(信息包括学院、系、班，以及学生、课程)，画出 E-R 图。

2. 分析银行存储管理系统，画出 E-R 图。

第 2 章 关系数据库数学模型

重点难点解析

典题例题

知识结构图

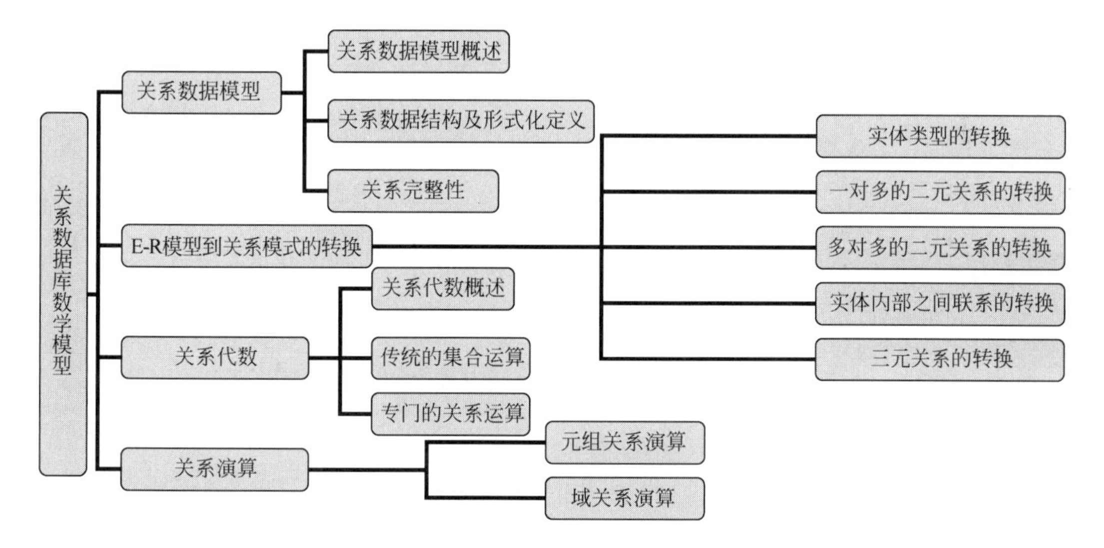

学习目标

了解关系数据库模型

掌握从 E-R 模型到关系模式的转换

了解关系代数的概念

熟练掌握关系演算

导入案例

关系模型是当今数据库厂商采用的最广泛的数据库系统模型，是相对高效和安全的。层次模型和网状模型的数据结构、操作以及完整性约束的描述、物理实现较大程度地依赖计算机数据结构的算法实现。其中，描述层次模型的树无法完全形象地描述现实世界，有向图描述的网状模型又过于理想化而难以完全实现。关系模型采用二维表来表示一切实体及其关系。二维表是一个关系集合，以代数的关系运算为理论基础，二维表上的数据操作及完整性约束都可以使用关系代数上的关系运算来描述和推理，更加科学，由此也保证了关系数据库的安全、高效和更易推广普及。相对应的关系代数运算还可以更加细致地用以离散数学为理论基础的关系演算来描述，演算语言更加接近于自然语言。数据库语言 SQL 具有关系代数语言和关系演算语言两种语言的特点。本章首先介绍关系数据模型及用来描述它的数学概念，之后的 E-R 模型转化为关系模式介绍了概念模型向关系模式转化的方法，重点介绍了关系代数语言，对关系演算语言进行了简单介绍。

2.1 关系数据模型

视频讲解

2.1.1 关系数据模型概述

关系数据库系统是支持关系模型的数据库系统。关系数据模型(RDBMS)包含 3 个要素，即关系数据结构、关系操作集合、关系完整性约束。

关系数据结构是单一的数据结构——关系。关系是二维表(行、列)，实体及其联系都用关系表示。在用户看来，关系数据的逻辑模型就是一张二维表。

关系操作如下。

(1) 查询：①选择(Select)；②投影(Project)；③连接(Join)；④除(Divide)；⑤并(Union)；⑥交(Intersection)；⑦差(Difference)。

(2)编辑：①增加(Insert)；②删除(Delete)；③修改(Update)。

描述关系操作的语言有关系代数语言和关系演算语言，实现关系操作并具有关系代数语言特点和关系演算语言特点的典型语言是 SQL 语言，如图 2.1 所示。

关系数据语言
- 关系代数语言：用对关系的运算来表达查询要求
- 关系演算语言：用谓词来表达查询要求
- 双重特点语言：例如 SQL(集查询、DDL、DML、DCL 于一体)

图 2.1 关系数据语言图示

关系完整性约束包括实体、参照、DBMS 保证、用户自定义。关系完整性约束的特点是集合方式(操作对象和结果都是关系)，而非关系完整性约束的特点是以记录为操作单位。

2.1.2 关系数据结构及形式化定义

下面介绍描述关系的几个概念。

概念 1. 域(Domain)：一组具有相同数据类型的值的集合。例如自然数、实数、英文字母。

概念 2. 笛卡儿积(Cartesian Product)：给定一组域 $D_1, D_2, \cdots, D_n$，这些域中可以有相同的，则 $D_1, D_2, \cdots, D_n$ 的笛卡儿积为 $D_1 \times D_2 \times \cdots \times D_n = \{(d_1, d_2, \cdots, d_n) \mid d_i \in D_i, i=1, 2, \cdots, n\}$。

其中，$(d_1, d_2, \cdots, d_n)$ 为 n 元组(n-tuple)；d_i 为元组的每一分量(Component)；D_i 为有限集时，其基数为 m_i，则笛卡儿积(简称卡积)的基数为 $M = m_1 \times m_2 \times \cdots \times m_n$。

【例 2.1】 若 $A=\{a,b\}$、$B=\{1,2,3\}$，则 $A \times B = \{(a,1),(a,2),(a,3),(b,1),(b,2),(b,3)\}$。

卡积 $D_1 \times D_2 \times \cdots \times D_n = \{(d_1, d_2, \cdots, d_n) \mid d_i \in D_i, i=1,2,\cdots,n\}$的特性说明如下：

(1) 从每个集合中抽一个元素做组合(有序)。

(2) 卡积没有交换率。

(3) 也可看成是一个二维表。

概念 3. 关系：$D_1 \times D_2 \times \cdots \times D_n$ 的子集叫作在域 $D_1, D_2, \cdots, D_n$ 上的关系，表示为 $R(D_1, D_2, \cdots, D_n)$。其中，R 为关系名；n 为关系的度或目。关系中的每个元素是关系中的元组，通常用 t 表示。$n=1$ 时为一元关系(Unary relation)；$n=2$ 时为二元关系(Binary relation)。

关系为卡积的有限子集，也为二维表，行对应元组，列对应域。

不同的列用不同的名字来区分，称为属性。n 目关系有 n 个属性。

例如 $R_1=\{(a,1),(b,2)\}$，$R_2=\{(a,1),(a,2),(b,1),(b,3)\}$。关系是元组的集合，是笛卡儿积的子集。一般来说，一个关系只取笛卡儿积的子集才具有意义。此外，还要对关系的要求进行规范，将没有实际意义的元组排除。

概念 4. 候选码(Candidate key)：可唯一标识每一元组的属性(组)。

概念 5. 主码(Primary key)：候选码中选择其一称为主码。相应属性组为主属性。

概念 6. 非码属性(Non-key attribute)：不包含在任何候选码中的属性。

概念 7. 全码(All-key)：用所有属性来唯一标识表中元组时的候选码。

关系有如下性质：

(1) 关系必须是有限集。

(2) 卡积无交换率，通过给属性命名取消元组分量的有序性。

① 列同质(homogeneous)：分量同类型。

② 不同列可出自同一域。

③ 列的顺序无所谓。

④ 任意两个元组不能完全相同。

⑤ 行的顺序无所谓。

⑥ 分量必须取原子值。

在许多实际的数据库产品中，基本表并不完全具有上述性质。例如 Oracle、FoxPro 等，它们都允许关系表中存在两个基本点完全相同的元组，除非用户特别定义了相应的约束条件。关系模型还要求关系必须是规范化的，即必须满足一定的规范条件。基本条件是关系的每个分量必须是一个不可分的数据项。

概念 8. 关系模式(Relation Schema)是对关系的描述，关系是元组的集合，即属性、域及其映像关系；元组是使 n 目谓词<属性>为真的卡积中的元素的全体，其形式化定义为 R(U,D,dom,F)，其中 R 为关系名、U 为组成关系的属性名的集合、D 为属性组 U 中属性的域、dom 为属性向域的映像集合、F 为属性间数据的依赖关系集合。元组通常简记为 R(U) 或 $R(A_1, A_2, \cdots, A_n)$，其中 A_1、A_2、$\cdots$、A_n 为属性名。D 和 dom 直接说明属性的类型和长度。

关系与关系模式的关系如下：

关系模式是关系的型，关系是值，二者有时混用，但可从上下文进行区分。关系是关系模式在某一个时刻的状态或内容。关系模式是静态的、稳定的，而关系是动态的、随时间不断变化的，因为关系操作在不断地更新着数据库中的数据。在实际运用当中，通常把关系模式和关系都称为关系。

2.1.3 关系完整性

关系的完整性约束条件包括实体完整性、参照完整性、用户自定义完整性。

(1) 实体完整性(Entity Integrity)：若属性 A 是基本关系 R 的主属性，则属性 A 不能为空值，例如学生关系中的“学号”属性。

(2) 参照完整性(Referential Integrity)：设 F 是关系 R 的非码属性(组)，如果 F 与关系 S 的主码 K 相对应(定义在同一个(组)域上)，则称 F 是关系 R 的外码(Foreign key)。其中，关系 R 称为参照关系(Referencing Relation)，S 称为被参照关系(Referenced Relation)。

定义外码与主码之间的引用规则，即外码 F 的取值，可以是空(Null)，但必须是目标关系中存在的值，表内属性间的参照也要有存在的值。

【例 2.2】 有关系学生(学号，姓名，年龄，性别，专业名)、专业(专业号，专业号)、课程(课程号，课程名，学分)、选修(学号，课程号，成绩)，找出关系完整性。

答：画下画线的为主属性(组)。实体完整性规定基本关系的所有主属性不能取空值。

参照完整性规定基本关系的外码的取值。例如上述学生关系的“专业号”属性与专业关系的主码“专业号”对应，因此“专业号”属性是学生关系的外码。它的取值规定如下。

- 空值：表示尚未给该学生分配专业。
- 非空值：必须是目标关系和专业关系中某个元组的“专业号”值。

此外还需注意，外码并不一定与目标关系的主码同名，参照关系与目标关系可以是同一个关系。例如学生关系(学号，姓名，性别，年龄，班长)中“班长”属性的取值情况。

(3) 用户自定义完整性(User-defined Integrity)：根据客观实际定的一些约束条件，例如性别为(男，女)、年龄为 15～25。

2.2 E-R 模型到关系模式的转换

视频讲解

2.2.1 实体类型的转换

每种实体型可由一个关系模式来表示。实体类型的属性为关系的属性，实体类型的主键作为关系的主键。例如前面的“学生”实体类型可以用以下关系模式表示：

学生(学号，姓名，性别，出生年月，入学时间，系)

2.2.2 一对多的二元关系的转换

分析一个 1∶n 的二元关系，如图 2.2 所示。

图 2.2 经理和职工关系 E-R 图

(1) 强制性成员：如果一种联系表示实体类型的各种实例必须具有这种联系，则说明该实体的成员类在这种联系下是强制性的。

在图 2.2 中，1∶n 的“管理”联系表示了一个经理管理许多职工。如果规定每个职工必须有一个管理者，则“职工”中的成员类在“管理”联系中是强制性的。

(2) 非强制性成员：与上述定义相对应的概念。

在图 2.2 所示 1∶n 的“管理”联系中，如果允许存在不用管理的职工，则“职工”中的成员类在“管理”联系中是非强制性的。

(3) 转换方法：

① 如果一个实体是某个联系的强制性成员，则在二元关系转化为关系模式的实现方案中要增加一条完整性约束。具体操作为：

如果实体类型 E_2 在实体类型 E_1 的 n∶1 联系中是强制性成员，则 E_2 关系模式中要包含 E_1 的主属性。

如果规定每一项工程必须有一个部门管理，则实体类型 Project 是“Runs”联系的强制性成员，因而在 Project 的关系模式中包含部门 Department 的主属性，即 Project(P#，DName，Title，Start_Date，End_Date，…)。

这里 DName 既是关系 Department 的主属性，又是关系 Project 的外键。

② 如果一个实体是某个联系的非强制性成员，则通常新建一个分离关系来表示这种联系和属性。具体操作为：

如果实体类型 E_2 在与实体类型 E_1 的 n∶1 联系中是一个非强制性成员，引入一个分离模式来表示联系和属性。分离的关系模式包含 E_1 和 E_2 的主属性。

例如在图书馆数据库的 E-R 模型中，两个实体类型借书者(Borrower)和书(Book)之间的联系如图 2.3 所示。

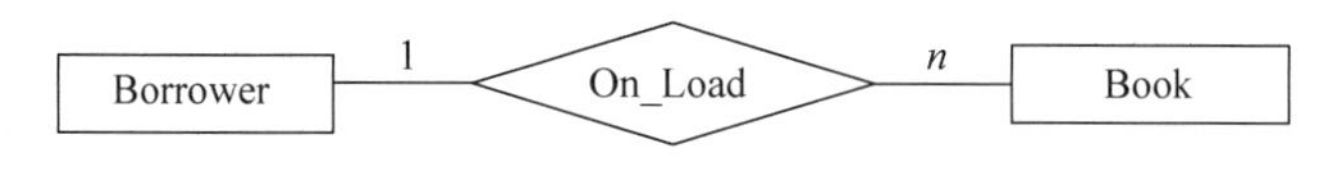

图 2.3　借书者和书的 E-R 关系图

可以转换为以下两个模式：

```
Borrower(B#,Name,Address,…)
Book(ISBN,B#,Title,…)
```

关系 Book 中的外键 B# 表明借书者的信息，但图书馆的书很多，可能有许多书没有借出，则 B# 的值为空。此时，对于不能处理空值的 DBMS，会出现问题。

为此，本例中引入一个分离关系 On_Load(借出的书)，可以避免空值的出现。

这样存在以下 3 个关系模式：

```
Borrower(B#,Name,Address,…)
Book(ISBN,Title,…)
On_Load(ISBN,B#,Date1,Date2)
```

只有借出的书才会出现在关系 On_Load 中，避免空值的出现，并把属性 Date1 和 Date2 加到关系 On_Load 中。

2.2.3　多对多的二元关系的转换

多对多的二元关系(m∶n 的二元关系)通常要引入一个分离关系来表示两个实体类型

之间的联系，该关系由两个实体类型的主属性及其联系属性组成。例如学生与课程的 $m:n$ 联系及学生选课的关系转换，如图 2.4 所示。

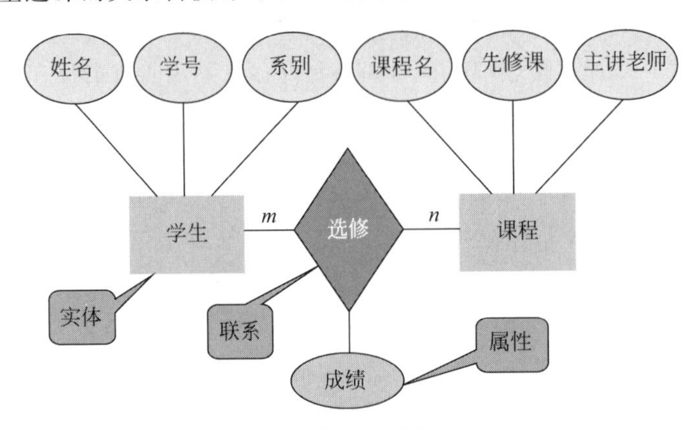

图 2.4　学生选课关系图

学生和课程两个实体可以转换为以下两个关系模式：

```
Student(Stu#,Name,Dep,…)
Course(Cou#,CName,PreCou#,Tea, …)
```

学生和课程之间是多对多的选修关系，可以有多个学生选修一门课程，一个学生也要选修多门课程，二者之间不存在唯一的强制关系，因此无法在学生和课程两个关系模式中加入对方的信息。也就是说 Student(Stu#,Name,Dep,Cou#,…)和 Course(Cou#,CName,PreCou,Tea,Stu#,…)都无法表示二者之间的联系，因此只能为选修关系分离出一个关系模式 On_Choose(选课)，这样存在以下 3 个关系模式：

```
Student(Stu#,Name,Dep,…)
Course(Cou#,CName,PreCou#,Tea, …)
On_Choose(Stu#,Cou#,Score)
```

这避免了在学生实体中出现一个学生对应多门课的数据冗余，或者是在课程实体中出现个别课程没有学生选修的键值的空缺。

2.2.4　实体内部之间联系的转换

当实体本身是一个系统的时候，实体内部之间也是存在联系的。对于拥有这种实体的系统，在一般情况下将其转化为 E-R 模型。实体内部之间的联系也分为 $1:1$、$1:n$ 和 $m:n$ 3 种。转换为关系模式的原则如下。

(1) 实体内部之间 $1:1$ 的联系：例如非强制性的婚姻关系，可引入一个分离关系，如图 2.5 所示。

因此婚姻状况可以分离为男方、女方以及结婚这 3 个关系模式：

```
Man(MC#,Name,Age,FatherC#,MatherC#,…)
Woman(WC#,Name,Age, FatherC#,MatherC#,…)
Marry(C#,MC#,WC#,ChildC#)
```

(2) 实体内部之间 $1:n$ 的联系：例如部门实体中职工与管理人员的联系，分强制与非强制联系，这基本与二元实体之间的 1∶n 关系的转换原则相同。

(3) 实体内部之间 m∶n 的联系：例如某公司的图书角，借阅者属性和图书属性之间的关系一般要引入分离关系，参考二元实体的 m∶n 关系的转换原则。

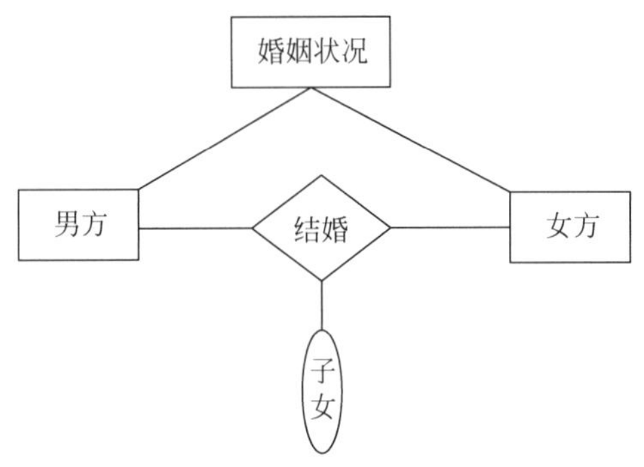

图 2.5　实体内部之间 1∶1 的联系

2.2.5　三元关系的转换

3 个及 3 个以上实体的关系，本质上需要通过引入多个分离关系将其转化为两两实体的联系。例如公司、产品和国家之间的 m∶n∶p 的三元关系及销售联系，如图 2.6 所示。

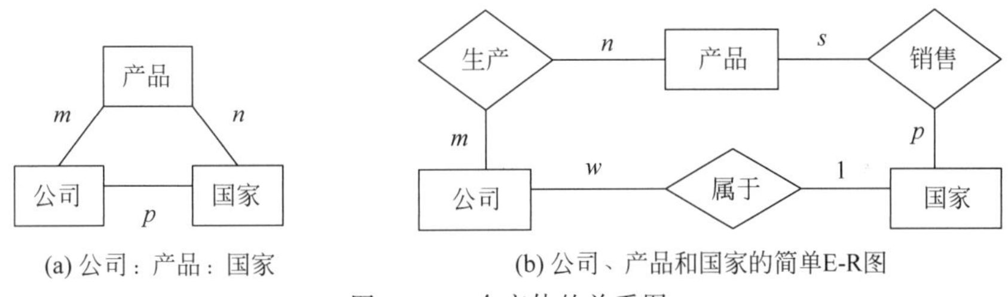

图 2.6　3 个实体的关系图

将公司、产品和国家转化为关系模式，即公司实体、产品实体、国家实体、生产关系模式和销售关系模式：

```
Product(ProductC#,Name,Type,Function,…)
Company(CompanyC#,Name,Address,CountryC#,…)
Country(CountryC#,Name,…)
On_Production(ProductionC#,CompanyC#,ProductC#,Number,ProductDate,…)
On_Sale(SaleC#,ProductC#,CountryC#,Number,…)
```

认真分析实体与实体之间的关系，绘制 E-R 模型图，遵照 E-R(或 EE-R，扩展 E-R)模型转换为关系模式的规则，是创建正确的关系模式乃至正确的关系数据库的有效方法。

2.3　关系代数

视频讲解

2.3.1　关系代数概述

关系代数是关系数据库的数学理论基础。一切实体和实体之间的关系都可以使用二维表存储，而二维表可以看作以元组为元素的集合，每一列对应具体元组的分量，因此以严格的数学演绎和推理进行的关系运算具有高可靠性，实现起来也高效许多。

关系代数的运算类型主要有传统的集合运算和专门的关系运算，其中传统的集合运算是把关系看作元组的集合(行)，运算有并、交、差和笛卡儿积运算。

传统的集合运算涉及的运算符有∪、∩、－和×。

专门的关系运算同时涉及关系的行和列，运算主要有选择、投影、连接和除法。专门的关系运算符有 σ、π、⋈和÷。

另外，在进行专门的关系运算时还会涉及比较运算和逻辑运算操作。比较运算是指比较大小，算术比较符有>、≥、<、≤、=、≠；逻辑运算主要是指与、或、非，逻辑运算符有∧、∨、¬。

2.3.2 传统的集合运算

视频讲解

传统的关系运算有 4 类，即并、交、差、广义笛卡儿积。

关系并、交、差的前提是关系 R、S 都为 n 目，且对应属性域相同。

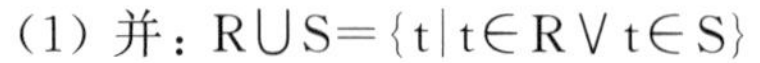

(1) 并：$R \cup S = \{t \mid t \in R \vee t \in S\}$

由属于 R 和 S 的元组构成的关系(去掉重复)。

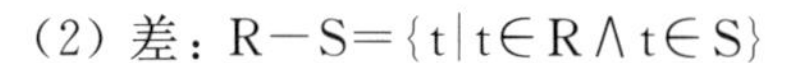

(2) 差：$R - S = \{t \mid t \in R \wedge t \in S\}$

由属于 R 但不属于 S 的元组构成的关系。

(3) 交：$R \cap S = \{t \mid t \in R \wedge t \in S\}$

由既属于 R 又属于 S 的元组构成的关系。

(4) 广义笛卡儿积：$R \times S = \{t_r t_s \mid t_r \in R \wedge t_s \in S\}$

R 的元组构成的集合与 S 的元组构成的集合进行笛卡儿积运算。

【例 2.3】 有关系 R 和 S，求 R 与 S 的并、交、差和笛卡儿积，如图 2.7 所示。

R:

A	B	C
a_1	b_1	c_1
a_1	b_2	c_2
a_2	b_2	c_1

S:

A	B	C
a_1	b_2	c_2
a_1	b_3	c_2
a_2	b_2	c_1

R∪S:

A	B	C
a_1	b_1	c_1
a_1	b_2	c_2
a_2	b_2	c_1
a_1	b_3	c_2

R×S:

A	B	C	A	B	C
a_1	b_1	c_1	a_1	b_2	c_2
a_1	b_1	c_1	a_1	b_3	c_2
a_1	b_1	c_1	a_2	b_2	c_1
a_1	b_2	c_2	a_1	b_2	c_2
a_1	b_2	c_2	a_1	b_3	c_2
a_1	b_2	c_2	a_2	b_2	c_1
a_2	b_2	c_1	a_1	b_2	c_2
a_2	b_2	c_1	a_1	b_3	c_2
a_2	b_2	c_1	a_2	b_2	c_1

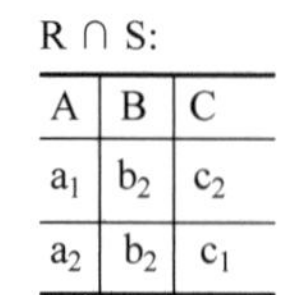

R ∩ S:

A	B	C
a_1	b_2	c_2
a_2	b_2	c_1

R－S:

A	B	C
a_1	b_1	c_1

图 2.7　传统的关系运算实例

2.3.3 专门的关系运算

专门的关系运算有4类，即选择、投影、连接和除法。

在专门的关系运算中会用到一些特殊记号，如下所示。

- $R(A_1, A_2, \cdots, A_n)$：关系模式。
- $t \in R$：t 是关系 R 的一个元组。
- $t[A]$：元组 t 在属性 A 上的分量(值)。
- R 为 n 目，S 为 m 目，$t_r \in R$，$t_s \in S$，则 $t_r t_s$ 称为元组的连接。它是一个 $n+m$ 列的元组，前 n 个分量为 R 中的一个 n 元组，后 m 个分量为 S 中的一个 m 元组。
- 象集(Images Set)：给定关系 R(X,Z)，X 和 Z 为属性组。当 $t[X]=x$ 时，x 在 R 中的象集为 $Zx=\{t[Z] \mid t \in R, t[X]=x\}$，即 R 中属性 X 为 x 的元组的 Z 分量的集合。

1. 选择(Selection,SL)

给定条件，选择符合条件的元组(行的集合)，表示为 $\delta_F(R)=\{t \mid t \in R \wedge F(t)=真\}$，其中 F 为选择条件，它是一个逻辑表达式，F 中的属性名可以用其序号代替。

【例 2.4】 有关系 R，求 $B=b_1$ 并且 $C=c_1$ 的关系，如图 2.8 所示。

R=

A	B	C
a_1	b_1	c_1
a_1	b_2	c_2
a_2	b_2	c_1

$\delta_{B=b_1 \wedge C=c_1}(R)=$

A	B	C
a_1	b_1	c_1

图 2.8 选择关系运算实例图

2. 投影(Projection,PJ)

从关系中选出若干列构成新的关系，表示为 $\pi_A(R)=\{t[A] \mid t \in R\}$。其中，A 为一个属性组(若干列)，F 中的属性名可以用其序号代替。

【例 2.5】 有关系 R，求由 A、C 两列组成的关系，如图 2.9 所示。

R=

A	B	C
a_1	b_1	c_1
a_1	b_2	c_2
a_2	b_2	c_1

$\pi_{A,C}(R)=$

A	C
a_1	c_1
a_1	c_2
a_2	c_1

图 2.9 投影关系运算实例图

3. 连接(Join,JN)

在两个关系的笛卡儿积上选择满足条件的元组，表示为：

$$R \underset{A\theta B}{\bowtie} S = \sigma R.A\theta S.B(R \times S)$$

这是从关系 R 与 S 的笛卡儿积中选取 R 的第 i 个属性和 S 的第 j 个属性值之间满足一定条件的元组，这些元组构成的关系是 $R \times S$ 的一个子集。

此外，连接还可以表示为(R)JN R. AθS. B(S)或 SL R. AθS. B(R×S)。

这里特别说明一下 AθB。

A、B 为度数相等的属性组，θ 为比较运算符，例如 $A>B$。

根据 θ 的不同，又分为以下几种连接。

(1) 等值连接：A=B。

(2) 自然连接(National Join,NJN)：A、B为相同属性组,去除重复的属性且等值。

对于等值连接 $R \underset{A=B}{\bowtie} S=\{t_r t_s \mid t_r \in R \wedge t_s \in S \wedge t_r[A]=t_s[B]\}$,其中A和B分别为R和S上度数相等且可比(同域值)的属性组。

自然连接用 $R \bowtie S$ 表示。

$R \bowtie S=\{t_r t_s \mid t_r \in R \wedge t_s \in S \wedge \ t_r[A]=t_s[A]\}$(集合表示)

在 $R \bowtie S=\pi_{i_1,i_2,\cdots,i_p}(\sigma R.A_1=S.A_1 \wedge R.A_2=S.A_1 \wedge \cdots \wedge R.A_K=S.A_K(R \times S))$ 中,$A(A_1,A_2,\cdots,A_K)$ 是关系R和S的公共属性集。如果R为 m 目、S为 n 目,公共属性有 k 个,则 $p=m+n-k$(去除重复)。

两个关系必须含有公共属性组A。

其意义为从笛卡儿积中选出公共属性值相等的元组集合,构成一个新的关系。

在结果中把重复的属性列(水平方向)去除。

自然连接也可以用(R)NJN(S)表示。

【例2.6】 有如图2.10(a)、(b)所示的两个关系R与S,(c)为R和S的大于连接(C>D),(d)为R和S的等值连接(C=D),(e)为R和S的等值连接(R.B=S.B),(f)为R和S的自然连接。

A	B	C
a_1	b_1	2
a_1	b_2	4
a_2	b_3	6
a_2	b_4	8

(a) R

B	D
b_1	5
b_2	6
b_3	7
b_3	8

(b) S

A	R.B	C	S.B	D
a_2	b_3	6	b_1	5
a_2	b_4	8	b_1	5
a_2	b_4	8	b_2	6
a_2	b_4	8	b_3	7

(c) 大于连接(C>D)

A	R.B	C	S.B	D
a_2	b_3	6	b_2	6
a_2	b_4	8	b_3	8

(d) 等值连接(C=D)

A	R.B	C	S.B	D
a_1	b_1	2	b_1	5
a_1	b_2	4	b_2	6
a_2	b_3	6	b_3	7
a_2	b_3	6	b_3	8

(e) 等值连接(R.B=S.B)

A	B	C	D
a_1	b_1	2	5
a_1	b_2	4	6
a_2	b_3	6	7
a_2	b_3	6	8

(f) 自然连接

图2.10 连接运算实例

(3) 左连接(Left Join,LJN)："R左连接S"的结果关系是包括所有来自R的元组和那些连接字段相等处的S的元组,表示为(R)LJN(S)。

(4) 右连接(Right Join,RJN)："R右连接S"的结果关系是包括所有来自S的元组和那些连接字段相等处的R的元组,表示为(R)RJN(S)。其中,关系R和S有相同的属性集合$(A_1,A_2,\cdots,A_K)$,$R.A_1=S.A_1 \wedge R.A_2=S.A_2 \wedge \cdots \wedge R.A_K=S.A_K$。

4. 除法(Division)

设有关系R(X,Y)和S(Y,Z),其中X、Y、Z为属性组。R中的Y与S中的Y可以不同名,但必须出自同一域集。R和S的除法运算表示为W=R÷S。

除法操作的结果为产生一个新关系W。W是R中满足下列条件的元组在X属性列上的投影,即元组在X上分量值x的象集Yx包含S在Y上投影的集合,记为$W=\{t_r[X] \mid t_r \in R \wedge \pi_y(S) \subseteq Yx\}$,其中Yx为x在R中的象集,$x=t_r[X]$。

【例2.7】 已知关系R、S,求R÷S,如图2.11所示。

R

A	B	C
a_1	b_1	c_2
a_2	b_3	c_7
a_3	b_4	c_6
a_1	b_2	c_3
a_4	b_6	c_6
a_2	b_2	c_3
a_1	b_2	c_1

S

B	C	D
b_1	c_2	d_1
b_2	c_1	d_2
b_2	c_3	d_3

R÷S

A
a_1

图2.11 关系除法实例

在关系R中,A取4个值,即$\{a_1,a_2,a_3,a_4\}$。其中,a_1的象集为$\{(b_1,c_2),(b_2,c_3),(b_2,c_1)\}$;$a_2$的象集为$\{(b_3,c_7),(b_2,c_3)\}$;$a_3$的象集为$\{(b_4,c_6)\}$;$a_4$的象集为$\{(b_6,c_6)\}$。

S在(B,C)上的投影为$\{(b_1,c_2),(b_2,c_1),(b_2,c_3)\}$,显然只有$a_1$的象集(B,C),$a_1$包含了S在(B,C)属性组上的投影,因此R÷S=$\{a_1\}$。

2.4 关系演算*

关系演算是把数理逻辑中的谓词演算应用到关系的运算。

关系演算语言按谓词变元不同分为元组关系演算和域关系演算。关系演算语言的典型代表是ALPHA语言,域关系演算语言的典型代表是QBE(Query by Example)语言。

在关系演算中,表达关系操纵的几个概念如下。

- 谓词(Vt):
  例如Taller(Tom,Mike),则Taller为谓词,(　　)中为操纵对象,表达含义为Tom is taller than Mike。
- 记号:
  存在量词any:存在。
  全称量词every:任意,所有。

2.4.1 元组关系演算

元组关系演算是以元组变量作为谓词变元的基本对象。

元组关系演算语言的典型代表是E.F.Codd提出的ALPHA语言,这种语言虽然没有实际实现,但较有名气,Ingres关系数据库上使用的QUEL就是在ALPHA语言的基础上研制的。

元组关系演算表达式：

$$\{t \mid \phi(t)\}$$

(1) t 表示元组的集合。

(2) $\phi(t)$为元组关系演算公式(当其为真时指所有元组)。

以 ALPHA 语言为例，元组关系演算语言的格式如下：

操作语句 工作空间(表达式)：操作条件

其主要语句有 GET、PUT、HOLD、UPDATE、DELETE 和 DROP。

例如 GET W(SC. Cno)，含义是无条件查询选修的课程号码。

2.4.2 域关系演算

域关系演算是关系演算的另一种形式。

域关系演算是以元组变量的分量(即域变量)作为谓词变元的基本对象。

域关系演算语言的典型代表是 1975 年由 IBM 公司的约克城高级研究试验室的 M. M. Zloof 提出的 QBE 语言，该语言于 1978 年在 IBM 370 上实现。

QBE 是 Query by Example 的缩写，也称为示例查询，它是一种很有特色的屏幕编辑语言。

域关系演算表达式：

$$\{t_1\ t_2 \cdots t_k \mid \phi(t_1, t_2, \cdots, t_k)\}$$

(1) t_i 表示域变量。

(2) $\phi(t_1, t_2, \cdots, t_k)$为元组关系演算公式(所有使其为真的 $t_1, t_2, \cdots, t_k$ 组成的元组集合)。

以 QBE 为例，域关系演算语言的主要操作符如下：

P(查找)、AO(升)、DO(降)、I(插入)、U(更改)和 D(删除)。

QBE 语言的特点如表 2.1 所示。

表 2.1 QBE 语言的特点

特　　点	具体描述
以表格形式进行操作	每一个操作都由一个或几个表格组成，每一个表格都显示在终端的屏幕上，用户通过终端屏幕编辑程序以填写表格的方式构造查询要求，查询结果也以表格的形式显示出来，所以它具有直观和可对话的特点
通过例子进行查询	通过使用一些实例，使该语言更易于为用户接受和掌握
查询顺序自由	当有多个查询条件时，不要求使用者按照固定的思路和方式进行查询，使用更加方便

使用 QBE 语言的步骤如下：

(1) 用户根据要求向系统申请一张或几张表格，显示在终端上。

(2) 用户在空白表格左上角的一栏内输入关系名。

(3) 系统根据用户输入的关系名，在第一行从左至右自动填写各个属性名。

(4) 用户在关系名或属性名下方的一格内填写相应的操作命令，操作命令包括 P(打印或显示)、U(修改)、I(插入)、D(删除)。如果要打印或显示整个元组，应将“P”填在关系名的下方；如果只需打印或显示某一属性，应将“P”填在相应属性名的下方。

小　结

关系数据库系统是目前使用最广泛的数据库系统，本书的重点也是讨论关系数据库系统。

本章系统地介绍了关系数据库的一些基本概念，其中包括关系模型的数据结构、关系的完整性及其关系操作。

本章结合实例详细介绍了E-R图如何转换为关系以及关系代数和关系演算两种关系运算，讲解了元组关系演算语言(ALPHA、QUEL)和域关系演算语言(QBE)的具体使用方法。

这些概念及方法非常重要。

课　后　题

一、选择题

1. 设关系R和S的属性个数分别为r和s，则(R×S)操作结果的属性个数为(　　)。

A. r+s　　B. r−s　　C. r×s　　D. max(r,s)

2. 在基本的关系中，下列说法正确的是(　　)。

A. 行列顺序有关　　B. 属性名允许重名

C. 任意两个元组不允许重复　　D. 列是非同质的

3. 在关系数据模型中，把(　　)称为关系模式。

A. 记录　　B. 记录类型　　C. 元组　　D. 元组集

4. 在对一个关系做投影操作后，新关系的基数个数(　　)原来关系的基数个数。

A. 小于　　B. 小于或等于　　C. 等于　　D. 大于

5. 关系运算中花费时间可能最长的运算是(　　)。

A. 投影　　B. 选择　　C. 广义笛卡儿积　　D. 并

二、填空题

1. 关系中数据完整性规则包括________、________、________、________。

2. 关系代数中专门的关系运算包括________、________、________、________。

3. 关系数据库的关系演算语言是以________为基础的DML语言。

4. 在关系数据库中，关系称为________，元组也称为________，属性也称为________。

5. 在关系数据模型中，两个关系R_1与R_2之间存在$1:m$的联系，可能转化成的关系模式有________或者________几个。

三、简答题

1. 简述关系数据库的数据完整性。

2. E-R模型转换成关系模式有哪些规则？

四、综合题

1. 分析学生管理系统，画出E-R图，并转换成关系模式。

2. 分析图书管理系统，画出E-R图，并转换成关系模式。

3. 有关系 R、S(如图 2.12 所示)，计算 $R \times S$、$\Pi_{3,2}(R)$、$\sigma_{C<5}(R)$、$R \underset{C<E}{\infty} S$、$R \infty S$、$R \div S$。

R

A	B	C
a_1	b_1	5
a_1	b_2	6
a_2	b_3	8
a_2	b_4	12

S

B	E
b_1	3
b_2	7
b_3	10
b_3	2
b_4	2

图 2.12　关系 R、S

第3章 关系数据库设计理论

重点难点解析

典题例题

知识结构图

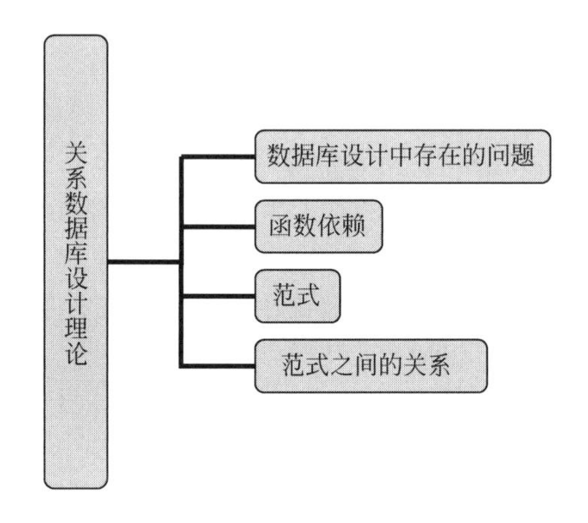

学习目标

了解数据库设计中存在的问题
了解函数依赖的概念
掌握范式的使用方法

导入案例

设计的数据库是否实用、高效？或者是否合理、正确？用户可以依据关系数据库设计理论进行核查。当然，在一般情况下，按照将 E-R 模型转化为关系模式的理论方法进行数据库模式设计是不会出现太大问题的，那么关系数据库设计理论也可以验证或者解释转化原理的必要性和有效性。错误的或者不合理的关系模式必然会在数据库进行增、删、改、查操作时发生种种异常。范式及范式之间的关系是关系模式进行规约和转化的理论基础，是重点学习内容。

3.1 数据库设计中存在的问题

视频讲解

数据库设计是否有据可依？为什么一定要遵循一定的原则？随意安排的一个关系模式到底容易出现哪些问题？例如设计学生关系模式 S(SNO,

SNAME,DEPT,HEAD,CNO,G),如图 3.1 所示,这个关系模式是否能满足基本的数据操作?

学号 SNO	姓名 SNAME	系 DEPT	系主任 HEAD	课程号 CNO	成绩 G
S01	杨明	D01	李一	C01	90
S02	李婉	D01	李一	C01	87
S01	杨明	D01	李一	C02	92
S03	刘海	D02	王二	C01	95
S04	安然	D02	王二	C02	78
S05	乐天	D03	赵三	C01	82

图 3.1　学生关系模式

数据操作包括增、删、改、查 4 种,但分析来看,上面的关系模式在进行具体操作时会发生插入异常、删除异样、数据冗余和更新异常等问题。

(1) 插入异常:如果一个系刚成立没有学生,或者有了学生但学生尚未选课,那么就无法将这个系及其负责人的信息插入数据库。

(2) 删除异常:如果某个系的学生全部都毕业了,则删除该系学生及其选修课程的同时把这个系及其负责人的信息也删掉了。

(3) 数据冗余:学生及其所选课程很多,而系主任只有一个,但其却要和学生及其所选课程出现的次数一样多。

(4) 更新异常:如果某个系要更换系主任,就必须修改这个系的学生所选课程的每个元组,修改其中的系主任信息。若有疏忽,就会造成数据的不一致。

发生这些操作异常的原因是把多个实体型用一个关系模式表示,解决办法是将现有关系模式进行分解,如图 3.2 所示。

SNO	CNO	G
S01	C01	90
S02	C01	87
S01	C02	92
S03	C01	95
S04	C02	78
S05	C01	82

SNO	SNAME	DEPT
S01	杨明	D01
S02	李婉	D01
S03	刘海	D02
S04	安然	D02
S05	乐天	D03

DEPT	HEAD
D01	李一
D02	王二
D03	赵三

图 3.2　分解后的关系模式

那么如何设计、验证和修改关系模式?首要的问题是将关系模式中各属性之间的关系分析清楚。一个关系模式中各属性之间的关系可以被分成存在函数依赖和不存在函数依赖两种。用户可以依据不同的依赖关系将关系模式修正,将具体操作中的诸多问题消除。

3.2 函数依赖

视频讲解

一个实体型的诸属性之间具有内在的联系。通过对这些联系进行分析,可以做到一个关系模式只表示一个实体型的信息,从而消除上述问题。在关系模型中,实体类型属性间这种既相互依赖又相互制约的关系称为数据依赖。

数据依赖是通过关系中属性值的相等与否体现出来的数据间的相互关系,它是现实世界属性间相互联系的抽象,是数据内在的性质,是语义的体现。其中最重要的是函数依赖。

分析函数依赖关系可以改造性能较差的关系模式集合。

函数依赖极为普遍地存在于现实生活中。考查关系模式 S(SNO,SNAME,DEPT,HEAD,CNO,G),由于一个 SNO 只对应一个学生,而一个学生只能在一个系中学习,所以当 SNO 的值确定后,SNAME 和 DEPT 也被唯一确定了。就像自变量 x 确定后,相应的 $f(x)$ 也被确定了一样。通常说 SNO 函数决定(SNAME,DEPT),而(SNAME,DEPT)函数依赖于 SNO。

1. 关于函数的定义

(1) 函数依赖:设 R(U)是属性集 U 上的关系模式,X,Y⊆U,r 是 R(U)上的任意一个关系,如果对任意两个元组 t,s∈r,若 t[X]=s[X],则 t[Y]=s[Y],那么称“X 函数决定 Y”或“Y 函数依赖于 X”,记作 X→Y,称 X 为决定因素或决定属性集。

例如 SNO→SNAME,(SNO,CNO)→G。

函数依赖是不随时间变化的。若关系 R 具有函数依赖 X→Y,那么虽然关系 R 的值随时间变化,从而 R[X,Y] 也会发生变化,但 R[X,Y]在任一特定时刻仍保持为一个函数。

函数依赖与属性间的联系类型有关。当 X、Y 之间是“一对一”联系时,则存在函数依赖 X→Y 和 Y→X;当 X、Y 之间是“多对一”联系时,则存在函数依赖 X→Y;当 X、Y 之间是“多对多”联系时,则不存在函数依赖。

函数依赖不是指关系模式 R 的某个或某些元组满足的约束条件,而是指 R 的一切元组均要满足的约束条件。

函数依赖是现实世界中属性间关系的客观存在和数据库设计者的人为强制相结合的产物。

(2) 平凡函数依赖:如果 X→Y,但 Y⊈X,则称其为非平凡函数依赖,否则称其为平凡函数依赖。

例如(SNO,SNAME)→SNAME 是平凡函数依赖。

(3) 部分函数依赖:在 R(U)中,如果 X→Y,且对于任意 X 的真子集 X′都有 X′↛Y,则称 Y 对 X 完全函数依赖,记作 $X \xrightarrow{f} Y$,否则称 Y 对 X 部分函数依赖,记作 $X \xrightarrow{p} Y$。

$$(SNO,CNO) \xrightarrow{f} G$$

$$(SNO,CNO) \xrightarrow{p} SNAME$$

(4) 传递函数依赖:在 R(U)中,如果 X→Y,Y→Z,且 X 不包含 Y,Y↛X,则称 Z 对 X 传递函数依赖。

【例 3.1】 SNO→DEPT,DEPT→HEAD,HEAD 对 SNO 传递函数依赖。

2. 关于键的定义

(1) 超键：设 K 为 R(U,F)的属性或属性组，若 K→U，则称 K 为 R 的超键。

【例 3.2】 SNO→U,(SNO,SNAME)→U。

(2) 候选键：设 K 为 R(U,F)的属性或属性组，若 K 满足以下条件，则称 K 为 R 的一个候选键。

条件 1：K→U。

条件 2：不存在 K 的真子集 Z 使得 Z →U 成立。

或者：设 K 为 R(U,F)的超键，若 K $\xrightarrow{f}$U，则称 K 为 R 的候选键。

例如 SNO→U。

(3) 主键：若 R(U,F)有多个候选键，则可以从中选择一个作为 R 的主键。

主键是唯一确定一个实体的最少属性的集合。

例如，S 关系模式中的 SNO；SC 关系模式中的(SNO,CNO)。

(4) 键属性：包含在任何一个候选键中的属性，称为键属性。

(5) 非键属性：不包含在任何一个候选键中的属性，称为非键属性。

(6) 全键：关系模式的键由整个属性组构成。

例如关系模式 S(SNO,SNAME,DEPT,HEAD,CNO,G)，主键为(SNO,CNO)。

【例 3.3】 指出关系模式 S(SNO,SNAME,DEPT,HEAD,CNO,G)中的函数依赖。

(SNO,CNO)$\xrightarrow{f}$G

SNO→SNAME,(SNO,CNO)$\xrightarrow{p}$SNAME

SNO→DEPT,(SNO,CNO)$\xrightarrow{p}$DEPT

DEPT→HEAD,(SNO,CNO)$\xrightarrow{p}$HEAD

3.3 范　　式

视频讲解

范式是对关系的不同数据依赖程度的要求。如果一个关系满足某个范式所指定的约束集，则称它属于某个特定的范式。

范式(简称 NF)从低级到高级依次可分为 1NF、2NF、3NF、BCNF、4NF、5NF 乃至更高。范式之间的包含关系如图 3.3 所示。

下面将结合实例对范式及其相关概念进行解释。

1. 规范化

一个低一级范式的关系模式，通过模式分解可以转换为若干个高级范式的关系模式的集合，这一过程称为规范化。

2. 1NF

关系中的每一个分量必须是原子的，不可再分。即不能以集合、序列等作为属性值。

【例 3.4】 图 3.4 所示的关系是否满足第一范式？为什么？如何解决？

图 3.4(a)所示的关系不满足 1NF，因为不满足原子性，分解成图 3.4(b)后满足 1NF。

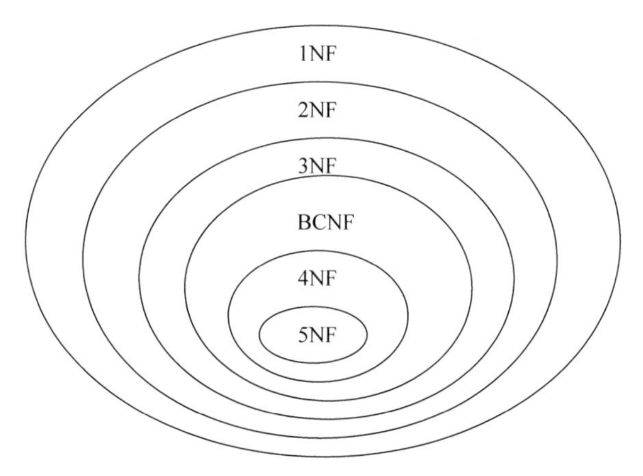

图 3.3　范式之间的包含关系

SNO	TNO
S1	{T1,T2,T3}

(a) 分解前

SNO	TNO	TNO	TNO
S1	T1	T2	T3

(b) 分解后

图 3.4　1NF 分解实例

3. 2NF

若 R∈1NF,且每个非键属性完全依赖于键,则称 R∈2NF。

将 1NF 的关系模式规范化为 2NF 的关系模式,其方法是消除 1NF 的关系模式中非键属性对键的部分依赖。

思考:如果关系 R 的所有属性都是 R 的键属性,或者 R 的所有候选键都只含一个属性,那么 R 是否属于第二范式?

答:属于 2NF。因为 R 的所有候选键都只含一个属性,所以满足 1NF;但不存在非键属性,所以满足 2NF 的定义。

规范化到 2NF 的必要性见例 3.5。

【例 3.5】 分析关系模式 S($\underline{\text{SNO}}$,SNAME,DEPT,HEAD,$\underline{\text{CNO}}$,G)在实际应用中有何问题?为什么?如何解决?

答:不良特性如下。

插入异常:如果学生没有选课,关于他的个人信息及所在系的信息就无法插入。

删除异常:如果删除学生的选课信息,则有关他的个人信息及所在系的信息也随之删除了。

更新异常:如果学生转系,若他选修了 k 门课,则需要修改 k 次。

数据冗余:如果一个学生选修了 k 门课,则有关他的所在系的信息重复。

原因:S∉2NF,因为(SNO,CNO)$\xrightarrow{p}$SNAME,(SNO,CNO)$\xrightarrow{p}$DEPT。

解决办法:规范化。

步骤:

(1) 找出关系模式中所有的完全函数依赖。

(SNO,CNO)→G,SNO→SNAME,SNO→DEPT,DEPT→HEAD。

(2) 将满足完全函数依赖的属性关系划分到一个关系模式中。

SC(SNO,CNO,G)∈2NF

S_SD(SNO,SNAME,DEPT,HEAD)∈2NF

4. 传递函数依赖

在关系模式 R(U)中,如果 X→Y,Y→Z,并且 X 不包含 Y,Y↛X,则称 Z 对 X 传递函数依赖。

5. 3NF

在关系模式 R(U,F)中,若不存在这样的键 X、属性组 Y 及非键属性 Z(Z⊈Y),使得 X→Y、Y→Z、Y↛X 成立,则称 R∈3NF。

将 2NF 的关系模式规范化为 3NF 的关系模式,其方法是消除 2NF 的关系模式中非键属性对键的传递依赖。

2NF 规范化到 3NF 的必要性见例 3.6。

【例 3.6】 关系模式 S_SD(SNO,SNAME,DEPT,HEAD)在实际应用中有何问题?为什么?如何解决?

答:不良特性如下。

插入异常:如果系中没有学生,则有关系的信息就无法插入。

删除异常:如果学生全部毕业了,则在删除学生信息的同时有关系的信息也随之删除了。

更新异常:如果学生转系,不仅要修改 DEPT,还要修改 HEAD,如果换系主任,则该系的每个学生元组都要做相应修改。

数据冗余:每个学生都存储了所在系的系主任的信息。

原因:S_SD∉3NF,因为 SNO→DEPT,DEPT→HEAD。

解决办法:规范化。

步骤:

(1) 找出传递依赖关系。

(2) 在原关系模式中去除传递依赖主属性的属性,并将起传递作用的属性和其决定的属性组成新的关系模式。

将 S_SD 分解为 STUDENT(SNO,SNAME,DEPT),DEPT(DEPT,HEAD)。

6. BCNF 范式

若关系模式 R(U,F)∈1NF,如果对于 R 的每个函数依赖 X→Y,且 Y⊈X 时,X 必含有键,则 R(U,F)∈BCNF。

由 BCNF 的定义可以看到,每个 BCNF 的关系模式都具有以下 3 个性质:

(1) 所有非键属性都完全函数依赖于每个候选键。

(2) 所有键属性都完全函数依赖于每个不包含它的候选键。

(3) 没有任何属性完全函数依赖于非键的任何一组属性。

也就是说,如果关系模式 R 的每一个决定因素都包含键,则 R 属于 BCNF 范式(不存在非键决定因素)。

【例 3.7】 有 STJ(S,T,J),S 表示学生,T 表示教师,J 表示课程。每个教师只教一门课，每门课由若干教师教，某一学生选定某门课就确定了一个固定的教师，因此具有函数依赖 T→J，(S，J)→T，(S，T)、(S，J)为候选键。请问 STJ 在实际应用中有何问题？为什么？如何解决？满足 BCNF 范式吗？

答：不良特性如下。

插入异常：如果没有学生选修某个教师的任课，则该教师担任课程的信息就无法插入。

删除异常：删除学生选课信息，会删除掉教师的任课信息。

更新异常：如果教师所教的课程有所改动，则所有选修该教师课程的学生元组都要做改动。

数据冗余：每位学生都存储了有关教师所教的课程的信息。

原因：键属性对键的不良依赖。如 STJ∉BCNF，因为 T→J，而 T 不含有键。

改造：将 STJ 分解为(S，T)，(T，J)。

【例 3.8】 考虑两个关系，分析它们是否满足 3NF 和 BCNF 范式。

(1) 关系模式 S(S＃，SNAME，SADD，SAGE)，限制 SNAME 唯一；

(2) 关系模式 SS(S＃，SNAME，C＃，G)，限制 SNAME 唯一。

答：在 S(S＃，SNAME，SADD，SAGE)中，键为 S＃ 和 SNAME，且除此以外无其他决定因素，是 3NF 范式和 BCNF 范式。

在 SS(S＃，SNAME，C＃，G)中，键为(S＃，C＃)和(SNAME，C＃)，非主属性 G 不传递任何候选键，所以 SS 是 3NF 范式，但它不是 BCNF 范式。因为 S＃→SNAME，S＃ 不是 SS 的候选键。

一个关系数据库模式中的关系都属于 BCNF，则在函数依赖的范畴内已实现了彻底的分离，消除了插入、删除和修改的异常。3NF 的“不彻底”性表现在当关系模式具有多个候选键，且这些候选键具有公共属性时，可能存在主属性对键的部分依赖和传递依赖。

关系模式的属性之间除了函数依赖以外，还存在多值依赖关系。

【例 3.9】 有关系模式 TEACH(C＃，P＃，B＃)，一门课程由多个教师担任，一门课程使用相同的一套参考书，如图 3.5 所示。它是否属于 BCNF 范式？在实际应用中有何问题？

C#	P#	B#
物理	{张明，张平}	{普通物理学，光学原理}
化学	{张明，王微}	{无机化学，有机化学}

(a) 原始数据

C#	P#	B#
物理	张明	普通物理学
物理	张明	光学原理
物理	张平	普通物理学
物理	张平	光学原理
化学	张明	无机化学
化学	张明	有机化学
化学	王微	无机化学
化学	王微	有机化学

(b) 规范到BCNF的关系模式

图 3.5　TEACH 关系模式

答：它的键是(C#,P#,B#)，是全键，没有函数依赖关系，所以属于 BCNF 范式。

其不良特性如下。

插入异常：当某门课程增加一个教师时，该门课程有多少本参考书就必须插入多少个元组；同样，当某门课程需要增加一本参考书时，它有多少个教师就必须插入多少个元组。

删除异常：当删除一门课程的某个教师或者某本参考书时，需要删除多个元组。

更新异常：当一门课程的教师或参考书作出改变时，需要修改多个元组。

数据冗余：同一门课的教师与参考书的信息被反复存储多次。

7. 多值依赖

(1) 描述型定义：设 R(U)是属性集 U 上的一个关系模式，X、Y、Z 是 U 的子集，并且 Z=U−X−Y，关系模式 R(U)中多值依赖 X→→Y 成立，当且仅当在 R(U)的任一关系 r 中，对于给定的 X 属性值，都有一组 Y 的值与之对应，而与其他属性 Z 值无关。

例如在关系模式 TEACH 中，对(物理，普通物理学)有一组 P#值(张明，张平)，对(物理，光学原理)也有一组 P#值(张明，张平)，这组值仅取决于 C#的取值，而与 B#的取值无关。因此，P#多值依赖于 C#，记作 C#→→P#，同样有 C#→→B#。

(2) 形式化定义：在 R(U)的任一关系 r 中，如果存在元组 t、s，使得 t[x]=s[x]，那么就必然存在元组 w，v∈r(w、v 可以与 s、t 相同)，使得：

$$w[X]=s[X]=v[X]=t[X]$$
$$w[Y]=t[Y],v[Y]=s[Y]$$
$$w[Z]=s[Z],v[Z]=t[Z]$$

则称 Y 多值依赖于 X，记作 X→→Y。

若(C#,P#,B#)满足 C#→→P#，含有元组 t=(物理，张明，普通物理学)，s=(物理，张平，光学原理)，则也一定含有元组 w=(物理，张明，光学原理)，v=(物理，张平，普通物理学)。

多值依赖有如下性质：

(1) 多值依赖具有对称性，即若 X→→Y，则 X→→Z，其中 Z=U−X−Y。

(2) 函数依赖是多值依赖的特例，即若 X→Y，则 X→→Y。

(3) 若 X→→Y，U−X−Y=φ，则称 X→→Y 为平凡的多值依赖。

函数依赖与多值依赖的区别如下：

X→Y 的有效性仅决定于 X、Y 属性集上的值，它在任何属性集 W(XY⊆W⊆U)上都成立。

若 X→Y 在 R(U)上成立，则对于任何 Y′⊆Y，均有 X→Y′成立。

X→→Y 的有效性与属性集范围有关。

X→→Y 在属性集 W(XY⊆W⊆U)上成立，但在 U 上不一定成立。

X→→Y 在 U 上成立⇒X→→Y 在属性集 W(XY⊆W⊆U)上成立。

若在 R(U)上，X→→Y 在属性集 W(XY⊆W⊆U)上成立，则称 X→→Y 为 R(U)的嵌入式多值依赖。

若 X→→Y 在 R(U)上成立，则不能断言对于 Y′⊆Y 是否有 X→→Y′成立。

8. 4NF

关系模式 R(U,F)∈1NF,如果对于 R 到每个非平凡的多值依赖 X→→Y(Y⊈X),X 都含有键,则称 R∈4NF。

4NF 就是限制关系模式的属性之间不允许有非平凡且非函数依赖的多值依赖。因为根据定义,对于每一个非平凡的多值依赖 X→→Y,X 都含有候选键,于是就有 X→Y,所以 4NF 允许的非平凡的多值依赖实际上是函数依赖。

例如关系模式 CPB,C#→→P#,C#→→B#,键为(C#,P#,B#),所以 CPB∉4NF。如果一门课 C_i 有 m 个教师、n 本参考书,则关系中分量为 C_i 的元组共有 $m\times n$ 个,数据冗余非常大。

改造:将 CPB 分解为 CP(C#,P#),CB(C#,B#),在分解后的关系中分量为 C_i 的元组共有 $m+n$ 个,如图 3.6 所示。

CP

C#	P#
物理	张明
物理	张平
化学	张明

CB

C#	B#
物理	普通物理学
物理	光学原理
化学	无机化学

图 3.6　4NF 分解实例

3.4　范式之间的关系

在 3.3 节中,对于范式的定义,并未全部说明此范式满足上一级范式,本节将证明范式之间的包含关系是对的,即 4NF⊂BCNF⊂3NF⊂2NF⊂1NF。

证明 3.1:3NF⊂2NF

证明:反证法。

若 R∈3NF,但 R∉2NF,则按 2NF 的定义,一定有非键属性部分依赖于键。

设 X 为 R 的键,则存在 X 的真子集 X′,以及非键属性 Z(Z⊄X′),使得 X′→Z。

于是在 R 中存在键 X、属性组 X′以及非键属性 Z(Z⊄X′),使得 X→X′,X′↛Z,(X′→X),X →Z 成立,这与 R∈3NF 矛盾,所以 R∈2NF。

证明 3.2:BCNF⊂3NF

证明:反证法。

若 R∈BCNF,但 R∉3NF,则按 3NF 的定义,一定有非键属性对键的传递依赖,于是存在 R 的键 X、属性组 Y 以及非主属性 Z(Z⊄Y),使得 X→Y,Y→Z,Y↛X 成立。

由 Y→Z,按 BCNF 的定义,Y 含有键,于是 Y→X 成立,这与 Y↛X 矛盾,所以 R∈3NF。

小　　结

平凡函数依赖:如果 X→Y,但 Y⊈X,则称其为非平凡函数依赖,否则称为平凡函数依赖。例如(SNO,SNAME)→SNAME 是平凡函数依赖。

部分函数依赖：在 R(U)中，如果 X→Y，且对于任意 X 的真子集 X′都有 X′↛Y，则称 Y 对 X 完全函数依赖，记作 $X \xrightarrow{f} Y$，否则称 Y 对 X 部分函数依赖，记作 $X \xrightarrow{p} Y$。例如 $(SNO,CNO) \xrightarrow{f} G$，$(SNO,CNO) \xrightarrow{p} SNAME$。

传递函数依赖：在 R(U)中，如果 X→Y，Y→Z，且 X 不包含 Y，Y↛X，则称 Z 对 X 传递函数依赖。

1NF 的主要判断依据是每个属性是否满足原子性。

2NF 的主要判断依据是所有非键属性必须完全函数依赖于键。

3NF 的主要判断依据是属性之间不存在传递函数依赖。

BCNF 的主要判断依据是起决定作用的属性必须包含键。

BCNF 之前的所有范式适用于规范两个实体及其之间的关系。4NF 是用来规范 3 个实体之间的关系的，做法一般是将模式分解为两两实体之间的关系。

范式之间的关系是 4NF⊂BCNF⊂3NF⊂2NF⊂1NF。

范式是检查数据库设计是否合理的标准，函数依赖是理解范式的重要概念。各级别的范式规范是解释数据库设计所遵循的理论的重要依据。

课 后 题

一、选择题

1. 关系模式中数据依赖问题的存在可能会导致库中数据插入异常，这是指(　　)。
   A. 插入了不该插入的数据
   B. 数据插入后导致数据库处于不一致状态
   C. 该插入的数据不能实现插入
   D. 以上都不对
2. 关系模式中的候选键(　　)。
   A. 有且仅有一个　　B. 必然有多个
   C. 可以有一个或多个　　D. 以上都不对
3. 在规范化的关系模式中，所有属性都必须是(　　)。
   A. 相互关联的　　B. 互不相关的
   C. 不可分解的　　D. 长度可变的
4. 设关系模式 R 属于第一范式，若在 R 中消除了部分函数依赖，则 R 至少属于(　　)。
   A. 第一范式　　B. 第二范式
   C. 第三范式　　D. 第四范式
5. 若关系模式 R 中的属性都是主属性，则 R 至少属于(　　)。
   A. 第三范式　　B. BC 范式
   C. 第四范式　　D. 第五范式

二、填空题

1. 一个不好的关系模式会存在________异常、________异常和________等弊端。
2. 设 X→Y 为 R 上的一个函数依赖，若________，则称 Y 完全函数依赖于 X。

3. 包含R中所有属性的候选键称________。不在任何候选键中的属性称________。

4. Armstrong公理系统是________的和________的。

5. 第三范式是基于________依赖的范式,第四范式是基于________依赖的范式。

三、简答题

1. 解释下列术语的含义:函数依赖、平凡函数依赖、非平凡函数依赖、部分函数依赖、完全函数依赖、传递函数依赖、范式、无损连接性、依赖保持性。

2. 给出2NF、3NF、BCNF的形式化定义,并说明它们之间的区别和联系。

3. 试证明全码的关系必是3NF,也必是BCNF。

4. 要建立关于系、学生、班级、研究会等信息的一个关系数据库,规定一个系有若干专业,每个专业每年只招一个班;每个班有若干学生,一个系的学生住在同一个宿舍区;每个学生可参加若干研究会,每个研究会有若干学生;学生参加某研究会,有一个入会年份。

描述学生的属性有学号、姓名、出生年月、系名、班号、宿舍区。

描述班级的属性有班号、专业名、系名、人数、入校年份。

描述系的属性有系号、系名、系办公室地点、人数。

描述研究会的属性有研究会名、成立年份、地点、人数。

试给出上述数据库的关系模式;写出每个关系的最小依赖集(即基本的函数依赖集,不是导出的函数依赖);指出是否存在传递函数依赖;对于函数依赖左部是多属性的情况,讨论其函数依赖是完全函数依赖还是部分函数依赖,指出各关系的候选键、外部键。

第2篇
应用篇——数据库应用技术
SQL Server 2019

第4章 使用 SQL Server 设计数据库

典题例题

知识结构图

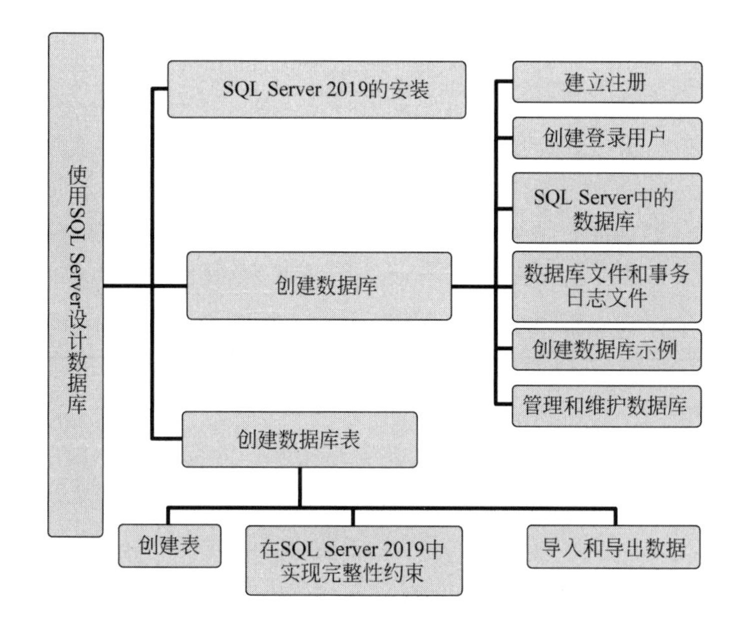

学习目标

了解 SQL Server 2019 的组成及功能

掌握数据库的创建

熟练掌握数据库表的创建

导入案例

SQL Server 2019 是目前最先进的数据库软件之一，它既是数据库系统软件的样板之作，也深受数据库应用者的青睐。如何使用具体的数据库软件设计一个完整的数据库，将之前的理论知识应用在具体的数据库软件实践中，使其得以验证？这是接下来各章节学习的重点。本章以使用 SQL Server 2019 设计数据库、数据库表为主，介绍 SQL Server 2019 的安装、主要组件，使用 SSMS 提供的图像化向导功能注册数据库服务器，创建用户，进行必要的安全管理，创建和管理数据库，在具体数据库中创建表、为表添加约束，并进行数据的导入/导出学习。这是应用的第一步，也是最为关键的一步。本章每个知识点都结合具体、实用的案例，读者在学习过程中会充满惊喜和乐趣。

4.1 SQL Server 2019 的安装

视频讲解

SQL Server 2019 是 Microsoft 公司推出的 SQL Server 最新版本，具有跨数据库访问、大数据等新性能，是真正的跨平台、高性能、智能化的数据库产品。

2019 年 11 月 6 日，Microsoft 公司终于推出了 SQL Server 2019 正式版。从年初推出预览版至此，SQL Sever 2019 至少经历了 CTPx. x 版本、RC 版、正式版。SQL Server 2019 的诸多测试版有安装过程较为艰难、复杂，大部分不支持从低级版本升级等缺陷。但 SQL Server 2019 正式版安装较为容易，且支持从 SQL Server 2008、SQL Server 2008 R2、SQL Server 2012 (11. x)、SQL Server 2014 (12. x) 或 SQL Server 2016 (13. x) 的实例升级到 SQL Server 2019。

SQL Server 2019 可以安装在 Windows 或者 Linux 操作系统上，实现了较为彻底的高速大数据数据库的安排。本书以在 Windows 10 上安装的 SQL Server 2019 正式版为基础进行学习。

在 Windows 操作系统上安装 SQL Server 2019 的软/硬件需求，如表 4.1 所示。

表 4.1 在 Windows 操作系统上安装 SQL Server 2019 的软/硬件需求

组　件	要　求
操作系统	Windows 10 TH1 1507 或更高版本 Windows Server 2016 或更高版本
内存*	最低要求： Express Editions：512MB 所有其他版本：1GB 建议： Express Editions：1GB 所有其他版本：至少 4GB，并且应该随着数据库大小的增加而增加，以确保性能最佳 (必须至少有 2GB RAM，才能在“数据库引擎服务”(DQS)中安装数据质量服务器组件)
处理器速度	最低要求：x64 处理器，1.4GHz 建议：2.0GHz 或更快
处理器类型	x64 处理器：AMD Opteron、AMD Athlon 64、支持 Intel EM64T 的 Intel Xeon 和支持 EM64T 的 Intel Pentium Ⅳ
硬盘	SQL Server 要求最少 6GB 的可用硬盘空间
监视器	SQL Server 要求有 Super-VGA (800x600) 或更高分辨率的显示器
Internet	使用 Internet 功能需要连接 Internet(可能需要付费)
注意*	为了使安装能够顺利进行，建议： (1) 在安装之前彻底卸载以往的 SQL Server 版本。 (2) 可以安装 Java 程序。 (3) 安装 Office 2016 或者更高版本

在做好基本的安装后，就可以进行 SQL Server 2019 的安装了。Microsoft 官网目前提供了 4 种 SQL Server 版本，即 SQL Server 2019 on-premises（本地安装）、SQL Server on Azure（直接在云中运行）、Developer 和 Express。选择下载安装 Developer 版本，之后打开 SQLServer2019-x64-CHS-Dev，选中 setup. exe 文件并运行，打开 SQL Server 2019 的安装向导，如图 4.1 所示。

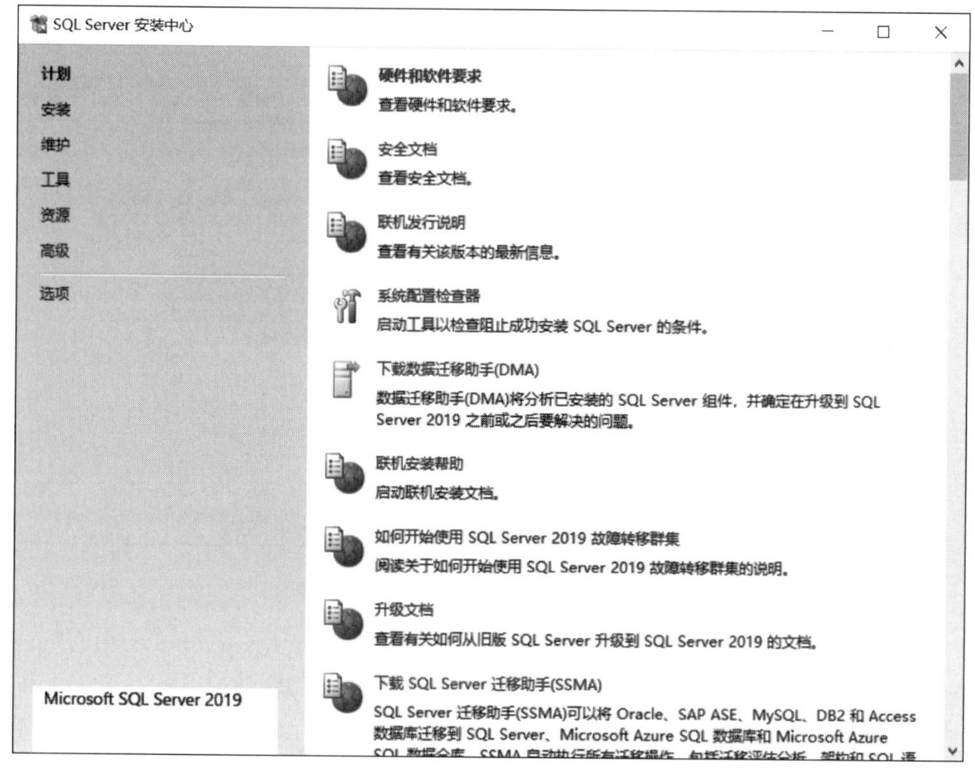

图 4.1　打开 SQL Server 2019 的安装向导

在左侧选项列表中选中“安装”选项，如图 4.2 所示。

在右侧的安装项目列表中单击第一项，即“全新 SQL Server 独立安装或向现有安装添加功能”。之后基本上按照默认设置，选择全部安装就可以了，但有以下几个注意事项：

（1）在实例配置页等处，需要明确用户、管理员或者用户权限时，一定要单击“添加当前用户”按钮，系统会自动填写用户名称。

（2）在数据库引擎配置页，会要求配置服务器，为了能够方便地进行数据库项目开发，一定要选择“混合模式(SQL Server 身份验证和 Windows 身份验证)”，而且密码要求设置为安全等级较高的非“sa”字符或者字符混合数字形式。

（3）因为是安装数据总服务器，所以在安装的时候要注意选择功能更全面的选项。

（4）在安装中，等待下载 *. cab 文件的时间会很长，甚至有时会无法下载导致安装失败，所以可以提前到 Microsoft 官网下载 4 个. cab 文件的脱机安装版本，即 SRO_3. 5. 2. 125_1033. cab、SRS_9. 4. 7. 25_1033. cab、SPO_4. 5. 12. 120_1033. cab 和 SPS_9. 4. 7. 25_1033. cab。将文件压缩包解压后，在安装进行到等待下载 *. cab 文件时，将 4 个同名文件夹复制到“C:\Windows\Temp”下即可，此后安装会快速顺利成功。

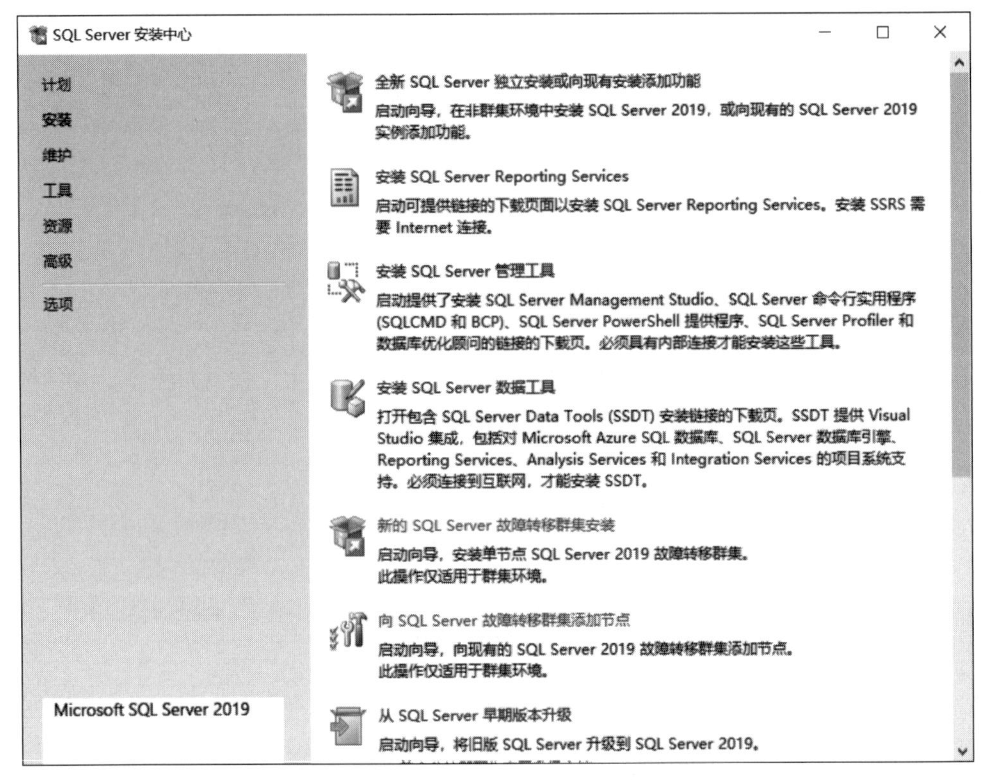

图 4.2　选中“安装”选项

(5) SSMS(SQL Server 管理工具)需要手动安装，打开“SQL Server 安装中心”页面，选中“安装”选项，在右侧单击“安装 SQL Server 管理工具”，下载 SSMS18.4 版。它和组件 SQL Server Reporting Services 及 SQL Server 数据工具最好都提前下载，这样在等待下载 *.cab 文件的时候就可以直接手动安装。

当所有功能都成功安装以后，当前机器的 SQL Server 服务会全部呈现启动状态，由此 SQL Server 2019 可以正常使用了，如图 4.3 所示。访问和管理 SQL Server 2019 主要还是使用 SSMS，单击“开始”按钮，选择“所有程序”→ Microsoft SQL Server Tools 18 → Microsoft SQL Server Management Studio 18，启动 SSMS，如图 4.4 所示。用户可以选择 Windows 身份验证或者 SQL Server 身份验证方式登录，这里选择后者，如图 4.5 所示。单击“连接”按钮，启动数据库服务，如图 4.6 所示。

(a) SQL Server服务全部启动

图 4.3　SQL Server 2019 安装成功后的截图

(b) 在"所有程序"中查看安装的SQL Server 2019

图 4.3 （续）

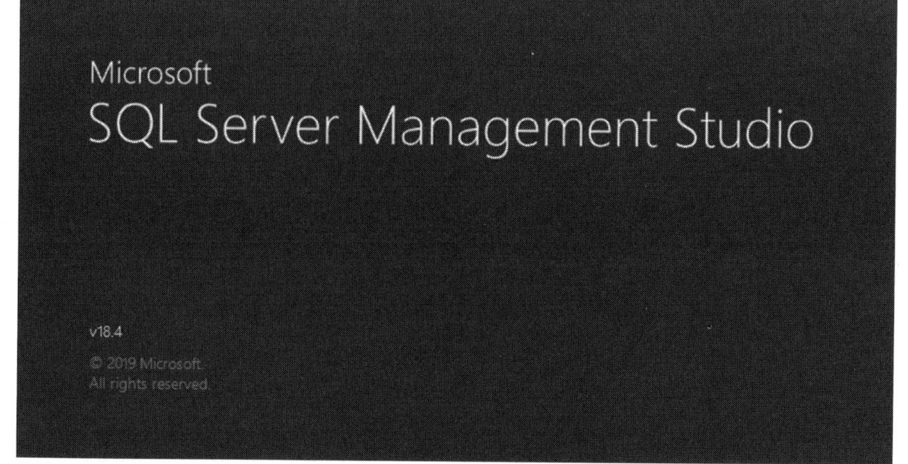

图 4.4 启动 SSMS

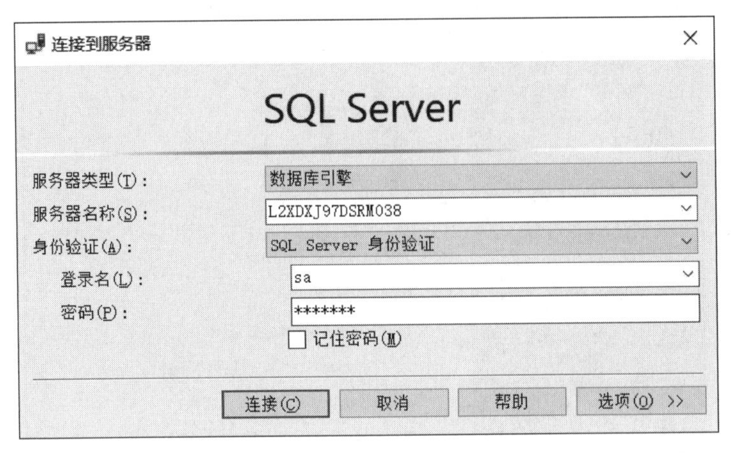

图 4.5　选择以 SQL Server 身份验证方式登录

图 4.6　启动数据库服务

4.2　创建数据库

视频讲解

4.2.1　建立注册

在启动服务管理器时，填写的服务器即是操作数据所在的服务器。在一般情况下，数据库服务安装在本机，用户也可以在本机上注册其他位置的服务，实现访问其他服务上的数据库的目的。SQL Server 2019 注册连接的服务，必须是区别于本身服务的其他服务才能与当前服务并列显示在对象资源管理器中，(local)、localhost、127.0.0.1 都视为与本机服务相同的服务。

注册服务的操作步骤如下。

在对象资源管理器中右击当前连接的服务，在弹出的快捷菜单中选择“注册”命令，如图 4.7 所示。

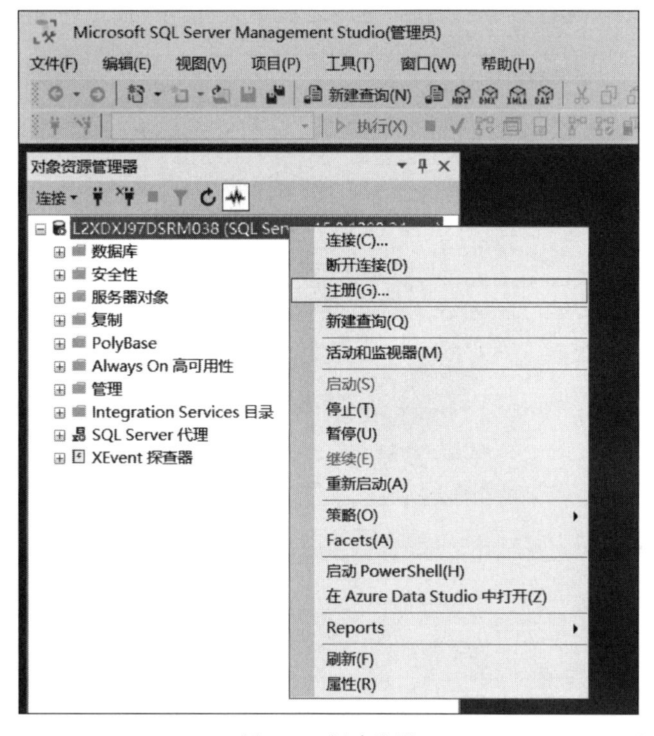

图 4.7　新建注册

之后会打开“新建服务器注册”对话框，如图 4.8 所示。

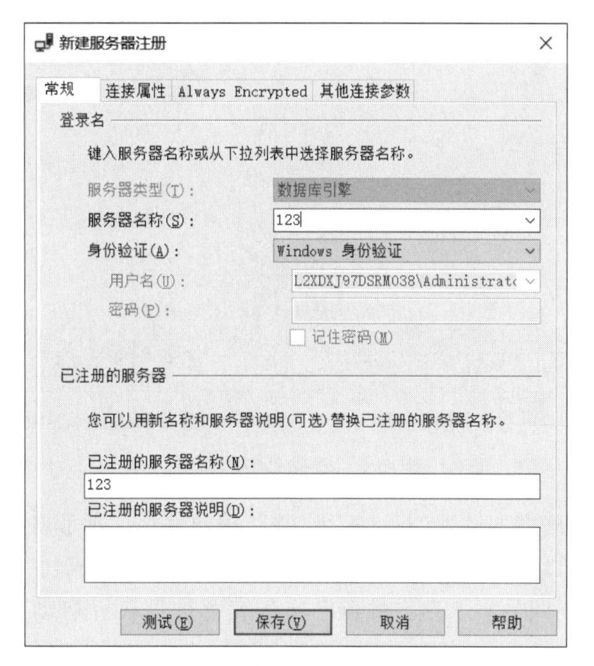

图 4.8　“新建服务器注册”对话框

在“常规”选项卡中，服务器类型默认为“数据库引擎”。填写服务器名称，直接填写网络内的服务器名称或者是 IP 地址均可，也可以在下拉列表框中选择服务器或者选择“浏览更多”，在本地或者网络内选择服务器名称，选中之后单击“确定”按钮即可，如图 4.9 所示。

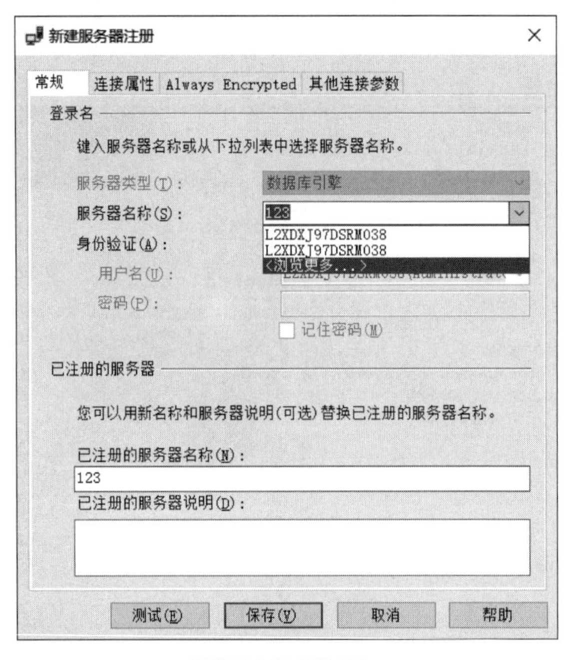

(a) 浏览更多服务器名称

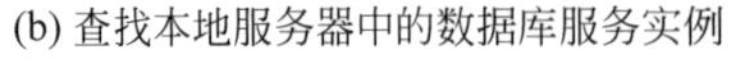

(b) 查找本地服务器中的数据库服务实例

(c) 查找网络服务器中的数据库服务实例

图 4.9　查找更多的服务

之后返回到“新建服务器注册”对话框中，需要继续选择注册服务的身份验证方式，最后单击“测试”按钮。如果填写无误，会弹出对话框显示“连接测试成功”。单击图 4.8 中的“保存”按钮，与当前服务不同的真实存在的服务实例就会被保存并启动。另外，在图 4.8 所示的“新建服务器注册”对话框中，设置“连接属性”选项卡还可以指定具体注册的某一个数据库，而不是默认的服务器上的所有数据库。在此可以设置是否加密连接等。

4.2.2 创建登录用户

数据库系统为访问自己的用户设置了分级授权访问制度。

1. 身份验证

数据库用户首先必须选择相应的身份验证方式。身份验证主要有 Windows 身份验证和 SQL Server 身份验证,二者组合在一起称为混合身份验证。在安装 SQL Server 时提供了“Windows 身份验证”和“混合身份验证”两个选项。在 Windows 身份验证中,只要是机器系统的拥有者,不需要密码就可以登录。但是在数据访问时,用户所使用的客户端的 Windows 操作系统参数要与开发应用程序时的一致才能顺利执行。因此,在一般情况下都选择混合身份验证,一方面不影响 Windows 身份验证,另一方面 SQL Server 身份验证是比较安全、高效的登录服务器的方式,在数据访问时不受操作系统的限制。默认的 SQL Server 用户是 sa,密码在安装时设定,也可以在数据库用户管理中修改。

2. 创建数据库用户并设置用户属性

在 SSMS 中打开“安全性”,右击“登录名”,选择“新建登录名”命令,如图 4.10 所示。

图 4.10 选择“新建登录名”命令

弹出“登录名-新建”窗口,如图 4.11 所示。

在“常规”选择页中填写新建登录名“huyanju”,选择身份验证方式,若选择 SQL Server 身份验证,需要设置密码,如图 4.12 所示。此处也可用于修改拥有 SQL Server 身份验证的既有用户的 SQL Server 身份验证的密码。

图 4.11 “登录名-新建”窗口

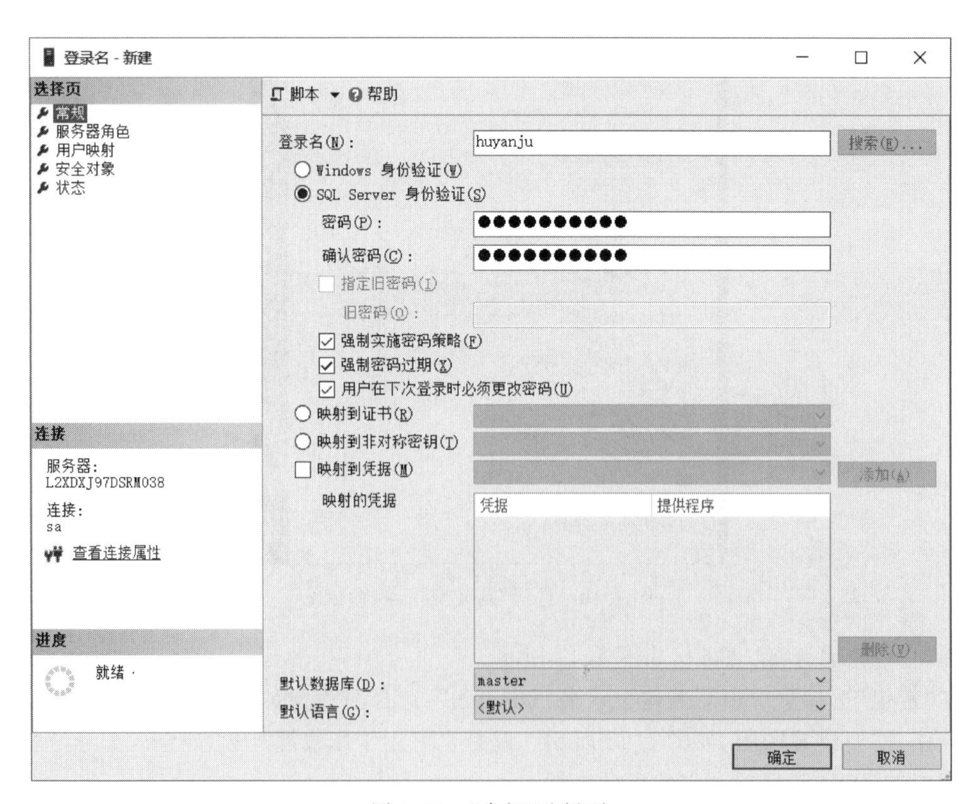

图 4.12 “常规”选择页

之后选中“服务器角色”选择页，查看并修改服务器角色，如图 4.13 所示。

图 4.13 “服务器角色”选择页

选中“用户映射”选择页，将数据库“student”前面的复选框选中，表示数据库“student”与用户“huyanju”建立映射关系，“数据库角色成员身份”可以选择 db_owner（数据库拥有者），如图 4.14 所示。此后，用户“huyanju”只对数据库“student”拥有全方位访问权限。

图 4.14 “用户映射”选择页

选中“安全对象”选择页，单击“搜索”按钮，选择可访问的服务对象。“特定对象”需要设置对象类型和实例，“特定类型的所有对象”需要选择服务类型。这里选择服务器“L2XDXJ97DSRM038”，用来设置用户“huyanju”对所选服务器的访问权限，如图 4.15 所示。

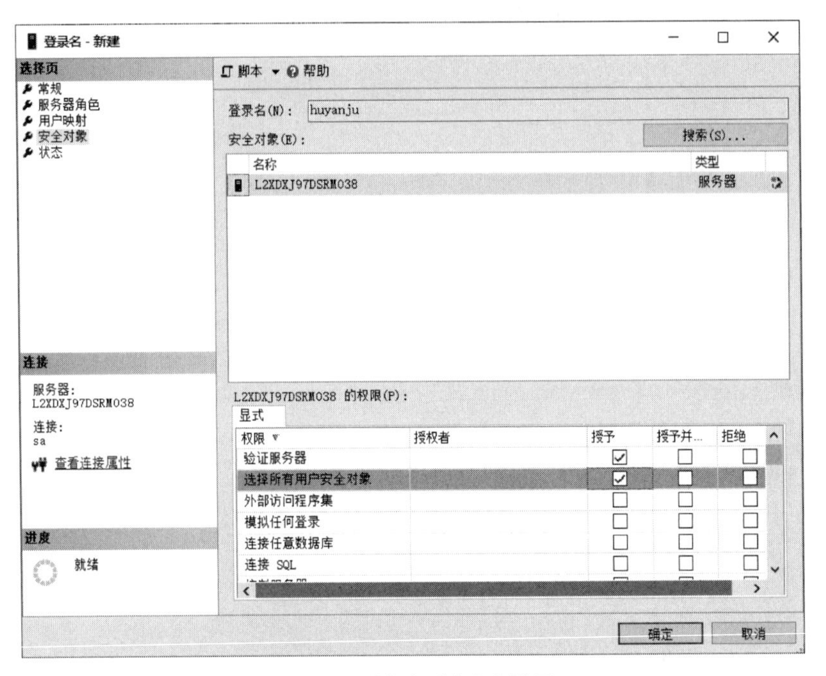

图 4.15 “安全对象”选择页

选中“状态”选择页，可对用户状态进行设置，如图 4.16 所示。

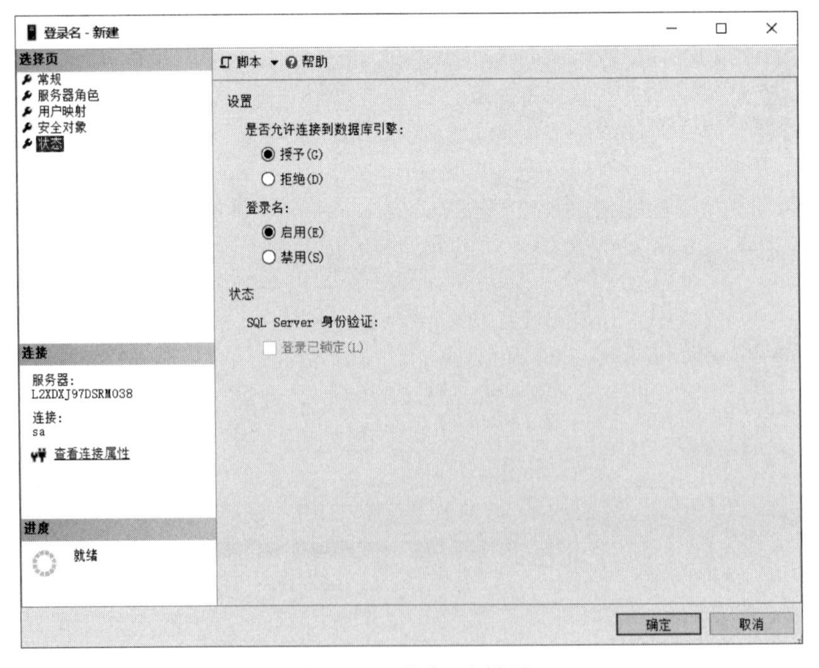

图 4.16 “状态”选择页

单击“确定”按钮，将对新建的登录用户设置进行保存。再次选中“安全性”→“登录名”，可以在用户列表中找到刚创建的用户“huyanju”，如图 4.17 所示。此后也可直接以“huyanju”的用户和密码、SQL Server 身份验证方式访问属于该用户的服务。

3. 对数据库用户进行权限设置

在 SSMS 中选中 huyanju 用户所管理的数据库 student，然后选中“安全性”→“用户”，在展开的用户列表中选中“huyanju”，如图 4.18 所示。

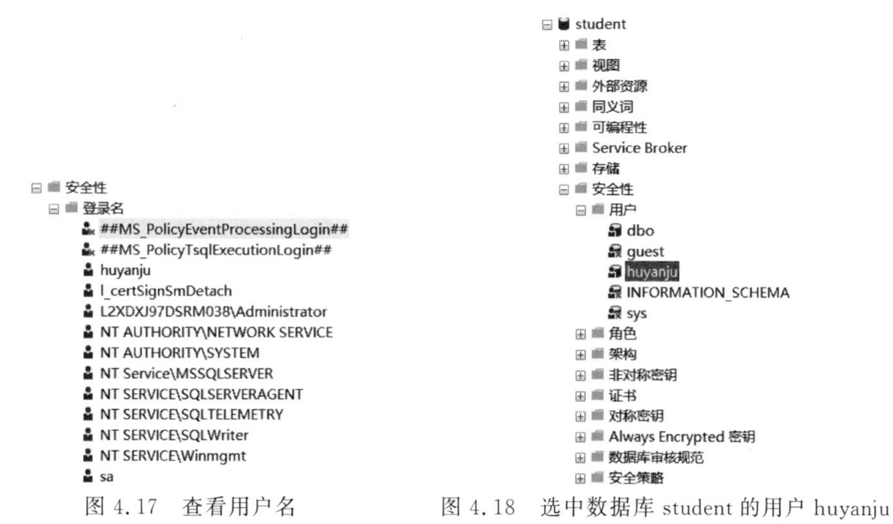

图 4.17　查看用户名　　　　图 4.18　选中数据库 student 的用户 huyanju

在图 4.18 中右击用户 huyanju，在弹出的快捷菜单中选择“属性”命令，如图 4.19 所示。

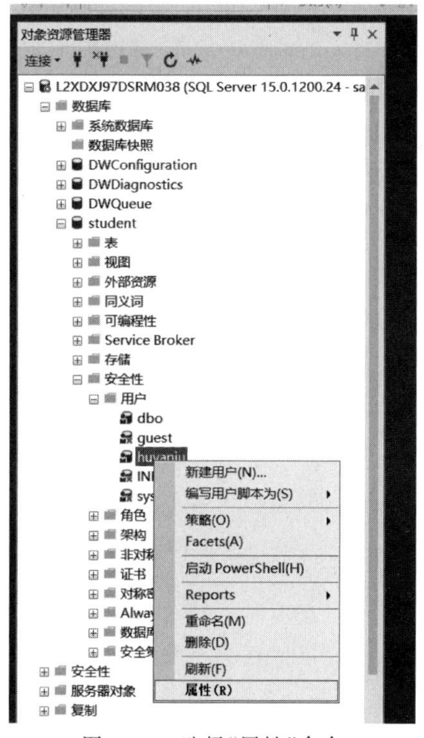

图 4.19　选择“属性”命令

打开“数据库用户-huyanju”窗口，如图 4.20 所示。

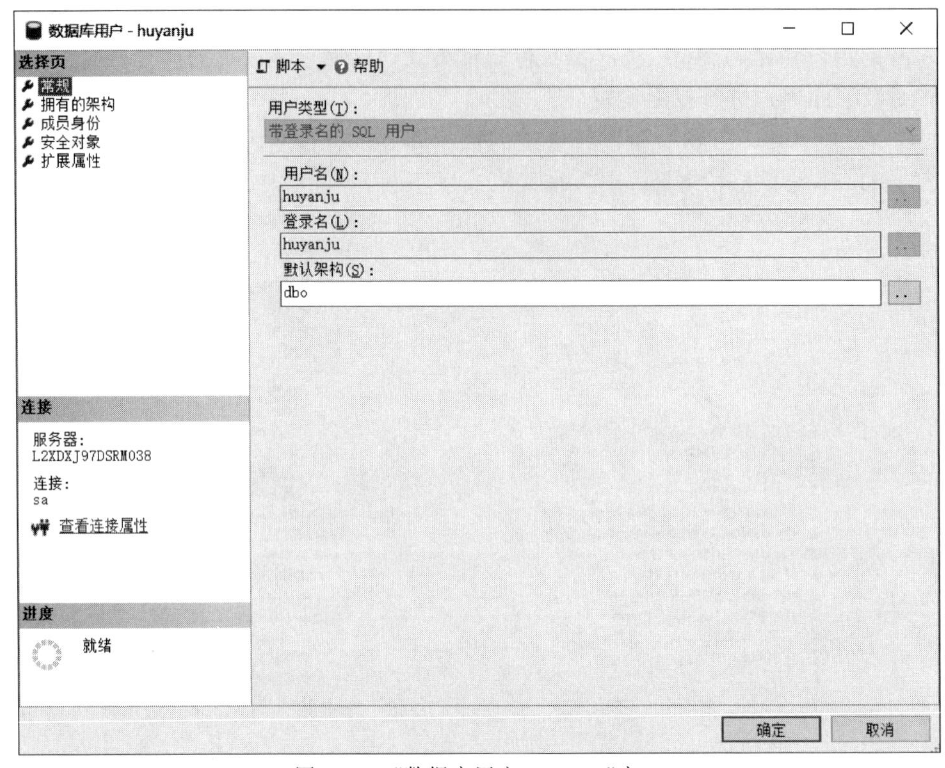

图 4.20 “数据库用户-huyanju”窗口

在该窗口的各选择页里，可以分别对常规、拥有的架构、成员身份、安全对象和扩展属性进行修改和设置。尤其是“安全对象”选择页，会针对当前用户的身份所拥有的对象进行访问权限设置，这是第三道防火线的主要功能。

选中“常规”选择页，单击“默认架构”右侧的按钮，系统会弹出“选择架构”对话框，单击其中的“浏览”按钮，在弹出的“查找对象”对话框中选择匹配的对象，如图 4.21 所示。之后陆续单击两个对话框中的“确定”按钮。

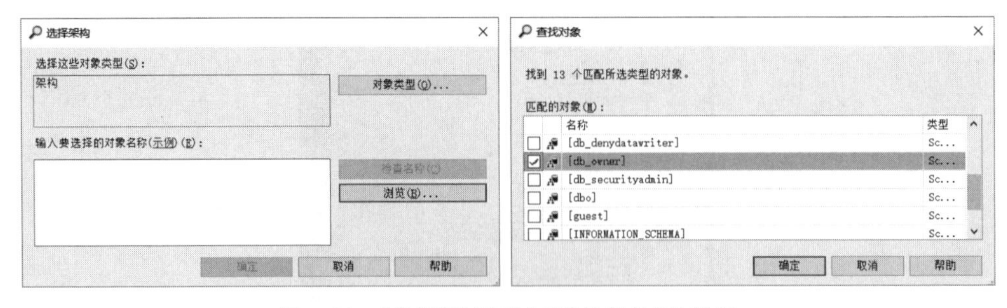

图 4.21 “常规”选择页中“默认架构”的设置

选中“拥有的架构”选择页，可以在右侧选择多项架构类型，如图 4.22 所示。

选中“成员身份”选择页，在右侧可选择多个数据库角色成员身份，具体如图 4.23 所示。

选中“安全对象”选择页，单击“安全对象”右侧的“搜索”按钮，弹出“添加对象”对话框，如图 4.24 所示。

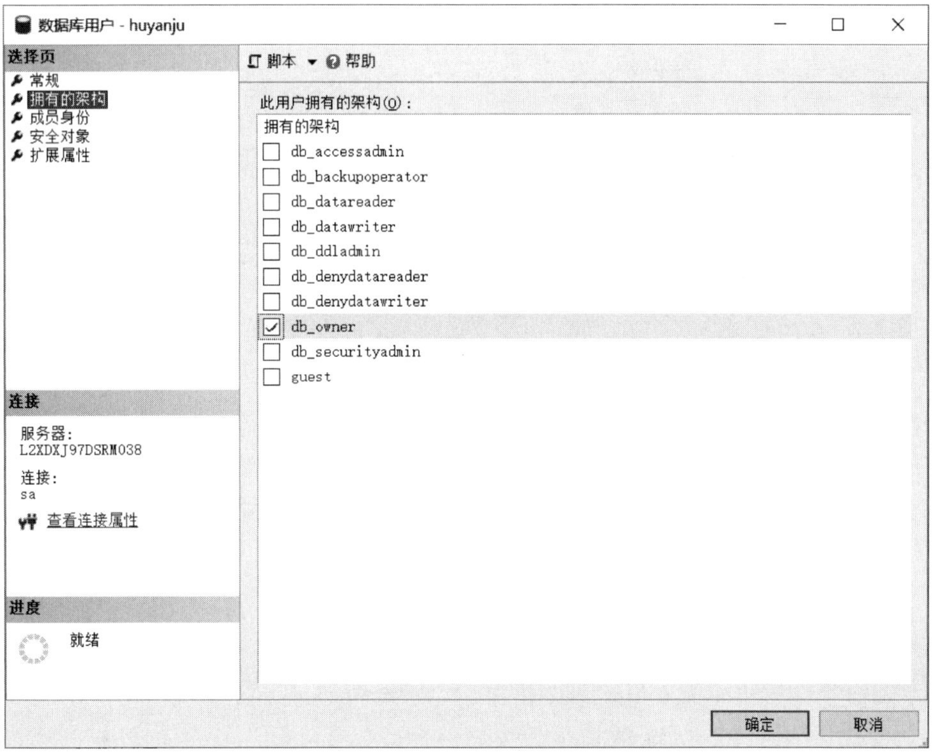

数据库用户 - huyanju

选择页
常规
拥有的架构
成员身份
安全对象
扩展属性

脚本 帮助

此用户拥有的架构(O)：
拥有的架构
db_accessadmin
db_backupoperator
db_datareader
db_datawriter
db_ddladmin
db_denydatareader
db_denydatawriter
db_owner
db_securityadmin
guest

连接
服务器：
L2XDXJ97DSRM038
连接：
sa
查看连接属性

进度
就绪

确定 取消

图 4.22 “拥有的架构”选择页

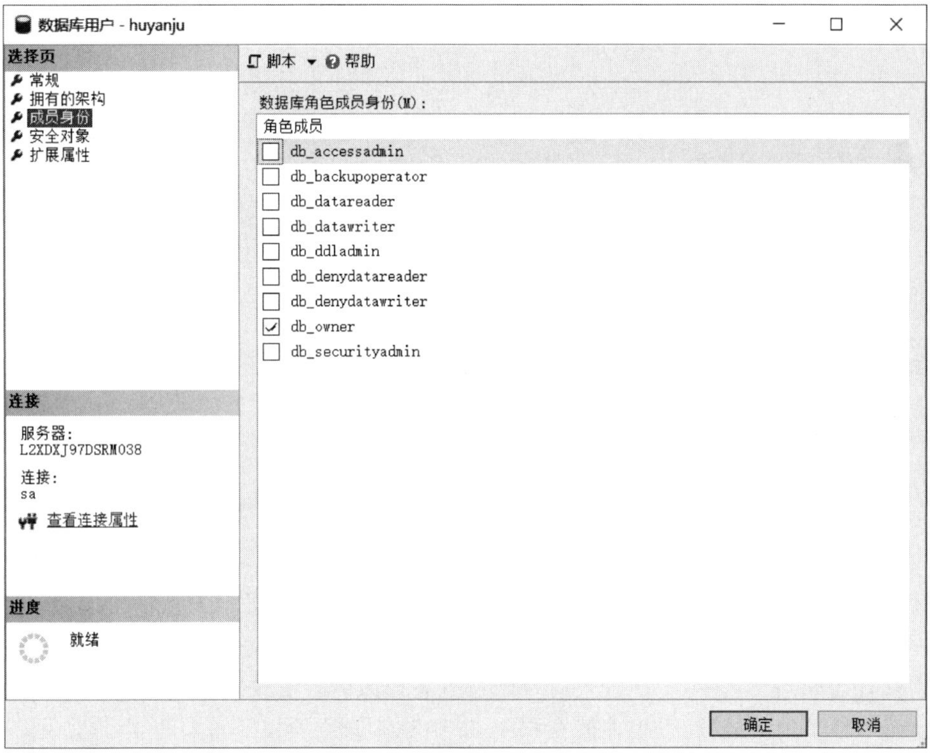

数据库用户 - huyanju

选择页
常规
拥有的架构
成员身份
安全对象
扩展属性

脚本 帮助

数据库角色成员身份(M)：
角色成员
db_accessadmin
db_backupoperator
db_datareader
db_datawriter
db_ddladmin
db_denydatareader
db_denydatawriter
db_owner
db_securityadmin

连接
服务器：
L2XDXJ97DSRM038
连接：
sa
查看连接属性

进度
就绪

确定 取消

图 4.23 “成员身份”选择页

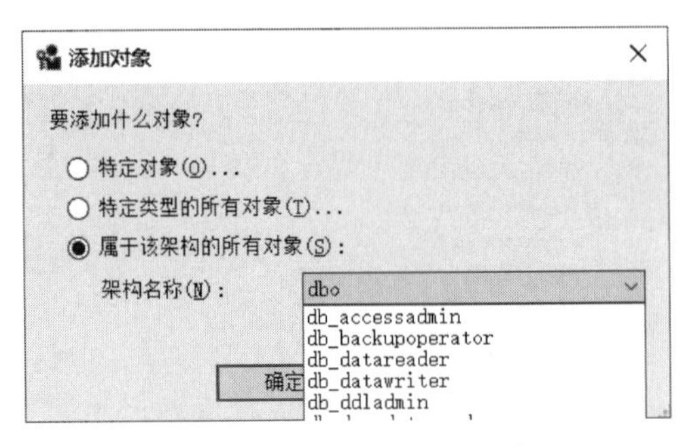

图 4.24 “添加对象”对话框

“特定对象”需要选择对象类型(存储过程、数据库、表、视图等)和对象名称;“特定类型的所有对象”只需要选择对象类型(存储过程、数据库、表、视图等);“属于该架构的所有对象”是已经设置好对象类型拥有权限的各对象,用户根据实际需要选择其中之一即可。这里在“架构名称”中选择“dbo”,单击“确定”按钮,如图 4.25 所示。

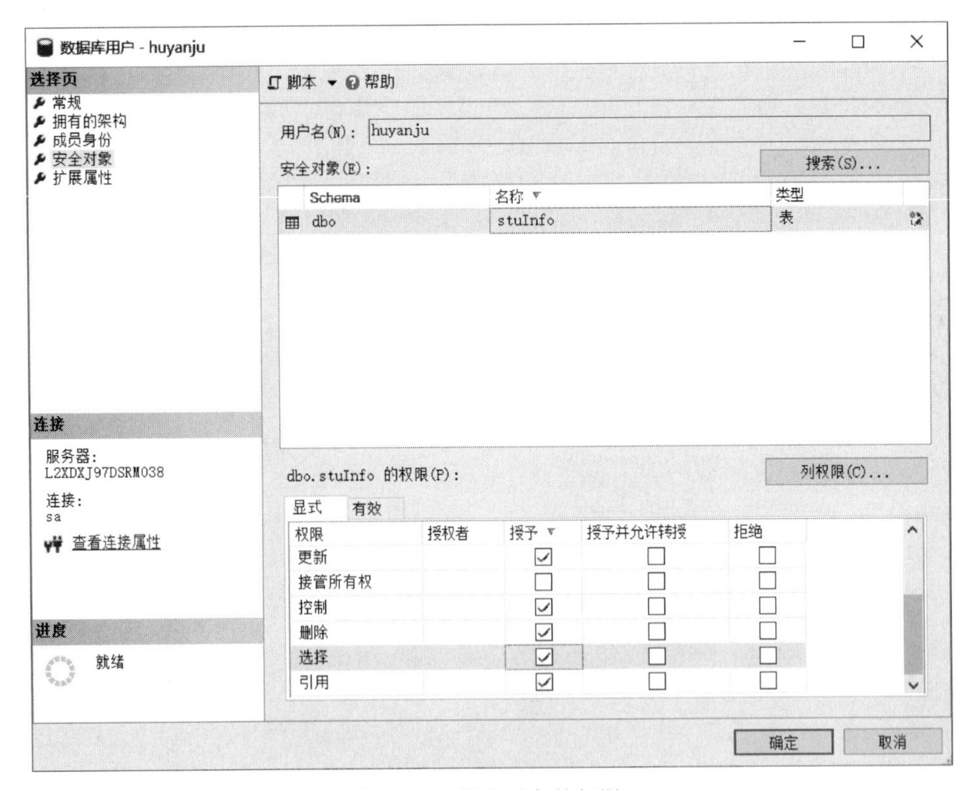

图 4.25 设置对象的权限

对应每一个安全对象,权限设置栏的“显式”选项卡中都会显示该被选中对象的详细权限设置,用户可以根据实际需要设置。在“有效”选项卡中可以对该对象的子对象进行设置(注意,只有当如图 4.25 中一样真正对权限设置有修改时,“有效”选项卡中的“列权限”才会被启动而不是呈现灰显按钮,也才能在图 4.26 中具体修改列权限),如图 4.26 所示。

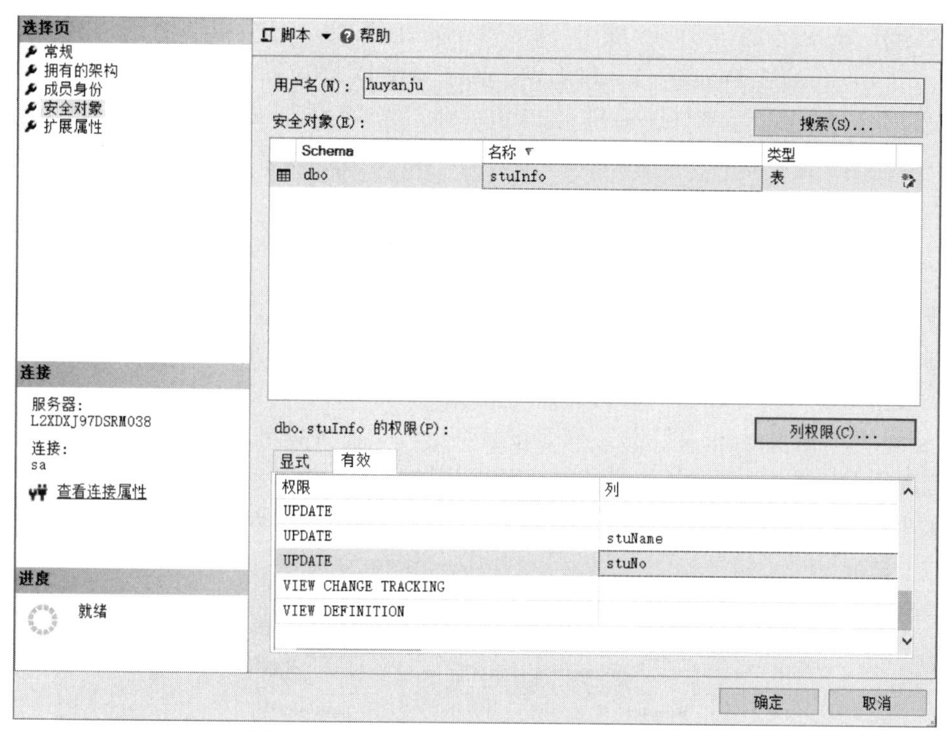

图 4.26　选中安全对象的子对象的权限设置

4.2.3　SQL Server 中的数据库

在安装 SQL Server 2019 后，服务里面会自动安装 4 个系统数据库。

(1) master 数据库：记录 SQL Server 系统的所有系统级别信息，包括记录所有的登录账户和系统配置设置、数据库文件的位置、SQL Server 的初始化信息。

(2) tempdb 数据库：保存所有的临时表和临时存储过程，还满足任何其他的临时存储要求，例如存储 SQL Server 生成的工作表。在 SQL Server 每次启动时都重新创建，并重置为初始大小，在 SQL Server 运行时 tempdb 数据库会根据需要自动增长，若初始大小无法满足要求，可以通过修改数据库属性的办法修改 tempdb 的初始大小。临时表和存储过程在连接断开时清空。

(3) model 数据库：用作在系统上创建的所有数据库的模板。当发出 CREATE DATABASE 语句时，新数据库的第一部分通过复制 model 数据库中的内容创建，剩余部分由空页填充。由于 SQL Server 每次启动时都要创建 tempdb 数据库，model 数据库必须一直存在于 SQL Server 系统中。

(4) msdb 数据库：msdb 数据库供 SQL Server 代理程序调度警报和作业以及记录操作员时使用。

以上 4 个数据库是安装数据库引擎而安装的系统数据库。

安装 Reporting Services 引擎会安装 ReportServer 和 ReportServerTempDB 数据库，其中 ReportServer 数据库是 Reporting Services(报表服务)服务要用到的数据库，ReportServerTempDB 数据库是报表缓存数据库。

从 SQL Server 2016 开始，安装 SQL Server PolyBase 会安装 3 个用户数据库，即 DWConfiguration、DWDiagnostics 和 DWQueue。DWConfiguration 安装在完全恢复模式中，DWDiagnostics 和 DWQueue 则是简单的默认。随着新安装的 SQL Server 2019，DWConfiguration 数据库将处于完全恢复模式，而其他两个数据库处于简单恢复模式。所有 DW* 数据库都应在同一恢复模式中启动。

4.2.4 数据库文件和事务日志文件

数据库物理存储由数据库文件和日志文件完成。Microsoft SQL Server 2019 将数据库映射到一组操作系统文件上。数据和日志信息绝不混合在同一个文件中，而且个别文件只由一个数据库使用。与之前的数据库版本相比，该版本还多了列存储索引、更多表分区、AlwaysOn 的数据恢复，除使用传统的关系数据结构存储数据外，还可以使用 FileTable 方便地管理和存储 Office 表单，主要的关系数据库的物理存储结构仍采取段页式方案，具体如图 4.27 所示。

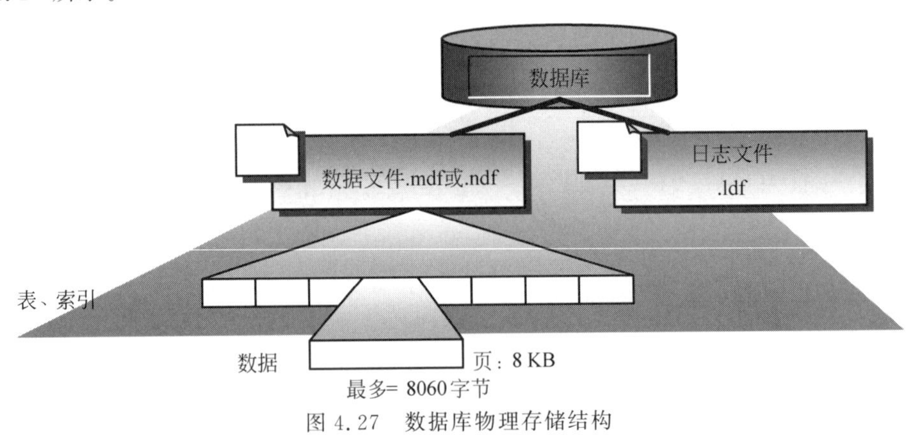

图 4.27 数据库物理存储结构

SQL Server 2019 数据库有 3 种类型的文件。

(1) 主要数据文件：主要数据文件是数据库的起点，指向数据库中文件的其他部分。每个数据库都有一个主要数据文件。主要数据文件的推荐文件扩展名是. mdf。

(2) 次要数据文件：次要数据文件包含除主要数据文件以外的所有数据文件。有些数据库可能没有次要数据文件，而有些数据库则有多个次要数据文件。次要数据文件的推荐文件扩展名是. ndf。

(3) 日志文件：日志文件包含恢复数据库所需的所有日志信息。每个数据库必须至少有一个日志文件，但可以不止一个。日志文件的推荐文件扩展名是. ldf。

SQL Server 2019 不强制使用. mdf、. ndf 和. ldf 文件扩展名，但建议用户使用这些扩展名，以帮助标识文件的用途。

SQL Server 数据和日志文件可以放在 FAT 或 NTFS 文件系统中，但不能放在压缩文件系统中。

4.2.5 创建数据库示例

【例 4.1】 为计算机系 2019 级的全体学生创建数据库“jsj2019”，要求保存在“D:\ComStu2019”中，数据文件的初始大小为 10MB、按 10%自动增长，日志文件的初始大小为 1MB、按 1MB 自动增长。

答：首先要在 D 盘下新建文件夹“ComStu2019”。之后，在 SSMS 中右击“数据库”，选择“新建数据库”命令，如图 4.28 所示。

图 4.28 选择“新建数据库”命令

弹出“新建数据库”窗口，如图 4.29 所示。

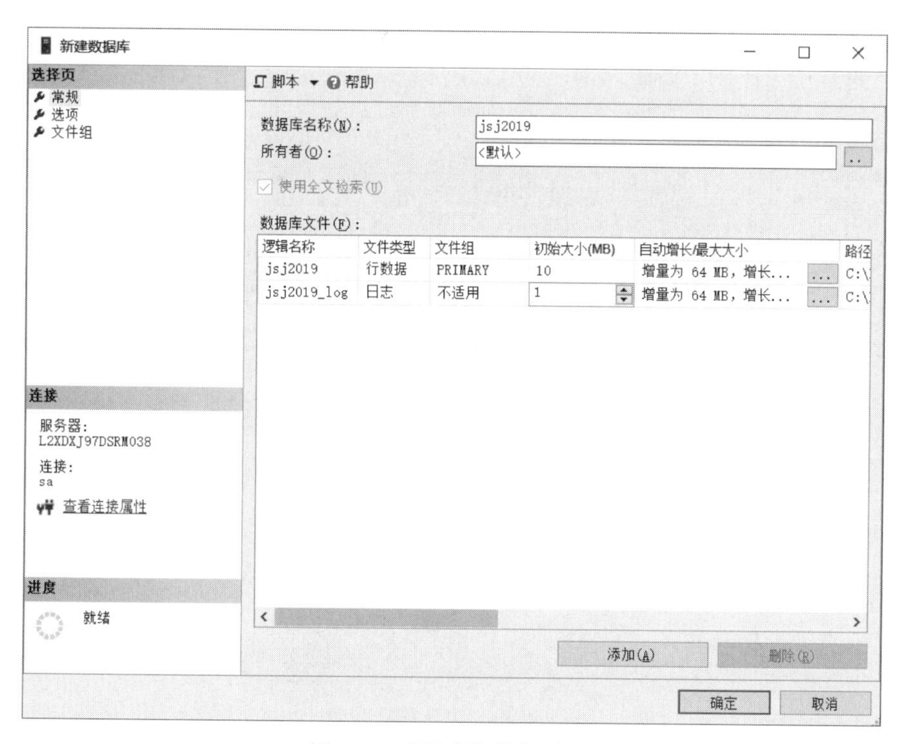

图 4.29 “新建数据库”窗口

在“常规”选择页中的“数据库名称”输入框中填写 jsj2019，将“行数据”的“初始大小”改为 10、“日志”的“初始大小”改为 1，自动增长方式，然后单击 ... 按钮打开“更改 jsj2019 的自动增长设置”对话框，将数据文件的自动增长设为按 10%增长，而将日志文件的自动增长设为按 1MB 增长，如图 4.30 所示。

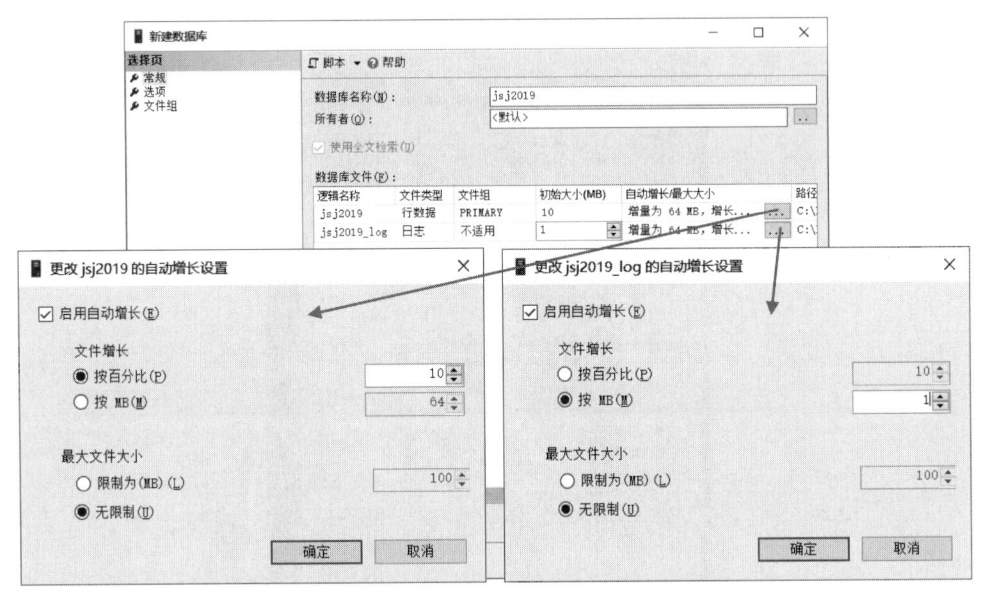

图 4.30　设置数据库的名称、初始大小和自动增长方式

之后选择数据库物理文件的存储位置，单击数据文件具体路径右侧的按钮，弹出“定位文件夹”对话框，在其中选择 D 盘下的 ComStu2019，并单击“确定”按钮，如图 4.31 所示。日志文件的路径选择也是如此。

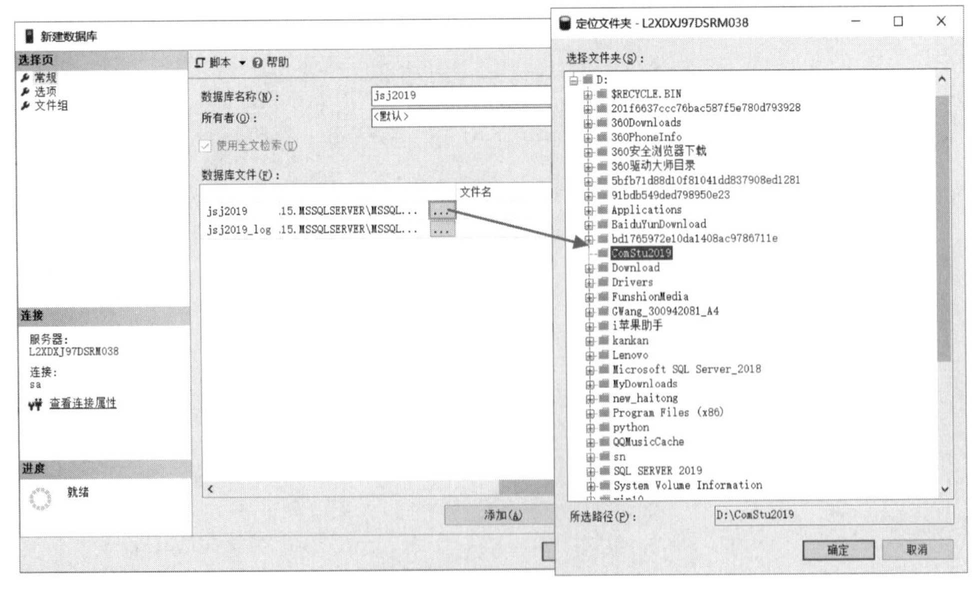

图 4.31　选择存储路径

最后单击“确定”按钮，数据库 jsj2019 就创建完毕了。

4.2.6 管理和维护数据库

创建好数据库后需要管理和维护，包括数据库属性配置、收缩数据库、移动数据库、删除数据库、修改数据库用户权限、备份和还原数据库等。

1. 数据库属性配置

如果要对创建好的数据库进行属性配置，可以右击该数据库，选择“属性”命令，在弹出的“数据库属性”窗口中进行配置。具体见例 4.2。

【例 4.2】 由于数据量庞大，数据库 jsj2019 的文件增长速度需要增加，即数据文件以 15%的速度增长。另外，要求数据库自身具有自动收缩功能，并查看一下其他属性。

答：首先打开数据库 jsj2019 的属性配置窗口，如图 4.32 所示。

图 4.32　打开数据库 jsj2019 的属性配置窗口

在该窗口中可以查看数据库的已有属性，也可以对数据库进行详细设置。其中，“常规”选择页只能查看数据库的一般属性；在“文件”选择页中，除了文件名称和存储物理位置只可查看、不可更改外，其余选项都可以修改，如图 4.33 所示。

用户可以在“文件组”选择页中创建文件组、删除文件组或者修改现有文件组的属性，如图 4.34 所示。

在“选项”选择页中，可以对数据库“状态”“恢复”“包含”“文件流”“杂项”和“自动”进行选择。在“自动”配置中，包括“自动关闭”“自动收缩”“自动创建统计信息”“自动更新统计信息”和“自动异步更新统计信息”等。虽然“自动收缩”选项的默认值是“False”，并且允许数据

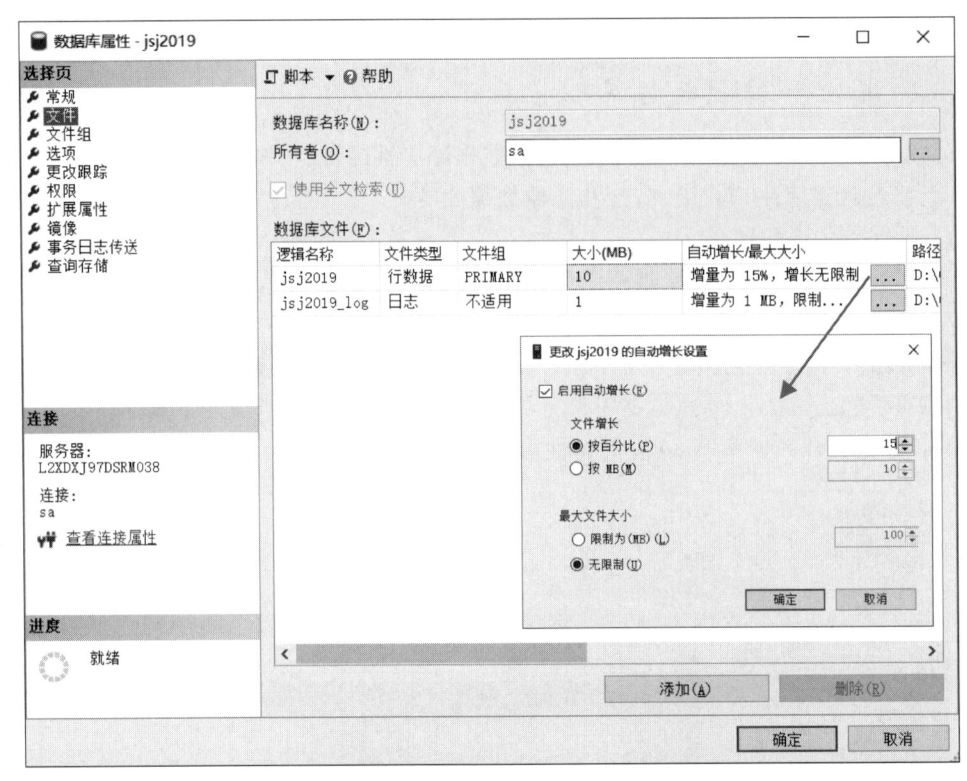

图 4.33　更改数据文件以 15% 自动增长

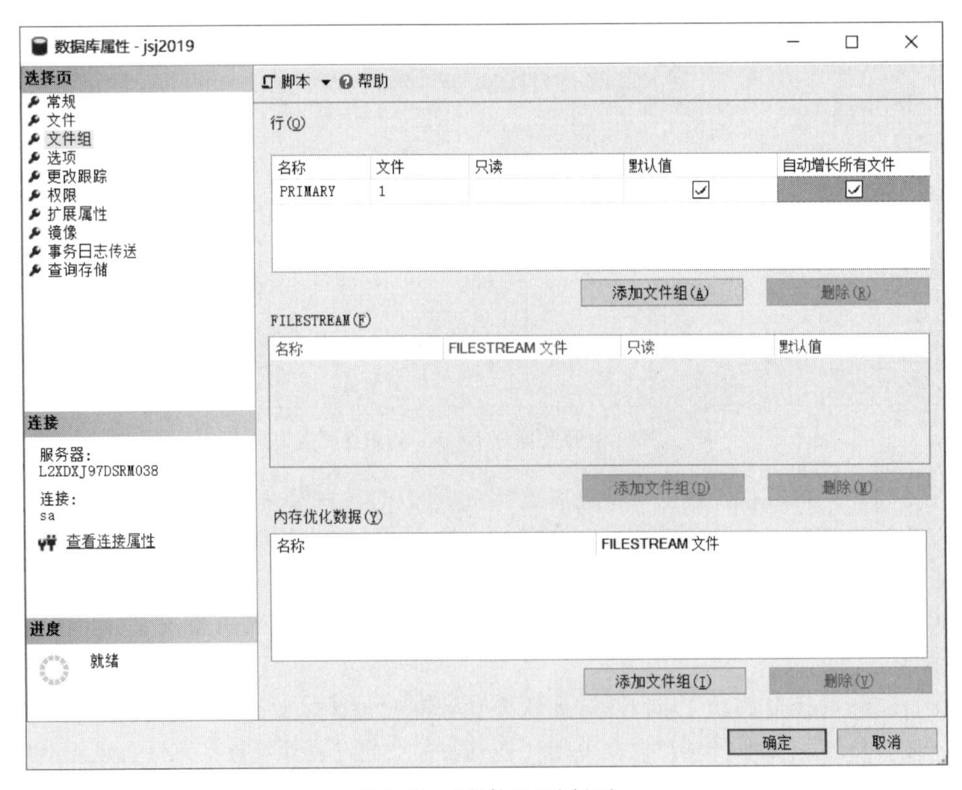

图 4.34　“文件组”选择页

库自动增长，但是当删除数据时，数据库实际占有的资源会减少，可是人为决定数据库文件的大小需要一定的计算，因此一般都启动“自动收缩”选项，如图 4.35 所示。

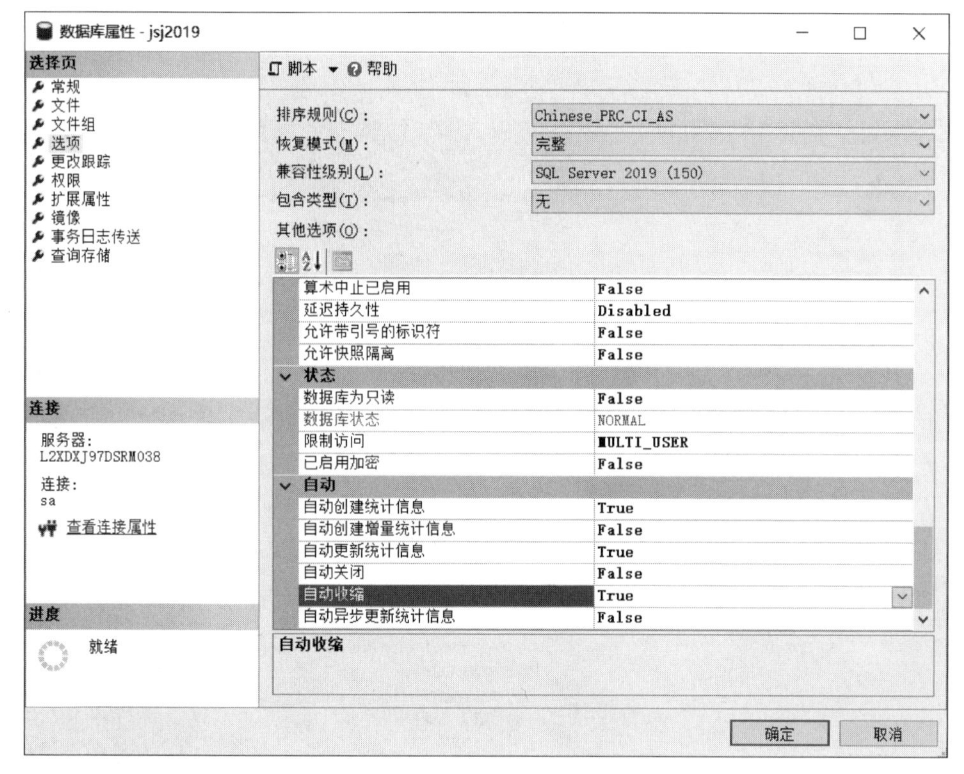

图 4.35 允许自动收缩

在所有属性修改完毕后，单击“确定”按钮进行保存即可。

2. 数据库收缩

数据库文件的组织结构的复杂性和特殊性，也体现在它对所使用的内存空间的管理上。除了具体数据对象和数据所占用的存储空间外，数据库还会为自己预留一定的操作空间。设置数据库自动收缩，可以帮助数据库的存储空间大小随着自身数据对象和数据的大小或多少而自动收缩。在一般情况下，用户使用系统初设的自动收缩比例即可。用户也可以通过使用数据库的收缩任务手动收缩数据库。

手动收缩数据库，可以直接释放或者增加一部分当前数据库对象并未实际使用的操作空间。2019 版的 SQL Server 在收缩操作中明确告诉用户当前数据库所占的空间大小以及实际数据占当前数据库的空间大小和比例，能够帮助用户决策收缩的比例，保护数据库的收缩底线，具体见例 4.3。

【例 4.3】 对数据库 student 进行收缩。

答：首先右击数据库 student，在弹出的快捷菜单中选择“任务”，之后在级联菜单中选择“收缩”下的“数据库”，如图 4.36 所示。

在打开的“收缩数据库”窗口中查看当前数据库的空间使用情况，之后将“在释放未使用的空间前重新组织文件。选中此选项可能会影响性能”复选框选中，并在“收缩后文件中的最大可用空间” 编辑框中填写收缩后的最大可用空间所占比例。为了清楚地看到收缩的效果，比较一下收缩前和收缩后的数据库空间使用情况。除了选择收缩整体数据库之外，还可以选择具体的数据文件进行收缩，如图 4.37 所示。这样收缩算法会更加详细。

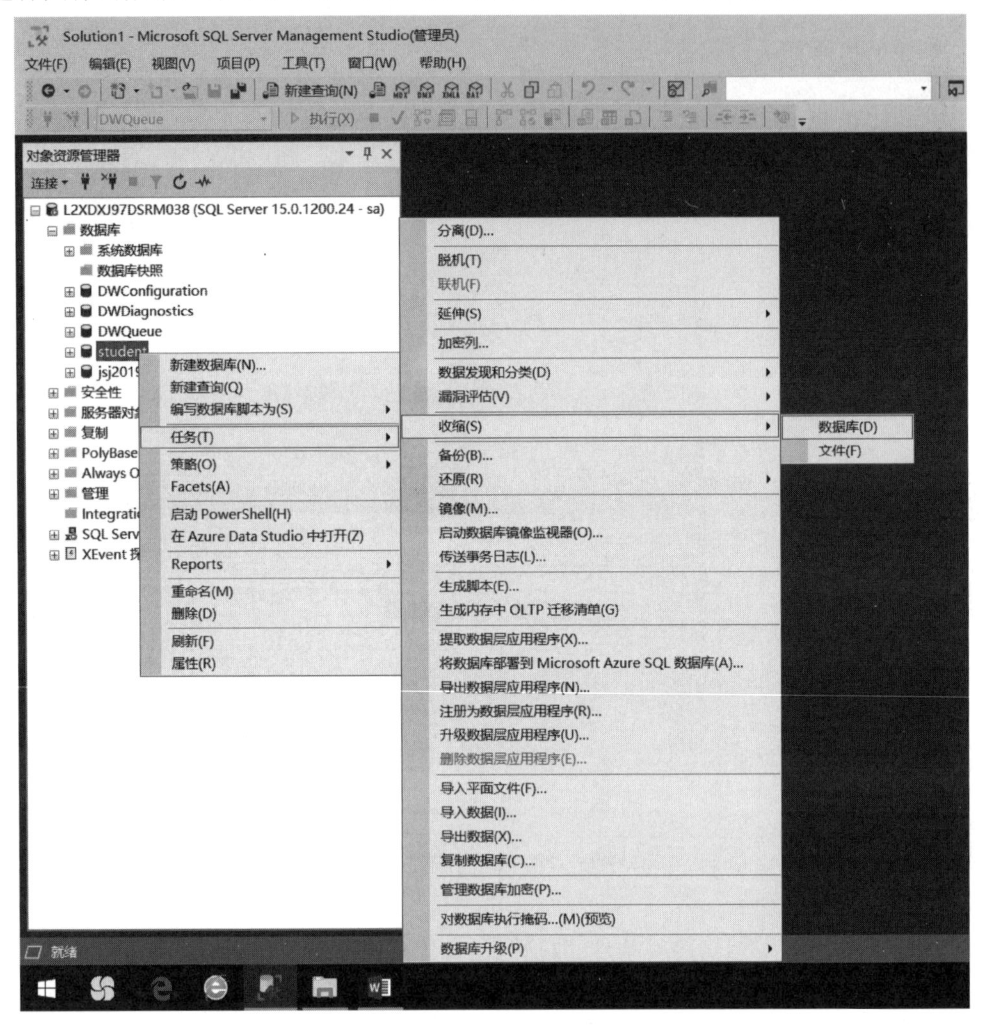

图 4.36 启动数据库收缩任务

3. 移动数据库

在项目开发与配置的过程中，难免会涉及数据库的移动。项目的物理文件的复制很容易，但是想要剪切或者复制被数据库管理系统管理着的数据库物理文件是不允许的。这时要先分离数据库，再将数据库的物理文件移动到目标位置，然后将物理文件附加到服务组里面。

具体步骤如下：

(1) 分离数据库：右击具体的数据库，选择“任务”→“分离”命令。

(2) 复制数据库物理文件至目标位置。

(3) 右击“数据库”，选择“附加数据库”命令，将目标位置的物理文件添加到数据库管理系统中。具体见例 4.4。

【例 4.4】 小明同学在学校的实验室做数据库实验。他在 3 号计算机上创建了自己的

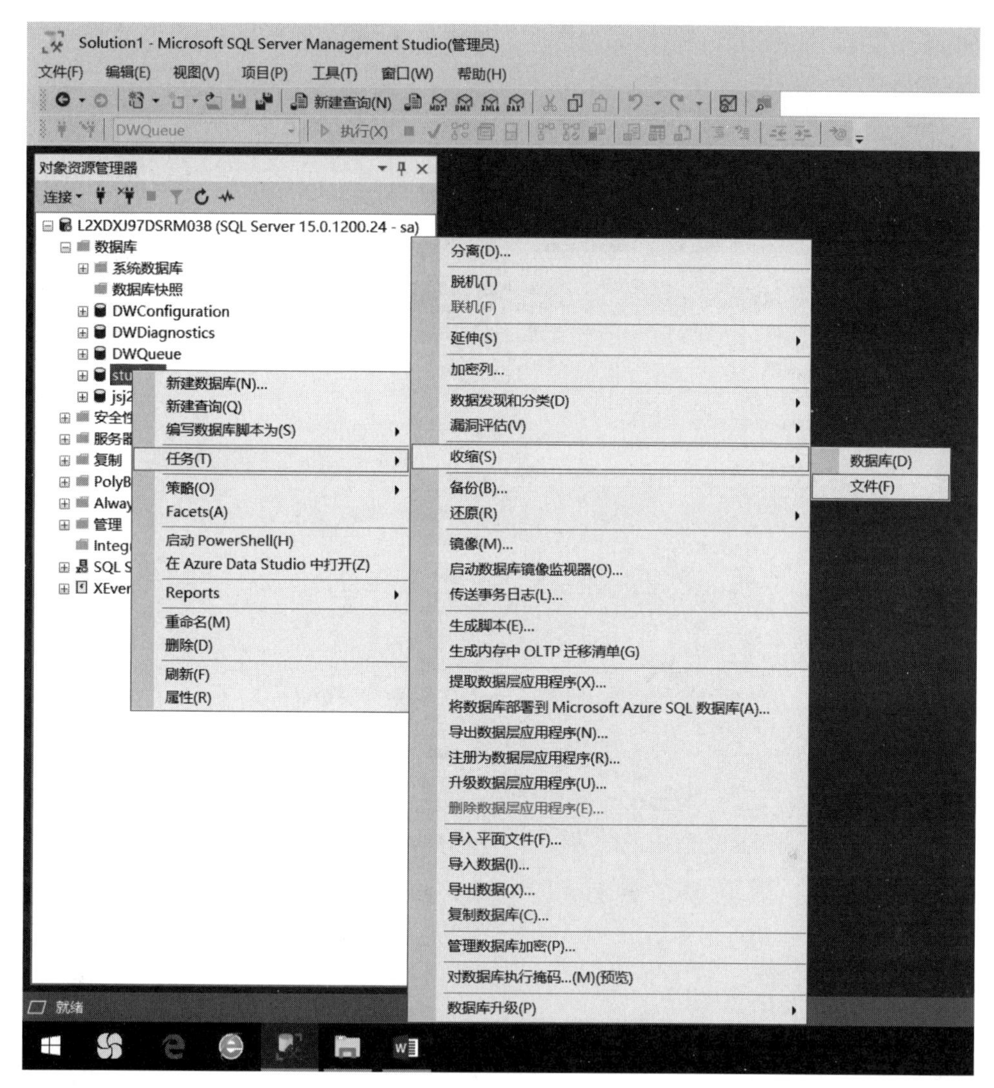

图 4.37　按文件收缩

数据库，当实验课结束时，小明完成了练习，但还没有完成实验作业，所以小明要把在实验室中 3 号计算机上创建的数据复制到自己宿舍的计算机上，以便继续完成实验作业。已知数据库名称为 student，选择了默认存储路径，要将其存到小明计算机上 D 盘的 student 文件夹中。请帮助他完成数据库转移的任务。

答：首先需要将数据库从实验室的 3 号计算机上分离出来，操作步骤是右击数据库 student，选择“任务”→“分离”命令，如图 4.38 所示。

之后在“分离数据库”窗口中确认对数据库 student 的分离操作。单击“确定”按钮后，在数据库服务中 student 数据库就消失了。接下来要将数据库 student 的物理文件复制到移动存储设备上。由于数据库 student 选择了默认存储路径，所以要到安装 SQL Server 2019 的文件夹下去找。在“C:\Program Files\Microsoft SQL Server\MSSQL15.MSSQLSERVER\MSSQL\DATA”下找到数据库 student 的两个物理文件后，选中并复制它们到移动存储设备上。之后将此移动存储设备插至个人计算机并与之连接，将 student 数据库的物理文件复制到

“D:\student”下。启动 SQL Server 2019 的 SSMS，右击“数据库”，选择“附加”命令，启动附加任务，如图 4.39 所示。

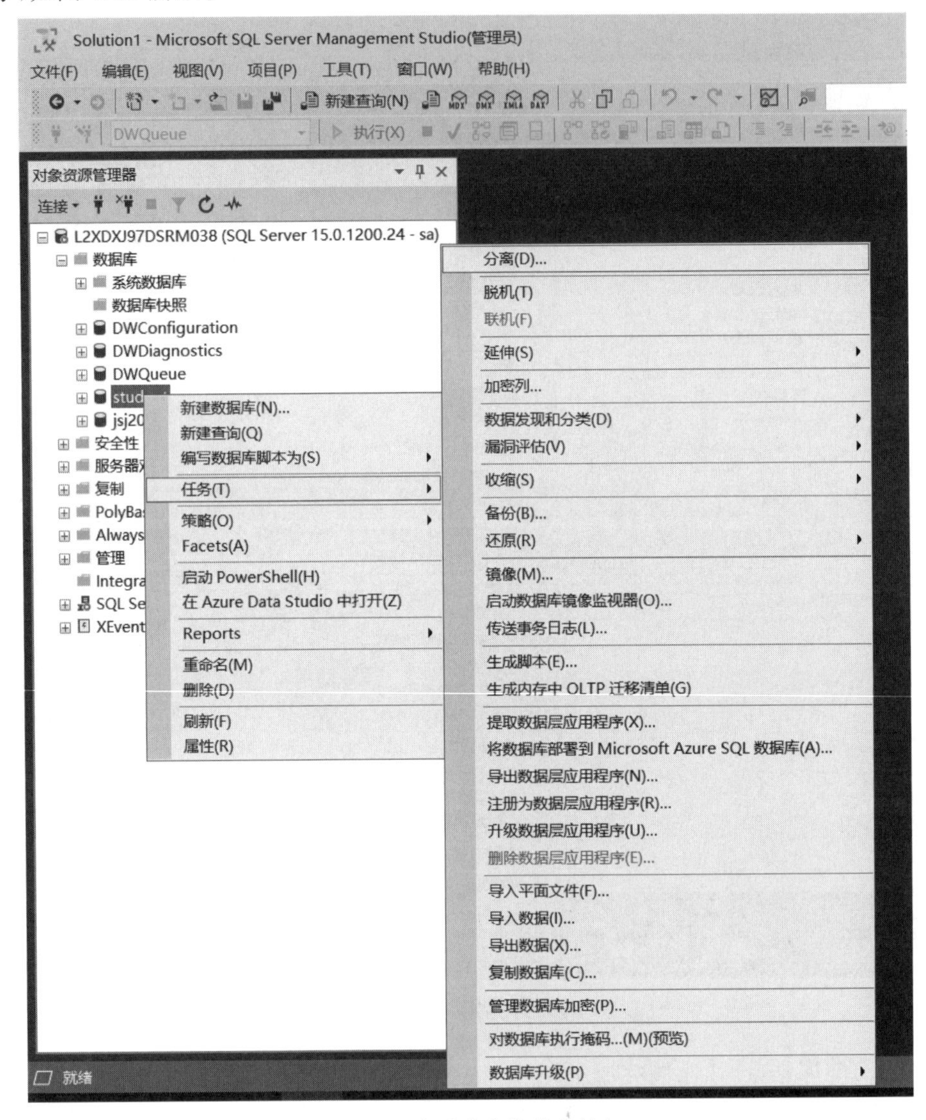

图 4.38 启动分离数据库任务

在“附加数据库”窗口中单击“添加”按钮，弹出“定位数据库”对话框，展开 D 盘下的 student，选中“student.mdf”，单击“确定”按钮。然后再单击“确定”按钮，数据库 student 将被成功附加到个人计算机的 SQL Server 2019 服务中。

4. 删除数据库

删除数据库将把数据库从 SQL Server 的服务中删除，一起删除的还有其数据文件和日志文件的物理文件。这属于永久删除，不易恢复，用户需要慎重操作。其具体步骤是右击数据库，选择“删除”命令。具体见例 4.5。

【例 4.5】 删除数据库 student，它还能恢复吗？

答：右击数据库 student，选择“删除”命令，然后在“删除数据库”窗口中单击“确定”按

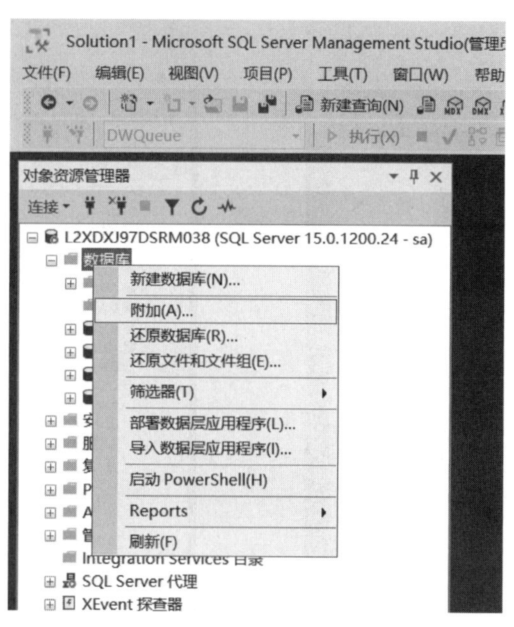

图 4.39　启动附加数据库任务

钮。若将“删除数据库备份和还原历史记录信息”复选框选中，则会将与数据库 student 相关的所有数据信息删除。若选中“关闭现有连接”，将随着数据库的删除，关掉此数据库的服务连接。单击“确定”按钮，数据库即被彻底删除。由于删除数据库，不仅是在服务中删除其信息，还要将其物理文件一起删除，而且在系统中无法找到其物理文件，所以一般无法恢复。

5. 修改数据库用户

修改数据库用户主要包括修改该用户的密码、该用户的服务器角色、数据库访问权限和删除该用户。这里以修改用户“huyanju”为例，具体见例 4.6。

【例 4.6】 修改用户 huyanju 的密码，查看其角色和访问权限，最终删除此用户。

答：在 SSMS 中选中“安全性”，然后右击“登录名”下的“huyanju”，选择“属性”命令，如图 4.40 所示，启动用户的属性配置窗口。

首先在“常规”选择页中修改用户的密码，这需要选中“指定旧密码”复选框，并同时输入新密码(需重复输一次)和旧密码。再选择其他的选择页，进行查看或修改，例如修改用户角色。在修改完后，单击“确定”按钮即可。

对于用户 huyanju 的删除，只要右击“huyanju”，选择“删除”命令即可，如图 4.41 所示。之后在弹出的“删除对象”窗口中单击“确定”按钮。

6. 备份和还原数据库

有规律地备份数据是对数据最好的保护，用来预防病毒感染、误操作、意外灾害等。用户可以使用之前讲的数据库转移方法中保存分离后的数据库物理文件进行数据备份，除此之外，还可以使用数据备份和还原操作，它们是一对操作。具体见例 4.7。

【例 4.7】 备份数据库 student，并还原之。

答：首先启动备份任务。右击数据库 student，选择“任务”→“备份”命令，如图 4.42 所示。

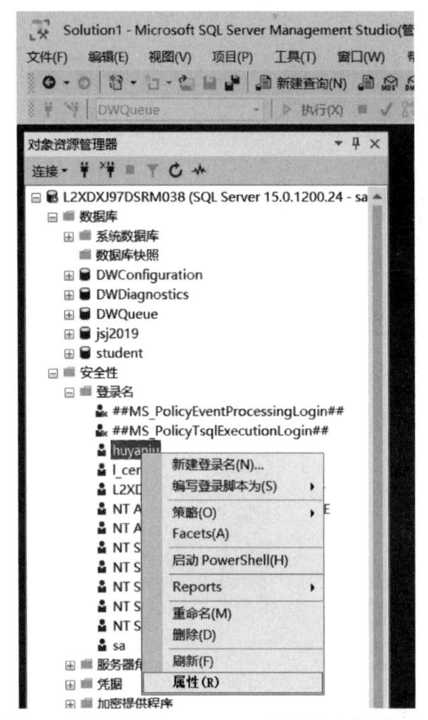

图 4.40　启动用户 huyanju 的属性配置窗口

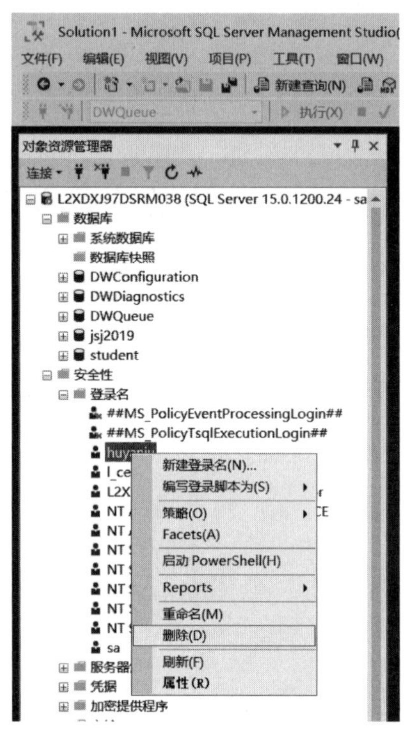

图 4.41　启动数据库用户删除任务

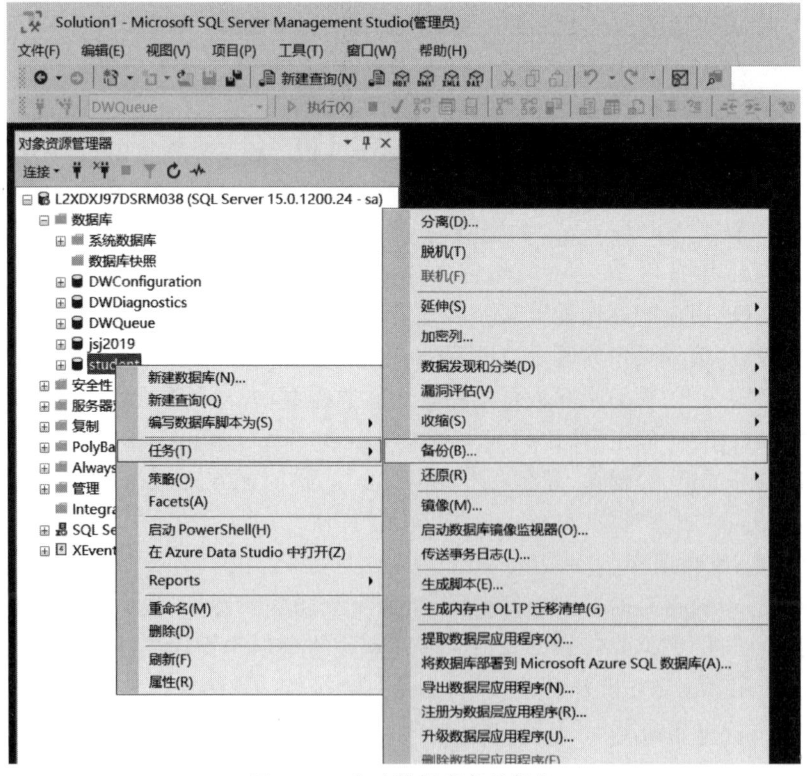

图 4.42　启动数据库备份任务

在“备份数据库”窗口的“常规”选择页中选择备份类型“完整”，可以使用默认的备份路径，也可以自己选择备份文件的存储位置，备份组件可以选择“数据库”或者“文件和文件组”，如图 4.43 所示。

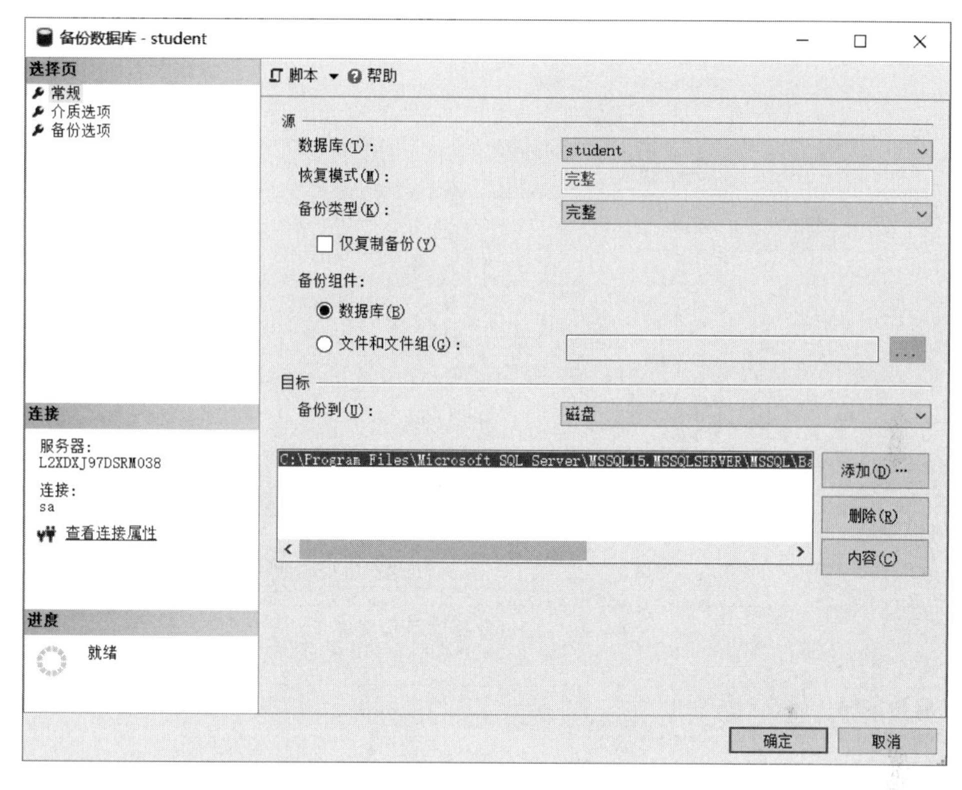

图 4.43 “备份数据库”窗口的“常规”选择页

在图 4.43 中先单击“删除”按钮删去默认备份路径，再单击“添加”按钮，弹出“选择备份目标”对话框，如图 4.44 所示。

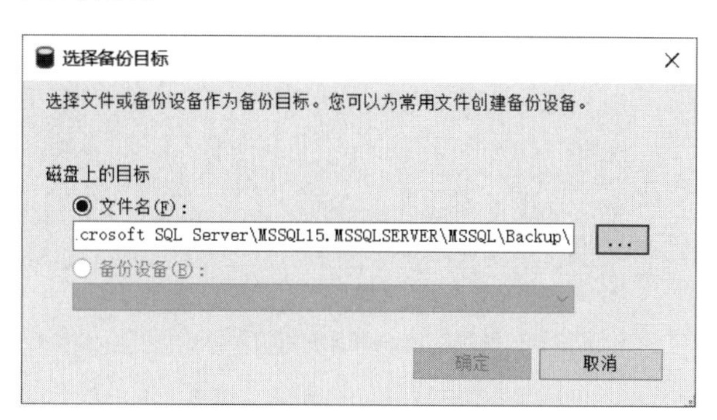

图 4.44 “选择备份目标”对话框

单击右侧的 ... 按钮，选择存储路径“D:\student”，设置文件名为 student-2019-2-22，如图 4.45 所示。

单击“确定”按钮，添加备份路径结束，返回到图 4.44 所示的“选择备份目标”对话框，单击“确定”按钮，添加备份物理文件结束，如图 4.46 所示。

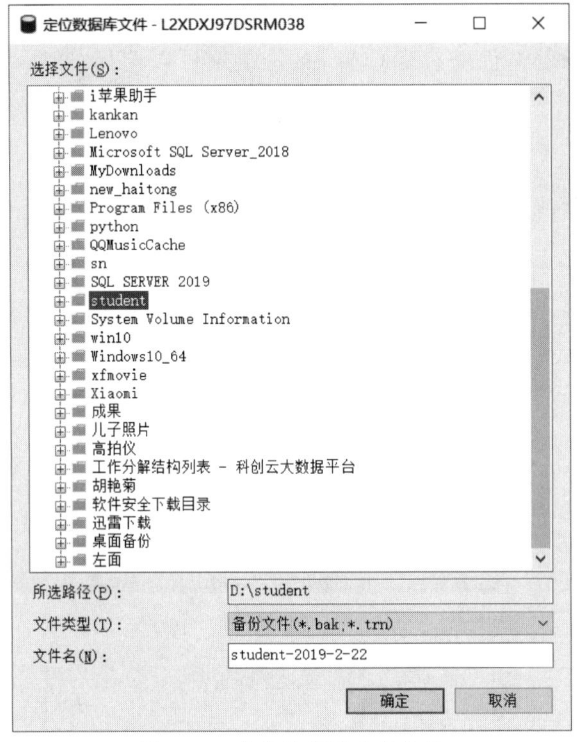

图 4.45　定位数据库备份文件

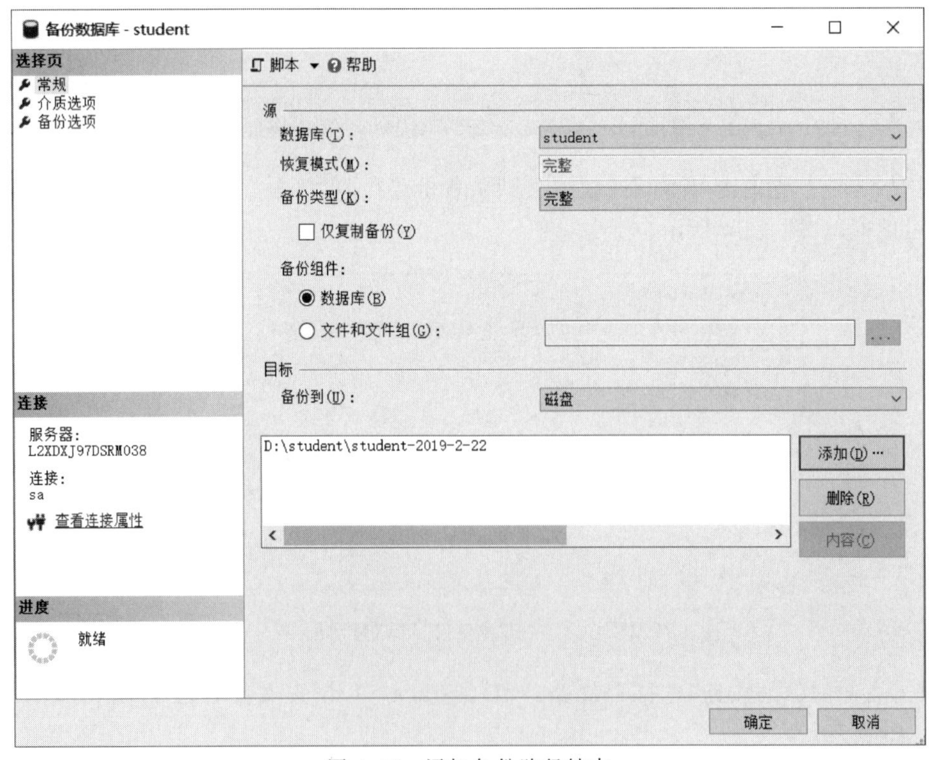

图 4.46　添加备份路径结束

单击“确定”按钮，基本的备份操作即结束，显示备份成功对话框。单击“确定”按钮，备份数据库任务完成。用户可以在D盘中的student文件夹下看到备份文件student-2019-2-22，如图4.47所示。

图4.47　查看备份文件

然后还原student数据库。数据库student因为一些原因，导致其中的数据发生了混乱，只好使用最近的备份文件对其进行还原，以将损失降到最低。首先启动还原任务，如图4.48所示。

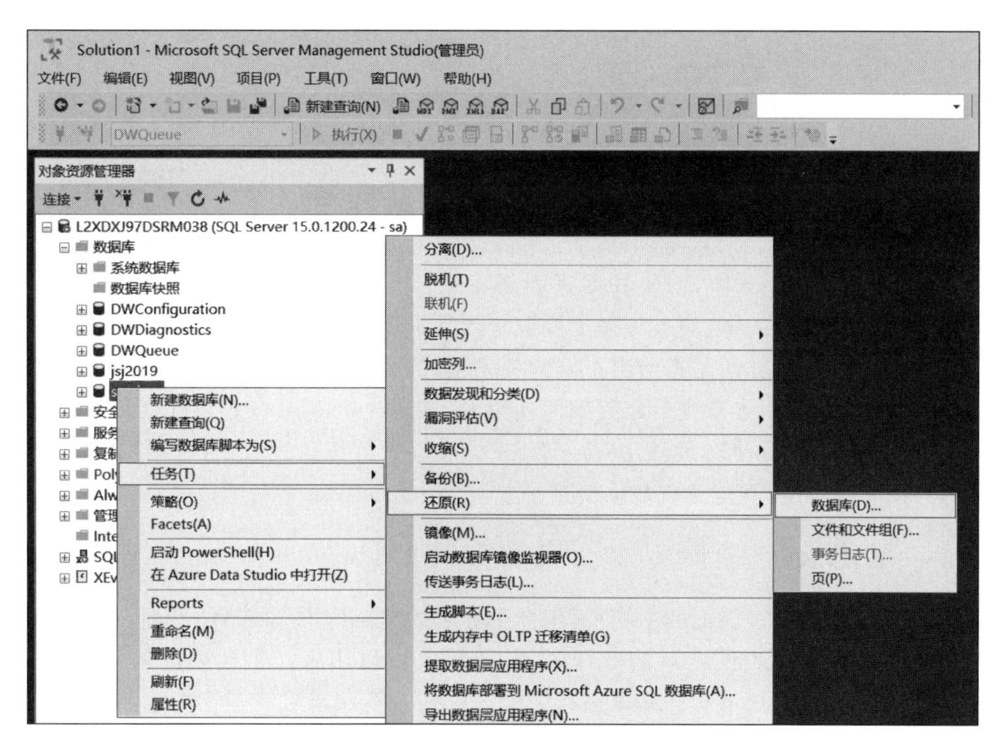

图4.48　启动数据库还原任务

在“还原数据库”窗口的“常规”选择页中，在“源”处选择要恢复的备份文件，在“目标”下的“数据库”处可见同名数据库(也可以在下拉列表中选择)，“还原到”后的文本框中可用默认还原时间，也可以通过单击“时间线”按钮确认还原文件。在“还原计划”的“要还原的备份集”下的编辑框中是完整的还原设置任务，最后单击“确定”按钮，还原任务结束，如图 4.49 所示。

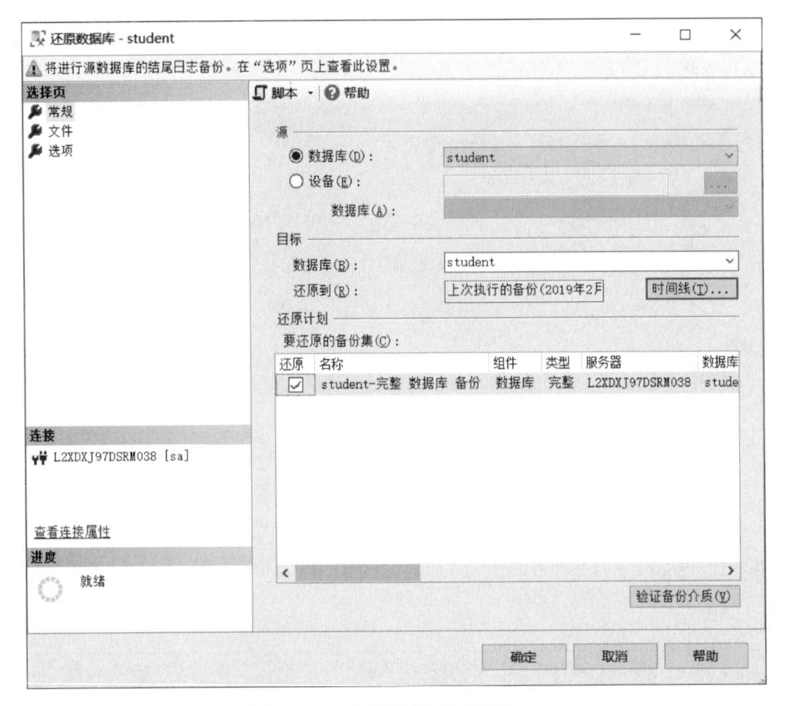

图 4.49 “还原数据库”窗口

4.3 创建数据库表

视频讲解

在 SQL Server 2019 中，创建数据库表是将数据实际存储的必需步骤，数据是否能够被安全、高效管理主要取决于数据库表设计的合理性。设计数据库表，一方面是指给出正确的关系模式，另一方面是要实现数据的完整性约束。本节主要介绍如何使用 SQL Server 2019 的表设计器创建关系数据库表、实现完整性约束，使用 SQL Server 2019 的表编辑器编辑表数据，并利用 SQL Server 2019 的数据导入、导出功能实现数据交换。

4.3.1 创建表

单击数据库 jsj2019 前面的⊞，打开树状列表，然后右击“表”，选择“新建”→“表”命令，如图 4.50 所示。随即表设计器被打开，表设计器既可以用来在创建表时插入表对象（如图 4.51 所示），也可以用来对已知表进行结构的修改。在菜单栏中单击“表设计器”会弹出功能菜单，其中主要包含添加各种约束的功能项，如图 4.52 所示。

值得注意的是，SQL Server 2019 对修改表结构做了较严格的不允许修改的默认限制，如果用户想去掉此限制，需要在工具中进行修改。选择“工具”→“选项”命令，弹出“选项”对话框，单击“设计器”下的“表设计器和数据库设计器”，然后取消选中“阻止保存要求重新创建表的更改”复选框，如图 4.53 所示。

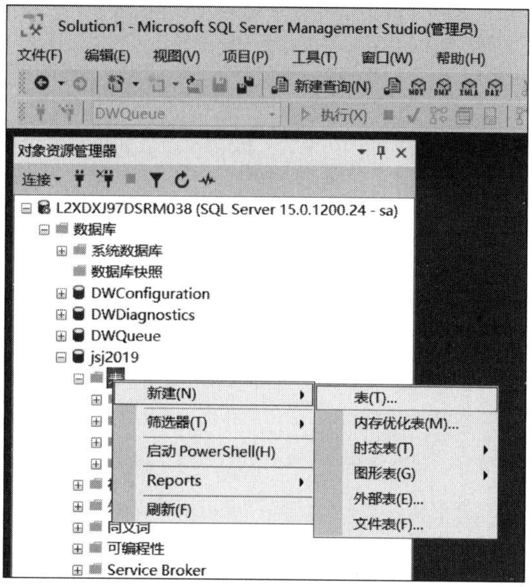

图 4.50 启动新建表任务

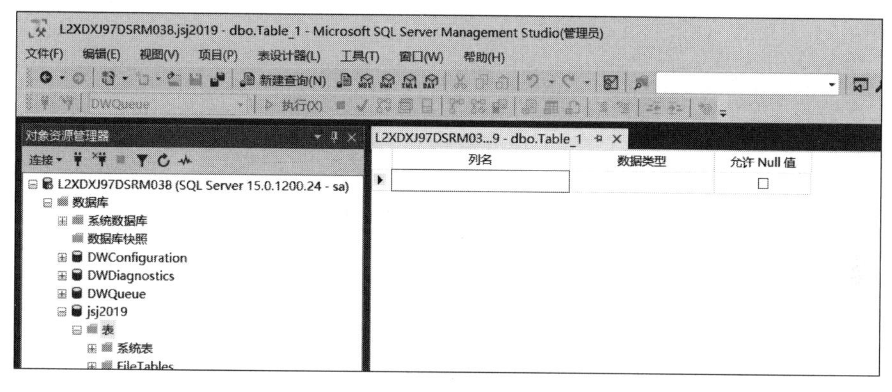

图 4.51 在表设计器中创建表结构

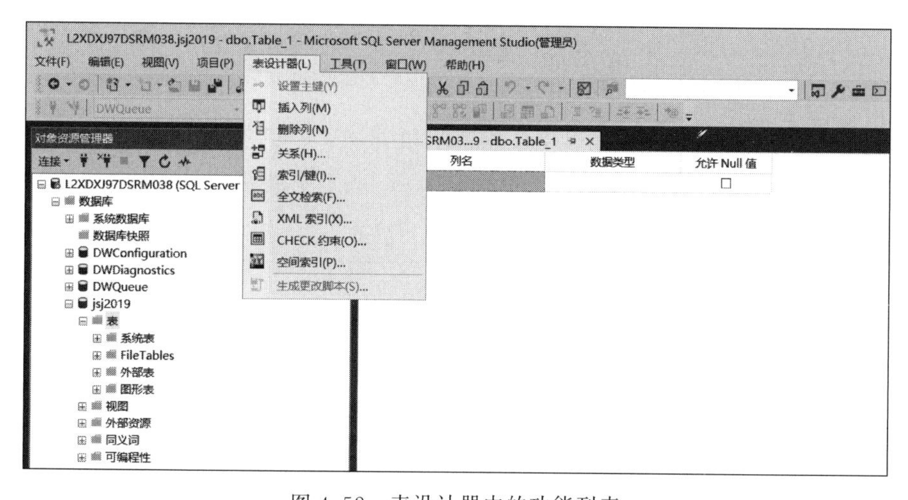

图 4.52 表设计器中的功能列表

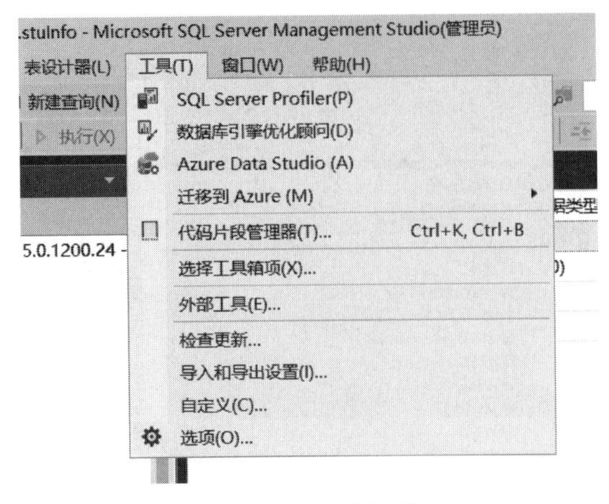

(a) 选择"工具"→"选项"命令

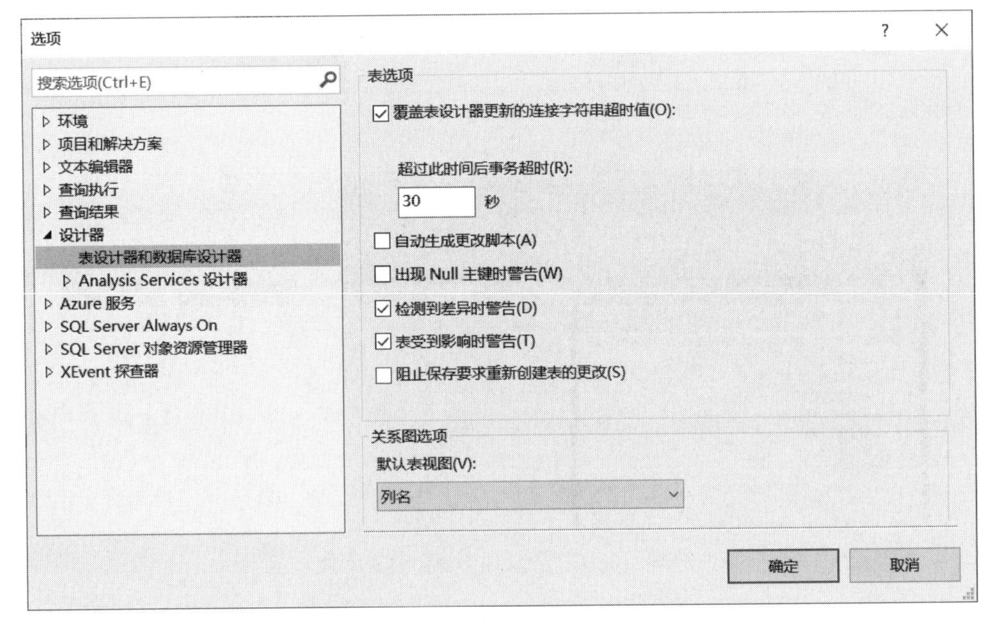

(b) 在"选项"对话框中进行"表选项"的修改

图 4.53 去掉不允许修改的限制

创建数据表，必须了解其数据类型才能为字段选择合适的类型。在 SQL Server 中，主要的数据类型有文本、数值、日期和时间、二进制、货币、布尔类型等，具体见表 4.2。

表 4.2 数据类型表

分　类	备注和说明	数据类型	说　明
二进制数据类型	存储非字符和文本的数据	image	可用来存储图像
文本数据类型	字符数据包括任意字母、符号或数字字符的组合，在单引号内输入	char	固定长度的非 Unicode 字符数据
		varchar	可变长度的非 Unicode 数据
		nchar	固定长度的 Unicode 数据
		nvarchar	可变长度的 Unicode 数据
		text	存储长文本信息
		ntext	存储可变长度的长文本

续表

分　类	备注和说明	数据类型	说　明
日期和时间数据类型	日期和时间在单引号内输入	time	hh: mm: ss[.nnnnnnn]
		date	YYYY-MM-DD
		smalldatetime	YYYY-MM-DDhh: mm: ss
		datetime	YYYY-MM-DDhh: mm: ss[.nnn]
		datetime2	YYYY-MM-DDhh: mm: ss[.nnnnnnn]
		datetimeoffset	YYYY-MM-DDhh: mm: ss[+|-]hh: mm
数值数据类型	该数据仅包含数字，包括正数、负数以及分数	int bigint smallint tinyint	整数
		float real numeric(18,0)	数字
货币数据类型	用于十进制货币值	money smallmoney	
布尔数据类型	表示是/否的数据	bit	存储 0 或 1

其中，image 类型用来存储图像，但是只能通过专门的存储过程来实现图片的读入和读出；datetime 类型用来存储日期和时间；money 用来存储货币类型。文本数据类型数据的长度需要用户明确给出，对于其他类型，系统有默认的长度值。

【例 4.8】 利用学习过的 SQL Server 数据类型，在数据库 jsj2019 中创建学生基本信息表 stuInfo(stuNo,stuName,stuAge)。

答：启动表设计器，选择 stuNo 的数据类型为 varchar(10)、stuName 的数据类型为 varchar(10)、stuAge 的数据类型为 int，具体见图 4.54。

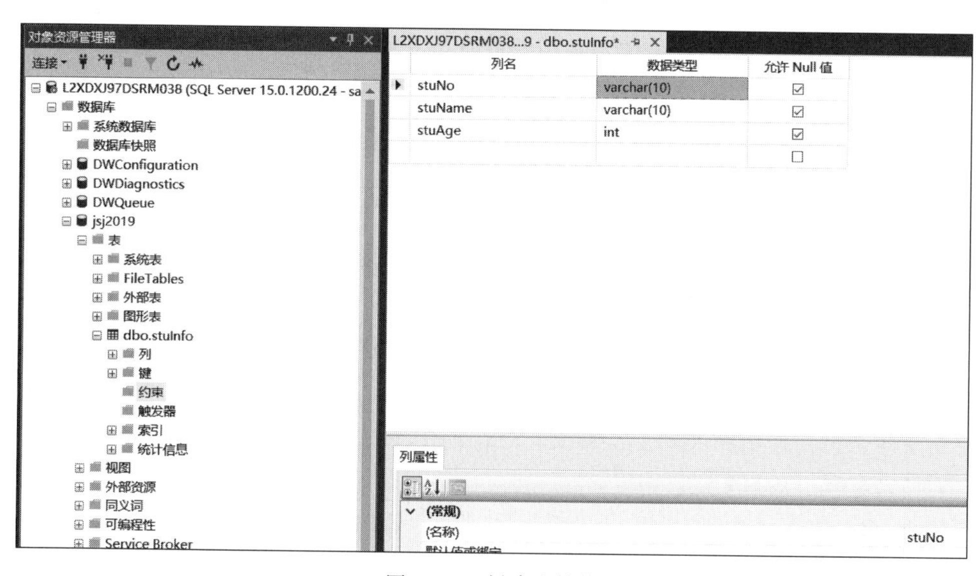

图 4.54　创建表结构

对新建完的表结构进行命名保存，可以选择“文件”→“保存”命令，命名为 Table_1 保存；可以选择“文件”→“全部保存”命令保存；可以在工具栏中单击 或者 按钮；也可以直接关闭表设计器。如果直接关闭表设计器，会弹出“是否保存对以下各项的更改”对话框，单击“是”按钮，会弹出“选择名称”对话框，在“输入表名称”文本框中输入表的名字即可。其他 3 种方法会直接弹出“选择名称”对话框。最后单击“确定”按钮，创建 stuInfo 的任务就完成了。在数据库 jsj2019 的表服务列表中可以看到 stuInfo 表的信息，如图 4.55 所示。

图 4.55　在数据库 jsj2019 中查看 stuInfo 表

在例 4.7 中只是创建了 stuInfo 表及其字段，stuInfo 表的完整性约束尚未实现。另外，数据库 jsj2019 尚未设计结束，整个数据库的完整性约束也未完成。有关完整性约束的实现见 4.3.2 节。

4.3.2　在 SQL Server 2019 中实现完整性约束

可靠性＋准确性＝数据完整性。数据存放在表中，在创建表时就保证数据的完整性等同于实施完整性约束。数据完整性的问题大多是由于设计引起的。在创建表的时候就应该保证以后的数据输入是正确的，错误的数据、不符合要求的数据不允许输入。

例如输入的类型是否正确（比如名字必须是字符串），输入的格式是否正确（比如学号必须是 8 位字符串），输入的数据是否在允许的范围内（比如分数必须在 0 到 100），是否存在重复输入（比如学员信息输入了两次），是否符合其他特定要求（比如信誉值大于 5 的用户才能够加入会员列表）等，都可以通过定义数据完整性实现。

SQL Server 的数据完整性主要包括实体完整性、域完整性、引用完整性和用户自定义完整性，如图 4.56 所示。

- 实体完整性是指保证记录不重复，主要使用添加主键约束、唯一约束或者设置标识列来实现，可见例 4.9。

【例 4.9】 学生信息表（stuInfo）如表 4.3 所示，请问记录“0010014 田图 江西”能否插入 stuInfo 数据表？说明原因并给出解决办法。

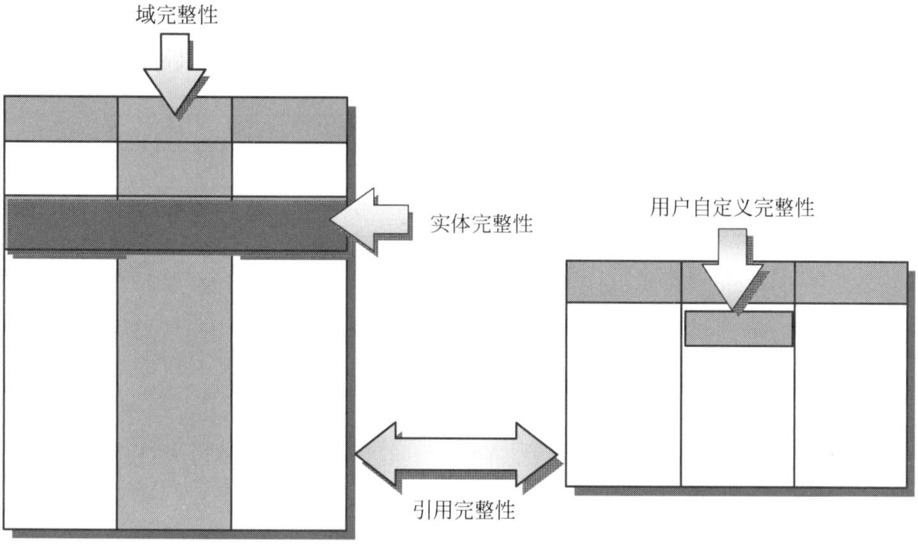

图 4.56　数据完整性

表 4.3　stuInfo 表

学　　号	姓　　名	地　　址
0010012	李一	山东
0010013	王山	湖南
0010014	季莉	江西
0010015	张东	河南
0010016	赵柯	河南

答：不能插入，因为学号明显是该表中记录相互区别的最有力标识，而插入记录的学号"0010014"与表中记录"0010014 季莉 江西"的学号相同，所以违背了实体完整性的要求。解决办法是在字段"学号"上创建主键约束、唯一约束或者为表新建一个标识列。

- 域完整性是指具体的字段值要符合要求，主要使用限制数据类型、检查约束、默认约束、非空或者外键约束来实现，见例 4.10。

【例 4.10】 能否将"8700000000 李亮 湖北"记录插入 stuInfo 数据表？

答：不能插入，因为很明显插入记录的学号"8700000000"与其他记录的学号长度和定义规则不一样，违背了域完整性的要求。解决办法是在字段"学号"上创建检查约束，规定"学号"字段的长度只能是 7，并且一定要定义"学号"字段的数据类型是字符串类型。

- 引用完整性是指主表的某字段是从表的外键，主要使用外键约束来实现，见例 4.11。

【例 4.11】 能否在成绩表(scores)中插入"数学　0010021　98"记录？成绩表见表 4.4，学生基本信息表见表 4.3。

表 4.4　scores 表

学　　号	科　　目	成　　绩
0010012	数学	88
0010013	数学	74

续表

学　　号	科　　目	成　　绩
0010014	语文	67
0010015	语文	83
0010016	数学	90

答：不能插入，因为插入记录的学号“0010021”不存在于主表的“学号”字段中，违背了数据引用完整性的要求。解决办法是在主表的“学号”字段和从表的“学号”字段之间建立外键约束。

- 用户自定义完整性是指主要依靠用户自己的定义来实现表中数据的更高限制级别，主要使用 CHECK 约束、触发器来实现，见例 4.12。

【例 4.12】 用户 A 能否成功地从 ATM 中取出 1000 元钱？表 4.5 是账户信息表(bankAccount)，表 4.6 是 ATM 交易信息表(transInfo)，要求每个账户中至少有 1 元钱。

表 4.5　bankAccount 表

卡　　号	户　　名	当前账户金额
3210004561	A	100
3210859781	B	1000

表 4.6　transInfo 表

卡　　号	交易时间	交易类型	交易金额
3210004561	2012-01-21 12：14：10.043	取钱	1000

答：不能取出，因为 A 的账户里面只有 100 元钱。解决办法是为表 bankAccount 创建 CHECK 约束，规定当前账户金额不能少于 1 元钱，并且在表 transInfo 上定义插入触发器来正确实现当前 ATM 上的交易(具体在触发器章节学习)。

在 SQL Server 2019 中，实现数据域完整性的措施主要有为数据表字段设置正确的数据类型和长度、设置字段是否允许为空、为字段设置默认约束以及在字段上设置检查约束。实现实体完整性的措施主要有创建主键约束、唯一约束、标识列。实现引用完整性约束的办法有为数据库创建外键约束。

1. 实现域完整性

实现域完整性包括为数据表字段设置正确的数据类型和长度、设置字段是否允许为空、为字段设置默认约束以及在字段上设置检查约束。

1) 设置字段的数据类型和长度

在 SSMS 中启动新建表任务，弹出表设计器，首先在其中输入每一列的列名、数据类型、长度，如图 4.51 所示。

2) 设置字段是否允许为空

设置字段是否允许为空要根据现实需要来决定。不允许为空的字段在插入记录时必须给出具体值，若允许字段为空，则在插入记录时可以省略此字段。具体的设置办法是在表设计器中将允许为空的字段后的“允许 Null 值”复选框选中，否则取消选中此复选框。因为

stuInfo(学生信息)表中的 stuNo(学号)字段是学生记录中非常重要的数据,不可以为空,具体设置如图 4.57 所示。

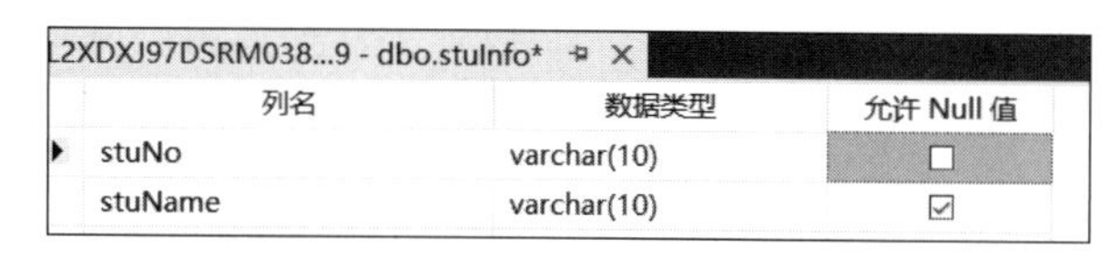

图 4.57　设置字段是否允许为空

3）设置默认约束

对于一些文本类型的字段,可以为其设置默认值。这样在插入记录时,若没有为此字段显式地给出数据值,该字段会自动插入设置的默认值,如图 4.58 所示。

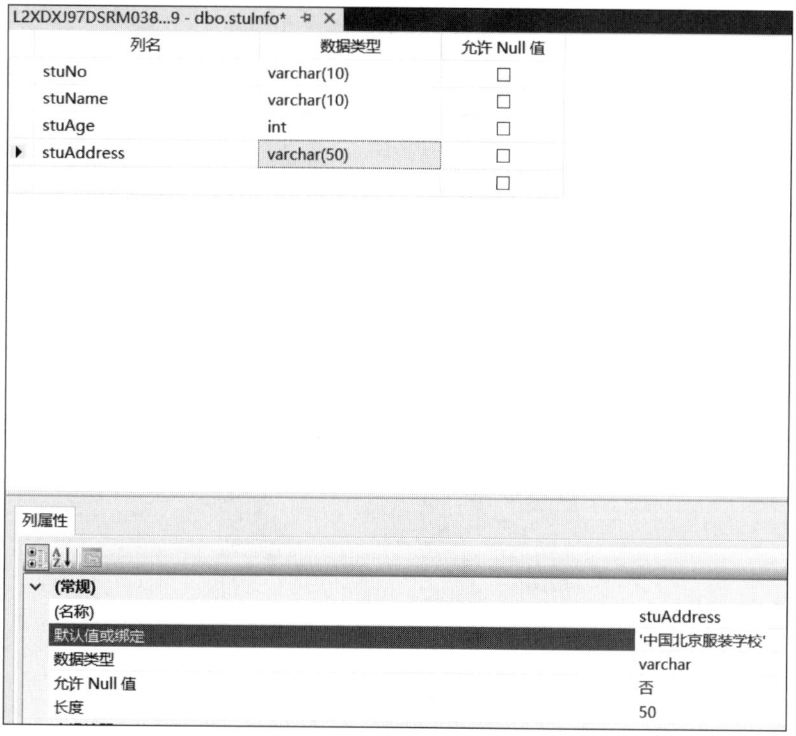

图 4.58　为字段 stuAddress 设置默认值

4）建立检查约束

以表 stuInfo 的字段 stuNo 为例,学号是统一制定的,必须具有固定的长度,这里规定学号的长度均为 10。操作步骤是直接右击字段 stuNo,选择"CHECK 约束"命令,如图 4.59 所示。创建约束还有很多其他方法,读者可以尝试总结一下。

在"检查约束"对话框中单击"添加"按钮,系统自动创建 CHECK 约束的名称。选中"表达式",可以直接在编辑框中输入约束表达式。若表达式较长,可以单击编辑框右侧的按钮,弹出"CHECK 表达式"对话框,在其中输入约束的表达式,例如 len(stuNo)=10。然后单击"确定"按钮,关闭"CHECK 约束"对话框。最后不要忘记保存新修改的表。

2. 实现实体完整性

实现实体完整性的措施主要有创建主键约束、唯一约束、标识列。在 SSMS 中,使用菜单能方便地创建主键和标识列。

1）设置主键

用户可以直接在列名上右击，选择“设置主键”命令，或者选择“表设计器”→“设置主键”命令，这时在主键列的左侧会出现钥匙标识，如图 4.60 和图 4.61 所示。

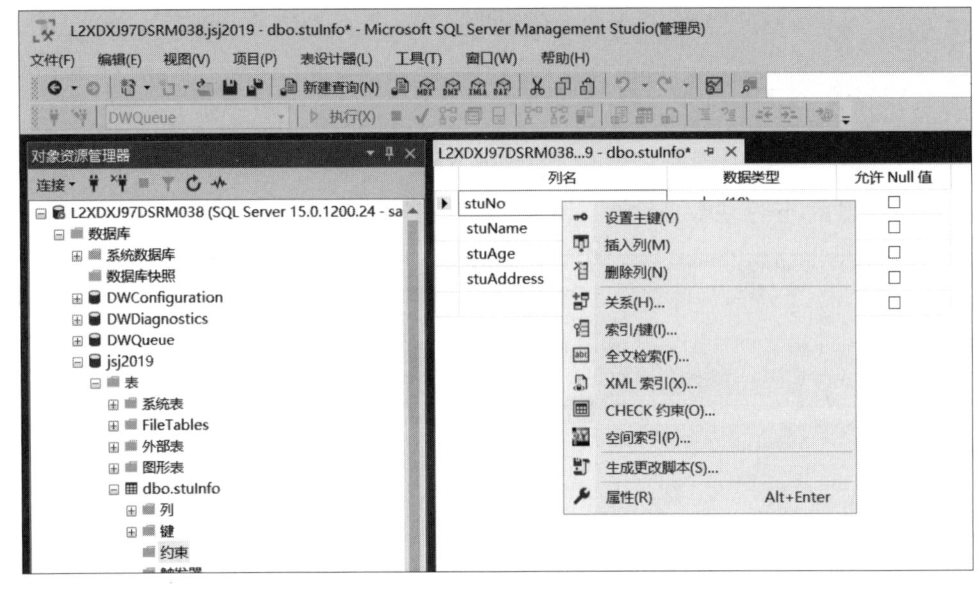

图 4.59 启动创建 CHECK 约束任务

图 4.60 启动设置主键任务

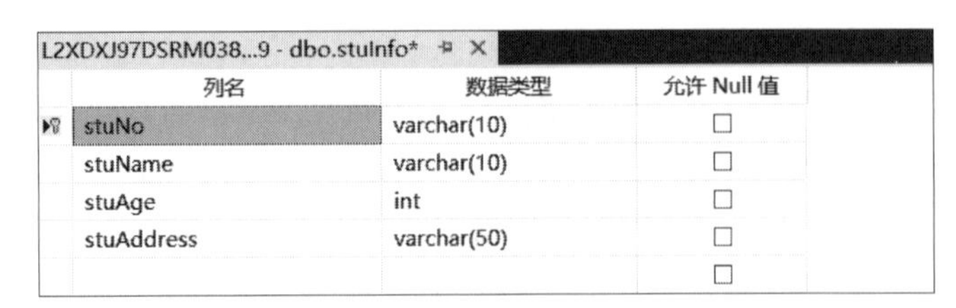

图 4.61 在表 stuInfo 的 stuNo 字段上创建主键

主键可以是一个字段，也可以由多个字段组成，选择主键要遵守以下原则。

（1）最少性：尽量选择单个键作为主键。

（2）稳定性：尽量选择数值更新少的列作为主键。

2）设置整型字段为标识列（自动增长列）

注意，只有整型、短整型、长整型等整型类字段可以被设置为标识列。

具体步骤是右击相应列，在弹出的快捷菜单中选择“属性”命令，如图 4.62 所示。

弹出“属性”面板，在“标识列”右侧的选择列表中选择列 stuSeat，如图 4.63 所示。

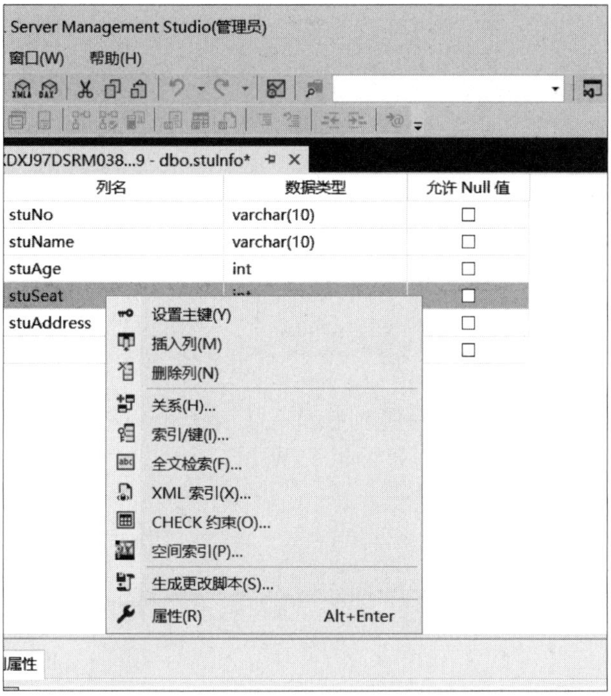

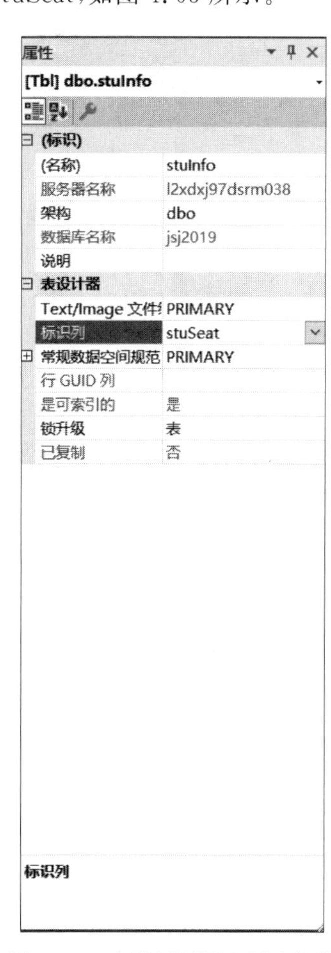

图 4.62　右击列，选择“属性”命令

图 4.63　在“标识列”右侧选字段

关闭“属性”面板，标识列即创建成功，保存表即可。对于之后的字段 stuSeat，系统将自动赋值，默认从 1 开始，每次增 1。

注意：不允许用户为标识列赋值。当前记录被删除，不影响插入记录的标识列的值自动继续增 1。

实现实体完整性约束的方法还有创建唯一约束，使用 SQL 语句能较方便地创建。另外，使用 SQL 语句创建的标识列，起始值和增量也可以灵活设置。这些内容将在学习 SQL 语句的章节继续介绍。

3. 实现引用完整性

通过建立外键约束可以实现多表间的引用完整性。在 SSMS 中利用菜单建立外键约束的办法有在表设计器中建立和通过创建数据库关系图建立两种。

在创建从表时，在表设计器中右击，选择"关系"命令(如图 4.64 所示)，打开"外键关系"对话框。

图 4.64　在表设计器中选择"关系"命令

在"外键关系"对话框中单击左侧的"添加"按钮，添加一个关系，然后在右侧的"(名称)"编辑框中输入关系的名称，命名为 FK_scores_stuInfo，如图 4.65 所示。

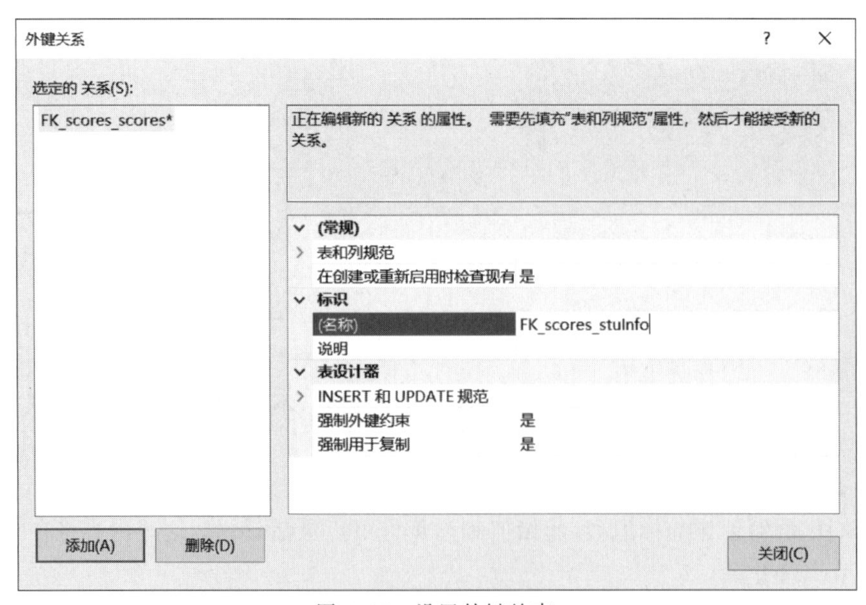

图 4.65　设置外键约束

选中“表和列规范”，单击右侧的“编辑”按钮，弹出“表和列”对话框，如图 4.66 所示。从表无法改变，主表可以从下拉列表中选择。在主表确定以后再选择列，将两个表中表示主从关系的列选中。单击“确定”按钮，表和列选择完毕，关闭“外键关系”对话框，一个外键约束创建完毕。注意，建好的约束在对象资源管理器的主表的约束列表中。

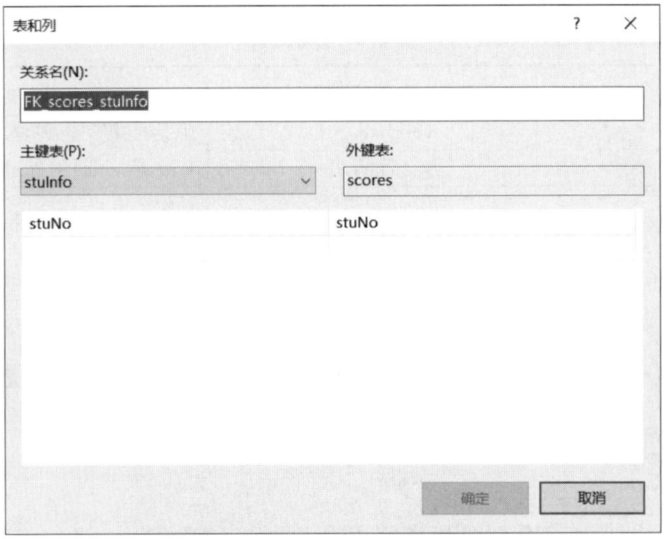

图 4.66　主/从表设置

主表和从表的操作要求如下：

(1) 当主表中没有对应的记录时，不能将记录添加到子表。

例如，成绩表中不能出现在学员信息表中不存在的学号。

(2) 不能更改主表中的值而导致子表中的记录孤立。

例如，把学员信息表中的学号改变了，学员成绩表中的学号也应该随之改变。

(3) 子表存在与主表对应的记录，不能从主表中删除该行。

例如，不能把有成绩的学员删除。

(4) 删除主表前先删子表。

例如，先删学员成绩表，后删学员信息表。

4. 综合实例

【例 4.13】 创建数据库 student，其中有学生信息表(stuInfo)、科目表(course)和学生成绩表(scores)，具体要求如表 4.7～表 4.9 所示。

表 4.7　stuInfo 表

字 段 名	类　型	说　明
stuNo	varchar(10)	主键，长度必须为 10
stuName	varchar(10)	非空
stuSex	varchar(2)	CHECK 约束，只能为'男'或者'女'
stuSeat	int	标识列
stuAge	int	0 到 100
stuAddress	varchar(50)	默认值'具体不详'

表 4.8　course 表

字　段　名	类　　型	说　　明
cNo	varchar(4)	主键，长度必须为 4
cName	varchar(20)	非空

表 4.9　scores 表

字　段　名	类　　型	说　　明
stuNo	varchar(10)	联合主键，分别是 stuInfo(stuNo)和 course(cNo)的外键
cNo	varchar(4)	
score	float	0 到 100

答：在 student 数据库中首先创建表，再添加约束。创建 stuInfo 表的操作步骤如图 4.67～图 4.74 所示。

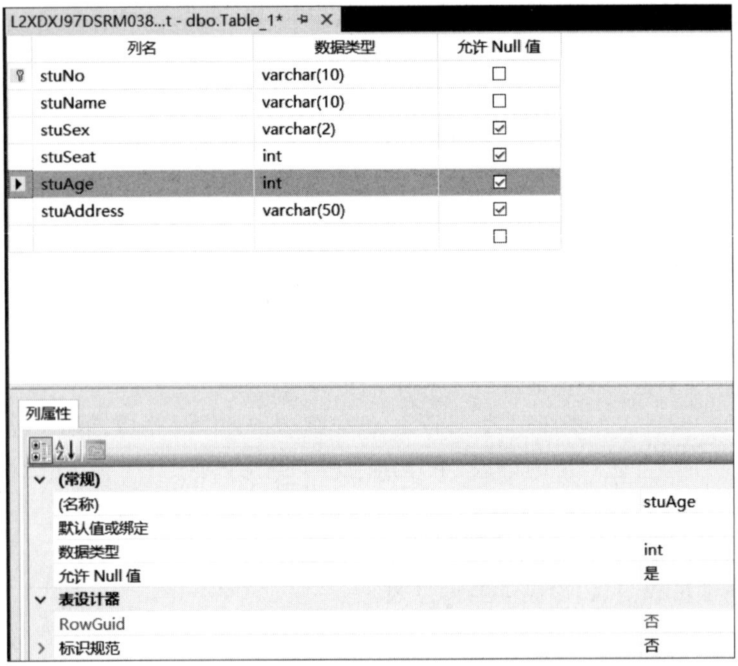

图 4.67　创建 stuInfo 表的基础结构，设置主键、是否为空、默认值

然后关闭"检查约束"对话框和表设计器，系统会弹出对话框询问是否保存这些更改，确认后弹出"选择名称"对话框。单击"确定"按钮，stuInfo 表创建完毕。

接下来创建 course 表，首先启动新建表任务，其后的具体操作如图 4.75～图 4.77 所示。

关闭"检查约束"对话框和表设计器，并按提示保存更改，将表命名为"course"。单击"确定"按钮，course 表创建完毕。

之后启动新建表任务，打开表设计器，创建 scores 表。其后的具体操作如图 4.78～图 4.89 所示。

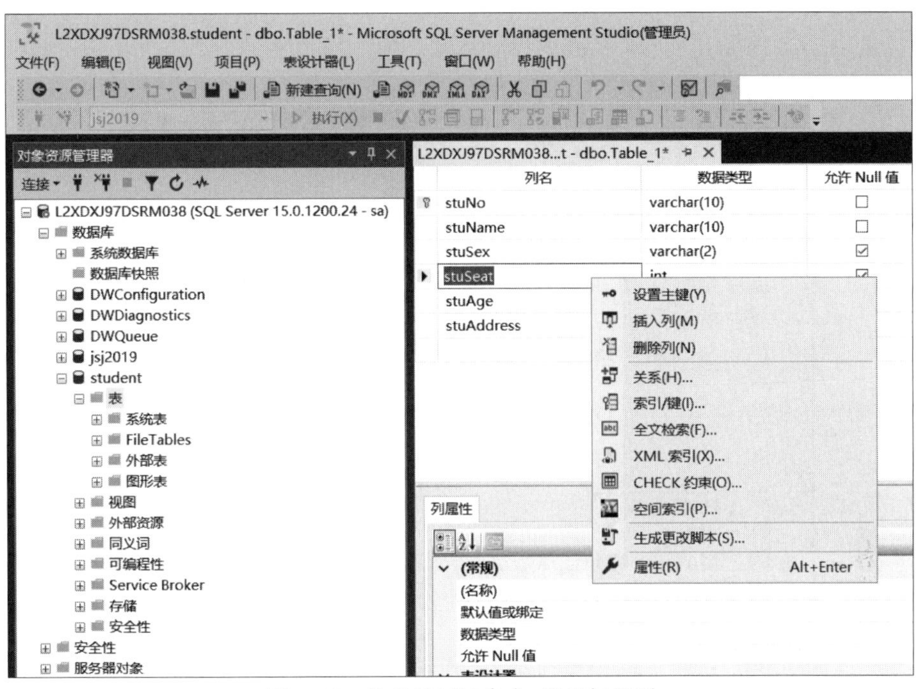

图 4.68 选择“属性”命令，设置标识列

L2XDXJ97DSRM038...t - dbo.Table_1*

列名	数据类型	允许 Null 值
stuNo	varchar(10)	☐
stuName	varchar(10)	☐
stuSex	varchar(2)	☑
stuSeat	int	☐
stuAge	int	☑
stuAddress	varchar(50)	☑

属性
[Tbl] dbo.Table_1

(标识)
(名称) Table_1
服务器名称 l2xdxj97dsrm038
架构 dbo
数据库名称 student
说明
表设计器
Text/Image 文件 PRIMARY
标识列 stuSeat
常规数据空间规范 PRIMARY
行 GUID 列
是可索引的 是
锁升级 表
已复制 否
标识列

列属性
(常规)
(名称)
默认值或绑定
数据类型
允许 Null 值
表设计器
RowGuid
标识规范
不用于复制
大小
计算列规范
简洁数据类型
具有非 SQL Server 订阅服务器
排序规则
(常规)

图 4.69 选择 stuSeat 为表的标识列

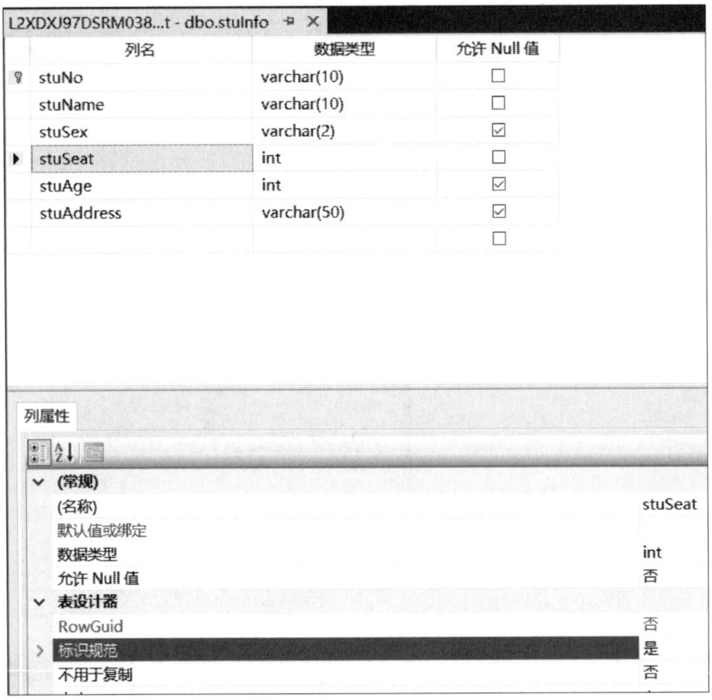

图 4.70　stuSeat 标识列设置完毕

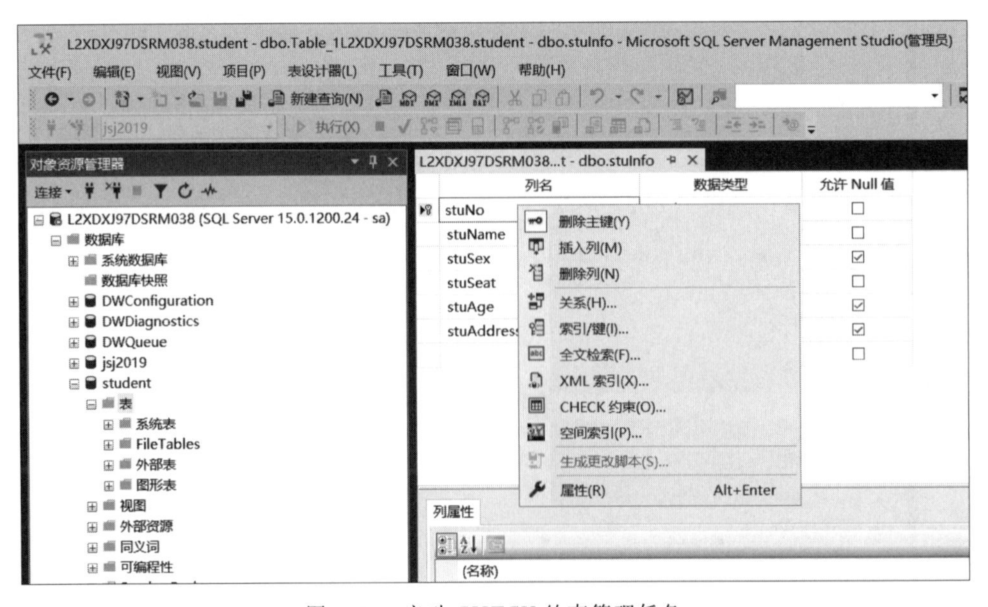

图 4.71　启动 CHECK 约束管理任务

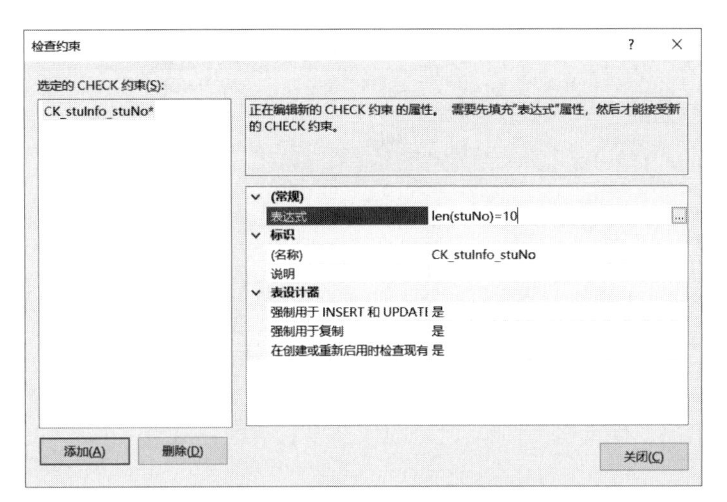

图 4.72　设置 stuNo 的长度

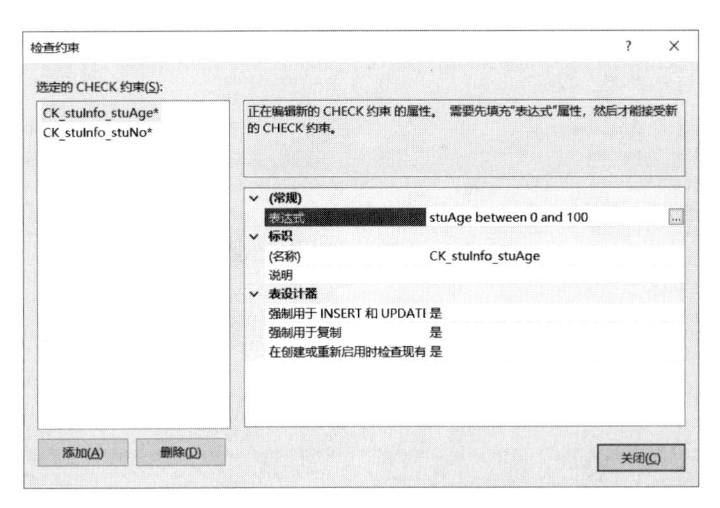

图 4.73　设置年龄的取值范围

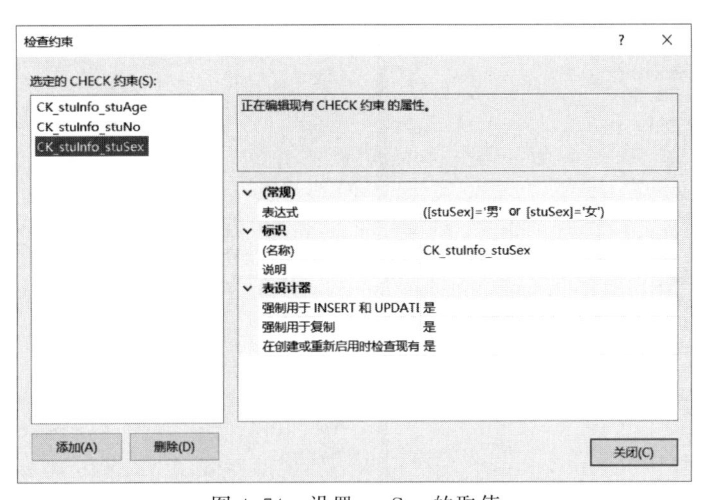

图 4.74　设置 stuSex 的取值

L2XDXJ97DSRM038...t - dbo.Table_1*

列名	数据类型	允许 Null 值
cNo	varchar(4)	☐
cName	varchar(20)	☐
		☐

列属性

(常规)

(名称)	cNo
默认值或绑定	
数据类型	varchar
允许 Null 值	否
长度	4

图 4.75　创建 course 表的基础结构,设置主键、是否为空

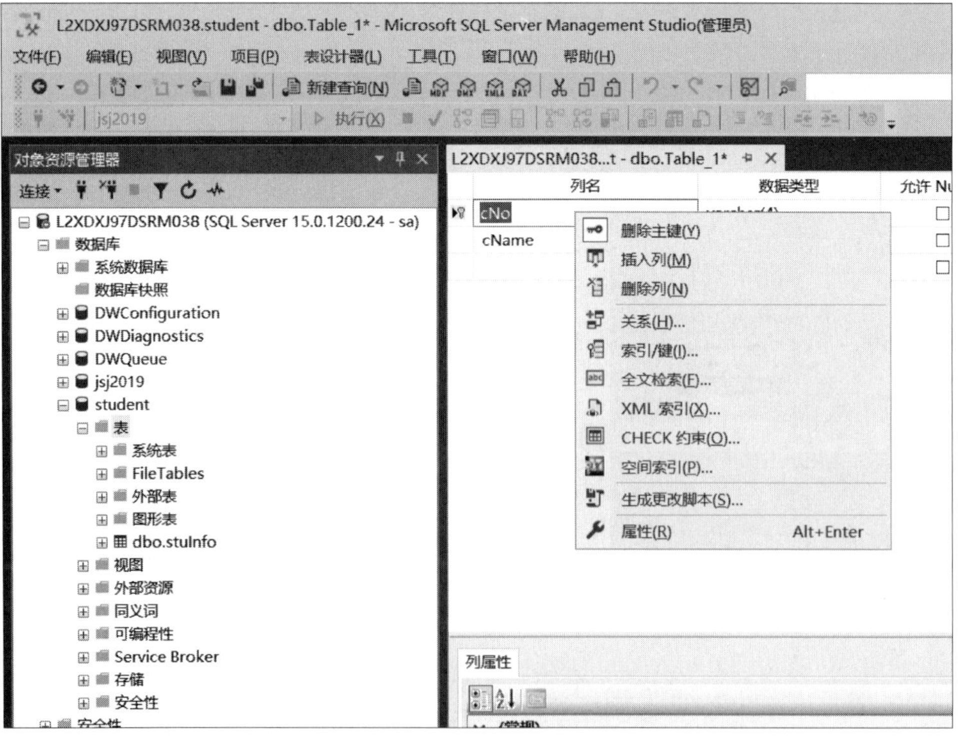

图 4.76　启动 course 表的 CHECK 约束管理任务

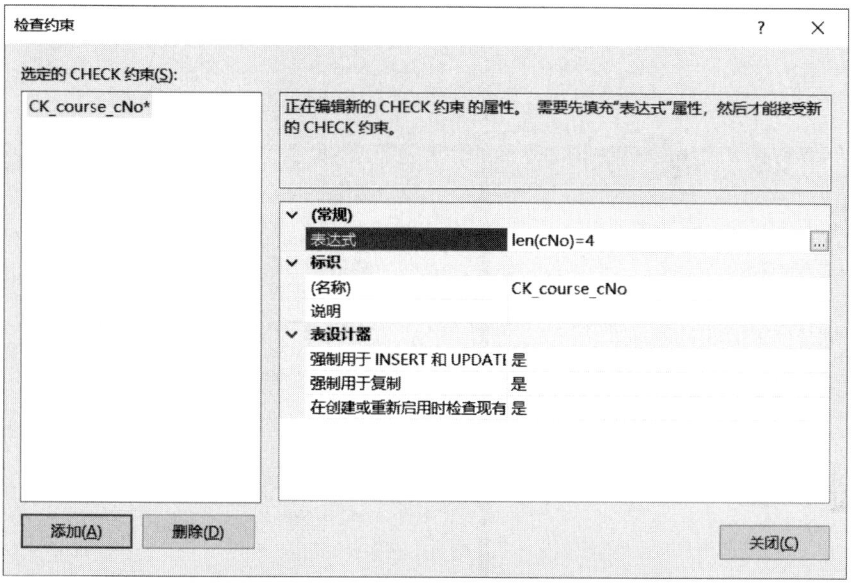

图 4.77　添加 course 表的约束

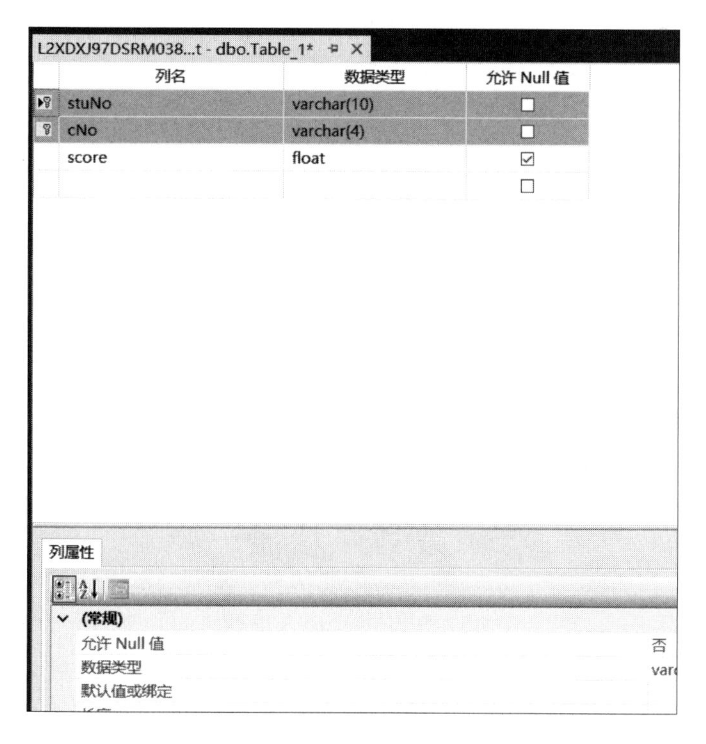

图 4.78　创建 scores 表的基础结构，设置主键、是否为空

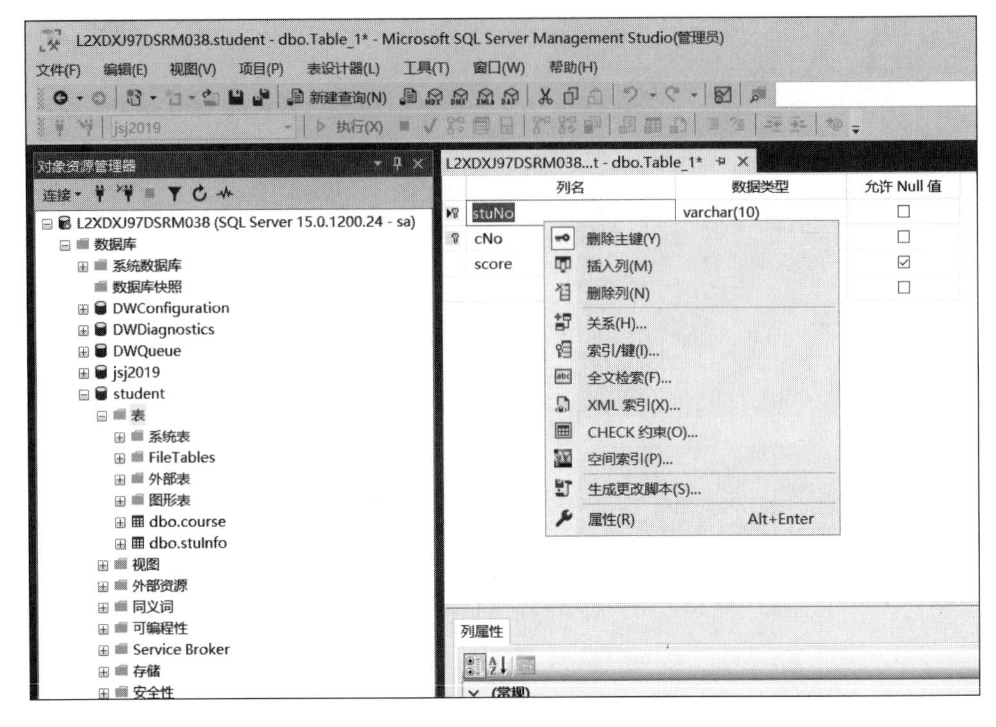

图 4.79　启动创建表 scores 的 CHECK 约束管理任务

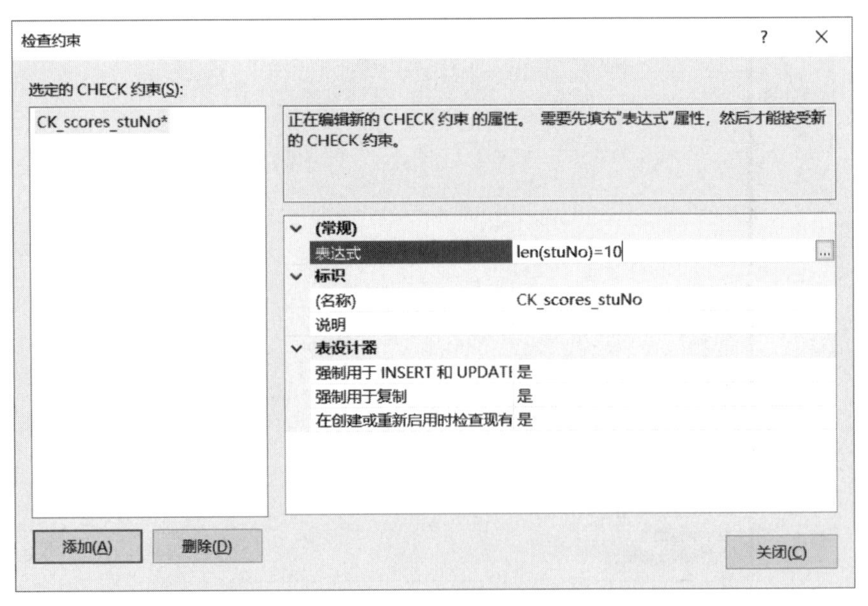

图 4.80　添加 stuNo 长度约束

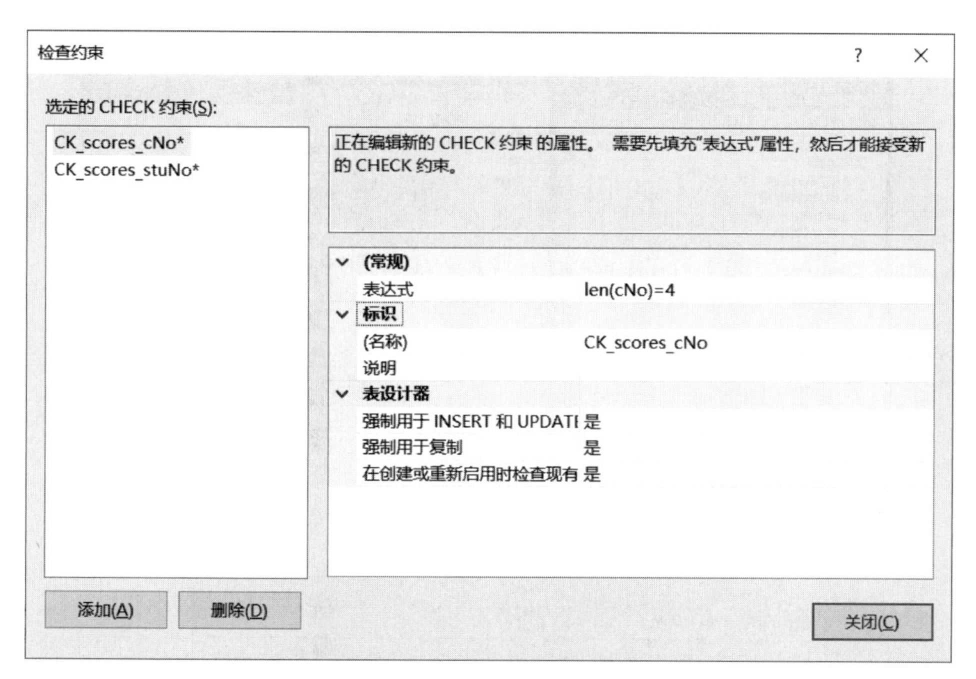

图 4.81　添加 cNo 长度约束

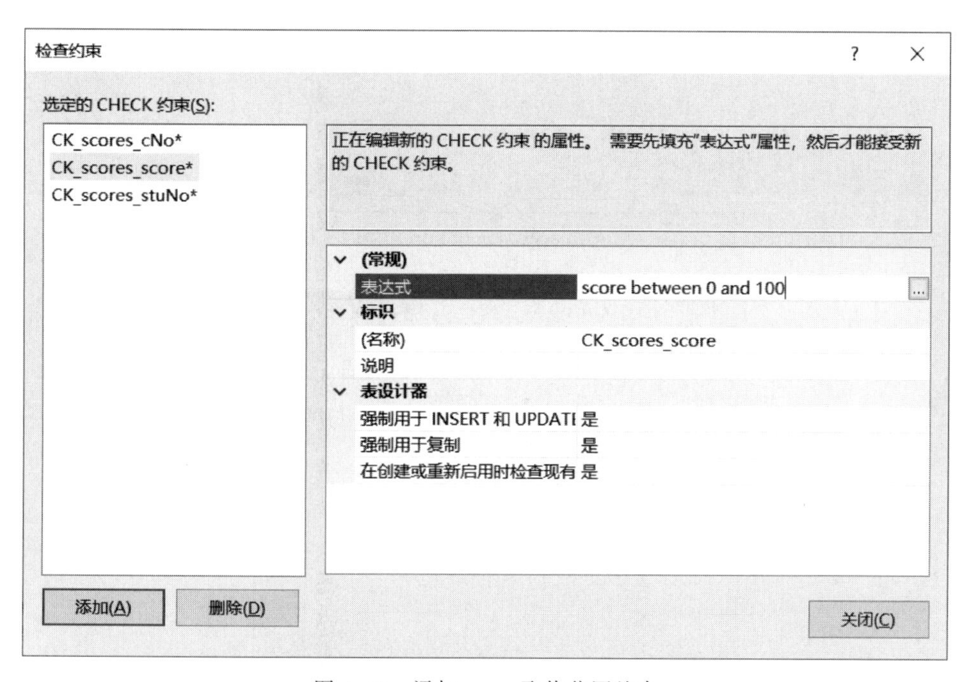

图 4.82　添加 score 取值范围约束

单击"关闭"按钮，scores表的CHECK约束创建完毕。之后创建引用约束。

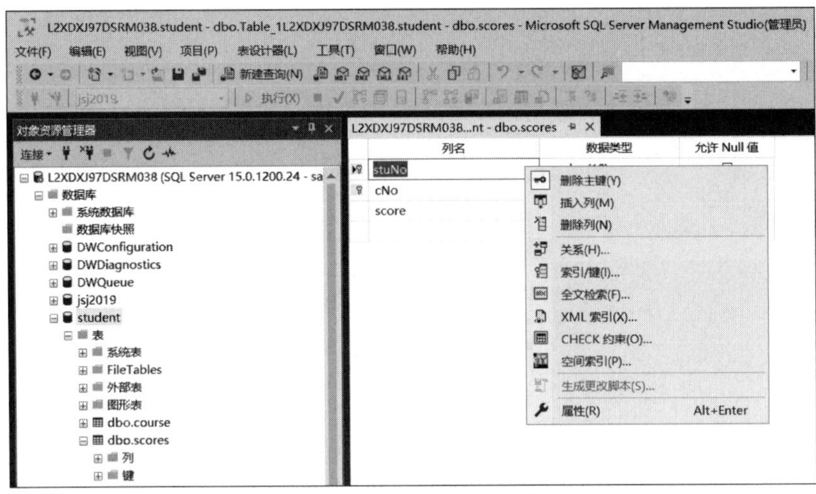

图4.83　选择"关系"命令

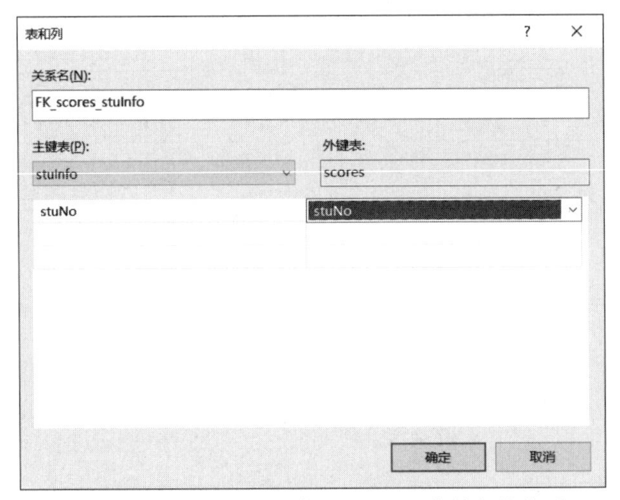

图4.84　为scores表添加和stuInfo表的主从关系

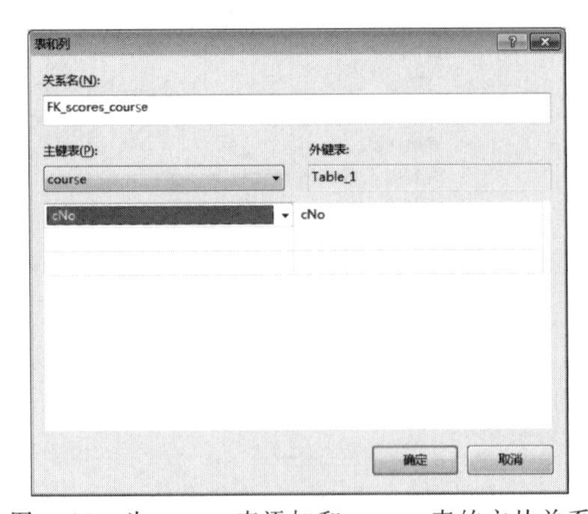

图4.85　为scores表添加和course表的主从关系

关闭“检查约束”对话框和表设计器，系统弹出对话框，询问是否保存更改。

单击“是”按钮，弹出“选择名称”对话框。

单击“确定”按钮，弹出警告是否保存对话框。

单击“是”按钮，数据库 student 按要求创建完毕。

图 4.86 是否保存数据库中的更改

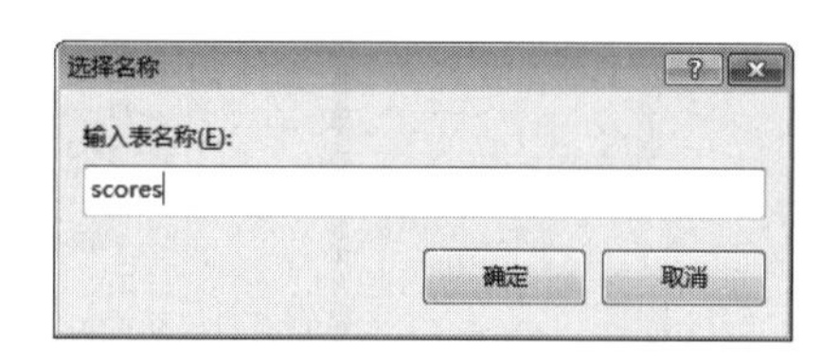

图 4.87 命名新建表

图 4.88 警告是否保存对话框

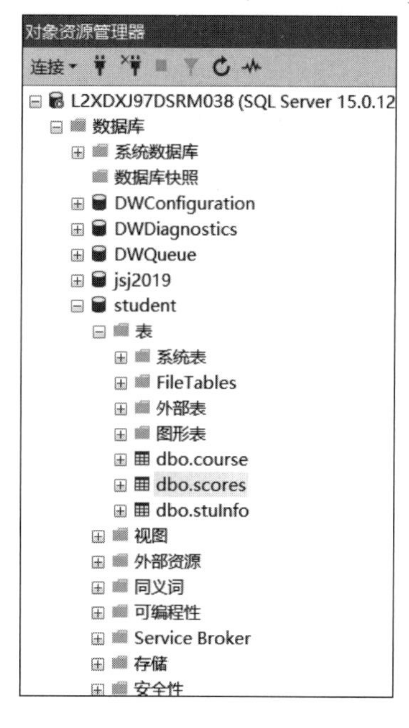

图 4.89 查看 student 数据库的创建情况

至此，数据库 student 创建完毕。打开数据库，向 3 个表中输入数据记录，测试数据库。用户可以选择“编辑前 200 行”命令为表添加记录，操作如图 4.90 所示。

注意：填入数据要按照先主表再从表的顺序。另外，如果在填入数据的过程中发现有表的结构发生重大错误，需要将输入的数据删除再修改表结构。如果发生的是表结构的缺漏，一般可以不删除数据，而直接补齐。

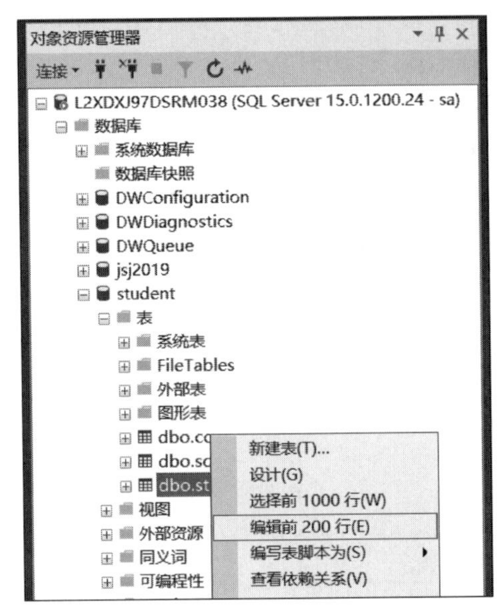

(a) 启动stuInfo表的“编辑前200行”任务

L2XDXJ97DSRM038...t - dbo.stuInfo

	stuNo	stuName	stuSex	stuSeat	stuAge	stuAddress
▶	1910101101	X	男	1	20	具体不详
*	NULL	NULL	NULL	NULL	NULL	NULL

(b) 输入一条记录

图 4.90　在 SSMS 中为表添加记录

4.3.3　导入和导出数据

导入和导出数据使得其他关系数据库的数据、非关系型数据以及 SQL Server 自身的数据都可以与现服务中的数据互相转换，方便了项目开发过程中的数据操作，见例 4.14。

【例 4.14】 人事部门长期将数据存储在 Excel 文件中进行管理，随着数据的增多，在一次将某年后公司员工数据记录表中的数据大批量、成块地复制到此表中时，发生了某区域列与记录未对上，即粘贴的误操作(某年后员工表中的列顺序与目标表中的列顺序不一致)；并且未能记录下是从哪个位置开始发生错误，包括身份证、任职时间等多列数据出现了混乱，虽然手中还有阶段保存的已加入少部分新员工的正确数据和某年后的员工数据，但由于数据表中的列多达 20 几列，记录行有千余个，这样的误操作开始频繁发生，在 Excel 中将数据手动修改正确已是不可能的。现要求数据库专业人员帮助人事部门将 Excel 表中的数据修改正确。

答：将阶段保存的和保存新员工的两个 Excel 表导入 SQL Server 中，使用 SQL 语句设计算法，执行算法，得到正确的数据，将正确的数据表导出到 Excel 中，交付人事部门使用。

简单模拟操作过程。有 Excel 文件 2019-2-24. xlsx，其中 2019-2-24 表单存放现阶段正确的员工信息，如图 4.91 所示。

Excel 文件 new. xlsx 的 Sheet1 表单存放新员工信息，如图 4.92 所示。

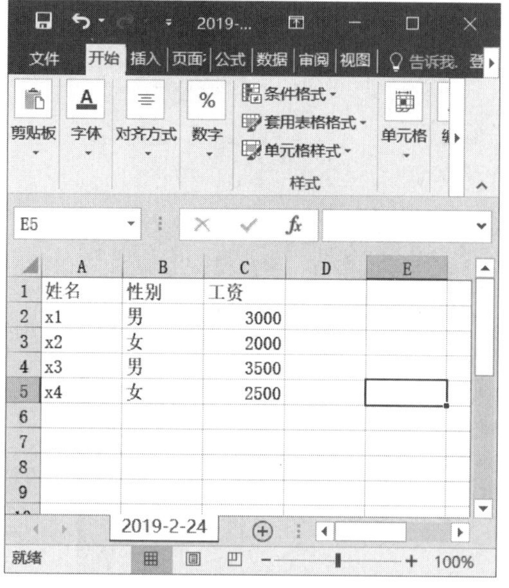

图 4.91 正确的员工信息

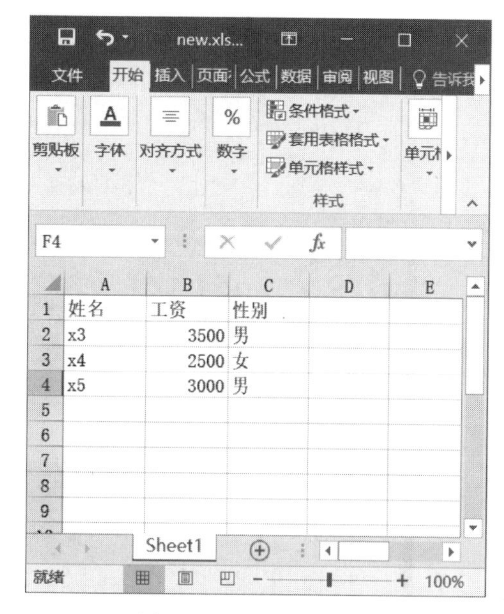

图 4.92 新员工模拟表

在 SQL Server 2019 中创建数据库 EMP1，用来存储导入的员工信息。启动 SQL Server 2019 的 SSMS，右击“数据库”，选择“新建”命令打开“新建数据库”窗口，在“常规”选择页的“数据库名称”编辑框中输入 EMP1，然后单击“确定”按钮，如图 4.93 所示。

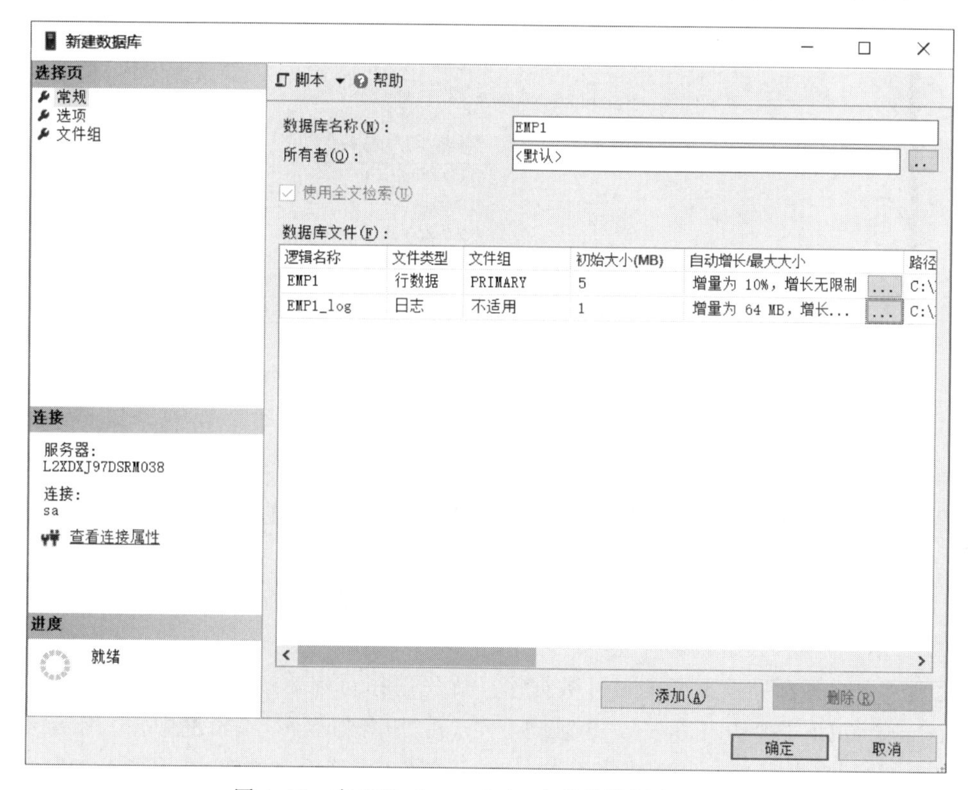

图 4.93 在 SQL Server 2019 中新建数据库 EMP1

启动 SQL Server 2019 的导入数据功能。右击数据库 EMP1，选择“任务”→“导入数据”命令，如图 4.94 所示。

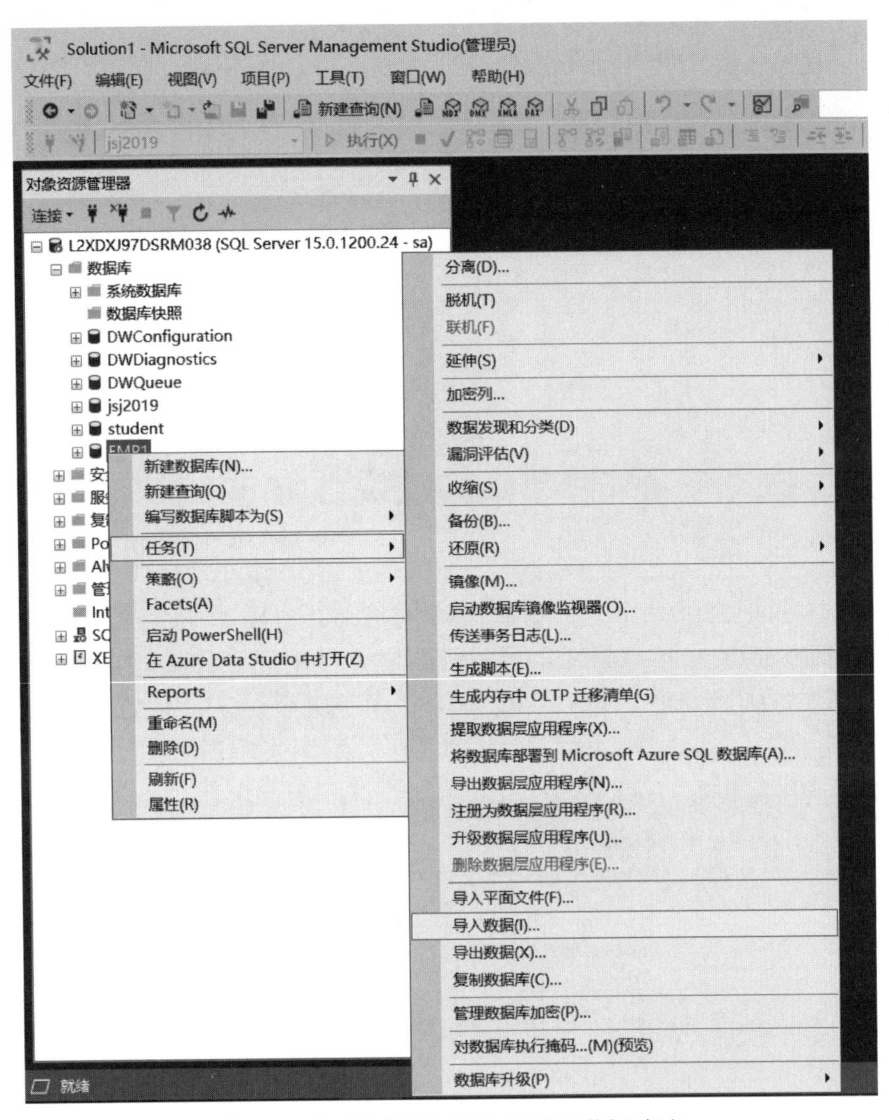

图 4.94 启动数据库 EMP1 的“导入数据”任务

弹出“SQL Server 导入和导出向导”窗口，单击 Next 按钮，进入“选择数据源”界面，首先需要选择数据源驱动，在“数据源”下拉列表中选择 Microsoft Excel 选项。然后选择存放数据的 Excel 文件，在打开的文件浏览器中找到文件 2019-2-24.xlsx 并选中。在“Excel 版本”下拉列表中选择 Microsoft Excel 2007-2010，并选中“首行包含列名称”复选框，如图 4.95 所示。至此，数据源选择完毕。

之后需要选择存储数据源的目标数据库。首先选择目标驱动，在“目标”下拉列表中选择 Microsoft OLE DB Provider for SQL Server，在“服务器名称”编辑框中输入服务器地址或者名称，此例直接写“.”。选中“使用 Windows 身份验证”单选按钮，在服务器的“数据库”下拉列表中选择刚创建好的数据库 EMP1，如图 4.96 所示。

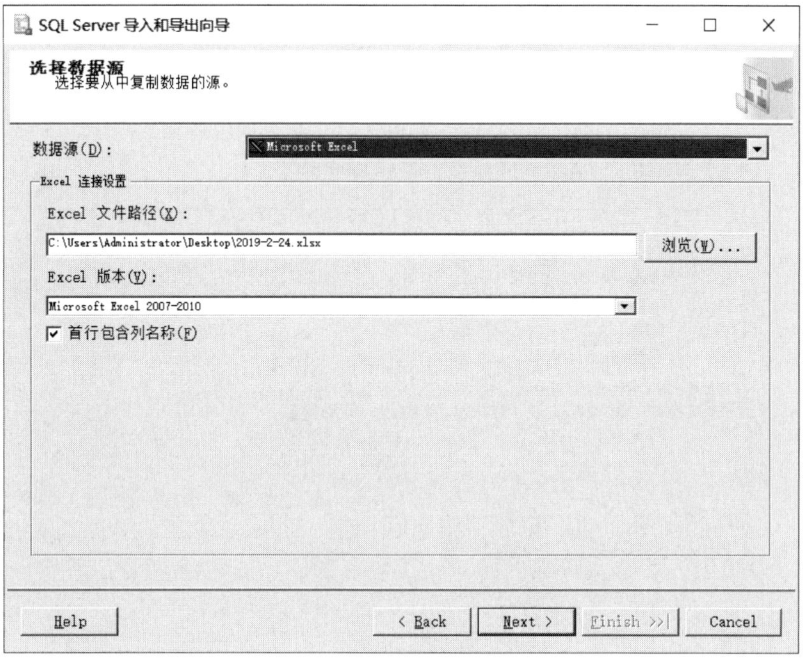

图 4.95 “选择数据源”界面

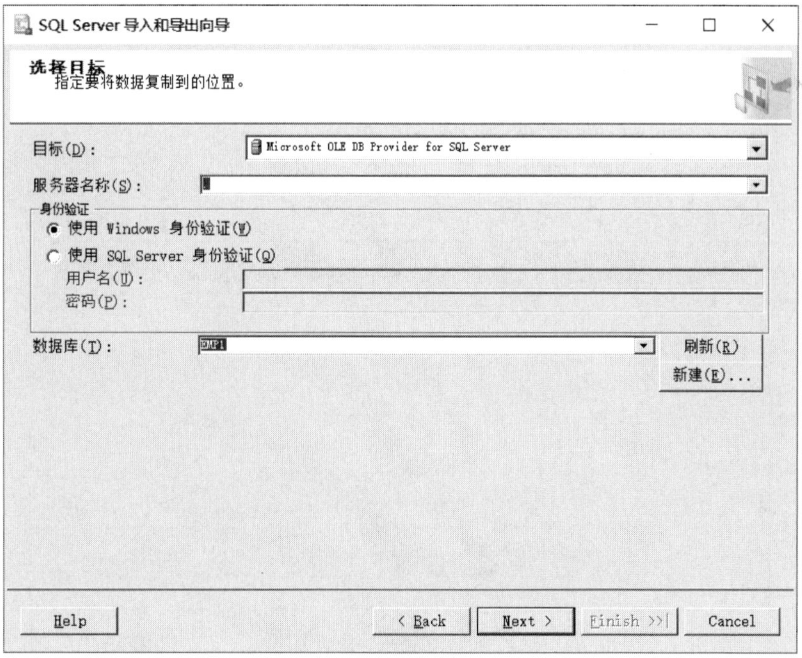

图 4.96 “选择目标”界面

单击 Next 按钮，进入“指定表复制或查询”界面，选中“复制一个或多个表或视图的数据”单选按钮，如图 4.97 所示。

单击 Next 按钮，进入“选择源表和源视图”界面。注意，所有被导入的 Excel 表单的名字后面都会带“$”符号。这里选择“2019-2-24$”表单,默认目标表的名字为“2019-2-24$”,如图 4.98 所示。

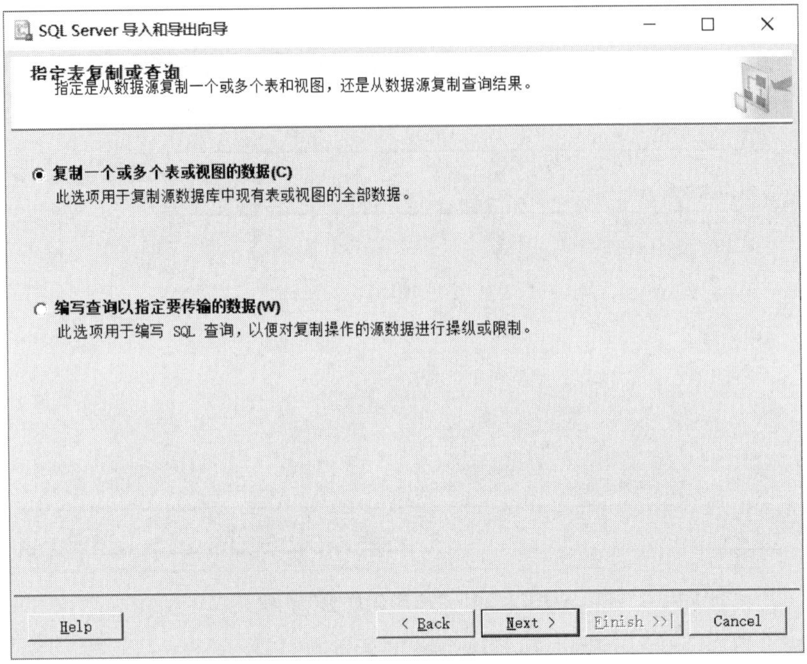

图 4.97 “指定表复制或查询”界面

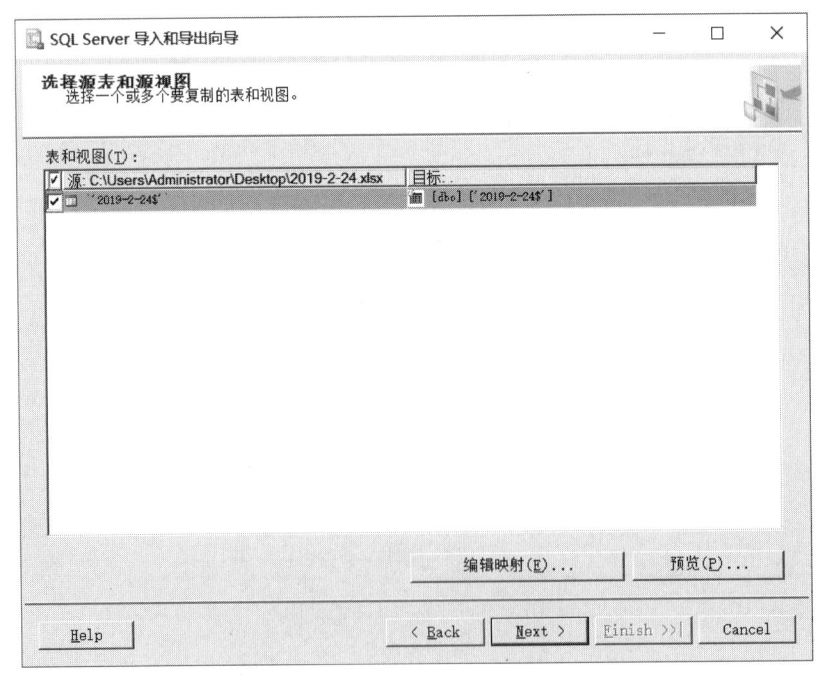

图 4.98 “选择源表和源视图”界面

单击 Next 按钮,进入“保存并运行包”界面。选中“立即运行”复选框,如图 4.99 所示。

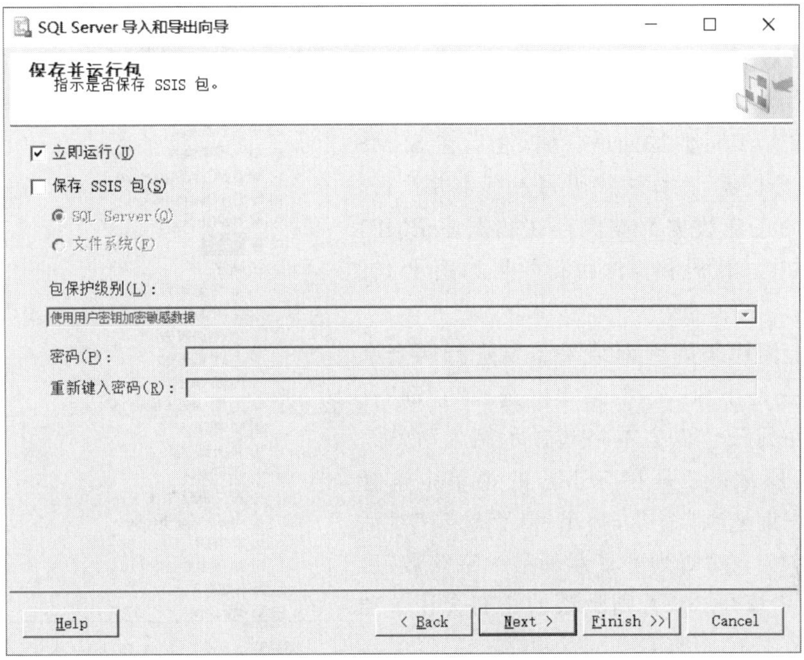

图 4.99 “保存并运行包”界面

单击 Next 按钮，进入 Complete the Wizard 界面。单击 Finish 按钮，等待数据导入。执行操作结束后，进入“执行成功”界面，显示操作成功的详细信息，如图 4.100 所示。

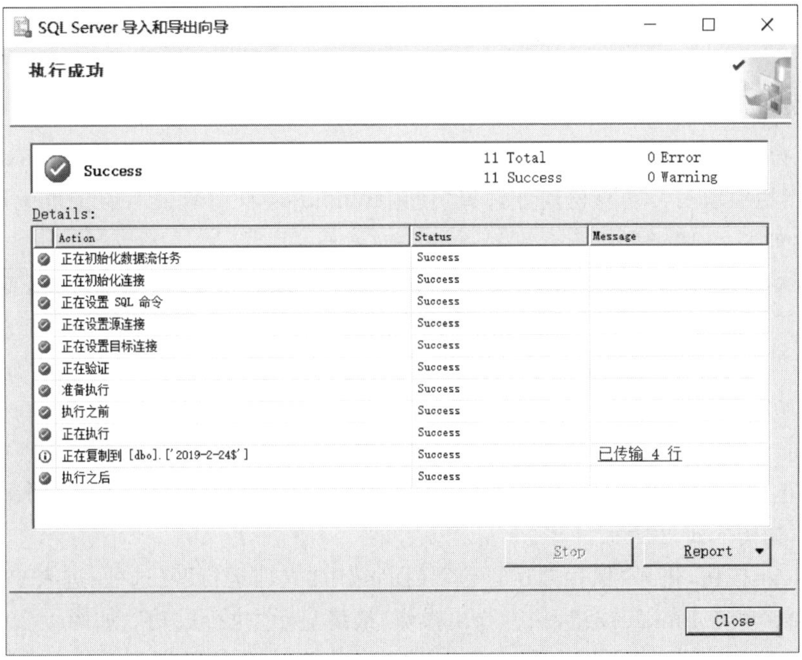

图 4.100 “执行成功”界面

单击 Close 按钮，Excel 文件 2019-2-24.xlsx 中的 2019-2-24$ 表单的数据即被成功导入 SQL Server 2019 数据库 EMP1 的表 2019-2-24$ 中。按照相同的操作步骤，将 Excel 文件

new. xlsx 中的 Sheet1 表单的数据导入 SQL Server 2019 数据库 EMP1 的表 Sheet1 $ 中，如图 4.101 所示。

图 4.101　成功导入两个 Excel 表单

分析情况，编写数据处理代码，之后在 SSMS 中启动查询分析器，将算法代码写入其中并执行，最后，所有的正确数据都被保存在数据库 EMP1 的新表 new 中。代码和算法执行效果如图 4.102 所示。

注意，上面代码的查询结果需要进行两个必要的设置：一是在 SSMS 的菜单中选择“查询”→“将结果保存到”→“以文本格式显示结果”命令，如图 4.103 所示；二是在 SSMS 的菜单中选择“查询”→“查询选项”命令，弹出“查询选项”对话框，选中“文本”，在“每列中显示的最大字符数”后面的文本框中填写 30，否则默认的 256 会让单独列太宽，如图 4.104 所示。

由于人事部门习惯使用 Excel 进行数据处理，所以本次处理的数据最终还要导出到 Excel 文件中，发送给人事部门，主要是将数据库 EMP1 中的 new 表导出到 new. xlsx 的 new 表单中。在 new. xlsx 文件中新建 new 表单，并在第一行的各字段处填写人事信息表中的各字段，具体操作如图 4.105～图 4.110 所示。

首先右击数据库 EMP1，选中“任务”，在级联菜单中选择“导出数据”命令，如图 4.105 所示。

弹出“SQL Server 导入和导出向导”窗口，单击 Next 按钮，进入“选择数据源”界面，在“数据源”下拉列表中选中数据源驱动 Microsoft OLE DB Provider for SQL Server，在“服务器名称”编辑栏中填写“.”，身份验证选择“使用 Windows 身份验证”，服务器上的数据库选择“EMP1”，如图 4.106 所示。

配置完数据源后，单击 Next 按钮，进入“选择目标”界面，目标数据库引擎选择“Microsoft Excel”，然后单击“浏览”按钮，选择目标 Excel 文件。选中 new. xlsx 文件后，在“Excel 版本”下拉列表中选择“Microsoft Excel 2007-2010”，并选中“首行包含列名称”复选框，如图 4.107 所示。

单击 Next 按钮，进入“指定表复制或查询”界面，选中“复制一个或多个表或视图的数据”单选按钮。单击 Next 按钮，进入“选择源表和源视图”界面，选中 new 数据源表，目标表单为“new”，如图 4.108 所示。

单击 Next 按钮，进入“保存并运行包”界面，选中“立即运行”复选框，进入 Complete the Wizard 界面。单击 Finish 按钮，执行导出操作，最终显示“执行成功”，如图 4.109 所示。

至此，导出 SQL Server 2019 数据库 EMP1 的表 new 中的数据到 Excel 文件 new. xlsx 的表单 new 的操作完全结束。打开 new. xlsx 文件的表单 new，查看数据导出效果，如图 4.110 所示。

```
SQLQuery1.sql - L...38.EMP1 (sa (58))*
USE EMP1
PRINT '修改前'
SELECT * FROM ['2019-2-24$']
INSERT INTO ['2019-2-24$'] SELECT 姓名,性别,工资 FROM [Sheet1$]
SELECT DISTINCT 姓名,性别,工资 INTO new FROM ['2019-2-24$']
PRINT '修改后'
SELECT * FROM new
GO
```

```
结果
修改前
姓名                              性别                              工资
------------------------------   ------------------------------   ---------------
x1                               男                                3000
x2                               女                                2000
x3                               男                                3500
x4                               女                                2500

(4 行受影响)

(3 行受影响)

(5 行受影响)

修改后
姓名                              性别                              工资
------------------------------   ------------------------------   ---------------
x1                               男                                3000
x2                               女                                2000
x3                               男                                3500
x4                               女                                2500
x5                               男                                3000

(5 行受影响)
```

图 4.102　执行 SQL 算法将数据导入 new 表

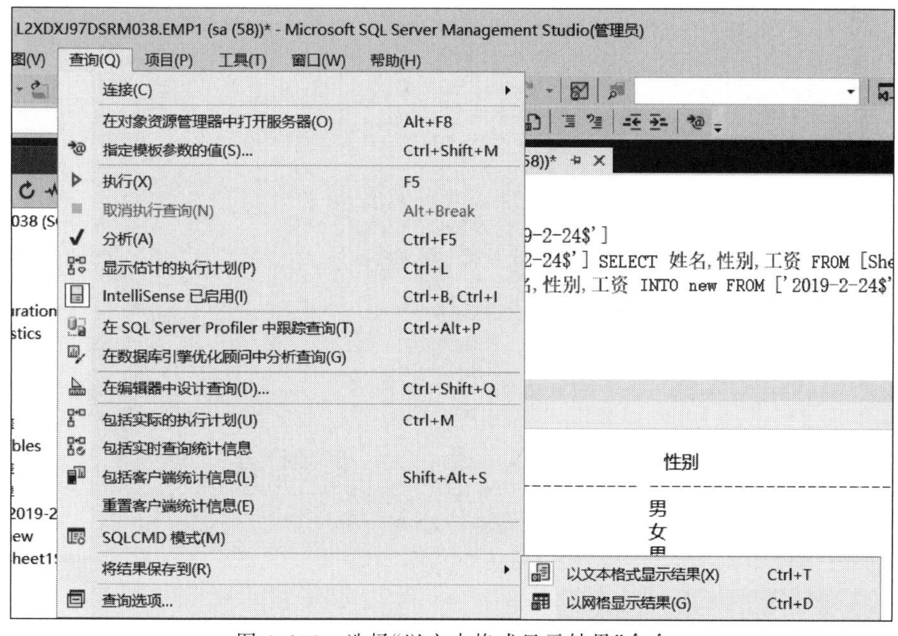

图 4.103　选择"以文本格式显示结果"命令

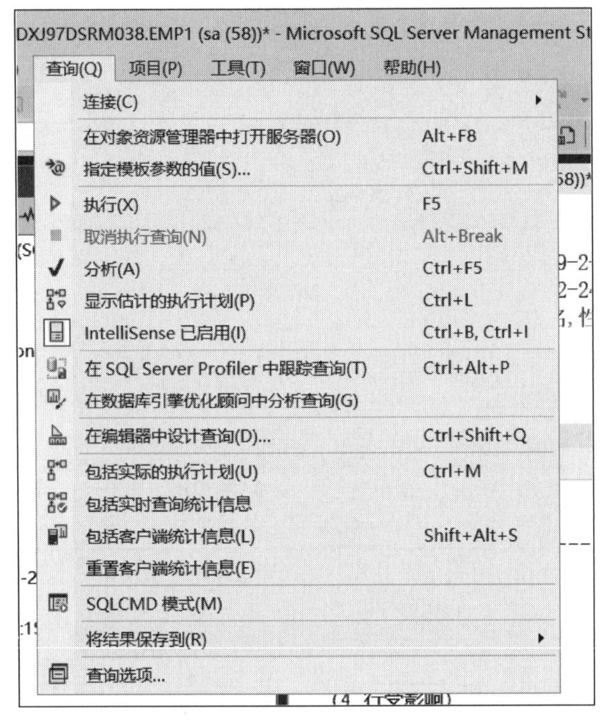

(a) 选择“查询”→“查询选项”命令

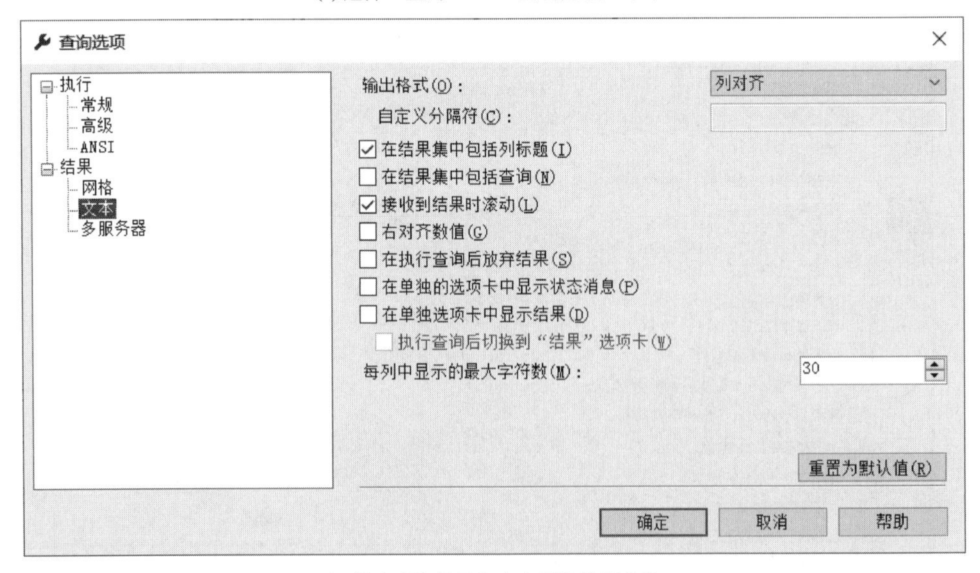

(b) 修改查询显示为文本时的效果参数

图 4.104 修改显示效果

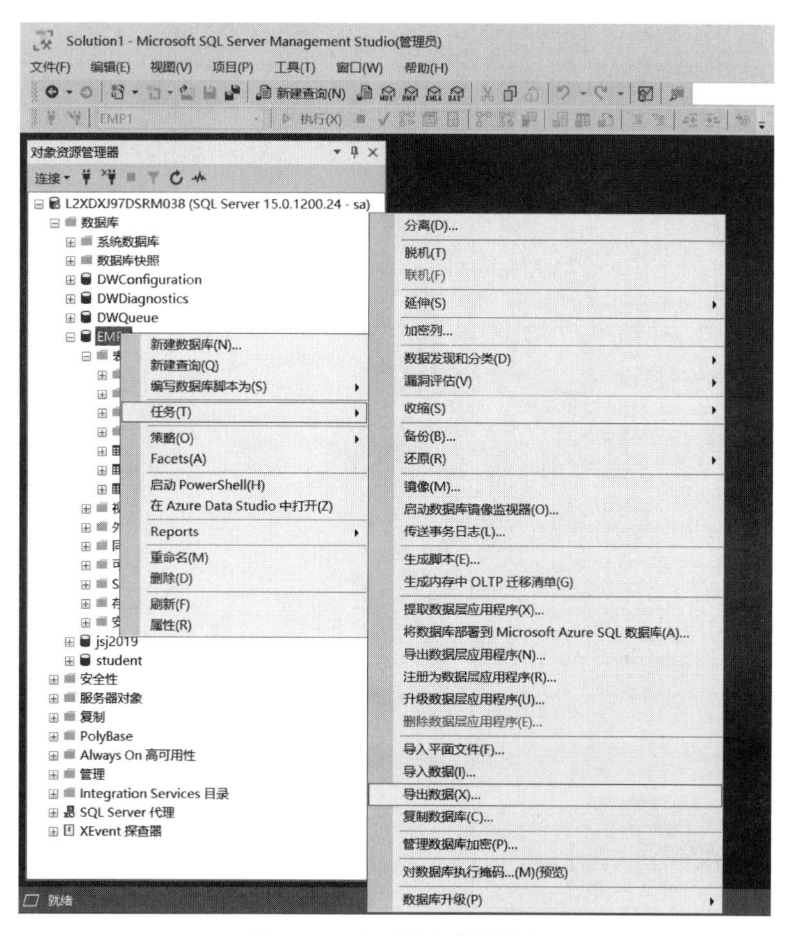

图 4.105　启动导出数据任务

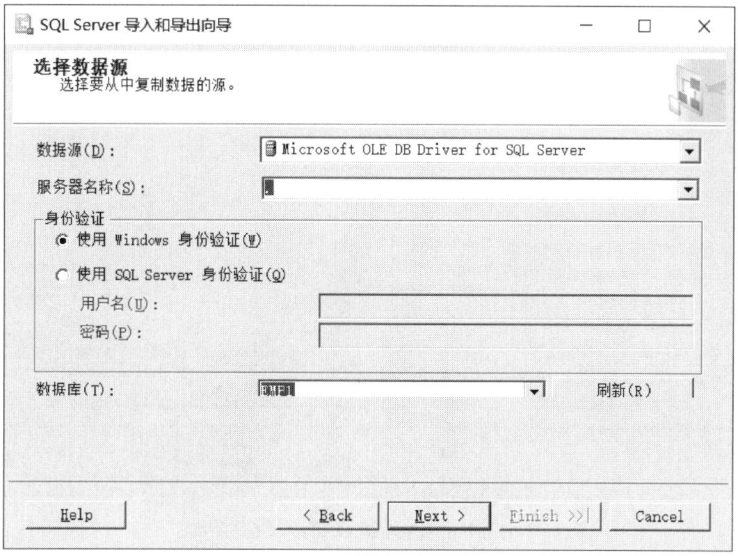

SQL Server 导入和导出向导

选择数据源
选择要从中复制数据的源。

数据源(D)：Microsoft OLE DB Driver for SQL Server

服务器名称(S)：

身份验证

使用 Windows 身份验证(W)

使用 SQL Server 身份验证(Q)

用户名(U)：

密码(P)：

数据库(T)：EMP1　刷新(R)

Help　< Back　Next >　Finish >>|　Cancel

图 4.106　“选择数据源”界面

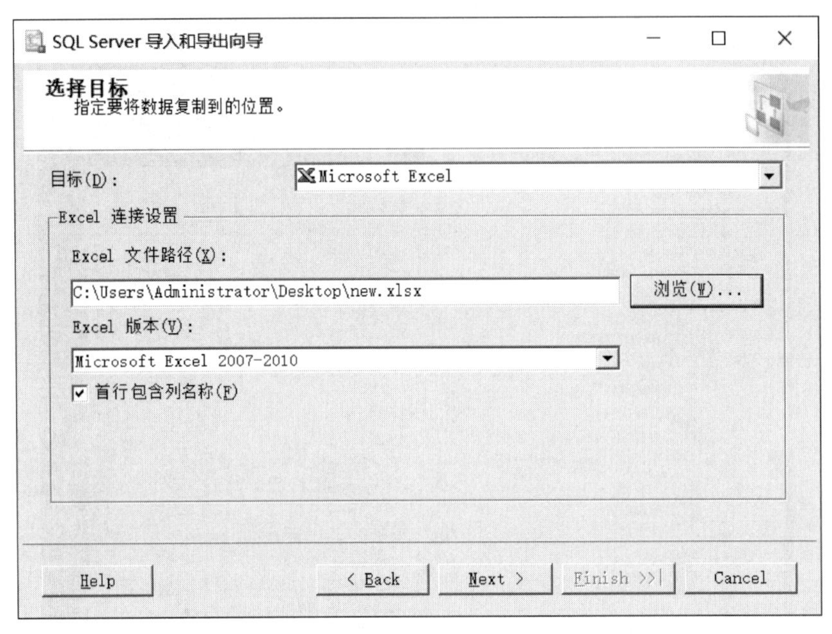

图 4.107 “选择目标”界面

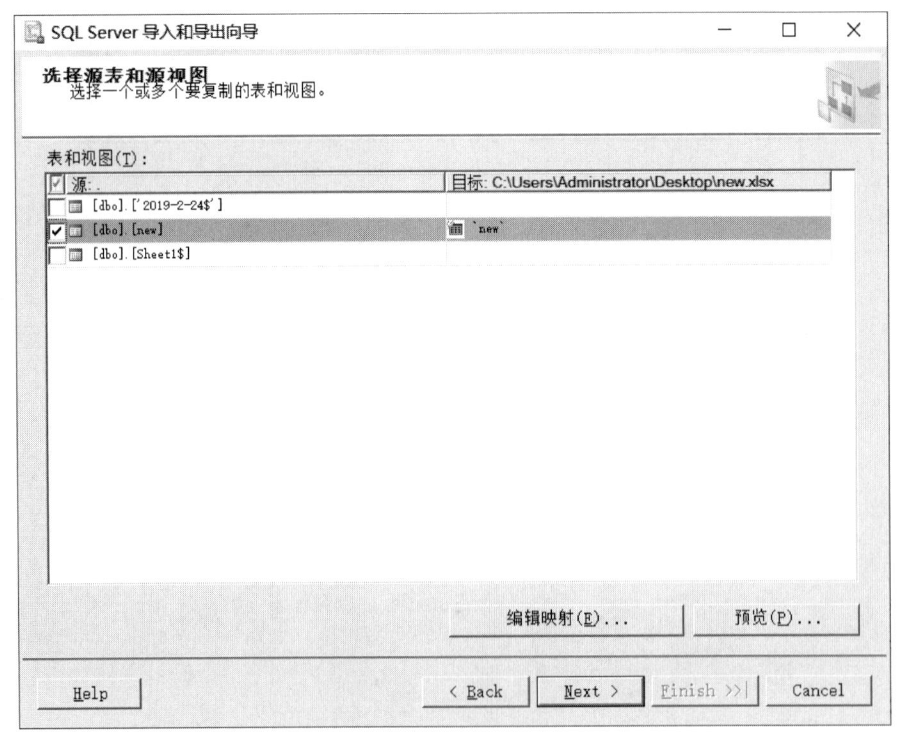

图 4.108 “选择源表和源视图”界面

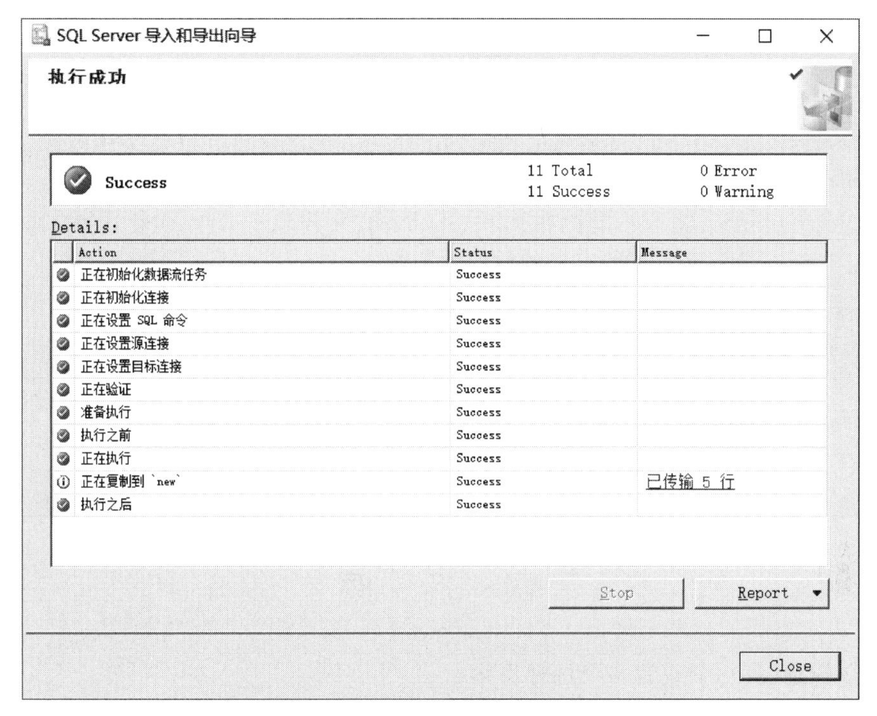

图 4.109　导出数据执行成功提示

图 4.110　查看导出数据

注意：与之前的版本相比，SQL Server 2019 的导入和导出功能模块的性能有很大提高，例如不再显示无关的警告页面，不需要在 Excel 文件中建立同名表单以及写入同名表头等。

小　结

SQL Server 创建表的过程是规定数据列的属性的过程，同时也是实施数据完整性(包括实体完整性、引用完整性和域完整性等)保证的过程。

实体完整性要求数据行不能存在重复，引用完整性要求子表中的相关项必须在主表中存在，域完整性实现了对输入特定列的数值的限制。

在 SQL Server 中存在 5 种约束，分别是主键约束、外键约束、检查约束、默认约束和唯一性约束(唯一性约束将在后续课程中使用 SQL 语句实现)。

创建数据库表需要确定表的列名、数据类型、是否允许为空，还需要确定主键、必要的默认值、标识列和检查约束。

如果建立了主表和子表的关系，则子表中相关项的数据在主表中必须存在；主表中相关项的数据更改了，子表对应的数据项也应该随之更改；在删除子表之前不能够删除主表。

课　后　题

一、选择题(有一个或者多个选择答案)

1. 现有用户表 userInfo(userID，userName，password)，可以按(　　)设置主键。
   A. 如果不能有同时重复的 userName 和 password，那么 userName 和 password 可以组合在一起作为主键
   B. 根据选择主键的最小性原则，最好采用 userID 作为主键
   C. 根据选择主键的最小性原则，最好采用 userName 和 password 作为主键
   D. 如果采用 userID 作为主键，那么在 userID 列输入的数值允许为空
2. 对于标识列，以下说法正确的是(　　)。
   A. 在使用 SQL 语句插入数据时，可以为标识列指定要插入的值
   B. 在设定标识时，必须同时指定标识种子和标识递增量
   C. 若设定标识时未指定标识递增量，那么在使用 SQL 语句插入数据时可以为标识列指定递增值
   D. 只能把主键设定为标识列
3. 现有 user(userid，username，salary，deptid，email)和 department(deptid，deptname)两张表，下面(　　)应采用检查约束来实现。
   A. 若 department 表中不存在 deptid 为 2 的记录，则不允许在 user 表中插入 deptid 为 2 的数据行
   B. 若 user 表中已经存在 userid 为 10 的记录，则不允许在 user 表中再次插入 userid 为 10 的数据行
   C. user 表中的 salary(薪水)值必须在 1000 元以上
   D. 若 user 表的 email 列允许为空，则向 user 表中插入数据时可以不输入 email 值
4. 在定义表时，对列中进行的取值范围和格式限制称为(　　)。
   A. 唯一性约束　　　　B. 检查约束
   C. 主键约束　　　　　D. 默认约束

5. 下列(　　)对象可以在 SQL Server 2019 的 SSMS 中创建。

A. 用户数据库　　B. 用户表

C. 约束　　D. 触发器

二、简答题

1. 在 SQL Server 服务启动时,数据库 NetBar 的物理文件可以被删除或者复制、粘贴吗? 若可以,请完成; 否则说明如何粘贴。

2. 如何将某数据库移到其他物理位置上。

3. 如果 SQL Server 的系统数据库 Master 被错误地删除了,能恢复吗? 其他的用户数据库呢? 有什么好的办法帮助恢复数据吗?

上　机　题

1. 在 SQL Server 中创建一个网吧计费数据库,要求如下。

数据库名: NetBar;

物理文件位置: E:\NetBar;

数据库物理文件的初始大小: 5MB;

是否允许自动增长: 是;

自动增长方式: 每次增加 5MB;

最大数据增长容量: 500MB;

是否自动收缩: 是;

数据库登录名: NetManager;

登录对数据库的访问权限: 只能执行查询,其他所有操作都不允许。

2. 在前面创建的网吧计费数据库 NetBar 中创建满足如表 4.10～表 4.12 所示各表要求的数据库表。

表 4.10　上网卡结构表

表名	Card	作用	存储上网卡信息	
主键	ID			
列名	数据类型	长度	是否允许为空	字段说明
ID	varchar	10	否	主键,不允许有相同值
PassWord	varchar	50	否	密码
Balance	int	4	是	卡上的余额
UserName	varchar	50	是	持卡人的姓名

表 4.11　计算机表

表名	Computer	作用	存储计算机及状态信息	
主键	ID			
列名	数据类型	长度	是否允许为空	字段说明
ID	varchar	10	否	主键,不允许有相同值
OnUse	varchar	1	否	是否正在使用
Note	varchar	100	是	备注和说明信息

表4.12　上机信息表

表名	Record	作用	存储每次上机的信息	
主键	ID			
列名	数据类型	长度	是否允许为空	字段说明
ID	numeric	8	否	主键,不允许有相同值
CardID	varchar	10	否	外键,引用Card表的ID字段
ComputerID	varchar	10	否	外键,引用Computer表的ID字段
BeginTime	smalldatatime	4	是	开始上机时间
EndTime	smalldatatime	4	是	下机时间
Fee	numeric	9	是	本次上机费用

3. 在创建表之后编写和实施约束,要求如下:

(1) 针对Record表的CardID、ComputerID字段,分别与Card表、Computer表建立主外键关系(引用完整性约束)。

(2) 在Card表中,卡上的余额不能超过1000。

(3) 在Computer表中,OnUse只能是0或者1。

(4) 在Record表中,EndTime不能早于BeginTime。

4. 为数据库NetBar创建数据库用户——网管,用来专门管理网吧的普通用户上网操作,为他设计专门的SQL Server账号和权限。

第 5 章 使用 SQL 管理和设计数据库

重点难点解析

典题例题

知识结构图

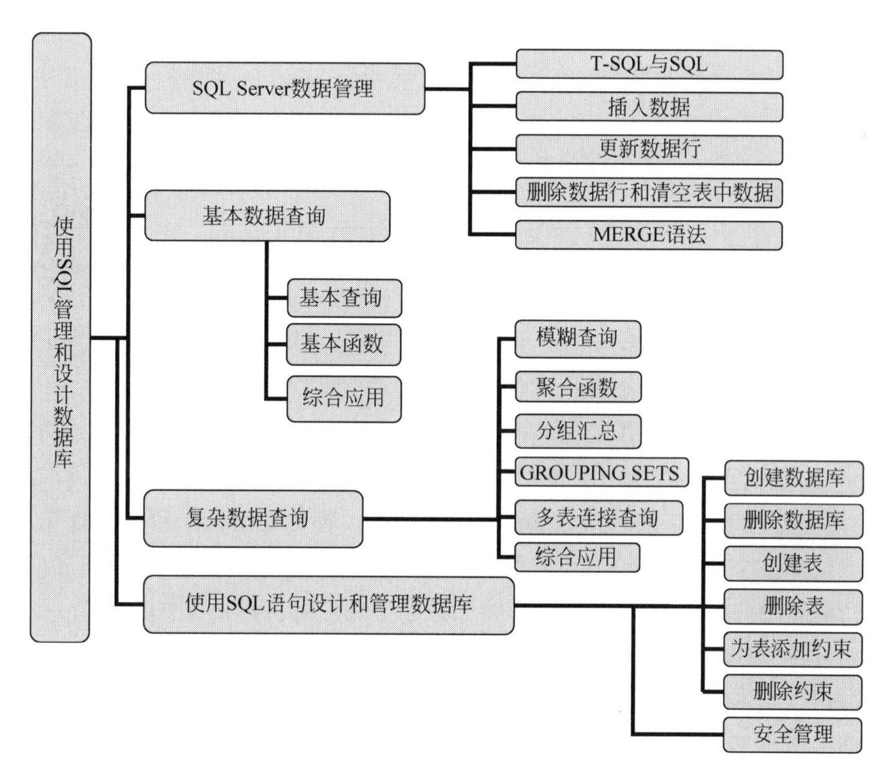

学习目标

了解 SQL Server 的数据管理功能

掌握基本数据查询方法

熟练掌握使用 SQL 语句设计和管理数据库

导入案例

使用软件产品提供的菜单服务就像到餐厅用餐,即便是第一次光临,也能在餐桌上摆放的菜单的帮助下找到自己想要的一切。软件语言如同顾客光顾久了的餐厅的外卖服务,只需拨通一个电话号码,就能吃到自己熟悉的餐点。如果与餐厅上下相处得十分融洽,或许顾客还可以在特殊时候定制菜单，然后由外卖人员送上门。当然，不同的餐馆提供的服务不同，人性化服务的程度也各异。幸运的是，SQL Server 不仅提供了全面的菜单命令，帮助用户建设数据库、保护数据库、编辑数据库，还提供了更加灵活、全面的 Transact-SQL (T-SQL)，帮助用户实现数据库中数据的编辑和各种效果的查询统计，以及数据库的建设和安全保护。本章主要介绍符合 SQL 标准部分的 T-SQL。

5.1 SQL Server 数据管理

SQL Server 数据管理包括对数据进行的增加、删除、修改和查找。数据管理可以由数据库软件通过菜单命令实现，但是数据库语言能够更加灵活地实现对数据的增、删、改、查。标准 SQL 是在关系数据库软件逐渐繁荣之后由国际标准化组织(ISO)提出的，并得到了几乎所有关系数据库软件的支持，虽然这些关系数据库的 SQL 各具特色，但是几乎都包含标准 SQL，并有所扩充，例如 SQL Server 提供的 Transact-SQL(简称 T-SQL)语言。

5.1.1 T-SQL 与 SQL

视频讲解

SQL 的全称是 Structured Query Language，即结构化查询语言，它是关系数据库的语言。SQL 包括数据定义语言(DDL)、数据操作语言(DML)和数据控制语言(DCL)三部分。

SQL 的作用主要有两大方面：一是可以替代企业管理器，灵活操作 SQL Server 数据库；二是作为嵌入式语言嵌入程序设计语言，使得应用程序可以使用 SQL 管理和访问数据库。实际上，从关系数据库的设计理论出发，关系数据库之所以称为关系数据库，主要原因是它采取二维表作为数据结构，满足数据操作和完整性约束；另外，它具有关系数据安全存储和管理的强大功能，与程序设计语言相独立，并为程序设计语言提供良好的访问接口。SQL 一方面可以帮助关系数据库自身灵活地操作数据库；另一方面可以帮助应用程序方便地管理数据。

用户可以使用 SQL 对数据库执行所有的操作，而且方便、灵活。SQL 多在应用程序中对数据库中的数据增、删、改、查时使用。

T-SQL 的全称是 Transact-SQL，它是 SQL 的加强版。T-SQL 的组成如下。

(1) DML：数据操作语言，用来查询、插入、删除和修改数据库中的数据，语句有 SELECT、INSERT、UPDATE、DELETE 等。

(2) DCL：数据控制语言，用来控制存取许可、存取权限等，语句有 GRANT、REVOKE 等。

(3) DDL：数据定义语言，用来建立数据库、数据库对象和定义其列，语句有 CREATE TABLE、DROP TABLE 等。

(4) 变量说明、流程控制、功能函数：用来定义变量、判断、分支、循环等，函数包括日期函数、数学函数、字符函数、系统函数等。

在 SQL 语言中定义了运算符、通配符和逻辑运算符。SQL 中的运算符见表 5.1。

表 5.1　SQL 运算符

运　算　符	含　　义	运　算　符	含　　义	运　算　符	含　　义
=	等于	>=	大于或等于	!	非
>	大于	<=	小于或等于		
<	小于	<>	不等于		

SQL 中的通配符见表 5.2。

表 5.2　SQL 通配符

通　配　符	解　　释	示　　例
'_'	一个字符	A LIKE 'C_'
%	任意长度的字符串	B LIKE 'CO_%'
[ ]	括号中所指定范围内的一个字符	C LIKE '9W0[1-2]'
[^]	不在括号中所指定范围内的一个字符	D LIKE '%[A-D][^1-2]'

通配符通常与 LIKE 关键字一起使用，可以在检查约束中使用 LIKE，在后面的查询语句中还会经常使用到。

逻辑表达式见表 5.3。

表 5.3　逻辑表达式

逻辑运算符	说　　明	示　　例
AND	逻辑与	1 AND 1 =1；1 AND 0 = 0；0 AND 0 = 0；
OR	逻辑或	1 OR 1 = 1；1OR 0 = 1；0 OR 0 = 0；
NOT	逻辑非	NOT 1 = 0；NOT 0 = 1；

5.1.2　插入数据

视频讲解

1. 插入一条数据行

其语法如下，其中，中括号内可以省略。

```
INSERT [INTO] <表名> [列名] VALUES <值列表>
```

例如有表 student(sNo,sName,sAddress,sGrade,sEmail,sSex)，插入一条完整的记录的语句为：

```
INSERT INTO student(sNo,sName,sAddress,sGrade,sEmail,sSex)
VALUES('020110001','张黎','上海','2011','ZQC@Sohu.com',0)
```

2. 插入语句时的注意事项

插入语句时的注意事项如下。

(1) 每次插入一行数据，不可能只插入半行或者几列数据，因此插入的数据是否有效将按照整行的完整性要求来检验。

(2) 每个数据值的数据类型、精度和小数位数必须与相应的列匹配。

(3) 不能为标识列指定值，因为它的数字是自动增长的。

（4）如果在设计表的时候就指定了某列不允许为空，则必须插入数据。

（5）插入的数据项要符合检查约束的要求。

（6）具有默认值的列，可以使用 DEFAULT(默认)关键字来代替插入的数值。

例：

```
INSERT INTO student(sName,sAddress,sGrade,sEmail,sSex)
VALUES('张莉',DEFAULT,6,'ZQC@Sohu.com',0)
```

插入一条数据示例如图 5.1 所示。

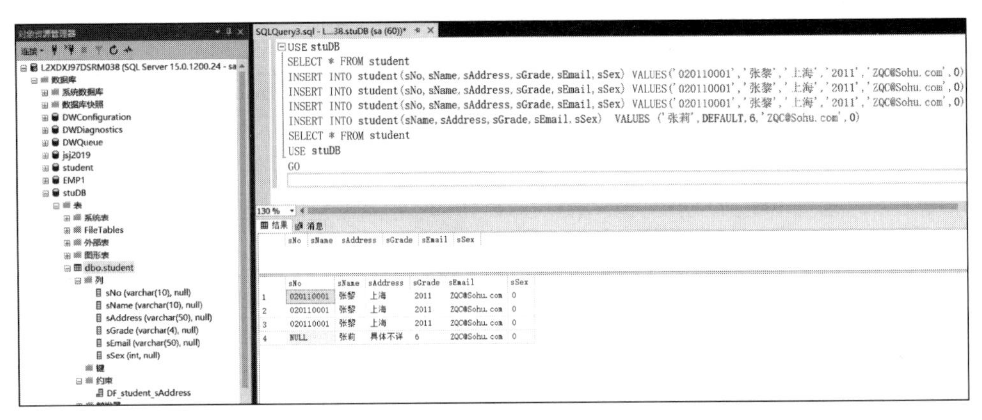

图 5.1 插入一条记录所用的数据库、表及 SQL 语句和查询结果

3. 插入多行数据

1）从已知表向已知表插入若干满足条件的记录

其语法如下：

```
INSERT INTO <表名>(列名)
SELECT <列名>
FROM <源表名>
```

例：

```
INSERT INTO TongXunLu(姓名,地址,电子邮件)
SELECT sName,sAddress,sEmail
FROM student
```

2）从已知表向未知表插入多行数据

其语法如下：

```
SELECT (列名)
INTO <新表名>
FROM <源表名>
```

注意：该语句只能执行一次。

例：

```
SELECT student.sName,student.sAddress,student.sEmail
INTO TongXunLu1 FROM student
```

3）在用 SELECT INTO 插入多行数据的时候插入新的标识列

其语法如下：

```
SELECT IDENTITY(数据类型,标识种子,标识增长量) AS 列名
INTO 新表 FROM 原始表
```

例：

```
SELECT student.sName,student.sAddress,student.sEmail, IDENTITY(int,1,1)
AS studentID INTO TongXunLu2 FROM student
```

前 3 个例子的执行情况如图 5.2 所示。

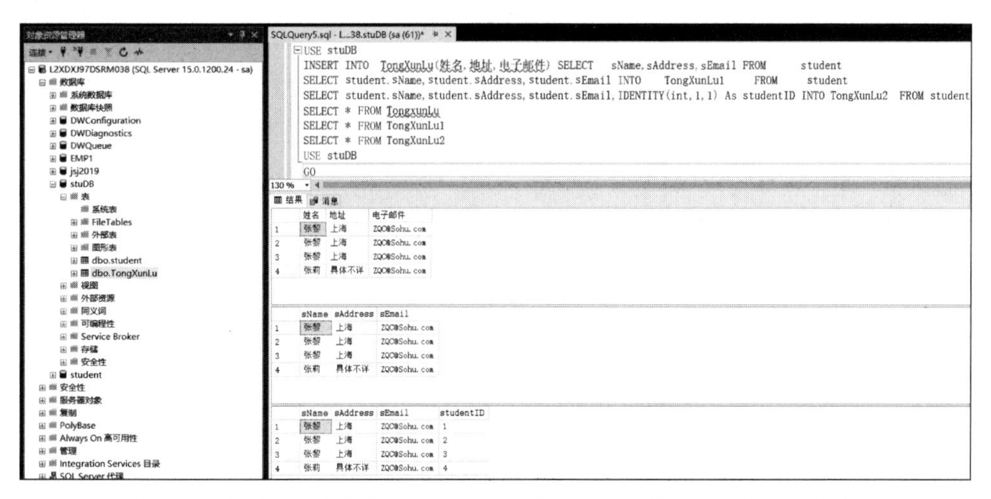

图 5.2 从已知表向其他表一次插入多条记录的 3 种方法的执行示例图

4）插入多行常值记录

其语法如下：

```
INSERT INTO <表名>(列名)
SELECT <列名> UNION
SELECT <列名> UNION
...
SELECT <列名>
```

例：

```
INSERT INTO student(sName,sGrade,sSex)
SELECT '测试女生 1',7,0 UNION
SELECT '测试女生 2',7,0 UNION
SELECT '测试女生 3',7,0 UNION
SELECT '测试女生 4',7,0 UNION
SELECT '测试女生 1',7,0 UNION
SELECT '测试男生 2',7,1 UNION
SELECT '测试男生 3',7,1 UNION
SELECT '测试男生 4',7,1 UNION
SELECT '测试男生 5',7,1
```

5）简化的插入多条记录的 SQL 语句

例：

```
INSERT INTO student(sName,sNo) VALUES ('Tom','123'),('John','456'),('Jack','569')
```

向已知表一次性插入多条常值记录的执行结果如图 5.3 所示。

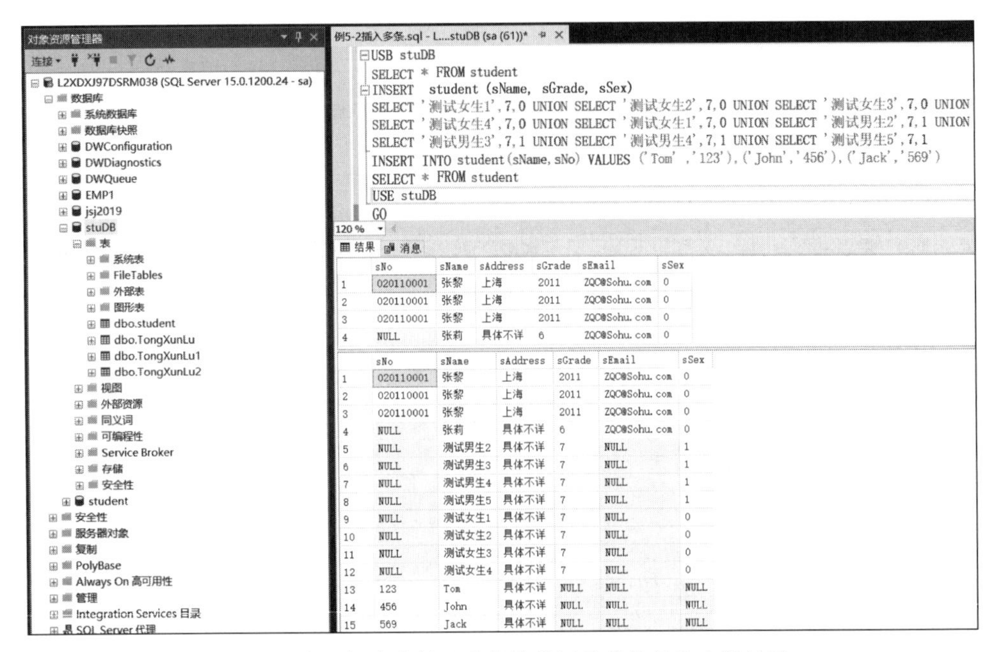

图 5.3　向已知表中插入多条常值记录的执行和查询结果

5.1.3　更新数据行

视频讲解

1. 更新表数据

其语法如下：

```
UPDATE <表名> SET <列名 1 = 更新值 1 >, …,SET <列名 n = 更新值 n >
[WHERE <更新条件>]
```

例：用常量作更新值。

```
UPDATE student SET sSex  =  0
```

例：有条件更新。

```
UPDATE student
SET sAddress  = '北京'
WHERE sAddress  =  '上海'
```

例：用表达式更新。

```
UPDATE student
SET sSex  =  sSex +  1
WHERE sSex = 1
```

以上 3 种更新的执行结果如图 5.4 所示。

```
USE stuDB
SELECT * FROM student -- 更新前
UPDATE student SET sSex = 0  --无条件更新
UPDATE student SET sAddress ='北京' WHERE sAddress = '上海'  --有条件更新
UPDATE student SET sSex = sSex + 1 WHERE sSex =0 --使用表达式更新
SELECT * FROM student -- 更新后
GO
```

	sNo	sName	sAddress	sGrade	sEmail	sSex
1	020110001	张黎	上海	2011	ZQC@Sohu.com	0
2	020110001	张黎	上海	2011	ZQC@Sohu.com	0
3	020110001	张黎	上海	2011	ZQC@Sohu.com	0
4	NULL	张莉	具体不详	6	ZQC@Sohu.com	0
5	NULL	测试男生2	具体不详	7	NULL	1
6	NULL	测试男生3	具体不详	7	NULL	1
7	NULL	测试男生4	具体不详	7	NULL	1
8	NULL	测试男生5	具体不详	7	NULL	1
9	NULL	测试女生1	具体不详	7	NULL	0
10	NULL	测试女生2	具体不详	7	NULL	0

	sNo	sName	sAddress	sGrade	sEmail	sSex
1	020110001	张黎	北京	2011	ZQC@Sohu.com	1
2	020110001	张黎	北京	2011	ZQC@Sohu.com	1
3	020110001	张黎	北京	2011	ZQC@Sohu.com	1
4	NULL	张莉	具体不详	6	ZQC@Sohu.com	1
5	NULL	测试男生2	具体不详	7	NULL	1
6	NULL	测试男生3	具体不详	7	NULL	1
7	NULL	测试男生4	具体不详	7	NULL	1
8	NULL	测试男生5	具体不详	7	NULL	1
9	NULL	测试女生1	具体不详	7	NULL	1
10	NULL	测试女生2	具体不详	7	NULL	1

图 5.4　无条件和有条件更新数据的执行示例

2. 用其他表中的数据更新表数据

其语法如下：

```
UPDATE <表名 1> SET <表名 1.列名 = 表名 2.列名> FROM <表名 1>,<表名 2> [WHERE <更新条件>]
```

例：

```
UPDATE A SET A.stuName = B.stuName FROM A,B WHERE A.stuNo = '106'
UPDATE A SET A.stuName = B.stuName FROM A,B WHERE A.stuNo = B.stuNo
```

3. 允许使用复合赋值操作符

例：

```
UPDATE C SET score += 2 WHERE stuNo LIKE '10_'
```

执行前面两个例题的结果如图 5.5 所示。

5.1.4　删除数据行和清空表中数据

视频讲解

1. 删除数据行

其语法如下：

```
DELETE FROM <表名> [WHERE <删除条件>]
```

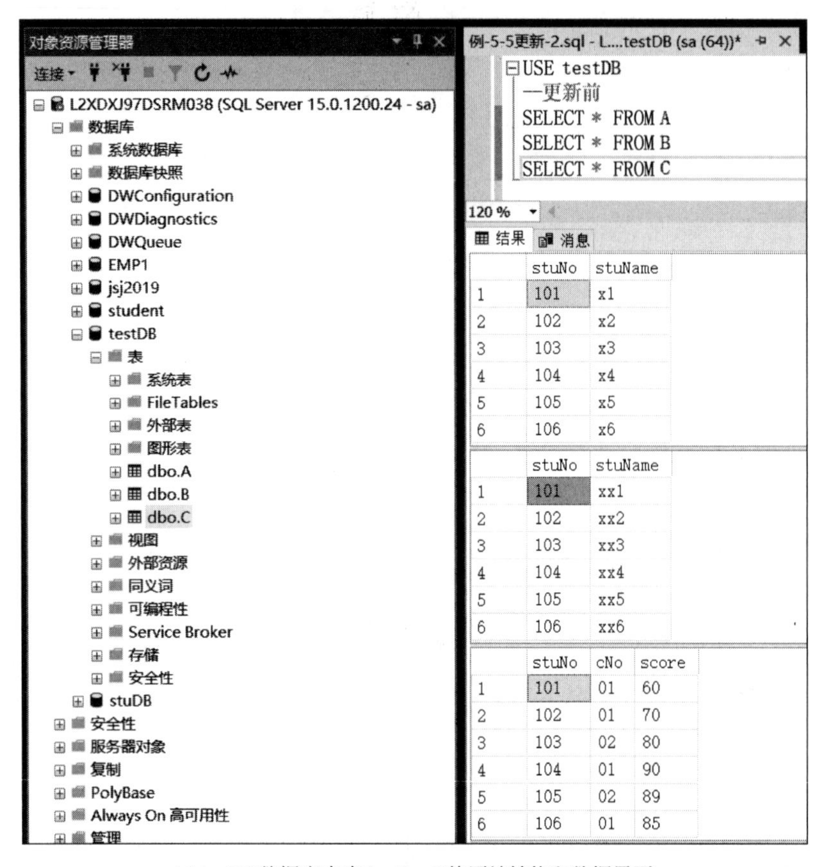

(a) testDB数据库中表A、B、C的原始结构和数据界面

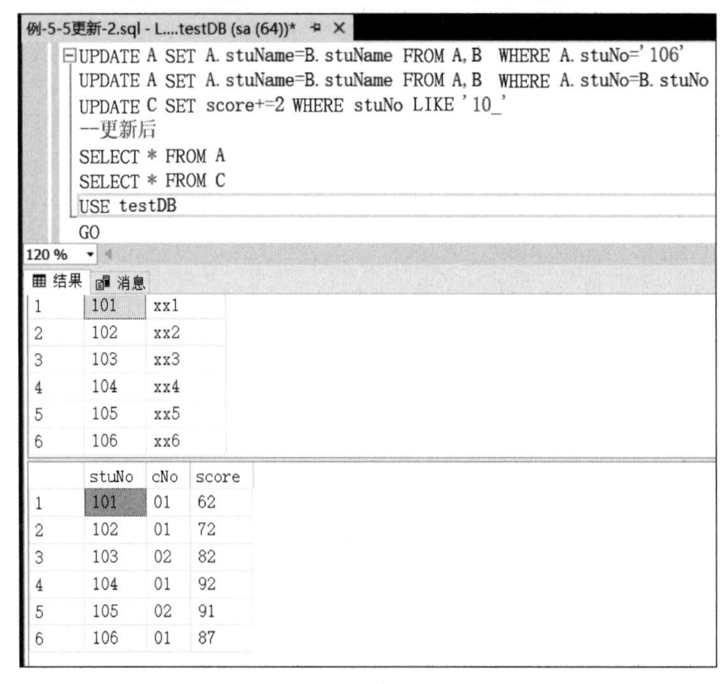

(b) 执行修改语句及修改后的表A、B的结果

图 5.5　使用其他表改变本表数据以及使用复合赋值表达式修改数据的执行及结果

例：

```
DELETE FROM student WHERE sName = '张青'
```

2. 清空表中数据

其语法如下：

```
TRUNCATE TABLE <表名>
```

5.1.5 MERGE 语法

视频讲解

MERGE 语法是在一条语句中同时执行插入、更新、删除这 3 个操作。其操作原理是根据与源表连接的结果对目标表执行插入、更新或删除操作。例如，根据在另一个表中找到的差异在一个表中插入、更新或删除行，可以将两个表进行同步。

MERGE 语法包含 4 个主要子句，其中，MERGE 子句用于指定进行 INSERT、DELETE 和 UPDATA 操作的目标表或视图；USING 子句用于指定要与目标数据连接的数据源；ON 子句用于指定目标数据与数据源连接位置的匹配条件；WHEN 子句用于指定额外的过滤条件和数据更新逻辑。

例：

```
USE testDB
-- 创建一个订单表
CREATE TABLE Orders
(
  orderID int,
  customerID char(10)
)
GO
-- 往订单表中添加两行记录
INSERT INTO Orders VALUES(1,'2012010101'),(2,'2012010102')
-- 复制订单表中的第一条数据到新建表 Orders2
SELECT * INTO Orders2 FROM Orders WHERE orderID = 1
-- 显示两个表的初值
SELECT * FROM Orders
SELECT * FROM Orders2
-- 将 Orders2 表的数据进行更新
UPDATE Orders2 SET customerID = '2012010103'
-- 合并两个表
MERGE Orders AS o1
USING Orders2 AS o2
ON o2.orderID = o1.orderID
WHEN MATCHED
THEN UPDATE SET o1.customerID = o2.customerID          -- 如果匹配到了，就更新掉目标表
WHEN NOT MATCHED
THEN INSERT VALUES(o2.orderID,o2.customerID)           -- 如果匹配不到，就插入
WHEN NOT MATCHED BY SOURCE THEN DELETE;                -- 如果来源表无法匹配到，就删除
-- 显示修改后的表
SELECT * FROM Orders
SELECT * FROM Orders2
GO
```

MERGE 例题的执行结果如图 5.6 所示。

图 5.6　MERGE 例题的执行结果

5.2　基本数据查询

视频讲解

5.2.1　基本查询

1. 查询基本语法

```
SELECT      <列名>
FROM        <表名>
[WHERE      <查询条件表达式>]
[ORDER BY   <排序的列名>[ASC 或 DESC]]
```

例：

```
USE stuD B
SELECT sNo, sName, sAddress
FROM student
WHERE sSex = 1
ORDER BY sNo DESC
```

2. 查询所有行和列

例：

```
SELECT * FROM student
```

3. 查询部分行和列

例 1：

```
SELECT sNo,sName,sAddress FROM student
WHERE sAddress = '北京'
```

例 2：

```
SELECT sNo,sName,sAddress FROM student
WHERE sAddress <> '上海'
```

以上 3 个例题的执行结果如图 5.7 所示。

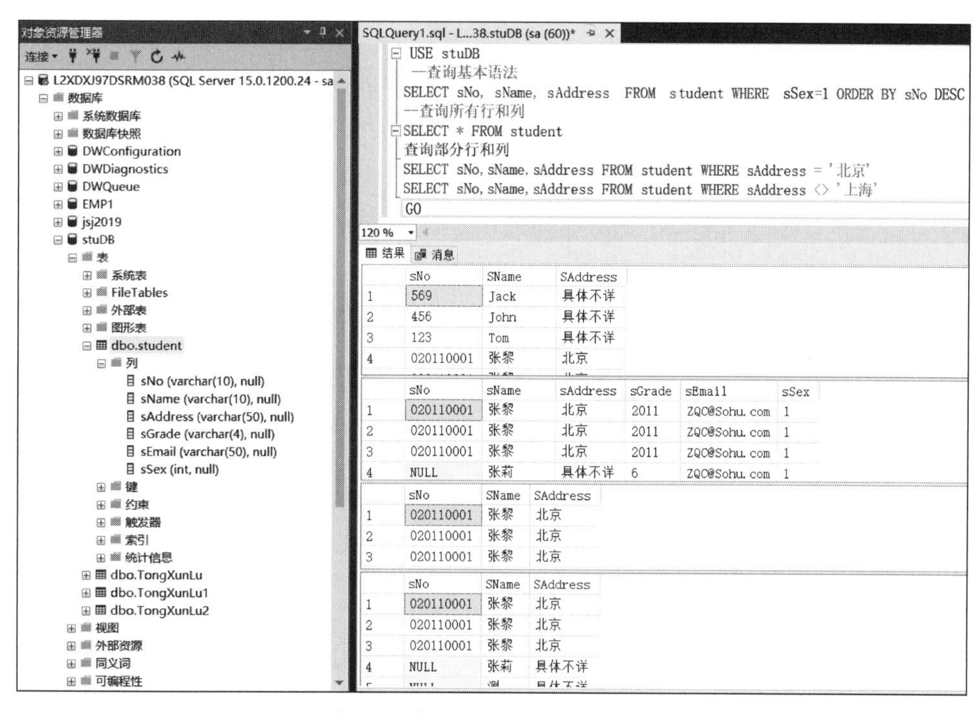

图 5.7　执行基本查询例题的结果

4. 数据查询：列名

1）使用 AS 命名列

例 1：

```
SELECT sNo AS 学生编号,sName AS 学生姓名,sAddress AS 学生地址
FROM student
WHERE sAddress <> '北京'
```

例 2：

```
SELECT sAddress + ' and ' + sEmail AS '地址及邮箱' FROM student
```

2）使用＝来命名列

例：

```
SELECT '地址及邮箱' = sAddress + ' and ' + sEmail FROM student
```

3）使用常量列

例：

```
SELECT 姓名 = sName,地址 = sAddress, '河北新龙' AS 学校名称 FROM student
```

命名列的例题的执行结果如图 5.8 所示。

图 5.8　命名列例题的执行结果

4）判断一行中的数据项是否为空

例：

```
SELECT sName FROM student WHERE sEmail IS NULL
```

执行结果如图 5.9 所示。

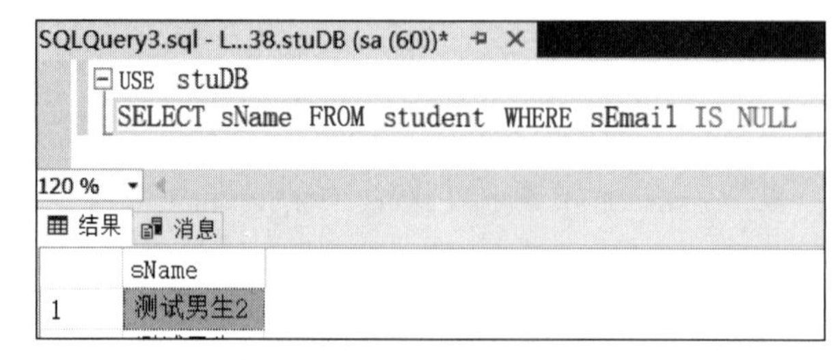

图 5.9　查询 NULL 列的执行结果

5. 数据查询：限制行数

1）限制固定行数

例：

```
SELECT TOP 5 sName, sAddress FROM student WHERE sSex = 1
```

2）返回百分之多少行

例：

```
SELECT TOP 20 PERCENT sName, sAddress FROM student WHERE sSex =1
```

执行结果如图 5.10 所示。

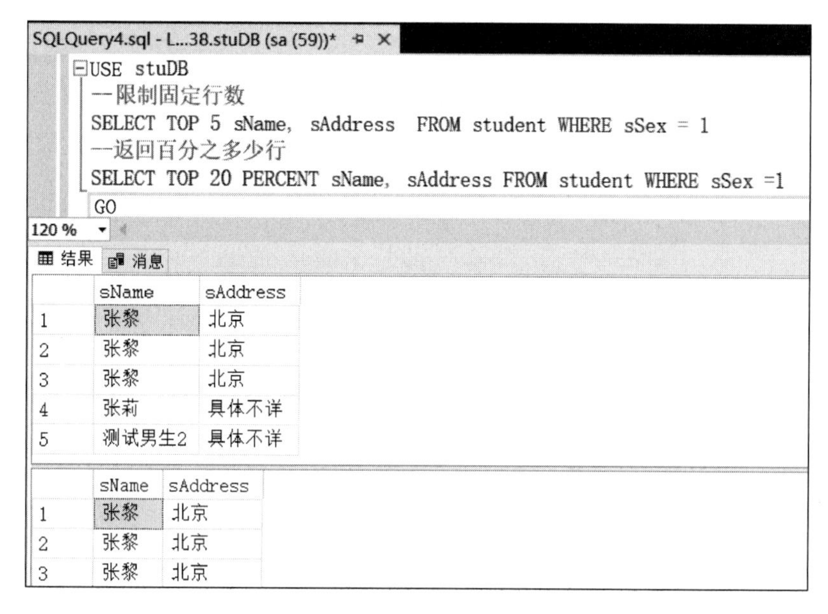

图 5.10　限制行数查询界面

6. 数据查询：排序

1）升序排列

ASC 是默认升序排列命令，可以省略。

例：

```
SELECT * FROM stuInfo ORDER BY stuNo ASC
```

2）降序排列

DESC 是降序排列命令。

例：

```
SELECT * FROM stuInfo ORDER BY stuNo DESC
```

3）按照表达式排序

例：

```
SELECT stuNo AS 学员编号,(score * 0.9 + 5) AS 综合成绩
```

```
FROM scores WHERE(score * 0.9 + 5)> 60 ORDER BY score
```

4）按照新命名列排序

例：

```
SELECT stuNo + '.' + cNo AS [学号.科目号]
FROM scores UNION
SELECT stuNo + '.'+ cNo AS [学号.科目号]
FROM scores2
ORDER BY [学号.科目号] DESC
```

5）按多列排序

例：

```
SELECT stuNo AS 学员编号, score AS 成绩
FROM scores
WHERE score > 60
ORDER BY score,cNo
```

排序查询例题的执行结果如图 5.11 所示。

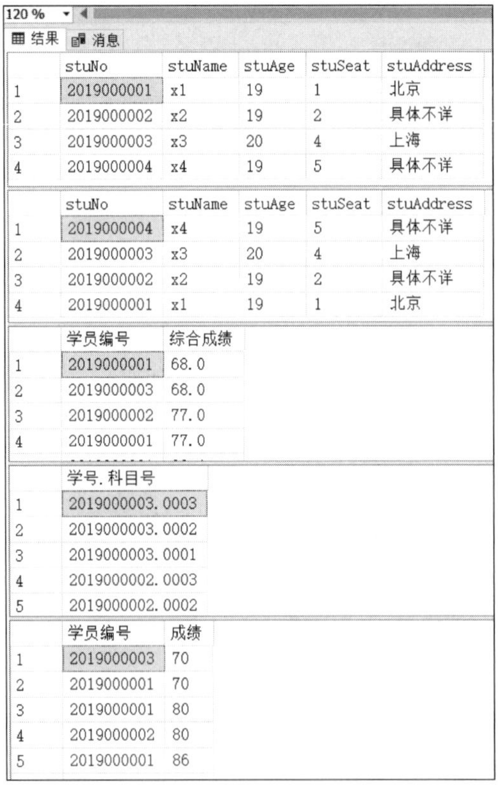

120 %

结果　消息

	stuNo	stuName	stuAge	stuSeat	stuAddress
1	2019000001	x1	19	1	北京
2	2019000002	x2	19	2	具体不详
3	2019000003	x3	20	4	上海
4	2019000004	x4	19	5	具体不详

	stuNo	stuName	stuAge	stuSeat	stuAddress
1	2019000004	x4	19	5	具体不详
2	2019000003	x3	20	4	上海
3	2019000002	x2	19	2	具体不详
4	2019000001	x1	19	1	北京

	学员编号	综合成绩
1	2019000001	68.0
2	2019000003	68.0
3	2019000002	77.0
4	2019000001	77.0

	学号.科目号
1	2019000003.0003
2	2019000003.0002
3	2019000003.0001
4	2019000002.0003
5	2019000002.0002

	学员编号	成绩
1	2019000003	70
2	2019000001	70
3	2019000001	80
4	2019000002	80
5	2019000001	86

图 5.11　排序查询例题的执行结果

7. DISTINCT：去掉重复记录行

例：在成绩表 scores(stuNo,cNo,score)中查询参加考试的学生的考号。

```
SELECT DISTINCT stuNo FROM scores
```

其执行结果如图 5.12 所示。

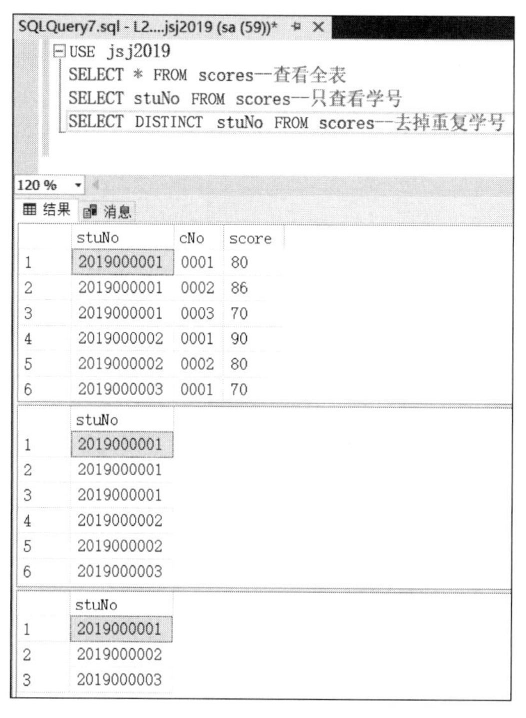

图 5.12　DISTINCT 查询结果

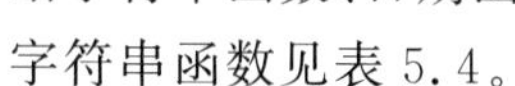

5.2.2　基本函数

视频讲解

在查询中使用一些系统定义的函数可以令操作效果事半功倍，本节主要介绍字符串函数、日期函数、数学函数和系统函数。

字符串函数见表 5.4。

表 5.4　字符串函数

函数名	描述	举例
CHARINDEX	用来寻找一个指定的字符串在另一个字符串中的起始位置	SELECT CHARINDEX('ACCP','My Accp Course',1) 返回：4
LEN	返回传递给它的字符串长度	SELECT LEN('SQL Server 课程') 返回：12
LOWER	把传递给它的字符串转换为小写	SELECT LOWER('SQL Server 课程') 返回：sql server 课程
UPPER	把传递给它的字符串转换为大写	SELECT UPPER('sql server 课程') 返回：SQL SERVER 课程
LTRIM	清除字符左边的空格	SELECT LTRIM('周智宇　') 返回：周智宇(右边的空格保留)

续表

函　数　名	描　　述	举　　例
RTRIM	清除字符右边的空格	SELECT RTRIM('周智宇　') 返回：周智宇(左边的空格保留)
RIGHT	从字符串右边返回指定数目的字符	SELECT RIGHT('买买提.吐尔松',3) 返回：吐尔松
REPLACE	替换一个字符串中的字符	SELECT REPLACE('莫乐可切.杨可','可','兰') 返回：莫乐兰切.杨兰
STUFF	在一个字符串中删除指定长度的字符，并在该位置插入一个新的字符串	SELECT STUFF('ABCDEFG',2,3,'我的音乐我的世界') 返回：A 我的音乐我的世界 EFG

日期函数见表 5.5。

表 5.5　日期函数

函　数　名	描　　述	举　　例
GETDATE	取得当前的系统日期	SELECT GETDATE() 返回：今天的日期
DATEADD	将指定的数值添加到指定的日期部分后的日期	SELECT DATEADD(mm,4,'01/01/99') 返回：以当前的日期格式返回 05/01/99
DATEDIFF	两个日期之间的间隔	SELECT DATEDIFF(mm,'01/01/99','05/01/99') 返回：4
DATENAME	日期中指定日期部分的字符串形式	SELECT DATENAME(dw,'01/01/2000') 返回：Saturday
DATEPART	日期中指定日期部分的整数形式	SELECT DATEPART(day,'01/15/2000') 返回：15

数学函数见表 5.6。

表 5.6　数学函数

函　数　名	描　　述	举　　例
ABS	取数值表达式的绝对值	SELECT ABS(-43) 返回：43
CEILING	返回大于或等于指定表达式的最小整数	SELECT CEILING(43.5) 返回：44
FLOOR	取小于或等于指定表达式的最大整数	SELECT FLOOR(43.5) 返回：43
POWER	取数值表达式的幂值	SELECT POWER(5,2) 返回：25
ROUND	将数值表达式四舍五入为指定精度	SELECT ROUND(43.543,1) 返回：43.5

续表

函　数　名	描　　述	举　　例
SIGN	对于正数返回+1,对于负数返回−1,对于0返回0	SELECT SIGN(−43) 返回:−1
SQRT	取浮点表达式的平方根	SELECT SQRT(9) 返回:3

系统函数见表5.7。

表5.7　系统函数

函　数　名	描　　述	举　　例
CONVERT	用来转变数据类型	SELECT CONVERT(varchar(5),12345) 返回:字符串12345
CURRENT_USER	返回当前用户的名字	SELECT CURRENT_USER 返回:登录的用户名
DATALENGTH	返回用于指定表达式的字节数	SELECT DATALENGTH('哆啦A梦') 返回:7
HOST_NAME	返回当前用户所登录的计算机的名字	SELECT HOST_NAME() 返回:所登录的计算机的名字
SYSTEM_USER	返回当前所登录的用户名	SELECT SYSTEM_USER 返回:当前所登录的用户名
USER_NAME	从给定的用户ID返回用户名	SELECT USER_NAME(1) 返回:从任意数据库中返回"dbo"

5.2.3　综合应用

视频讲解

【例5.1】　某公司做了一批手机充值卡,充值卡密码是随机生成的,现在出现一个问题,即充值卡密码里面的"o和0"(哦和零)、"l和1"(哎哦和一),用户反映看不清楚。公司决定把存储在数据库里密码中的所有"哦"都改成"零",把所有"l"都改成"1"。请编写SQL语句实现以上要求。其中数据库表名为Card,密码字段名为PassWord。

分析:这是更新操作,需要使用UPDATE语句。

因为涉及字符串的替换,需要使用到SQL Server中的函数REPLACE()。

答:

```
UPDATE Card SET PassWord = REPLACE(密码,'o','0')
UPDATE Card SET PassWord = REPLACE(密码,'l','1')
```

或者写成一条语句:

```
UPDATE Card SET PassWord = REPLACE(REPLACE(密码,'o','0'),'l','1')
```

【例 5.2】 在数据库表中有以下字符数据：

```
1-1、1-2、1-3、1-10、1-11、1-108、1-18、1-31、1-15、2-1、2-2
```

现在希望通过 SQL 语句进行排序，并且首先按照前半部分的数字进行排序，然后再按照后半部分的数字进行排序，输出要排成这样：

```
1-1、1-2、1-3、1-10、1-11、1-15、1-18、1-31、1-108、2-1、2-2
```

数据库表名为 ArticleNo，字段名为 ListNumber。

分析：这是查询操作，需要使用 SELECT 语句；需要用到 ORDER BY 进行排序，并且在 ORDER BY 的排序列中也需要重新计算出排序的数字。

前半部分的数字，可以先找到"-"符号的位置，然后取其左半部分，最后再使用 CONVERT 函数将其转换为数字：

```
CONVERT(int, LEFT(ListNumber, CHARINDEX('-', ListNumber) - 1))
```

后半部分的数字，可以先找到"-"符号的位置，然后把从第一个位置到该位置的全部字符替换为空格，最后再使用 CONVERT 函数将其转换为数字：

```
CONVERT(int, STUFF(ListNumber,1, CHARINDEX('-', ListNumber), ''))
```

答：

```
SELECT ListNumber
FROM ArticleNo
ORDER BY
CONVERT(int, LEFT(ListNumber, CHARINDEX('-', ListNumber) - 1)),
CONVERT(int, STUFF(ListNumber,1, CHARINDEX('-', ListNumber), ''))
```

思考：还有其他的办法吗？

5.3 复杂数据查询

视频讲解

5.3.1 模糊查询

人们希望查询更加智能化，只要提供较少的线索，就可以进行相关数据的查询。模糊查询是较好的查询实现技术。

(1) LIKE：在查询时，字段中的内容并不一定与查询内容完全匹配，使用 LIKE 和通配符。

例：

```
SELECT stuName AS 姓名 FROM stuInfo WHERE stuName LIKE 'x%'
```

(2) IS NULL：把某一字段中内容为空的记录查询出来。

例：

```
SELECT stuName AS 姓名,stuAddress AS 地址
FROM stuInfo WHERE stuAddress IS NULL
```

(3) BETWEEN AND：把某一字段中内容在特定范围内的记录查询出来。

例：

```
SELECT stuNo, score FROM scores
WHERE score BETWEEN 60 AND 80
```

(4) IN：把某一字段中内容与所列出的查询内容列表匹配的记录查询出来。

例：

```
SELECT stuName AS 学员姓名,stuAddress AS 地址
FROM stuInfo WHERE stuAddress IN('北京','广州','上海')
```

模糊查询执行的结果如图 5.13 所示。

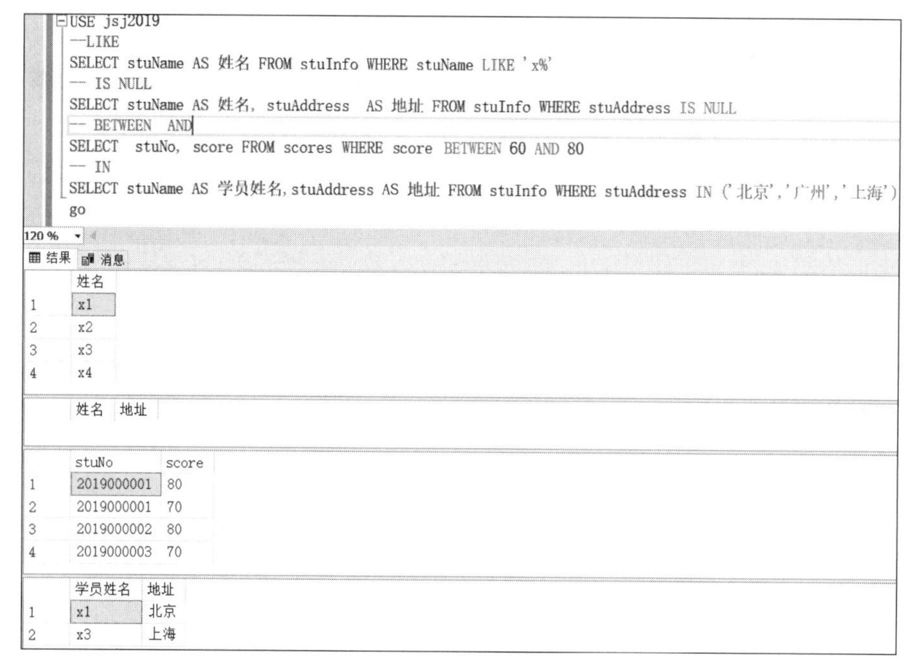

图 5.13　模糊查询的执行结果

5.3.2　聚合函数

视频讲解

(1) SUM：

例：

```
SELECT SUM(score) FROM scores WHERE cNo = '0001'
```

以下写法是错误的：

```
SELECT SUM(score),stuNo FROM scores WHERE cNo = '0001'
```

(2) AVG：

例：

```
SELECT AVG(score) AS 平均成绩 FROM scores WHERE score >= 60
```

(3) MAX、MIN：

例：

```
SELECT AVG(score) AS 平均成绩, MAX(score) AS 最高分,
MIN(score) AS 最低分 FROM scores WHERE score > = 60
```

(4) COUNT：

例：

```
SELECT COUNT( * ) AS 及格人数 FROM scores WHERE score > = 60
```

(5) 注意事项：

聚合函数不单独出现在条件语句中，只与返回结果值数目一致的列一起查询。

聚合函数的执行结果如图 5.14 所示。

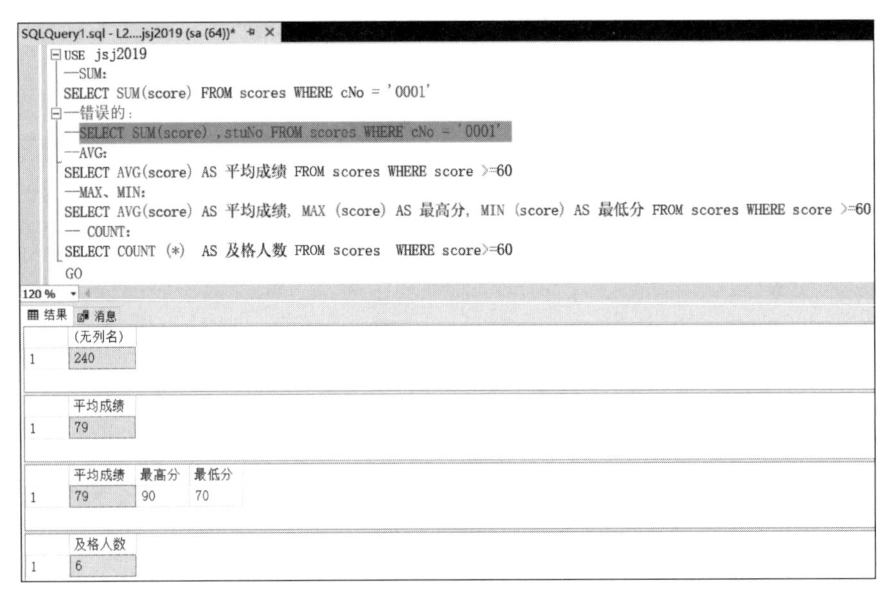

图 5.14　聚合函数的执行结果

5.3.3　分组汇总

视频讲解

基本语法：

```
SELECT [<列名 x>],[聚合函数] FROM <表名>
WHERE 条件
GROUP BY <列名 x>
HAVING 条件
```

其中，WHERE 子句从数据源中去掉不符合其搜索条件的数据；GROUP BY 子句搜集数据行到各个组中，统计函数为各个组计算统计值；HAVING 子句去掉不符合其组搜索条件的各组数据行。

例：

```
SELECT        部门编号, COUNT( * )
```

```
FROM        员工信息表
WHERE       工资 >= 2000
GROUP BY    部门编号
HAVING      COUNT( * ) > 1
```

5.3.4 GROUPING SETS

视频讲解

从 SQL Server 2008 开始，可以使用 GROUPING SETS 进行分组及分组汇总。

例如有数据库 sale、表 sales(productID, productName, saleAmout, saleMonth)，数据表的内容显示如图 5.15 所示。

SQLQuery4.sql - L...038.Sale (sa (60))*

```
USE sale
SELECT * FROM sales ORDER BY saleAmout
GO
```

120 %

结果　消息

	productID	productName	saleAmout	saleMonth
1	13	吸尘器	1201	2
2	10	微波炉	1290	3
3	16	洗衣机	1500	1
4	17	洗衣机	1501	2
5	4	电视机	1502	3
6	18	洗衣机	1540	3
7	7	热水器	1901	3
8	1	电冰箱	1943	3
9	14	吸尘器	2201	3
10	8	热水器	2401	2
11	5	电视机	2500	1
12	6	电视机	2510	2
13	9	热水器	2901	1
14	2	电冰箱	2913	2
15	3	电冰箱	2943	1
16	15	吸尘器	3201	1
17	11	微波炉	3230	2
18	12	微波炉	3290	1

图 5.15　按照销售量升序显示 sales 表中的数据

使用 SQL 语句分组显示各产品的销售总量：

```
SELECT productName AS 产品名,SUM(saleAmout) AS 销售总量 FROM sales
GROUP BY
GROUPING SETS
(
  (productName)
);
```

效果等同于：

```
SELECT productName AS 产品名,SUM(saleAmout) AS 销售总量 FROM sales
GROUP BY productName
```

结果如图 5.16 所示。

SQLQuery4.sql - L...038.Sale (sa (60))*

```
USE sale
SELECT productName AS 产品名, SUM(saleAmout) AS 销售总量 FROM sales
GROUP  BY
GROUPING SETS
(
  (productName)
);
```

120 %

结果 消息

	产品名	销售总量
1	电冰箱	7799
2	电视机	6512
3	热水器	7203
4	微波炉	7810
5	吸尘器	6603
6	洗衣机	4541

图 5.16　显示每个产品的销售总量

但是如果使用两个 GROUPING SETS 分组，就可以实现分组汇总了：

```
SELECT productName AS 产品名,SUM(saleAmout) AS 销售总量 FROM sales
GROUP BY
GROUPING SETS
(
  (productName),
  ()
);
```

结果如图 5.17 所示。

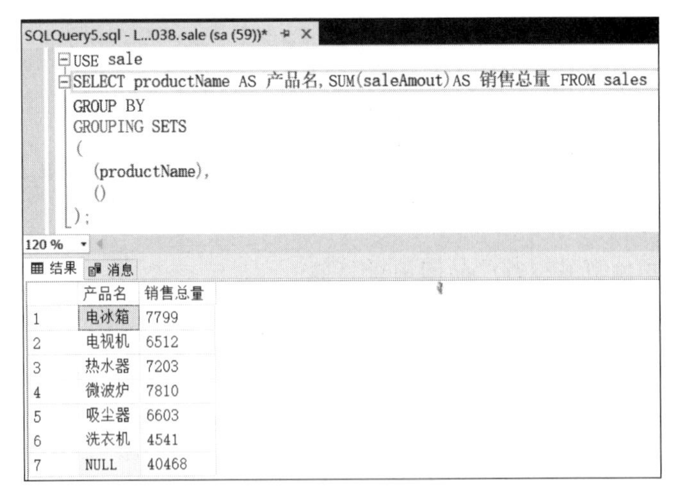

图 5.17　显示每个产品的销售总量和所有产品的销售总和

当然，可以给分组汇总结果起个名字，例如“汇总”，而不必用 NULL 显示：

```
SELECT [sales.Rep] = case
WHEN productName IS NULL THEN '汇总'
ELSE productName
```

```
END,
SUM(saleAmout) AS 销售总量 FROM sales
GROUP BY
GROUPING SETS
(
  (productName),
  ()
)
```

结果如图 5.18 所示。

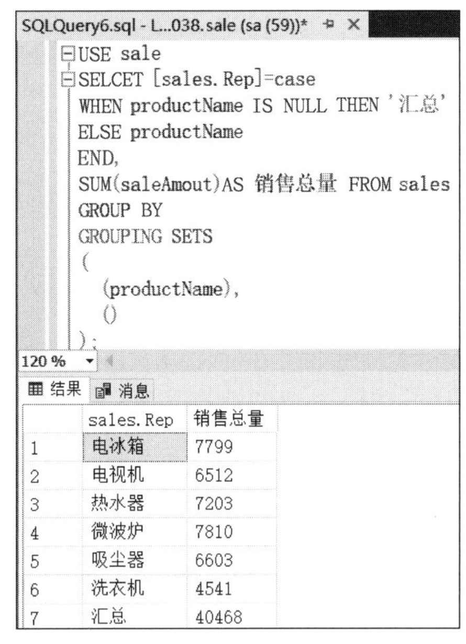

	sales.Rep	销售总量
1	电冰箱	7799
2	电视机	6512
3	热水器	7203
4	微波炉	7810
5	吸尘器	6603
6	洗衣机	4541
7	汇总	40468

图 5.18　显示每个产品的销售总量和带名字的所有产品的销售总和

另外还可以进行三级甚至四级分类汇总，例如将产品按月份分类汇总显示：

```
SELECT productName AS 产品名, SUM(saleAmout) AS 销售总量, saleMonth AS 销售月份 FROM sales
GROUP BY
GROUPING SETS
(
    (saleMonth,productName),
    (saleMonth),
    ()
);
```

结果如图 5.19 所示。

值得一提的是，CUBE 和 ROLLUP 是在 SQL Server 2005 中新增的 GROUP BY 扩展，用来创建分组汇总。例如上面的实现效果可以由以下 SQL 语句实现：

```
SELECT productName AS 产品名, SUM(saleAmout) AS 销售总量, saleMonth AS 销售月份
FROM sales GROUP BY
saleMonth,productName WITH ROLLUP
```

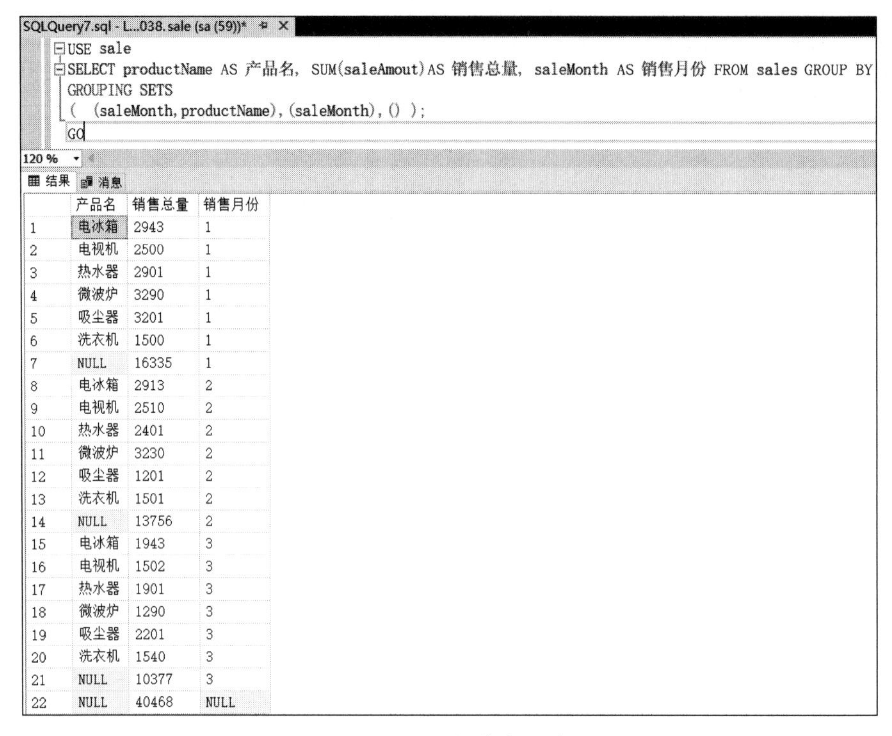

SQLQuery7.sql - L...038.sale (sa (59))*

```
USE sale
SELECT productName AS 产品名, SUM(saleAmout)AS 销售总量, saleMonth AS 销售月份 FROM sales GROUP BY
GROUPING SETS
(  (saleMonth,productName),(saleMonth),() );
GO
```

	产品名	销售总量	销售月份
1	电冰箱	2943	1
2	电视机	2500	1
3	热水器	2901	1
4	微波炉	3290	1
5	吸尘器	3201	1
6	洗衣机	1500	1
7	NULL	16335	1
8	电冰箱	2913	2
9	电视机	2510	2
10	热水器	2401	2
11	微波炉	3230	2
12	吸尘器	1201	2
13	洗衣机	1501	2
14	NULL	13756	2
15	电冰箱	1943	3
16	电视机	1502	3
17	热水器	1901	3
18	微波炉	1290	3
19	吸尘器	2201	3
20	洗衣机	1540	3
21	NULL	10377	3
22	NULL	40468	NULL

图 5.19　三级分类汇总

执行结果如图 5.20 所示。

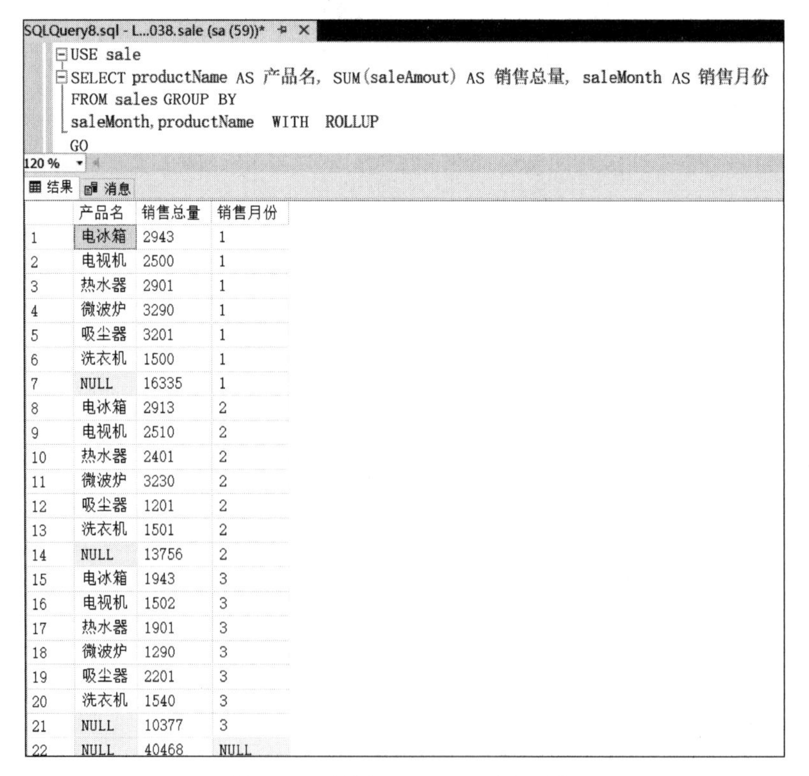

SQLQuery8.sql - L...038.sale (sa (59))*

```
USE sale
SELECT productName AS 产品名, SUM(saleAmout) AS 销售总量, saleMonth AS 销售月份
FROM sales GROUP BY
saleMonth,productName  WITH  ROLLUP
GO
```

	产品名	销售总量	销售月份
1	电冰箱	2943	1
2	电视机	2500	1
3	热水器	2901	1
4	微波炉	3290	1
5	吸尘器	3201	1
6	洗衣机	1500	1
7	NULL	16335	1
8	电冰箱	2913	2
9	电视机	2510	2
10	热水器	2401	2
11	微波炉	3230	2
12	吸尘器	1201	2
13	洗衣机	1501	2
14	NULL	13756	2
15	电冰箱	1943	3
16	电视机	1502	3
17	热水器	1901	3
18	微波炉	1290	3
19	吸尘器	2201	3
20	洗衣机	1540	3
21	NULL	10377	3
22	NULL	40468	NULL

图 5.20　使用 ROLLUP 分组汇总

5.3.5 多表连接查询

视频讲解

1. 内连接

1）两表内连接

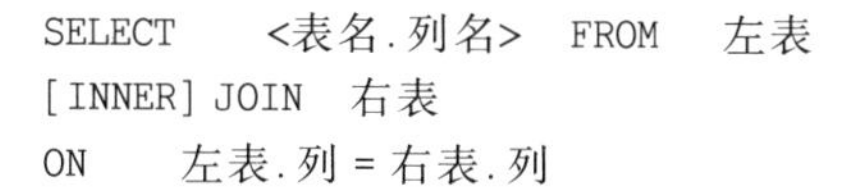

```
SELECT    <表名.列名>  FROM    左表
[INNER] JOIN  右表
ON     左表.列 = 右表.列
```

例：查询参加考试的学生的姓名、考试科目号码、考试成绩。

```
SELECT  S.stuName,C.cNo,C.score
FROM     scores AS C
INNER JOIN   stuInfo AS S
ON     C.stuNo  =  S.stuNo
```

2）三表内连接

例：查询参加考试的学生的姓名、考试科目名称、考试成绩。

```
SELECT
S.stuName AS 姓名, CS.cName AS 课程, C.score AS 成绩
FROM stuInfo AS S
INNER JOIN scores AS C ON(S.stuNo  =  C.stuNo)
INNER JOIN courseInfo AS CS ON(CS.cNo  =  C.cNo)
```

2. 多表连接查询

```
SELECT   <表名.列名> FROM 表 1,表 2 WHERE 左表.列 = 右表.列
```

例：

```
SELECT stuInfo.stuName, scores.cNo, scores.score
FROM stuInfo,scores WHERE stuInfo.stuNo = scores.stuNo
```

多表连接查询例题的执行结果如图 5.21 所示。

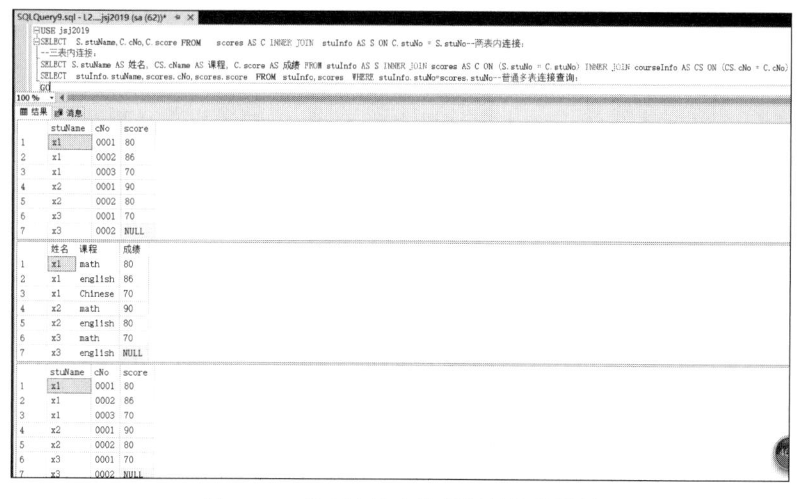

```
USE jsj2019
SELECT  S.stuName,C.cNo,C.score FROM   scores AS C INNER JOIN  stuInfo AS S ON C.stuNo = S.stuNo--两表内连接;
--三表内连接;
SELECT S.stuName AS 姓名, CS.cName AS 课程, C.score AS 成绩 FROM stuInfo AS S INNER JOIN scores AS C ON (S.stuNo = C.stuNo) INNER JOIN courseInfo AS CS ON (CS.cNo = C.cNo)
SELECT  stuInfo.stuName,scores.cNo,scores.score  FROM  stuInfo,scores  WHERE stuInfo.stuNo=scores.stuNo--普通多表连接查询;
GO
```

	stuName	cNo	score
1	x1	0001	80
2	x1	0002	86
3	x1	0003	70
4	x2	0001	90
5	x2	0002	80
6	x3	0001	70
7	x3	0002	NULL

	姓名	课程	成绩
1	x1	math	80
2	x1	english	86
3	x1	Chinese	70
4	x2	math	90
5	x2	english	80
6	x3	math	70
7	x3	english	NULL

	stuName	cNo	score
1	x1	0001	80
2	x1	0002	86
3	x1	0003	70
4	x2	0001	90
5	x2	0002	80
6	x3	0001	70
7	x3	0002	NULL

图 5.21　多表连接查询例题的执行结果

3. 外连接

1）左外连接(LEFT JOIN)

例：查询所有学生的考试情况。

```
SELECT   S.stuName,C.cNo,C.score FROM stuInfo AS S
 LEFT JOIN   scores AS C
 ON      C.stuNo  =  S.stuNo
```

2）右外连接(RIGHT JOIN)

例：

```
SELECT S.stuName,C.cNo,C.score   FROM stuInfo   AS S
RIGHT   JOIN   scores AS C
ON      C.stuNo  =  S.stuNo
```

外连接的执行结果如图5.22所示。

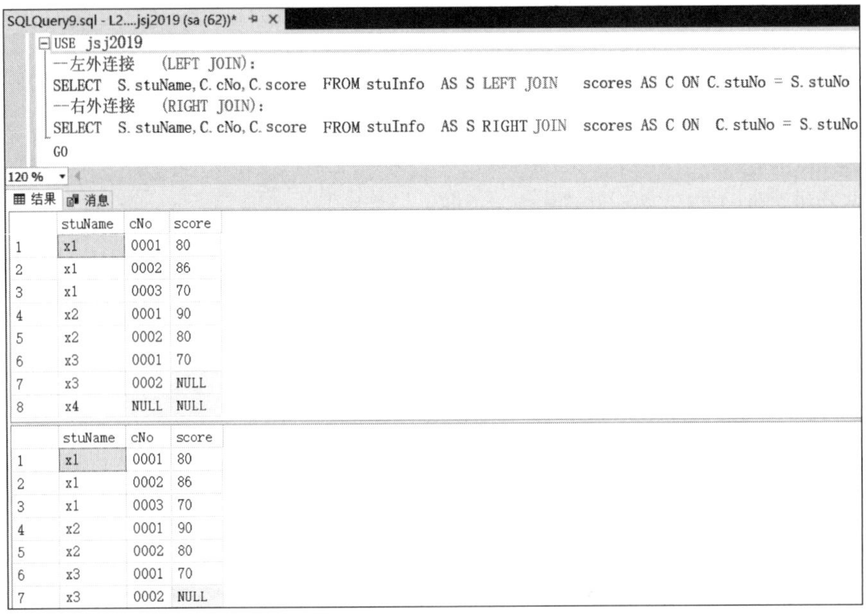

```
SQLQuery9.sql - L2....jsj2019 (sa (62))*
USE jsj2019
--左外连接   (LEFT JOIN):
SELECT  S.stuName,C.cNo,C.score  FROM stuInfo  AS S LEFT JOIN   scores AS C ON C.stuNo = S.stuNo
--右外连接   (RIGHT JOIN):
SELECT  S.stuName,C.cNo,C.score  FROM stuInfo  AS S RIGHT JOIN  scores AS C ON  C.stuNo = S.stuNo
GO
```

120 %

结果 消息

	stuName	cNo	score
1	x1	0001	80
2	x1	0002	86
3	x1	0003	70
4	x2	0001	90
5	x2	0002	80
6	x3	0001	70
7	x3	0002	NULL
8	x4	NULL	NULL

	stuName	cNo	score
1	x1	0001	80
2	x1	0002	86
3	x1	0003	70
4	x2	0001	90
5	x2	0002	80
6	x3	0001	70
7	x3	0002	NULL

图5.22 外连接例题的执行结果

思考：为什么以上两个例子的执行结果有所不同，它们的查询结果分别是什么含义？

4. UNION

两个结构相同的表的连接查询，相同列合并、记录行做或运算。

语法：

```
SELECT <列 1>,<…>,<列 n> FROM 表 1 UNION SELECT <列 1>,<…>,<列 n> FROM 表 2
```

例：在数据库jsj2019中有两个结构相同的表，即表scores(stuNo，cNo，score)和表scores2(stuNo，cNo，score)，求“SELECT stuNo，cNo FROM scores UNION SELECT stuNo，cNo FROM scores2”，具体如图5.23所示。

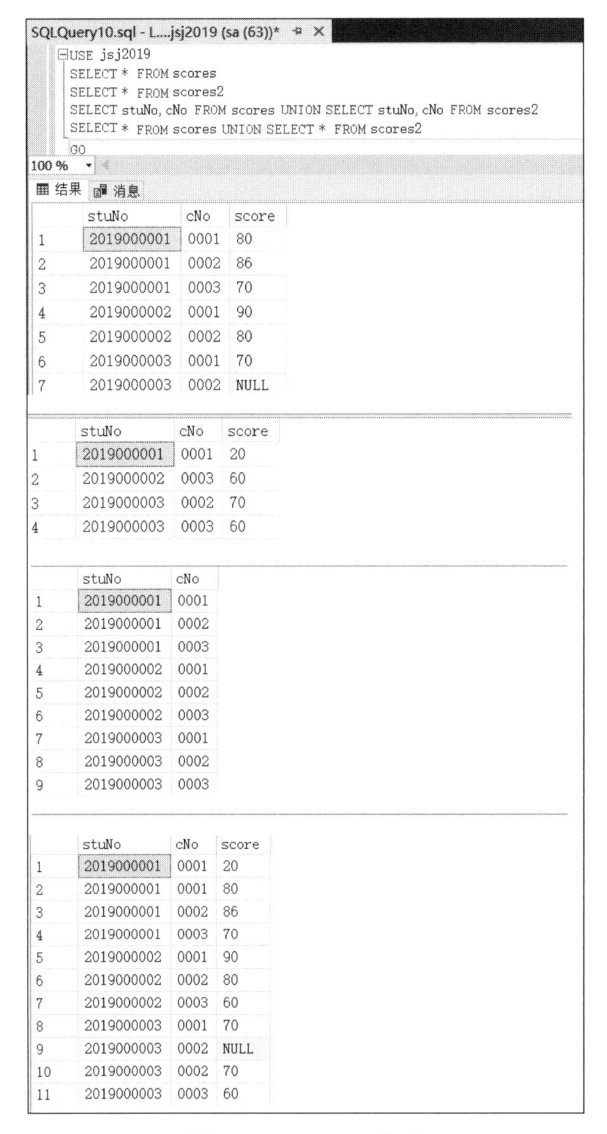

SQLQuery10.sql - L....jsj2019 (sa (63))*

```
USE jsj2019
SELECT * FROM scores
SELECT * FROM scores2
SELECT stuNo, cNo FROM scores UNION SELECT stuNo, cNo FROM scores2
SELECT * FROM scores UNION SELECT * FROM scores2
GO
```

100 %

结果 消息

	stuNo	cNo	score
1	2019000001	0001	80
2	2019000001	0002	86
3	2019000001	0003	70
4	2019000002	0001	90
5	2019000002	0002	80
6	2019000003	0001	70
7	2019000003	0002	NULL

	stuNo	cNo	score
1	2019000001	0001	20
2	2019000002	0003	60
3	2019000003	0002	70
4	2019000003	0003	60

	stuNo	cNo
1	2019000001	0001
2	2019000001	0002
3	2019000001	0003
4	2019000002	0001
5	2019000002	0002
6	2019000002	0003
7	2019000003	0001
8	2019000003	0002
9	2019000003	0003

	stuNo	cNo	score
1	2019000001	0001	20
2	2019000001	0001	80
3	2019000001	0002	86
4	2019000001	0003	70
5	2019000002	0001	90
6	2019000002	0002	80
7	2019000002	0003	60
8	2019000003	0001	70
9	2019000003	0002	NULL
10	2019000003	0002	70
11	2019000003	0003	60

图 5.23 UNION 练习

5.3.6 综合应用

视频讲解

【例 5.3】 在给发掘出来的远古时代的谷物种子做育种实验的过程中,种子每 3 粒一组,组内每粒种子的培育方法不同。现要求查看所有组内培育方法相同的种子的发育值的平均值。

数据库表名为 TABLE1、字段名为 A、主键字段为 IDKEY(标识列,种子:1;增长量:1)。

分析:可以依靠标识列的值来进行判断和选取,但是因为操作过程中数据行可能存在增加、修改和删除,所以标识列的数据值未必完全有序,也就不“完全可靠”。例如标识列的值为 3,但并不一定是第三行,因为如果第二行被删除了,它就是第二行。

根据前面使用过的 SELECT…INTO，可以创建一张新表，顺便创建新的标识列，然后在新的标识列上执行除 3 取余判断。

判断依据：标识列值%3 等于 0、标识列值%3 等于 1 和标识列值%3 等于 2。

答：

```
SELECT      A, IDENTITY(int,1,1) AS ID
INTO        TABLE2
FROM        TABLE1

SELECT      AVG(A) AS  1号种子发育平均值
FROM        TABLE2
WHERE       ID % 3  = 1

SELECT      AVG(A) AS  2号种子发育平均值
FROM        TABLE2
WHERE       ID % 3  = 2

SELECT      AVG(A) AS  3号种子发育平均值
FROM        TABLE2
WHERE       ID % 3  = 0
```

【例 5.4】 有学生基本信息表 stuInfo(stuNo,stuName)和学生成绩表 scores(stuNo,cNo,score)。现要求建立新表 stuAllInfo(stuNo,stuName,cNo,score)，存储所有学生的考试信息。

分析：这是数据插入的操作，因此要使用 INSERT 语句来进行。

参加考试的学生的考试信息在 scores 表里，所以可以使用 INSERT INTO…SELECT 结构。

但是还要插入 stuName 数据项，所以要用多表连接查询。

另外，还有学生可能没有参加任何一科的考试，所以根本不在 scores 表中。

等值的多表连接和不等值的多表连接都不能找到这些学生。

在前面的连接查询中，使用 INNER JOIN…ON 可以找出所有参加考试的学生的信息，编写以下 T-SQL：

```
SELECT stuInfo.stuNo, stuName, cNo, score FROM stuInfo
INNER JOIN   scores ON stuInfo.stuNo = scores.stuNo
```

但是如何把未参加任何一科考试的学生也显示在其中？如下可以吗？

```
SELECT stuInfo.stuNo, stuName, cNo, score FROM stuInfo
INNER JOIN   scores ON stuInfo.stuNo <> scores.stuNo
```

以上把"="简单地改为"<>"，不仅不能找出未参加考试的学生，而且所找到的项很多，也没有意义，所以这种方法不可行。这也说明一点：内连接查询的基础是 ON 后面的等值比较，非等值比较就不是内连接查询了。

考虑前面学习过的左外连接查询，能够查询出左表中存在而相关表中不存在的数据项，所以可以使用如下语句查询出所有考生。

```
SELECT stuInfo.stuNo, stuName, cNo, score FROM stuInfo
LEFT OUT JOIN  scores ON stuInfo.stuNo = scores.stuNo
```

最后,使用子查询创建表 stuAllInfo。

答:

```
SELECT stuInfo.stuNo, stuName, cNo, score
INTO stuAllInfo
FROM stuInfo
LEFT JOIN  scores ON stuInfo.stuNo = scores.stuNo
SELECT * FROM stuAllInfo
```

在查询分析器中选择"工具"→"选项",将"结果"下的"默认结果目标"修改为"显示为文本"。本例的执行结果如图 5.24 所示。

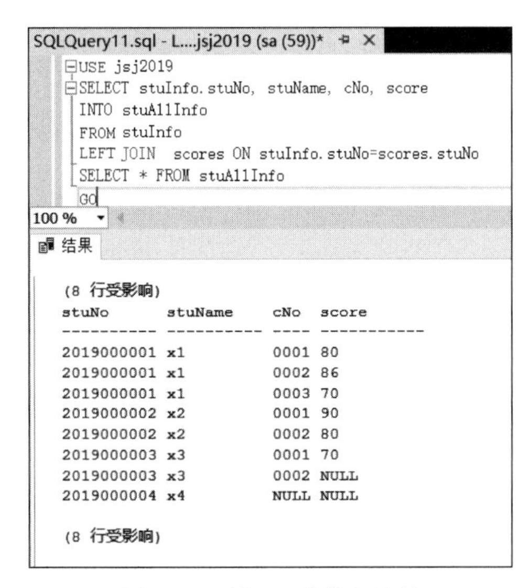

图 5.24　例 5.4 的执行结果

5.4　使用 SQL 语句设计和管理数据库

视频讲解

5.4.1　创建数据库

T-SQL 创建数据库的语法:

```
CREATE DATABASE 数据库名
 ON [PRIMARY]
 (
  <数据文件参数> [, …n]  [<文件组参数>]
 )
 [LOG ON]
 (
  <日志文件参数> [, …n]
 )
```

其中,[ ]表示可选参数。

这里创建一个数据库,其只包含一个主文件组,见例 5.5。

【例 5.5】 创建数据库 studentDB,保存在“D:\project”下,数据文件增长率为 15%、初始大小为 5MB,日志文件初始大小为 2MB、文件增长率按 1MB 自动增长。

```
CREATE DATABASE studentDB
  ON  PRIMARY                                 -- 默认就属于 PRIMARY 主文件组,可省略
(
 name = 'studentDB',                          -- 主数据文件的逻辑名
 filename = 'D:\project\studentDB.mdf',       -- 主数据文件的物理名
 size = 5MB,                                  -- 主数据文件的初始大小
 maxsize = 100MB,                             -- 主数据文件增长的最大值
 filegrowth = 15 %                            -- 主数据文件的增长率
)
LOG ON
(
 name = 'studentDB_log',
 filename = 'D:\project\studentDB_log.ldf',
 size = 2MB,
 filegrowth = 1MB
)
GO
```

执行结果如图 5.25 所示。

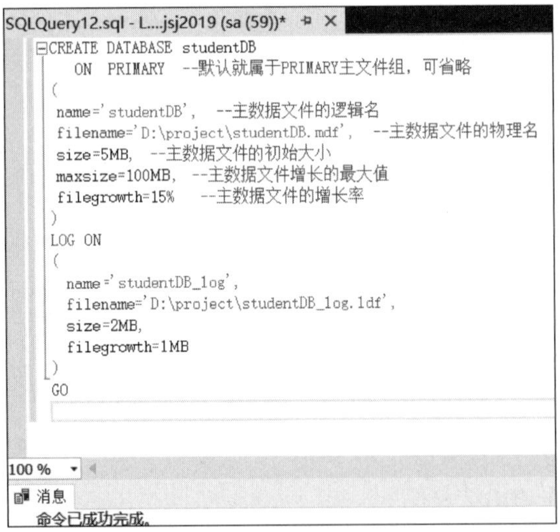

```
SQLQuery12.sql - L....jsj2019 (sa (59))*
CREATE DATABASE studentDB
  ON  PRIMARY  --默认就属于PRIMARY主文件组, 可省略
(
 name='studentDB',  --主数据文件的逻辑名
 filename='D:\project\studentDB.mdf',  --主数据文件的物理名
 size=5MB,  --主数据文件的初始大小
 maxsize=100MB,  --主数据文件增长的最大值
 filegrowth=15%   --主数据文件的增长率
)
LOG ON
(
  name='studentDB_log',
  filename='D:\project\studentDB_log.ldf',
  size=2MB,
  filegrowth=1MB
)
GO

100 %
消息
命令已成功完成。
```

图 5.25 例 5.5 的执行结果

接下来创建一个数据库,其中包含多个数据文件和多个日志文件,即包含主文件组和从文件组,见例 5.6。

【例 5.6】 在“D:\”下创建数据库 DB,其包含一个主数据文件和一个从数据文件,数据文件增长率都按 10% 自动增长,初始大小都为 1MB;日志文件增长率都按 1MB 自动增长,初始大小都为 1MB。

```
CREATE DATABASE DB
ON
(
  name = 'db1',
  filename = 'D:\db1.mdf',
  size = 1,
  filegrowth = 10 %
)
,
(
  name = 'db2',
  filename = 'D:\db2.ndf',
  size = 1,
  filegrowth = 10 %
)
LOG ON
(
  name = 'db1_log',
  filename = 'D:\db1_log.ldf',
  size = 1,
  filegrowth = 1
),
(
  name = 'db2_log',
  filename = 'D:\db2_log.ldf',
  size = 1,
  filegrowth = 1
)
GO
```

多个数据文件的好处是，如果硬盘满了，希望买个硬盘继续存放数据，这时就可以将一个数据文件放在D盘，将另一个数据文件放在另一个硬盘，例如H盘等。

例5.6的执行结果如图5.26所示。

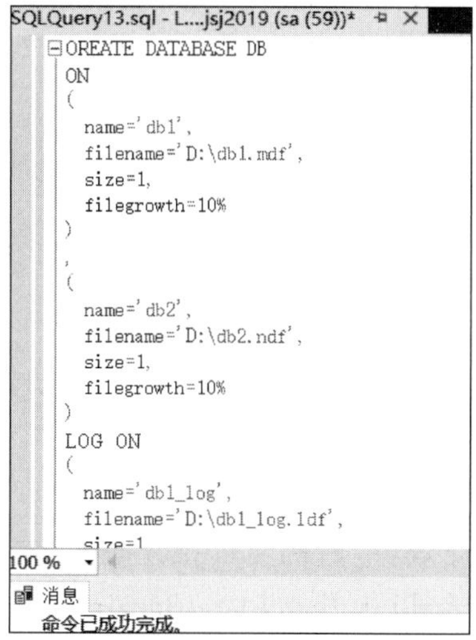

图5.26　例5.6的执行结果

5.4.2 删除数据库

删除数据库的语法：

```
DROP DATABASE 数据库名
```

例：判断是否已经存在数据库 stuDB，若存在，删除重建。

分析：新建的数据库信息在数据库的 sys.databases 视图中可以找到，所以只需要查看 master 数据库的 sys.databases 视图的 name 列即可。

答：

```
USE master                    --设置当前数据库为 master,以便访问 sys.databases 系统视图
GO
IF  EXISTS(SELECT * FROM  sys.databases WHERE  name = 'stuDB')
   DROP DATABASE stuDB
CREATE  DATABASE  stuDB
ON (
 …
)
LOG ON
(
 …
)
GO
```

注意：对于 EXISTS(查询语句)，如果查询语句返回一条以上的记录，表示存在满足条件的记录，返回 true，否则返回 false。

5.4.3 创建表

视频讲解

使用 SQL 语句创建数据表的基本步骤与使用表设计器创建是基本一致的，首先确定表中有哪些列，之后确定每列的数据类型，最后给表添加各种约束，包括创建表与表之间的关系。虽然使用表设计器直观、简单，但使用 SQL 语句创建数据表的效率要更高一些。

创建表的语法：

```
CREATE TABLE  表名
 (
     字段 1 数据类型 列的特征,
     字段 2 数据类型 列的特征,
     …
)
```

注意：

(1) 数据类型：数据表的字段，一般都要求在数据类型后加“()”，并在其中声明长度，例如 char、varchar 等，但 int、smallint、float、datetime、image、bit 和 money 类型不需要声明字段的长度。

(2) 列的特征：包括该列是否为空(NULL)、是否为标识列(自动编号)、是否有默认值、

是否为主键等。

【例 5.7】 创建学员信息表 stuInfo，具体要求如表 5.8 所示。

表 5.8 stuInfo 表

字　段	类　型	描　述
stuNo	char(6)	非空
stuName	varchar(20)	非空
stuAge	int	非空
stuID	numeric(18,0)	身份证号
stuSeat	smallint	标识列
stuAddress	text	

实现代码如下：

```
USE studentDB                              --将当前数据库设置为 studentDB
GO
CREATE  TABLE  stuInfo                     /*-创建学员信息表-*/
(
 stuName  varchar(20)  NOT  NULL ,         --姓名,非空(必填)
 stuNo  char(6)  NOT  NULL,                --学号,非空(必填)
 stuAge  int  NOT  NULL,                   --年龄,int 类型默认为 4 字节
 stuID  numeric(18,0),                     --身份证号
 stuSeat  smallint  IDENTITY(1,1),         --座位号,自动编号
 stuAddress  text                          --住址,允许为空,即可选输入
)
GO
```

注意：

numeric(18,0)代表 18 位数字，小数位数为 0。

有些类型不必规定长度，大家要记住，例如 int、smallint、datetime。

【例 5.8】 创建学员程序设计成绩表 stuMarks，如表 5.9 所示。

表 5.9 stuMarks 表

字　段	类　型	描　述
examNo	char(7)	考号，非空
stuNo	char(6)	学号，非空
writtenExam	int	笔试成绩，非空
labExam	int	机试成绩，非空

实现代码如下：

```
CREATE TABLE stuMarks
(
 examNo  char(7)  NOT NULL,                --考号
 stuNo  char(6)  NOT NULL,                 --学号
 writtenExam  int  NOT NULL,               --笔试成绩
 labExam  int  NOT NULL                    --机试成绩
)
GO
```

5.4.4 删除表

删除表的语法：

```
DROP TABLE 表名
```

【例 5.9】 如果当前数据库中已存在 stuInfo 表，此次创建时系统将提示出错。如何解决呢？

分析：当表中存在 stuInfo 表时，在 studentDB 数据库的系统视图 sys. objects 中检查 name 列即可。

答：

```
USE studentDB                    --将当前数据库设置为 studentDB,以便在 studentDB 数据库中建表
GO
IF EXISTS(SELECT * FROM  sys.objects  WHERE  name = 'stuInfo' )
    DROP  TABLE  stuInfo
CREATE  TABLE  stuInfo        /* - 创建学员信息表 - */
(
...
)
GO
```

视频讲解

5.4.5 为表添加约束

SQL Server 中常用的约束类型如下。

- 主键约束(Primary Key Constraint)：要求主键列数据唯一，并且不允许为空。
- 唯一约束(Unique Constraint)：要求该列唯一，允许为空，但只能出现一个空值。
- 检查约束(Check Constraint)：某列的取值范围限制、格式限制等，例如有关年龄的约束。
- 默认约束(Default Constraint)：某列的默认值，例如男性学员较多，性别默认为"男"。
- 外键约束(Foreign Key Constraint)：用于在两表间建立关系，需要指定引用主表的那一列。

添加约束的语法：

```
ALTER TABLE 表名
    ADD CONSTRAINT 约束名  约束类型  具体的约束说明
```

约束名的取名规则推荐采用约束类型_约束字段。

- 主键(Primary Key)约束：例如 PK_stuNo。
- 唯一(Unique)约束：例如 UQ_stuID。
- 默认(Default)约束：例如 DF_stuAddress。
- 检查(Check)约束：例如 CK_stuAge。

• 外键(Foreign Key)约束：例如 FK_stuNo。

【例 5.10】 在 stuInfo 表(见表 5.8)上添加约束：①添加主键约束(stuNo 作为主键)；②添加唯一约束(因为每人的身份证号全国唯一)；③添加默认约束(如果地址不填，默认为“地址不详”)；④添加检查约束，要求年龄只能在 15～40 岁；⑤添加外键约束(主表 stuInfo 和从表 stuMarks 建立关系，关联字段为 stuNo)。

实现代码如下：

① 添加主键约束：

```
ALTER TABLE stuInfo
    ADD CONSTRAINT PK_stuNo PRIMARY KEY(stuNo)
```

② 添加唯一约束：

```
ALTER TABLE stuInfo
    ADD CONSTRAINT UQ_stuID UNIQUE(stuID)
```

③ 添加默认约束：

```
ALTER TABLE stuInfo
   ADD CONSTRAINT DF_stuAddress
       DEFAULT('地址不详') FOR stuAddress
```

④ 添加检查约束：

```
ALTER TABLE stuInfo
   ADD CONSTRAINT CK_stuAge
       CHECK(stuAge BETWEEN 15 AND 40)
```

⑤ 添加外键约束：

```
ALTER TABLE stuMarks
   ADD CONSTRAINT FK_stuNo
       FOREIGN KEY(stuNo) REFERENCES stuInfo(stuNo)
GO
```

各类表约束除了可以在数据表创建完毕之后添加以外，也可以在创建表时添加，见例 5.11。

【例 5.11】 使用 SQL 语句在创建表 stuInfo(见表 5.8)和 stuMarks(见表 5.9)的同时添加如例 5.10 中的约束。

实现代码如下：

```
USE studentDB                                    -- 将当前数据库设置为 studentDB
GO
CREATE  TABLE  stuInfo                           /* - 创建学员信息表 - */
(
 stuName  varchar(20)  NOT  NULL ,               -- 姓名，非空(必填)
 stuNo  char(6)  PRIMARY KEY,                    -- 学号，非空(必填)
 stuAge  int  CHECK(stuAge BETWEEN 15 AND 40),   -- 年龄
 stuID  numeric(18,0),                           -- 身份证号
 stuSeat  smallint  IDENTITY(1,1),               -- 座位号，自动编号
 stuAddress  text  DEFAULT('地址不详')            -- 住址，允许为空，即可选输入
 UNIQUE(stuID)
```

```
)
GO

CREATE TABLE stuMarks                              /* 创建学员成绩表 stuMarks */
(
 examNo  char(7),                                  -- 考号
 stuNo  char(6),                                   -- 学号
 writtenExam  int,                                 -- 笔试成绩
 labExam  int,                                     -- 机试成绩
 PRIMARY KEY(examNo),
 FOREIGN KEY(stuNo) REFERENCES stuInfo(stuNo)
)
GO
```

例 5.11 的执行结果如图 5.27 所示。

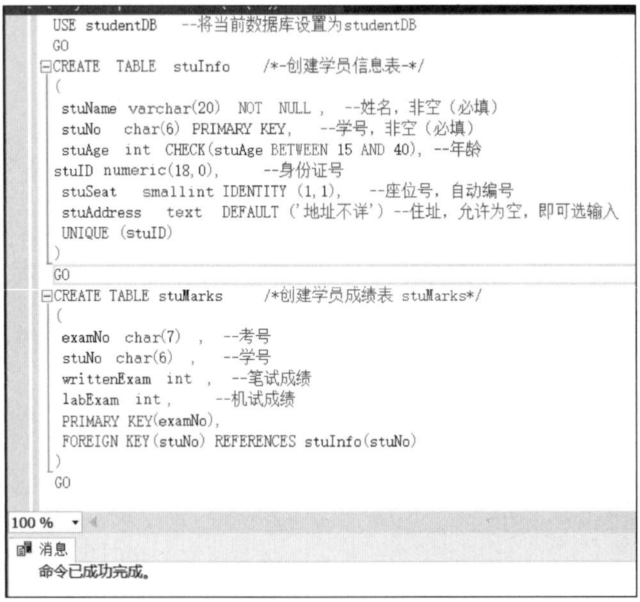

```
USE studentDB   --将当前数据库设置为studentDB
GO
CREATE  TABLE  stuInfo    /*-创建学员信息表-*/
(
 stuName varchar(20)  NOT  NULL ,  --姓名，非空（必填）
 stuNo  char(6) PRIMARY KEY,   --学号，非空（必填）
 stuAge  int  CHECK(stuAge BETWEEN 15 AND 40), --年龄
stuID numeric(18,0),      --身份证号
 stuSeat  smallint IDENTITY (1,1),   --座位号，自动编号
 stuAddress  text  DEFAULT ('地址不详') --住址，允许为空，即可选输入
 UNIQUE (stuID)
)
GO
CREATE TABLE stuMarks     /*创建学员成绩表 stuMarks*/
(
 examNo  char(7)  ,  --考号
 stuNo  char(6)  ,   --学号
 writtenExam  int  ,  --笔试成绩
 labExam  int ,     --机试成绩
 PRIMARY KEY(examNo),
 FOREIGN KEY(stuNo) REFERENCES stuInfo(stuNo)
)
GO

100 %
消息
命令已成功完成。
```

图 5.27 在 studentDB 库中创建表的同时添加约束

5.4.6 删除约束

如果错误地添加了约束，还可以删除约束。删除约束的语法如下：

```
ALTER TABLE 表名
     DROP CONSTRAINT 约束名
```

例 1：删除 stuInfo 表中的地址默认约束 DF_stuAddress。

```
ALTER  TABLE  stuInfo
     DROP  CONSTRAINT  DF_stuAddress
```

例 2：删除 stuInfo 表中的身份证号唯一约束 UQ_stuID。

```
ALTER  TABLE  stuInfo
     DROP  CONSTRAINT  UQ_stuID
```

5.4.7 安全管理

视频讲解

在第 4 章已经接触过如何使用企业管理器进行数据库权限设置，这里学习如何使用 SQL 语句来实现相应功能。

之前提过数据库安全管理的三道防火线，大家不妨按以下解释理解：

SQL Server 的安全模型正如一个防卫森严的小区，如果想进入自己的房间，需要闯三关。第一关，需要通过小区的门卫检查，进入小区；第二关，到了所在的单元楼门前，还需要单元楼门的钥匙或门铃密码；第三关，进了单元楼门后，还需要自己房间的钥匙。

大家回忆一下 SQL Server 的三层安全模型，它非常类似于小区的三层验证关口。第一关，需要登录到 SQL Server 系统，即需要登录账户；第二关，需要访问某个数据库（相当于单元楼），即需要成为该数据库的用户；第三关，需要访问数据库中的表（相当于打开房间），即需要数据库管理员自己授权，例如授予增加、修改、删除、查询等权限。

1. 登录验证的两种方式

- SQL 身份验证：适合于非 Windows 平台的用户或 Internet 用户，需要提供账户和密码。
- Windows 身份验证：适合于 Windows 平台用户，不需要提供密码和 Windows 集成验证。

登录账户相应有两种，即 SQL 账户和 Windows 账户。

2. 创建登录账户

（1）添加 Windows 登录账户：

```
EXEC sp_grantlogin   '域名\用户名'
```

例：

```
EXEC sp_grantlogin   'jbtraining\S26301'
```

（2）添加 SQL 登录账户：

```
EXEC sp_addlogin  用户名,密码
```

例：

```
EXEC sp_addlogin  'zhangsan', '1234'
```

注意：EXEC 表示调用存储过程，存储过程类似于 C 语言的函数。内置的系统管理员账户 sa，其密码在安装的时候初设，要求尽量复杂。

3. 创建数据库用户

创建数据库用户需要调用系统存储过程 sp_grantdbaccess，其用法为：

```
EXEC sp_grantdbaccess '登录账户名','数据库用户名'
```

其中，“数据库用户名”为可选参数，默认为登录账户，即数据库用户默认和登录账户同名。

例：在 studentDB 数据库中添加两个用户。

```
USE studentDB
GO
EXEC sp_grantdbaccess  'jbtraining\S26301', 'S26301DBUser'
EXEC sp_grantdbaccess  'zhangsan', 'zhangsanDBUser'
```

创建登录只是通过了第一关，还需要创建指定数据库的用户，打开数据库这道“单元楼门”。

数据库用户名可以省略，默认和登录名相同。

数据库用户如下。

- dbo 用户：表示数据库的所有者（DB Owner），注意无法删除 dbo 用户，此用户始终出现在每个数据库中。
- guest 用户：适用于没有数据库用户的登录账号访问，每个数据库可有也可删除。

系统内置的数据库用户如下。

- dbo 用户：表示数据库的主人。一般来说，谁创建了数据库，谁就是数据库的主人，但是可以转让，就像转让房屋产权证一样。
- guest 用户：若某人不是某个公司的员工，则该人进入该公司就是作为一个来宾（guest）。

数据库中的 guest 用户含义一样：如果某人登录到 SQL Server 中，希望访问某个数据库，但又不是该数据库的用户，那么当他访问时 SQL Server 就认为该人作为 guest 用户的身份访问数据库，至于该人作为 guest 用户访问该数据库能不能访问呢？那就要看管理员的授权了。

如果管理员给 guest 用户授予了访问的权限，那么该人就能访问，否则就不能访问。

4. 向数据库用户授权

打个比方：对于某间房屋来说，房屋的权限是指房产出售权（房主）、转租权（可能是租房人有事不住了，但又没到期）或只能居住（租房人）。

对于数据库来说，指的是数据库的增（INSERT）、删（DELETE）、改（UPDATE）、查（SELECT）权限以及后续将要学习的执行权限等。

授权的语法为：

```
GRANT 权限 [ON  表名 ]  TO  数据库用户
USE  studentDB
GO
/* -- 为 zhangsanDBUser 分配对 stuInfo 表的 SELECT、INSERT、UPDATE 权限 -- */
GRANT SELECT, INSERT, UPDATE  ON  stuInfo  TO  zhangsanDBUser
/* -- 为 S26301DBUser 分配建表的权限 -- */
GRANT  CREATE  TABLE  TO  S26301DBUser
```

小　　结

SQL（结构化查询语言）是数据库能够识别的通用指令集。

SQL Server 中的通配符经常和 LIKE 结合使用，用于进行不精确的限制。

WHERE 用于限制条件，其后紧跟条件表达式。

若一次插入多行数据，可以使用 INSERT INTO…SELECT…、SELECT…INTO…或者 UNION 关键字来实现。

在使用 UPDATE 更新数据时，一般都有限制条件。在使用 DELETE 删除数据时，不能删除被外键值所引用的数据行。

查询将逐行筛选表中的数据，最后把符合要求的记录重新组合成“记录集”，记录集的结构类似于表结构。

判断一行中的数据项是否为空，使用 IS NULL；使用 ORDER BY 进行查询记录集的排序，并且可以按照多个列进行排序。

在查询中可以使用常量、表达式、运算符；在查询中使用函数，能够像在程序中那样处理查询得到的数据项。

使用 LIKE、BETWEEN、IN 关键字能够进行模糊查询，即条件不明确的查询。

聚合函数能够对列生成一个单一的值，对于分析和统计非常有用。

分组查询是针对表中不同的组分类统计和输出，GROUP BY 子句通常结合聚合函数一起使用。HAVING 子句能够在分组的基础上再次进行筛选。

在多个表之间通常使用连接查询。最常见的连接查询是内连接(INNER JOIN)查询，通常会在相关表之间提取引用列的数据项。

数据库的物理实现一般包括创建数据库、创建表、添加各种约束、创建数据库的登录账户并授权。在创建数据库或表时一般需要预先检测是否存在该对象，数据库从 master 系统数据库的 sys. databases 视图中查询，表从该数据库的系统视图表 sys. objects 中查询。

访问 SQL Server 某个数据库中的某个表需要三层验证，即是否为 SQL Server 的登录账户，是否为该数据库的用户，是否有足够的权限访问该表。

课后题

1. 执行 SQL 语句“SELECT * FROM stuInfo WHERE stuNo LIKE '010[^0]%[A,B,C]%'”，可能会查询出的stuNo 是(　　)。

   A. 01053090A　　B. 01003090A01　　C. 01053090D09　　D. 0101A01

2. 使用以下(　　)可以进行模糊查询。

   A. OR　　B. NOT BETWEEN

   C. NOT IN　　D. LIKE

3. 对于成绩表 scores(stuNo,cNo,score)，以下(　　)语句返回成绩表中的最低分。

   A. SELECT MAX(score) FROM scores

   B. SELECT TOP 1 score FROM scores ORDER BY score ASC

   C. SELECT MIN(score) FROM scores

   D. SELECT TOP 1 score FROM scores ORDER BY score DESC

4. 有订单表 orders(customerID,orderMoney)，orderMoney 代表单次订购额，下面(　　)语句可以查询每个客户的订购次数和每个客户的订购总金额。

   A. SELECT customerID,COUNT(DISTINCT(customerID)),SUM(orderMoney) FROM orders GROUP BY customerID

B. SELECT customerID,COUNT(DISTINCT(customerID)),SUM(orderMoney) FROM orders ORDER BY customerID

C. SELECT customerID, COUNT (customerID), SUM (orderMoney) FROM orders ORDER BY customerID

D. SELECT customerID, COUNT (customerID), SUM (orderMoney) FROM orders GROUP BY customerID

5. 有学生信息表 stuInfo(stuNo,stuName,stuSex,stuAge,stuEmail,stuAddress),以下(　　)语句能查出未填写 Email 信息的同学。

A. SELECT * FROM stuInfo WHERE stuEmail =''

B. SELECT * FROM stuInfo WHERE stuEmail =NULL

C. SELECT * FROM stuInfo WHERE stuEmail is NULL

D. SELECT * FROM stuInfo WHERE stuEmail=''

上 机 题

1. 在 NetBar 的数据库表 Card 中为字段 ID 增加约束,ID 字段的格式限制如下：

- 只能是 8 位数字；
- 前两位是 0；
- 第 3～4 位为数字；
- 第 5 位为下画线；
- 第 6～8 位为字母。

2. 为 NetBar 的数据库表 Card 增加如表 5.10 所示的数据行。

表 5.10　增加数据行

ID	PassWord	Balance	UserName
030101	abc	100	均军
030102	abd	200	李开
030104	abe	300	朱军

对数据库执行增加、修改和删除数据的操作,使其数据行变为如表 5.11 所示。

表 5.11　执行操作后的数据行

ID	PassWord	Balance	UserName
030101	030101abc	98	均军
030104	abe	44	朱军
030105	ccd	100	何柳
030106	zhang	134	张君

3. 在前面的 NetBar 数据库中,编写查询语句实现以下要求。

- 由于最近屡次发生卡密码丢失事件,所以机房规定密码与姓名或者卡号不能一样。请编写 SQL 语句,查出密码与姓名或者卡号一样的人的姓名,以方便通知。

- 编号为 B02 的计算机坏了,请通过查询得到在这台计算机上最近一次上机的人的卡号。
- 为了提高上机率,上个月举行了优惠活动,即周六和周日每小时上机的费用为半价。请统一更新一下数据表中的费用信息。
- 编写查询显示本月上机时间最长的前三名用户的卡号。

4. 在前面的 NetBar 数据库中,一位家长想看看他儿子这个月的上机次数,已知他儿子的卡号为 0023030104,请编写 SQL 语句查询以下内容:

(1) 查询 24 小时之内上机的人员姓名列表。

(2) 查询本周的上机人员的姓名、计算机名、总费用,并按姓名进行分组。

(3) 查询卡号第 6 位和第 7 位是"BC"的人员的消费情况,并显示其姓名及费用汇总。

第6章 T-SQL程序设计

重点难点解析

典题例题

知识结构图

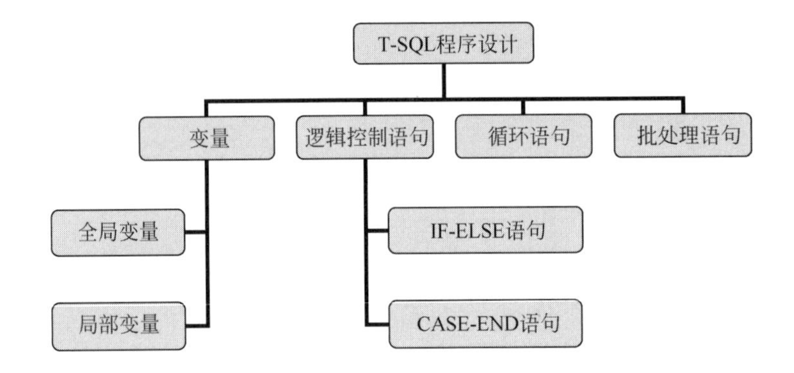

学习目标

了解变量的定义和种类
熟练掌握逻辑控制语句的使用方法
熟练掌握循环语句的使用方法
熟练掌握批处理语句的使用方法

导入案例

标准SQL语言只包含DDL、DML和DCL语言定义3个部分,称其为结构化查询语言。它是以调用数据库命令为主的语言方式,这与成熟的程序设计语言是截然不同的。程序设计语言拥有变量、流程结构设计等,使得程序设计有明显的算法块,应用非常灵活。Microsoft公司使得SQL Server的T-SQL不仅拥有标准SQL的定义,还拥有灵活、方便的程序设计能力;使得有程序设计语言基础的数据库使用人员能够迅速地开发出性能良好的算法;使得SQL Server数据库的存储和管理数据的能力更加强大,应用程序开发人员的程序前台开发工作与后台开发分离,加快了开发速度,提高了开发效率,更加易于管理。本章主要对变量、选择结构程序设计、循环结构程序设计和以批处理为单位的算法块4个方面的知识进行讲解。

6.1 变　　量

SQL Server 的 Transact-SQL(简称 T-SQL)语言的特点之一是加入了变量的使用,这使得 T-SQL 程序设计非常灵活。变量是 SQL Server 中由系统或用户定义并可对其赋值的实体,变量分为局部变量(Local Variable)和全局变量(Global Variable)。

6.1.1 全局变量

全局变量又称系统变量,它是由 SQL Server 系统提供并赋值的变量,是用来记录 SQL Server 服务器活动状态数据的一组变量,通常存储 SQL Server 系统的配置设定值、效能和统计等。用户可在程序中调用全局变量来测试系统的设定值或 T-SQL 命令执行后的状态值。全局变量的作用范围并不局限于某一程序,而是任何程序均可随时调用。全局变量都使用两个@标志作为前缀,常用的全局变量见表 6.1。

表 6.1　常用的全局变量

变　　量	含　　义
@@ERROR	最后一个 T-SQL 错误的错误号
@@IDENTITY	最后一次插入的标识值
@@LANGUAGE	当前使用的语言的名称
@@MAX_CONNECTIONS	可以创建的同时连接的最大数目
@@ROWCOUNT	受上一个 SQL 语句影响的行数
@@SERVERNAME	本地服务器的名称
@@TRANSCOUNT	当前连接打开的事务数
@@VERSION	SQL Server 的版本信息

注意:全局变量必须以标记@@作为前缀,例如@@VERSION;全局变量由系统定义和维护,用户只能读取,不能修改全局变量的值。

【例 6.1】 演示全局变量的使用。

答:

```
USE student
print  'SQL Server 的版本' + @@VERSION
print  '服务器的名称: ' + @@SERVERNAME
INSERT INTO stuInfo(stuName,stuNo,stuSex,stuAge)
VALUES('刘乐乐','2019000005','男',23)
-- 如果大于 0,表示上一条语句的执行有错误
print '当前错误号' + CONVERT(varchar(5),@@ERROR)
print '刚才报名的学员,座位号为:' + CONVERT(varchar(5),@@IDENTITY)
UPDATE stuInfo SET stuAge = 25 WHERE stuName = '刘乐乐'
print '当前错误号' + CONVERT(varchar(5),@@ERROR)
GO
```

print 语句表示把字符串打印在屏幕上,后面必须跟字符串,而@@ERROR 是整型变量,所以要把它强制转换成字符串类型。

例 6.1 的输出结果见图 6.1。

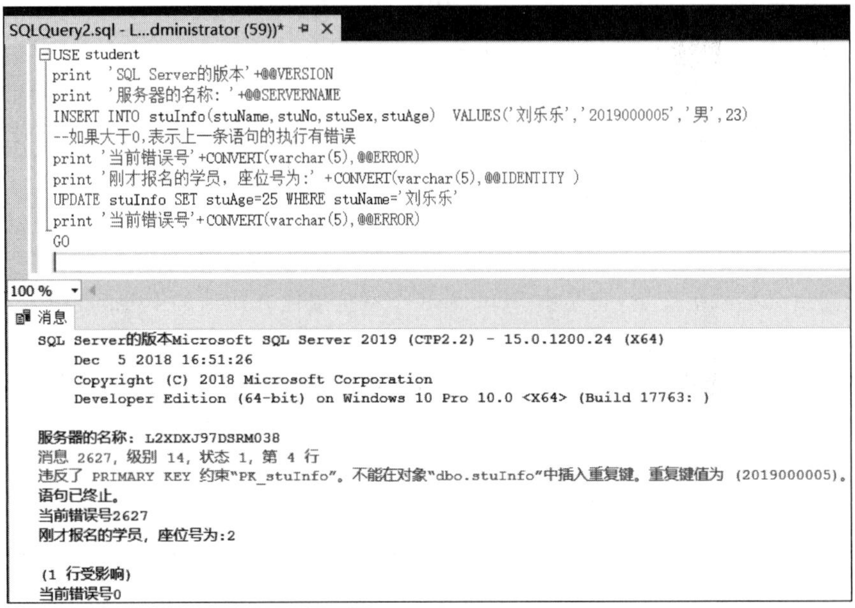

```
SQLQuery2.sql - L...dministrator (59))*
USE student
print  'SQL Server的版本'+@@VERSION
print  '服务器的名称: '+@@SERVERNAME
INSERT INTO stuInfo(stuName,stuNo,stuSex,stuAge)  VALUES('刘乐乐','2019000005','男',23)
--如果大于0,表示上一条语句的执行有错误
print '当前错误号'+CONVERT(varchar(5),@@ERROR)
print '刚才报名的学员, 座位号为:' +CONVERT(varchar(5),@@IDENTITY )
UPDATE stuInfo SET stuAge=25 WHERE stuName='刘乐乐'
print '当前错误号'+CONVERT(varchar(5),@@ERROR)
GO
```

```
消息
SQL Server的版本Microsoft SQL Server 2019 (CTP2.2) - 15.0.1200.24 (X64)
    Dec  5 2018 16:51:26
    Copyright (C) 2018 Microsoft Corporation
    Developer Edition (64-bit) on Windows 10 Pro 10.0 <X64> (Build 17763: )

服务器的名称: L2XDXJ97DSRM038
消息 2627, 级别 14, 状态 1, 第 4 行
违反了 PRIMARY KEY 约束"PK_stuInfo"。不能在对象"dbo.stuInfo"中插入重复键。重复键值为 (2019000005)。
语句已终止。
当前错误号2627
刚才报名的学员, 座位号为:2

(1 行受影响)
当前错误号0
```

图 6.1　例 6.1 全局变量的输出结果

6.1.2　局部变量

除了系统定义的全局变量外,SQL Server 还提供了局部变量。局部变量是用户自定义的变量。它不像全局变量那样由系统提供,用户可以随时随地直接使用,但必须由用户自己定义,定义后赋初值了才能使用,而且生命周期仅限于用户定义它的那个程序块,出了这个程序块,它的生命就结束了。局部变量必须以标记@作为前缀,例如@age。

局部变量的使用也是先声明,再赋值。局部变量在程序中通常用来储存从表中查询到的数据或当作程序执行过程中暂存数据的变量。

局部变量的声明如下:

```
DECLARE   @变量名   数据类型
```

例如:

```
DECLARE @name varchar(10)
DECLARE @seat int
```

局部变量的赋值如下:

```
SET @变量名 = 值
SELECT   @变量名 = 值
```

例如:

```
SET @name = '张三'
SELECT @name = stuName FROM stuInfo WHERE stuNo = '2019000001'
```

用户要注意以下几点：

(1) 先声明再赋值。

(2) 赋值有两种方式。

① 使用 SET；

② 使用 SELECT。

其中,SET 用于普通的赋值,SELECT 用于从表中查询数据并赋值。

(3) 在使用 SELECT 语句赋值时,必须保证筛选的记录只有一条,否则取最后一条。所以,T-SQL 语句后面一般接 WHERE 筛选条件。

(4) 变量在定义的同时可以初始化。

例如"DECLARE @n int =5"。

【例 6.2】 编写 T-SQL 在学生信息表中查找刘乐乐同学的同桌。

使用数据库 student 中的数据表 stuInfo(stuNo, stuName, stuAge, stuSex, stuSeat, stuAddress)。

具体表结构信息如下：

```
USE [student]
CREATE TABLE [dbo].[stuInfo](
   [stuNo] [varchar](10) PRIMARY KEY,
   [stuName] [varchar](10) NOT NULL,
   [stuSex] [varchar](2) NOT NULL,
   [stuSeat] [int] IDENTITY(1,1) NOT NULL,
   [stuAge] [int] NULL,
   [stuAddress] [varchar](50) NULL,
   )
GO
```

明确里面插入 3 条记录：

```
INSERT INTO stuInfo(stuNo,stuName,stuSex,stuAge)
SELECT '2019000001','x','男',20 UNION
SELECT '2019000005','刘乐乐','女',25 UNION
SELECT '2019000006','y','女',20
GO
```

分析：同桌即上课时坐在左右的同学。因为座位号是横向排列的,所以可以通过座位号来定位同桌。第 1 步,找出刘乐乐的座位号；第 2 步,将刘乐乐的座位号减 1 或加 1,就是他的同桌了。

答：

```
USE student
/* -- 查找刘乐乐的信息 -- */
DECLARE @name varchar(10)                   -- 学员的姓名
SET @name = '刘乐乐'                         -- 使用 SET 赋值
SELECT * FROM stuInfo WHERE stuName = @name
/* -- 查找刘乐乐的左右同桌 -- */
DECLARE @seat int                           -- 座位号
SELECT @seat = stuSeat FROM stuInfo         -- 使用 SELECT 赋值
```

```
   WHERE stuName = @name
SELECT * FROM stuInfo
   WHERE (stuSeat = @seat + 1) OR (stuSeat = @seat - 1)
GO
```

例 6.2 的执行结果如图 6.2 所示。

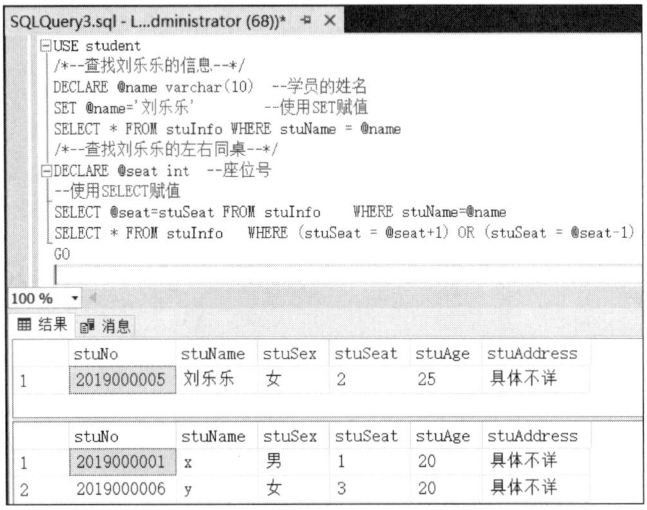

SQLQuery3.sql - L...dministrator (68))*

```
USE student
/*--查找刘乐乐的信息--*/
DECLARE @name varchar(10)  --学员的姓名
SET @name='刘乐乐'          --使用SET赋值
SELECT * FROM stuInfo WHERE stuName = @name
/*--查找刘乐乐的左右同桌--*/
DECLARE @seat int  --座位号
--使用SELECT赋值
SELECT @seat=stuSeat FROM stuInfo    WHERE stuName=@name
SELECT * FROM stuInfo   WHERE (stuSeat = @seat+1) OR (stuSeat = @seat-1)
GO
```

100 %

结果　消息

	stuNo	stuName	stuSex	stuSeat	stuAge	stuAddress
1	2019000005	刘乐乐	女	2	25	具体不详

	stuNo	stuName	stuSex	stuSeat	stuAge	stuAddress
1	2019000001	x	男	1	20	具体不详
2	2019000006	y	女	3	20	具体不详

图 6.2　例 6.2 的执行结果

6.2　逻辑控制语句

一般来讲，所有的程序设计语言提供的程序结构都有 3 种，即顺序结构、选择结构和循环结构。顺序结构是语句按照位置的先后顺序依次执行，每个程序不做特殊设置，都会顺序执行的。但是也会有一些情况，使得用户在程序设计过程中需要经过条件判断才能决定执行哪部分语句，这就是逻辑控制语句了。这就像行进的人生中，总有那么一个时候，需要人们去做选择一样。

在 T-SQL 程序设计中，逻辑控制语句有单分支条件语句 IF-ELSE 和多分支条件语句 CASE-END。

6.2.1　IF-ELSE 语句

在实际的工作和生活中，人们经常会遇到一些问题需要经过判断后再选择相应结果，例如通过判断交通灯的颜色来决定是否通过；根据学生的分数判断学生的成绩等级。通常把这种当遇到某个问题，选择结果只有一个或者两个的情况称为单分支选择。在 T-SQL 语句中可以使用 IF-ELSE 进行条件判断，控制程序的执行方向。SQL 中的 IF-ELSE 语句的语法如下：

```
IF (条件)
  BEGIN
    语句 1
```

```
      语句 2
      …
    END
ELSE
  BEGIN
    语句 1;
    语句 2;
    …
END
```

注意：ELSE 是可选部分；如果有多条语句，才需要 BEGIN-END 语句块。

【例 6.3】 统计班级考试情况，如果班级平均分在 85 分以上，显示"成绩优秀"，并显示前 3 名学生的考试信息；如果在 85 分以下，显示"本人成绩较差"，并显示后 3 名学生的考试信息。

数据库为 jsj2019；数据表为 stuInfo、courseInfo 和 scores，具体见图 6.3。

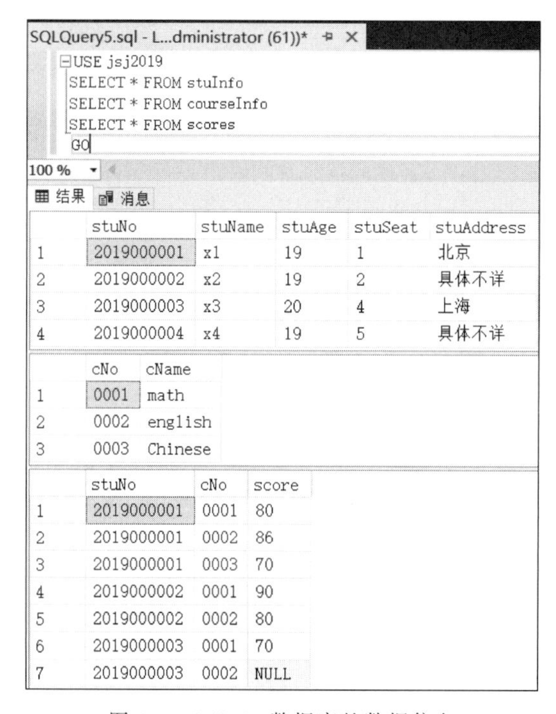

	stuNo	stuName	stuAge	stuSeat	stuAddress
1	2019000001	x1	19	1	北京
2	2019000002	x2	19	2	具体不详
3	2019000003	x3	20	4	上海
4	2019000004	x4	19	5	具体不详

	cNo	cName
1	0001	math
2	0002	english
3	0003	Chinese

	stuNo	cNo	score
1	2019000001	0001	80
2	2019000001	0002	86
3	2019000001	0003	70
4	2019000002	0001	90
5	2019000002	0002	80
6	2019000003	0001	70
7	2019000003	0002	NULL

图 6.3　jsj2019 数据库的数据信息

分析：第 1 步，统计平均成绩存入临时变量；第 2 步，用 IF-ELSE 判断。

答：

```
USE jsj2019
DECALRE @avg float
SELECT @avg = AVG(score) FROM scores
IF @avg > = 85
BEGIN
 print '成绩优秀'
 SELECT TOP 3 stuInfo.stuNo,stuName,cName,score FROM stuInfo
 INNER JOIN scores ON stuInfo.stuNo = scores.stuNo
```

```
 INNER JOIN courseInfo ON scores.cNo = courseInfo.cNo ORDER BY score DESC
END
ELSE
BEGIN
 print '成绩较差'
 SELECT TOP 3 stuInfo.stuNo,stuName,cName,score FROM stuInfo
 INNER JOIN scores ON stuInfo.stuNo = scores.stuNo
 INNER JOIN courseInfo ON scores.cNo = courseInfo.cNo ORDER BY score
END
GO
```

使用文本显示例 6.3 的输出结果,执行结果如图 6.4 所示。

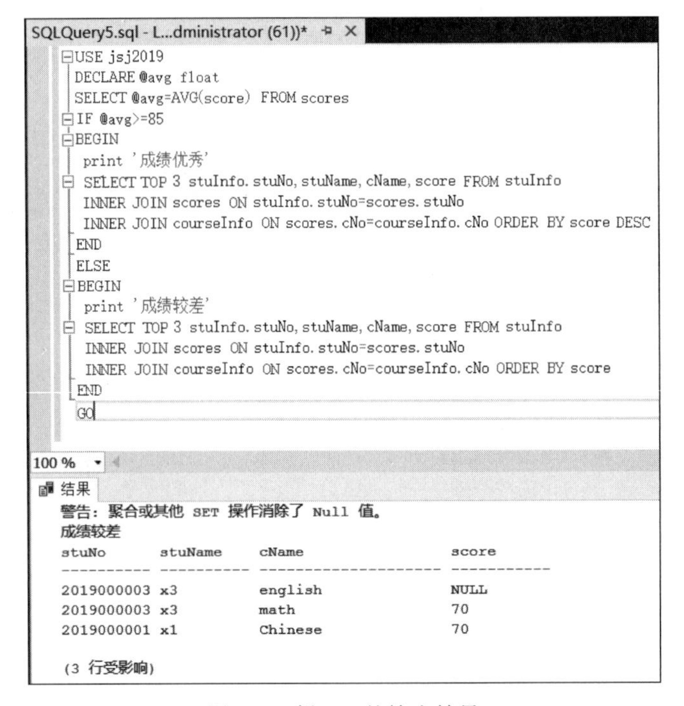

图 6.4 例 6.3 的输出结果

6.2.2 CASE-END 语句

CASE 语句和 IF 语句相比提供了更多的条件选择,判断更方便、快捷。CASE 语句用于多条件分支选择,可完成计算多个条件并为每个条件返回单个值。

T-SQL 中 CASE 语句的语法如下:

```
CASE
  WHEN 条件 1 THEN  结果 1
  WHEN 条件 2 THEN  结果 2
  …
  ELSE 其他结果
END
```

【例 6.4】 采用美国的 ABCDE 五级打分制来显示笔试成绩。

A 级:90 分以上;

B 级：80～89 分；

C 级：70～79 分；

D 级：60～69 分；

E 级：60 分以下。

答：

```
USE jsj2019
print  'ABCDE 五级显示成绩如下:'
SELECT stuNo,cNo,
   成绩 = CASE
                WHEN score < 60 THEN 'E'
                WHEN score BETWEEN 60 AND 69 THEN 'D'
                WHEN score BETWEEN 70 AND 79 THEN 'C'
                WHEN score BETWEEN 80 AND 89 THEN 'B'
                ELSE    'A'
            END
     FROM scores
GO
```

CASE-END 的语法比较难以理解，与 C 语言中的 SWITCH-CASE 还是有较大区别的。

(1) CASE-END 作为一个整体使用，它是有唯一返回值的，例如“SELECT stuNo, cNo,成绩=某个值 FROM scores”。

(2) 成绩是别名，等价使用 AS。

(3) 成绩后的值不确定，它的值由 CASE-END 多分支决定。CASE 语句根据每条记录中的成绩来判断结果是 A 还是 B 等。

查询结果使用文本显示，例 6.4 的执行结果如图 6.5 所示。

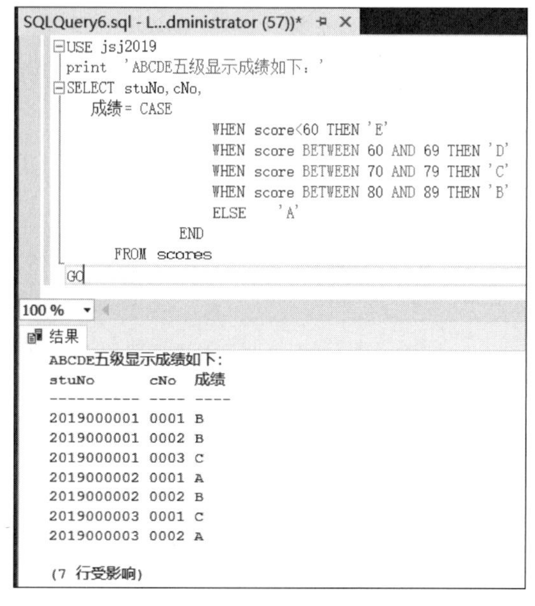

图 6.5　例 6.4 的执行结果

【例 6.5】 请根据平均分和下面的评分规则编写 T-SQL 语句查询学生的成绩。

优：90 分以上；

良：80～89 分；

中：70～79 分；

差：60～69 分；

不及格：60 分以下。

数据表为 stuMarks(stuNo，examNo，writtenExam，labExam)。

答：

```
USE studentDB
SELECT * FROM stuInfo
SELECT * FROM stuMarks
SELECT 考号 = examNo,学号 = stuNo,笔试 = writtenExam,机试 = labExam,
  平均分 = (writtenExam + labExam)/2,
  等级 = CASE
        WHEN (writtenExam + labExam)/2 < 60 THEN '不及格'
        WHEN (writtenExam + labExam)/2 BETWEEN 60 AND 69 THEN '差'
        WHEN (writtenExam + labExam)/2 BETWEEN 70 AND 79 THEN '中'
        WHEN (writtenExam + labExam)/2 BETWEEN 80 AND 89 THEN '良'
        ELSE '优'
    END
  FROM stuMarks
GO
```

例 6.5 的执行结果如图 6.6 所示。

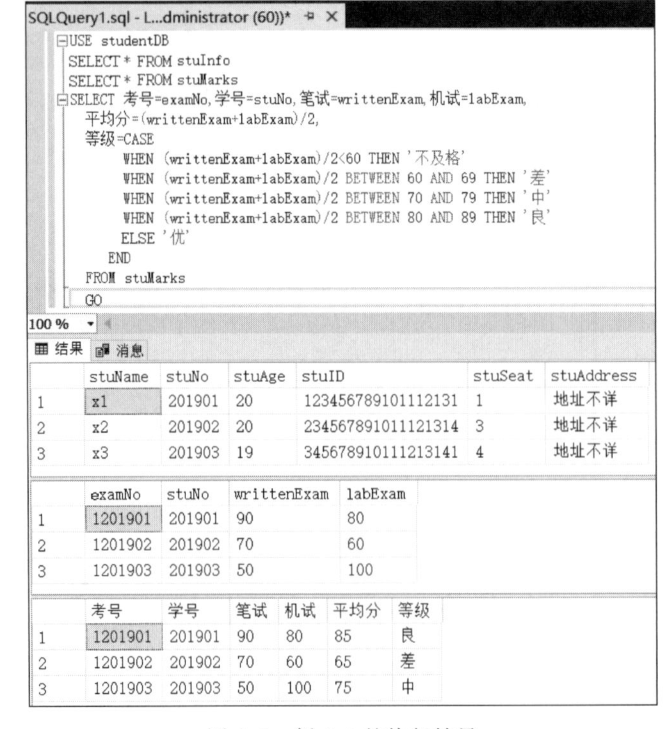

	stuName	stuNo	stuAge	stuID	stuSeat	stuAddress
1	x1	201901	20	123456789101112131	1	地址不详
2	x2	201902	20	234567891011121314	3	地址不详
3	x3	201903	19	345678910111213141	4	地址不详

	examNo	stuNo	writtenExam	labExam
1	1201901	201901	90	80
2	1201902	201902	70	60
3	1201903	201903	50	100

	考号	学号	笔试	机试	平均分	等级
1	1201901	201901	90	80	85	良
2	1201902	201902	70	60	65	差
3	1201903	201903	50	100	75	中

图 6.6　例 6.5 的执行结果

6.3 循环语句

WHILE 语句通过布尔表达式设置重复执行语句或语句块的循环条件。在通常情况下,符合 WHILE 设定的条件是重复执行语句或语句块,通过 BREAK 和 CONTINUE 在循环内部控制语句的循环执行,和 IF 语句一样,WHILE 语句可以嵌套使用。

SQL 中的 WHILE 语句的语法如下:

```
WHILE (条件)
 BEGIN
  语句 1
  语句 2
  …
  BREAK
END
```

注意: BREAK 表示退出循环,如果有多条语句,才需要 BEGIN-END 语句块。

【例 6.6】 某次考试成绩较差,假定要提分,确保每人笔试都通过。提分规则很简单,先每人加两分,看是否都通过,如果没有都通过,每人再加两分,看是否都通过,如此反复提分,直到所有人都通过为止。

数据表为 stuMarks(stuNo,examNo,writtenExam,labExam)。

分析: 第 1 步,统计没通过的人数; 第 2 步,如果有人没通过,加分; 第 3 步,循环判断。

答:

```
USE studentDB
--- 加分前 ----
SELECT * FROM stuMarks
DECLARE @n int
WHILE(1 = 1)                              -- 条件永远成立
 BEGIN
  SELECT @n = COUNT( * ) FROM stuMarks
         WHERE writtenExam < 60  -- 统计不及格人数
  IF (@n > 0)
      UPDATE stuMarks                     -- 每人加两分
         SET writtenExam = writtenExam + 2
  ELSE
      BREAK                               -- 退出循环
  END
-- 加分后的成绩如下: --
SELECT * FROM stuMarks
GO
```

例 6.6 的执行结果如图 6.7 所示。

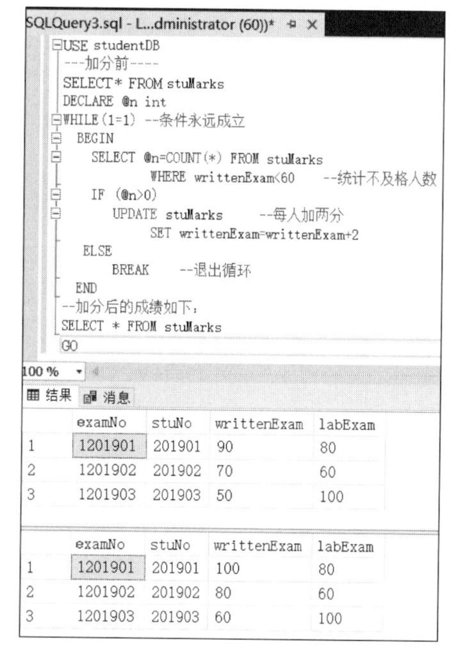

图 6.7 例 6.6 的执行结果

6.4 批处理语句

批处理是包含一个或多个 SQL 语句的组，从应用程序一次性地发送到 SQL Server 执行。SQL Server 将批处理语句编译成一个可执行单元，此单元称为执行计划。执行计划中的语句每次执行一条。

批处理语句的语法如下：

```
语句 1
语句 2
…
GO
```

注意：GO 是批处理的标志，表示 SQL Server 将这些 T-SQL 语句编译成一个可执行单元，提高执行效率。

假设 SQL Server 是网络数据库，一台服务器可能有很多远程客户端，如果在客户端一次发送一条 SQL 语句，然后客户返回结果；接着再发送一条 SQL 语句，再返回，效率太低。这时使用批处理语句可以提高效率。

一般是将一些逻辑相关的业务操作语句放置在同一批中，这完全由业务需求和代码编写者决定。

SQL Server 规定，如果是建库、建表语句，以及后面将要学习的存储过程和视图等，必须在语句末尾添加 GO 批处理标志。

【例 6.7】 根据以下规则对机试成绩进行反复加分，直到平均分超过 85 分为止。请编写批处理语句实现。数据表为 stuMarks(stuNo，examNo，writtenExam，labExam)。

90 分以上：不加分；

80～89 分：加 1 分；

70～79 分：加 2 分；

60～69 分：加 3 分；

60 分以下：加 5 分。

答：

```
SELECT * FROM stuMarks                              -- 原始成绩
SELECT 上机平均分 = AVG(labExam) FROM stuMarks       -- 原始平均分
DECLARE @labAvg int
WHILE(1 = 1)
 BEGIN
    UPDATE stuMarks
      SET labExam =
        CASE
            WHEN labExam < 60 THEN labExam + 5
            WHEN labExam BETWEEN 60 AND 69 THEN labExam + 3
            WHEN labExam BETWEEN 70 AND 79 THEN labExam + 2
            WHEN labExam BETWEEN 80 AND 89 THEN labExam + 1
            ELSE labExam
        END
```

```
        SELECT @labAvg = AVG(labExam) FROM stuMarks
        IF   @labAvg >= 85
             BREAK
    END
SELECT * FROM stuMarks                                   --加分后成绩
SELECT 上机平均分 = AVG(labExam) FROM stuMarks              --加分后平均分成绩
GO
```

例 6.7 的执行结果如图 6.8 所示。

图 6.8　例 6.7 的执行结果

小　　结

在 T-SQL 程序设计中，每个局部变量、全局变量、表达式和参数都有一个相关的数据类型，T-SQL 程序通过条件控制语句来控制程序的走向，提高程序的执行效率。局部变量是用户可自定义的变量，它的作用范围仅在程序内部，作用域局限在一定范围内的 T-SQL 对象；而全局变量是 SQL Server 系统内部使用的由 SQL Server 系统提供并赋值的变量，用来记录 SQL Server 服务器活动状态数据的一组变量，其作用范围并不局限于某一程序，而是任何程序均可随时调用。

IF-ELSE 语句和 CASE-END 语句通过条件的选择判断来决定程序的执行，根据不同的实际情况选择使用 IF-ELSE 语句或 CASE-END 语句来完成 T-SQL 程序的目的，提高程序的执行效率。循环语句 WHILE 可以根据条件循环执行语句块，直到条件不满足为止。在 T-SQL 语言中，是用 BEGIN-END 把多条语句写在一个语句复合体中的。

以 GO 为结束标志的一串 SQL 语句称为批处理，它是最基本的算法块，但还不是数据库的物理对象，无法持久保持。

课　后　题

1. 执行 ALTER TABLE userInfo ADD CONSTRATIN uq_userID UNIQUE(userID)语句为 userInfo 表添加约束，该语句为 userInfo 表的(　　)字段添加了(　　)约束。

A. userID；主键约束　　B. userID；唯一约束

C. UQ_userID；外键约束　　D. UQ_userID；检查约束

2. 下面的 T-SQL 代码运行后的结果是(　　)。

```
DECLARE @counter int = 1
WHILE @counter < 3
BEGIN
   SET @counter = @counter + 1
   print CONVERT(varchar(4),@counter)
   BREAK
   print 'hello'
END
```

A. 2
hello

B. 2

C. 2
Hello
3
hello

D. 2
3

上　机　题

1. 建立一个学生数据库，用来存放学生的相关信息，包括学生的基本信息和考试情况。使用 SQL 语句实现，其内容如下：

- 建库；
- 建表；
- 添加约束；
- 向表中插入测试数据，并查询测试；
- 添加 SQL 账户；
- 测试权限。

2. 在成绩表中，统计并显示机试成绩，鉴于试题偏难，假定要提分，确保每人机试都通过。提分规则很简单，先每人加两分，查看是否都通过，如果没有都通过，每人再加两分，再计算。加分后，按美国的 ABCDE 五级打分制来显示成绩。请用 SQL 语句实现。

3. 在学生系统中，使用子查询统计缺考的学生名单；显示加分科目，笔试或机试，以及加分多少。

第7章 高级查询

重点难点解析

典题例题

知识结构图

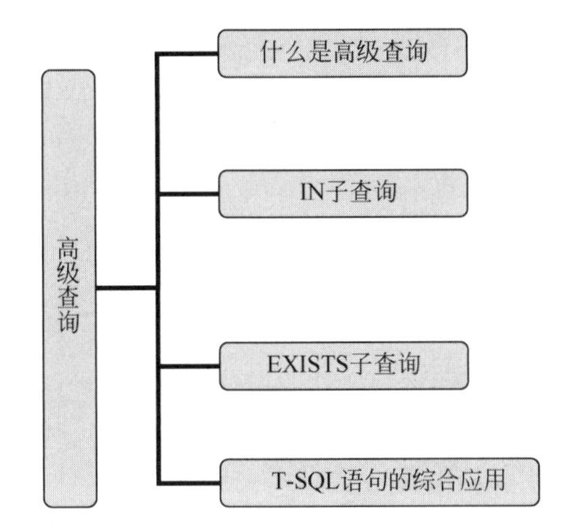

学习目标

了解子查询的定义
掌握 IN 子查询的方法
掌握 EXISTS 子查询的方法
熟练掌握 T-SQL 语句的综合应用方法

导入案例

SELECT 查询结果是一张存储在内存中的虚拟表，不能作为数据源被查询，但是这个查询结果可以被用于各种条件语句中，帮助用户进行单表或者多表的数据查询。在本书中，把这种形式称为高级查询，或者子查询。本章主要对子查询的定义、子查询与多表连接查询的区别，以及使用 IN、NOT IN 和 EXISTS、NOT EXISTS 进行子查询等几个方面进行介绍。

7.1 什么是高级查询

高级查询又名子查询，它是一种在条件中利用查询结果作为逻辑判断依据的查询方式。子查询在 WHERE 语句中的一般用法如下：

```
SELECT … FROM 表 1 WHERE 字段 1 >(子查询)
```

外面的查询称为父查询，括号中嵌入的查询称为子查询。UPDATE、INSERT、DELETE 一起使用，语法类似于 SELECT 语句，将子查询和比较运算符联合使用，必须保证子查询返回的值不能多于一个。

下面通过几个例题对子查询进行了解。

【例 7.1】 编写 T-SQL 语句，查看年龄比“刘新”大的学生，要求显示这些学生的信息。数据表为 stuInfo(stuNo,stuName,stuAge,stuSex,stuSeat)。

分析：第 1 步，求出“刘新”的年龄；第 2 步，利用 WHERE 语句筛选年龄比“刘新”大的学生。

答：

实现方法一：采用 T-SQL 变量实现。

```
DECLARE @age int                        --定义变量,存放刘新的年龄
SELECT @age = stuAge FROM stuInfo
    WHERE stuName = '刘新'               --求出刘新的年龄
                                        --筛选比刘新年龄大的学生
SELECT * FROM stuInfo WHERE stuAge >@age
 GO
```

实现方法二：采用子查询实现。

```
SELECT * FROM stuInfo
WHERE stuAge >(SELECT stuAge FROM
                    stuInfo WHERE stuName = '刘新')
GO
```

例 7.1 的执行结果如图 7.1 所示。

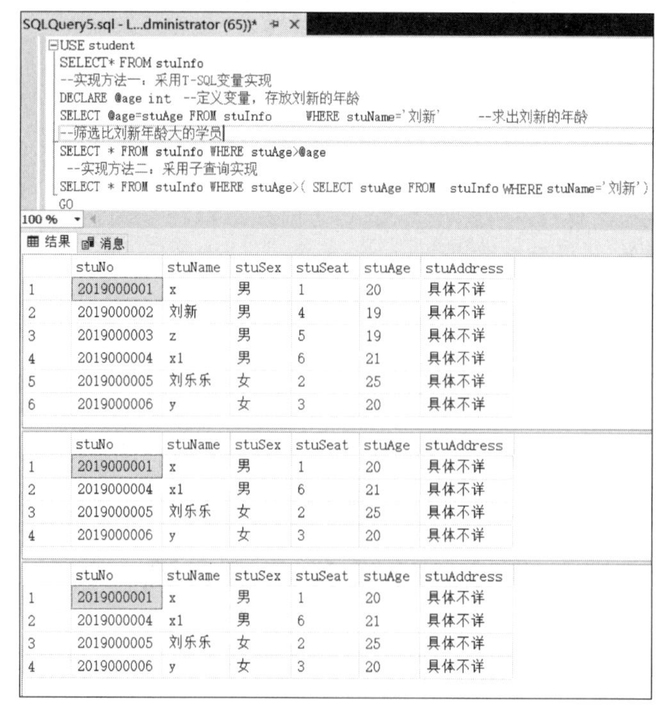

	stuNo	stuName	stuSex	stuSeat	stuAge	stuAddress
1	2019000001	x	男	1	20	具体不详
2	2019000002	刘新	男	4	19	具体不详
3	2019000003	z	男	5	19	具体不详
4	2019000004	x1	男	6	21	具体不详
5	2019000005	刘乐乐	女	2	25	具体不详
6	2019000006	y	女	3	20	具体不详

	stuNo	stuName	stuSex	stuSeat	stuAge	stuAddress
1	2019000001	x	男	1	20	具体不详
2	2019000004	x1	男	6	21	具体不详
3	2019000005	刘乐乐	女	2	25	具体不详
4	2019000006	y	女	3	20	具体不详

	stuNo	stuName	stuSex	stuSeat	stuAge	stuAddress
1	2019000001	x	男	1	20	具体不详
2	2019000004	x1	男	6	21	具体不详
3	2019000005	刘乐乐	女	2	25	具体不详
4	2019000006	y	女	3	20	具体不详

图 7.1　例 7.1 的执行结果

注意：

(1) 除了“>”号以外，还可以使用其他运算符号，习惯上把外面的查询称为父查询，把括号中嵌入的查询称为子查询。

(2) SQL Server 在执行时，先执行子查询部分，求出子查询部分的值，然后再执行整个父查询。它的执行效率比采用 T-SQL 变量实现的方法要高，所以推荐采用子查询。

(3) 因为子查询作为 WHERE 条件的一部分，所以还可以和 UPDATE、INSERT、DELETE 一起使用，语法类似于 SELECT 语句。

【例 7.2】 使用子查询替换表连接。

问题：查询考试刚好通过(60 分)的学生的信息，信息在学生信息表和成绩表(假设只有一个 60 分的人)中。

数据表为 stuInfo(stuNo, stuName, stuAge, stuSex, stuSeat)、scores(stuNo, cNo, score)。

分析：有两种实现方法。因为涉及两张表(学生信息表和成绩表)，所以可以采用之前学过的表连接；二是采用子查询。

答：

实现方法一：采用表连接。

```
SELECT DISTINCT stuName FROM stuInfo INNER JOIN scores
        ON   stuInfo.stuNo = scores.stuNo
             WHERE score = 60
GO
```

实现方法二：采用子查询。

```
SELECT stuName FROM stuInfo
     WHERE stuNo = (SELECT stuNo FROM
                scores WHERE score = 60)
GO
```

注意：

(1) 一般来说，表连接都可以用子查询替换，但反过来不一定。有的子查询不能用表连接替换。

(2) 子查询比较灵活、方便、形式多样，常作为增、删、改、查的筛选条件，适合于操纵一个表的数据。

(3) 表连接更适合于查看多表的数据，一般用于 SELECT 语句。

例 7.2 的执行结果如图 7.2 所示。

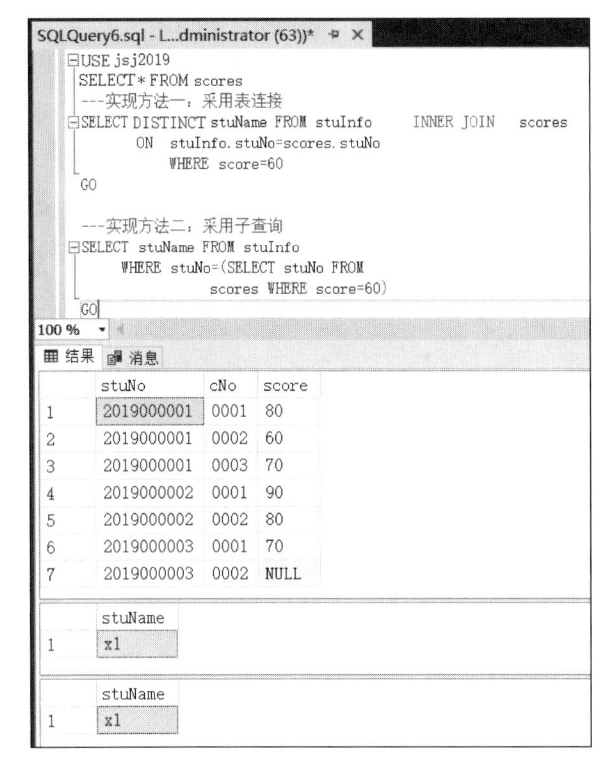

图 7.2　例 7.2 的执行结果

7.2　IN 子查询

在查询语句的条件中，利用某字段与查询结果集使用比较运算符进行比较，只有当查询结果集的返回值唯一的时候比较才有价值，否则一个字段值是无法与一个集合进行比较的。但是如果查询结果集是一个集合，可以使用一个元素与一个集合的关系进行判断，即判断字段值是否属于查询集合。IN 子查询是完成这种任务的语句。

【例 7.3】 查询刚好通过的学员名单。如果有多个人刚好通过，即都为 60 分（例如再插入一条 60 分的数据），使用例 7.2 的子查询语句会出现编译错误，因为 SQL Server 要求"＝"和"＞"等比较运算符后的子查询返回的值不能多于一个，即记录条数不能超过一条。

那么如何解决呢？

答：采用 IN 子查询。

```
SELECT stuName FROM stuInfo
   WHERE stuNo IN
      (SELECT stuNo FROM scores
            WHERE score = 60)
GO
```

注意：常用 IN 替换等于（＝）的比较子查询。

例 7.3 的执行结果如图 7.3 所示。

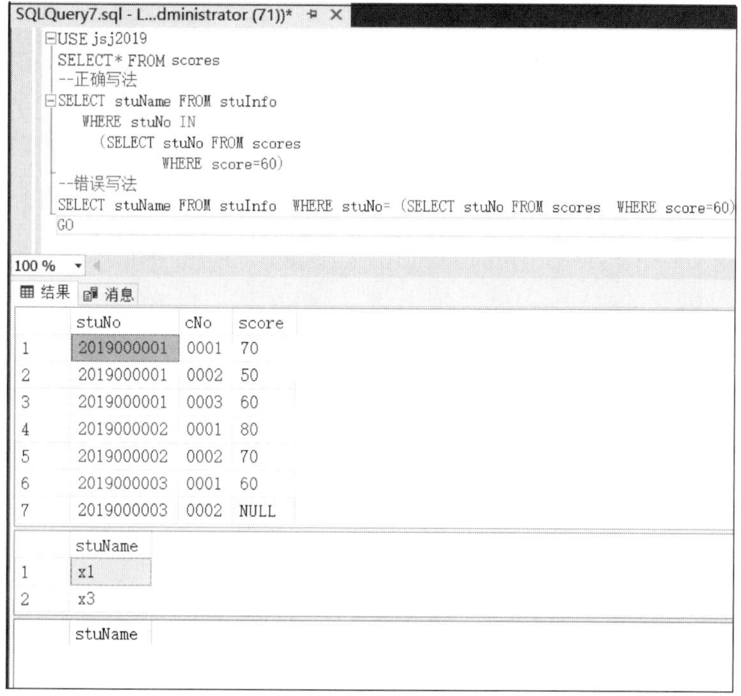

(a) 执行及查询结果

(7 行受影响)

(2 行受影响)
消息 512，级别 16，状态 1，第 9 行
子查询返回的值不止一个。当子查询跟随在 =、!=、<、<=、>、>= 之后，或子查询用作表达式时，这种情况是不允许的。

(b) 错误提示

图 7.3　例 7.3 的执行结果

【例 7.4】 查询参加考试的学员名单。

分析：判断一个学员是否参加考试其实很简单，只需要查看该学员对应的学号是否在考试成绩表(scores)中出现即可。

答：

```
/* -- 采用 IN 子查询参加考试的学员名单 -- */
SELECT stuName FROM stuInfo
 WHERE stuNo IN (SELECT stuNo FROM scores)
GO
```

【例 7.5】 查询未参加考试的学员名单。

分析：加上否定的 NOT 即可。

答：

```
SELECT stuName FROM stuInfo
 WHERE stuNo NOT IN (SELECT stuNo FROM scores)
GO
```

例 7.4 和例 7.5 的执行结果如图 7.4 所示。

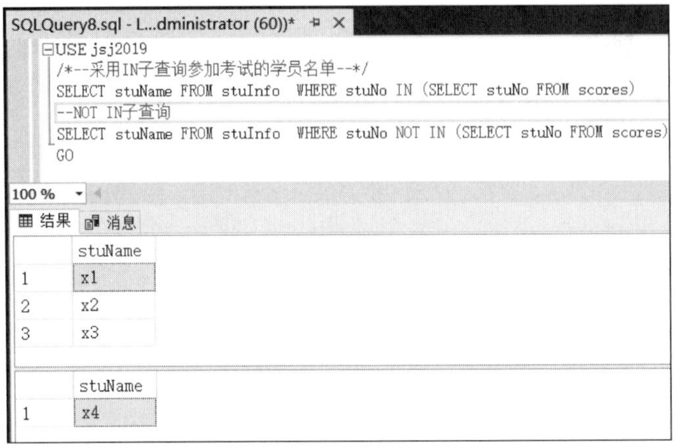

```
USE jsj2019
/*--采用IN子查询参加考试的学员名单--*/
SELECT stuName FROM stuInfo  WHERE stuNo IN (SELECT stuNo FROM scores)
--NOT IN子查询
SELECT stuName FROM stuInfo  WHERE stuNo NOT IN (SELECT stuNo FROM scores)
GO
```

	stuName
1	x1
2	x2
3	x3

	stuName
1	x4

图 7.4　例 7.4 和例 7.5 的执行结果

7.3　EXISTS 子查询

有时候，人们并不关心有几条记录满足查询条件，而是更关心是否存在这样的记录，在这个时候使用 EXISTS 子查询最合适。

EXISTS 子查询的语法如下：

```
IF EXISTS(子查询)
    语句
```

如果子查询的结果非空，即记录条数为一条以上，则 EXISTS(子查询)将返回真(true)，否则返回假(false)。

EXISTS 也可以作为 WHERE 语句的子查询，但一般都能用 IN 子查询替换。

例如：数据库的存在检测。

```
USE master
IF EXISTS(SELECT * FROM
        Sys.Databases WHERE name = 'stuDB')
    DROP DATABASE stuDB
CREATE DATABASE stuDB
…
```

【例 7.6】 检查本次考试，如果本班有人的数学成绩达到 80 分以上，则每人加两分，否则加 5 分。

数据表为 stuInfo(stuNo，stuName，stuAge，stuSex，stuSeat)、scores(stuNo，cNo，score)、courseInfo(cNo，cName)。

分析：是否有人的数学成绩达到 80 分以上，可以采用 EXISTS 检测。

答：

```
/* --采用 EXISTS 子查询，进行酌情加分-- */
```

```
DECLARE @cNo varchar(4)
SELECT @cNo = cNo FROM courseInfo WHERE cName = '数学'
IF EXISTS (SELECT * FROM scores WHERE score > 80 AND cNo = @cNo)
  BEGIN
   print '本班有人数学成绩高于 80 分,每人加两分,加分后的成绩为:'
   UPDATE scores SET score = score + 2 WHERE cNo = @cNo
   SELECT * FROM scores
  END
ELSE
  BEGIN
   print '本班无人数学成绩高于 80 分,每人可以加 5 分,加分后的成绩:'
   UPDATE scores SET score = score + 5 WHERE cNo = @cNo
   SELECT * FROM scores
  END
GO
```

例 7.6 的执行结果如图 7.5 所示。

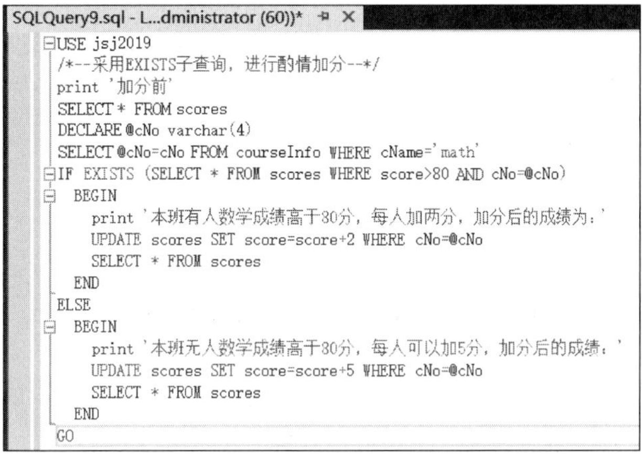

```
SQLQuery9.sql - L...dministrator (60))*
USE jsj2019
/*--采用EXISTS子查询，进行酌情加分--*/
print '加分前'
SELECT * FROM scores
DECLARE @cNo varchar(4)
SELECT @cNo=cNo FROM courseInfo WHERE cName='math'
IF EXISTS (SELECT * FROM scores WHERE score>80 AND cNo=@cNo)
  BEGIN
    print '本班有人数学成绩高于30分，每人加两分，加分后的成绩为：'
    UPDATE scores SET score=score+2 WHERE cNo=@cNo
    SELECT * FROM scores
  END
ELSE
  BEGIN
    print '本班无人数学成绩高于30分，每人可以加5分，加分后的成绩：'
    UPDATE scores SET score=score+5 WHERE cNo=@cNo
    SELECT * FROM scores
  END
GO
```

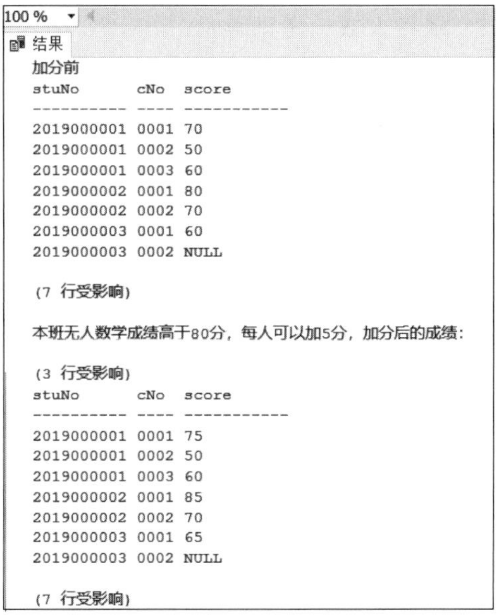

```
100 %
结果
加分前
stuNo      cNo  score
---------- ---- -----------
2019000001 0001 70
2019000001 0002 50
2019000001 0003 60
2019000002 0001 80
2019000002 0002 70
2019000003 0001 60
2019000003 0002 NULL

(7 行受影响)

本班无人数学成绩高于80分，每人可以加5分，加分后的成绩：

(3 行受影响)
stuNo      cNo  score
---------- ---- -----------
2019000001 0001 75
2019000001 0002 50
2019000001 0003 60
2019000002 0001 85
2019000002 0002 70
2019000003 0001 65
2019000003 0002 NULL

(7 行受影响)
```

图 7.5　例 7.6 的执行结果

【例 7.7】 检查本次考试,如果本班没有一个人通过考试,则表示试题偏难,每人加 3 分,否则每人只加 1 分。

数据表为 stuInfo(stuNo,stuName,stuAge,stuSex,stuSeat)、scores(stuNo,cNo,score)、courseInfo(cNo,cName)。

分析:没有一个人通过考试,即不存在"成绩>60 分",可以采用 NOT EXISTS 检测。

答:

```
IF NOT EXISTS (SELECT * FROM scores WHERE score > 60)
   BEGIN
    print '本班无人通过考试,试题偏难,每人加 3 分,加分后的成绩为:'
    UPDATE scores
        SET score = score + 3
    SELECT * FROM scores
   END
ELSE
  BEGIN
   print '本班考试成绩一般,每人只加 1 分,加分后的成绩为:'
   UPDATE scores
      SET score = score + 1
   SELECT * FROM scores
 END
GO
```

7.4 T-SQL 语句的综合应用

【例 7.8】 在 stuInfo 和 scores 表中完成以下操作。

(1) 统计本次考试的缺考情况,显示为:

应到人数　实到人数　缺考人数　考试科目

X　　　　X　　　X　　　　X

(2) 提取学员的成绩信息并保存结果,包括学员的姓名、学号、科目、成绩、是否通过。

(3) 给各科成绩循环提分,但提分后最高分不能超过 97 分。

(4) 提分后,统计学员的成绩和通过情况。

答:

```
USE jsj2019
/* -- 本次考试的原始数据 -- */
--SELECT * FROM stuInfo
--SELECT * FROM scores
/* --------------(1)统计考试缺考情况---------------------- */
DECLARE @sum int
SELECT @sum = COUNT(*)  FROM stuInfo
SELECT 应到人数 = @sum,
实到人数 = COUNT(*),
缺考人数 = @sum - COUNT(*),
```

```
考试科目 = cName FROM scores INNER JOIN course ON scores.cNo = course.cNo
GROUP BY cName
/* ---(2)统计考试通过情况,并将结果存放在新表 newTable 中--- */
IF EXISTS(SELECT * FROM sysobjects WHERE name = 'newTable')
    DROP TABLE newTable
SELECT stuName,stuInfo.stuNo,cName,score,
  isPass = CASE
           WHEN score >= 60 THEN '通过'
          ELSE '未通过'


         END
  INTO newTable FROM stuInfo
    LEFT JOIN scores
        ON stuInfo.stuNo = scores.stuNo
    JOIN course ON scores.cNo = course.cNo
SELECT * FROM newTable

/* ----(3)酌情加分--- */
WHILE (1 = 1)                              --循环给各科加分,最高分不能超过 97 分
    BEGIN
     UPDATE newTable SET score = score + 1
     IF (SELECT MAX(score) FROM newTable )>= 97
       BREAK
    END

/* ---(4)提分后,统计学员的成绩和通过情况 */
--因为提分了,所以需要更新 isPass(是否通过)列的数据
UPDATE newTable
 SET isPass = CASE
         WHEN score >= 60 THEN '通过'
         ELSE  '未通过'
       END
--SELECT * FROM newTable                 --可用于调试
/* --------------显示考试最终通过情况----------------- */
SELECT 姓名 = stuName,学号 = stuNo,科目 = cName
 ,成绩 = CASE
             WHEN score IS NULL THEN '缺考'
               ELSE  CONVERT(varchar(5),score)
          END
,是否通过 = CASE
               WHEN isPass = '通过' THEN '是'
               ELSE  '否'
             END
 FROM newTable
GO
```

例 7.8 的执行结果如图 7.6 所示。

100 %
结果 消息

	应到人数	实到人数	缺考人数	考试科目
1	4	1	3	Chinese
2	4	3	1	english
3	4	3	1	math

	stuName	stuNo	cName	score	isPass
1	x1	2019000001	math	75	通过
2	x1	2019000001	english	50	未通过
3	x1	2019000001	Chinese	60	通过
4	x2	2019000002	math	85	通过
5	x2	2019000002	english	70	通过
6	x3	2019000003	math	65	通过
7	x3	2019000003	english	NULL	未通过

	姓名	学号	科目	成绩	是否通过
1	x1	2019000001	math	87	是
2	x1	2019000001	english	62	是
3	x1	2019000001	Chinese	72	是
4	x2	2019000002	math	97	是
5	x2	2019000002	english	82	是
6	x3	2019000003	math	77	是
7	x3	2019000003	english	缺考	否

图 7.6 例 7.8 的执行结果

小　　结

子查询是将查询语句放在 SQL 语句的条件位置上的语句编写方式。查询结果是条件判断的依据。

比较运算子查询、IN 子查询、EXISTS 子查询是最常用的几种子查询方式。

课　后　题

1. 以下关于子查询的描述正确的是(　　)。
   A. 一般来说，表连接都可以用子查询替换
   B. 一般来说，子查询都可以用表连接替换
   C. 相对于表连接，子查询适合于作为查询的筛选条件
   D. 相对于表连接，子查询适合于查看多表的数据

2. 有分数表 scores(stuNo,cNo,score)和学生信息表 stuInfo(stuNo,stuName)，已知并非所有学生都参加了考试，现在查询所有及格学生的姓名，下面正确的是(　　)。
   A. SELECT stuName FROM stuInfo WHERE stuNo IN(SELECT stuNo FROM scores WHERE score>60)
   B. SELECT stuName FROM stuInfo WHERE stuNo =(SELECT stuNo FROM scores WHERE score>60)
   C. SELECT stuName FROM stuInfo WHERE stuNo NOT IN (SELECT stuNo

FROM scores WHERE score<=60)

D. SELECT stuName FROM stuInfo WHERE EXISTS(SELECT stuNo FROM scores WHERE score>60)

3. 现有学生信息表 stuInfo(stuNo,stuName),其中 stuNo 是主键,又有分数表 scores(stuNo,stuName,score)。已知 stuInfo 表中共有 50 个学生,有 45 人参加了考试(分数保存在 scores 表中),其中 10 人不及格。执行以下 SQL 语句:

```
SELECT * FROM stuInfo WHERE EXISTS (SELECT stuNo FROM scores WHERE score < 60)
```

可返回(　　)条记录。

A. 50　　B. 45　　C. 10　　D. 0

上　机　题

有学生信息表 stuInfo(stuNo,stuName)、课程表 course(cNo,cName)、学生成绩表 scores(stuNo,cNo,score),要求编写 SQL 代码实现以下操作:

(1) 打印所有考试人员和实际参加考试人员。

(2) 打印考试排名表,按照总分降序排列。

(3) 打印所有缺考信息,包括缺考人员。

第 8 章　事务和并发控制

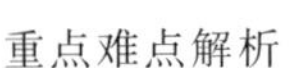

重点难点解析　　典题例题

知识结构图

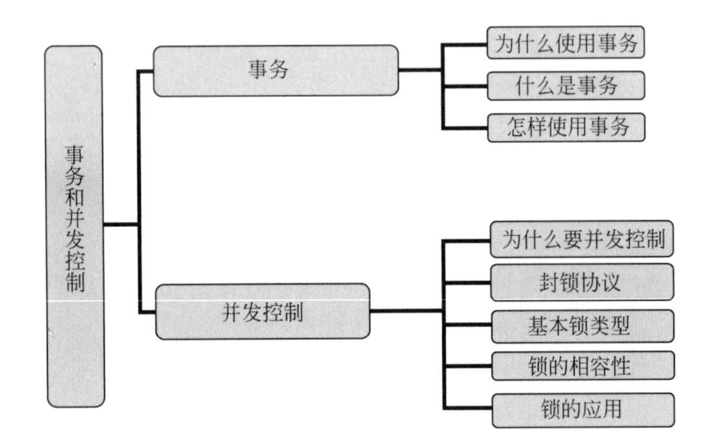

学习目标

了解事务的定义和属性
熟练掌握事务的创建方法
熟练掌握事务的使用方法

导入案例

在一般情况下，一个任务的实施需要按照流程分步骤实现，而且这个过程最好被监督和检查，以保证任务顺利执行。当所有条件都满足，并且任务本身没有任何错误时，任务就完美结束了，若有一点纰漏，就清除任务执行过的任何一个步骤，消除任务的执行痕迹。在 SQL Server 中把完成这个过程的语言的语法称为事务。SQL Server 的多用户执行极易导致多个事务并发执行的情况发生，如何控制并发事务是数据安全保护的重点和难点。本章主要对事务和事务并发控制进行介绍。

8.1　事　　务

事务是数据库应用程序的基本逻辑单元，由一系列的操作组成，是用来保证数据安全的高级的有效手段。是否具有事务技术功能是衡量一个数据库软件优劣的重要标准，也正是事务技术的突破，才使得 SQL Server 数据库软件跻身于世界数据库软件的前列。

8.1.1 为什么使用事务

为什么需要使用事务？这里以经典的银行账户管理系统为例。

当进行一般账户转账时，假定资金从账户 A 转到账户 B，那么至少需要两步，即账户 A 的资金减少，然后账户 B 的资金相应增加。

下面创建账户表，存放用户的账户信息，并添加约束。根据银行的规定，账户余额不能小于或等于 0，否则视为销户。

假设王一开户，开户金额为 1000 元；周琴开户，开户金额为 1 元。

```
CREATE TABLE bank
(
    customerNo char(8),            -- 顾客账号,主键
    customerName char(10),         -- 顾客姓名
    currentMoney money             -- 当前余额
)
GO

ALTER TABLE bank
  ADD CONSTRAINT CK_currentMoney   CHECK(currentMoney > 0)
GO
INSERT INTO bank(customerNo,customerName,currentMoney) VALUES('97810001','王一',1000)
INSERT INTO bank(customerNo,customerName,currentMoney) VALUES('97810002','周琴',1)
```

目前两个账户的余额总和为 1000＋1＝1001(元)，转账后两个账户的余额总和应保持不变。

模拟实现转账，从王一的账户转账 1000 元到周琴的账户。代码如下：

```
/* -- 转账测试:王一转账 1000 元给周琴 -- */
-- 大家可能会这样编写语句
-- 王一的账户少 1000 元,周琴的账户多 1000 元
UPDATE bank SET currentMoney = currentMoney - 1000
     WHERE customerNo = '97810001'
UPDATE bank SET currentMoney = currentMoney + 1000
     WHERE customerNo = '97810002'
GO
```

查看转账后的结果，王一的账户没有减少，但周琴的账户却多了 1000 元。1000＋1001＝2001(元)，总额多出了 1000 元，如图 8.1 所示。

分析出现如此严重错误的原因：

```
UPDATE bank SET currentMoney = currentMoney - 1000
   WHERE customerNo = '97810001'
```

语句违反约束：余额＞0 元。

执行失败，所以王一还是 1000 元。

继续往下执行，执行成功，所以周琴变为 1001 元。

解决该问题的办法就是使用事务。

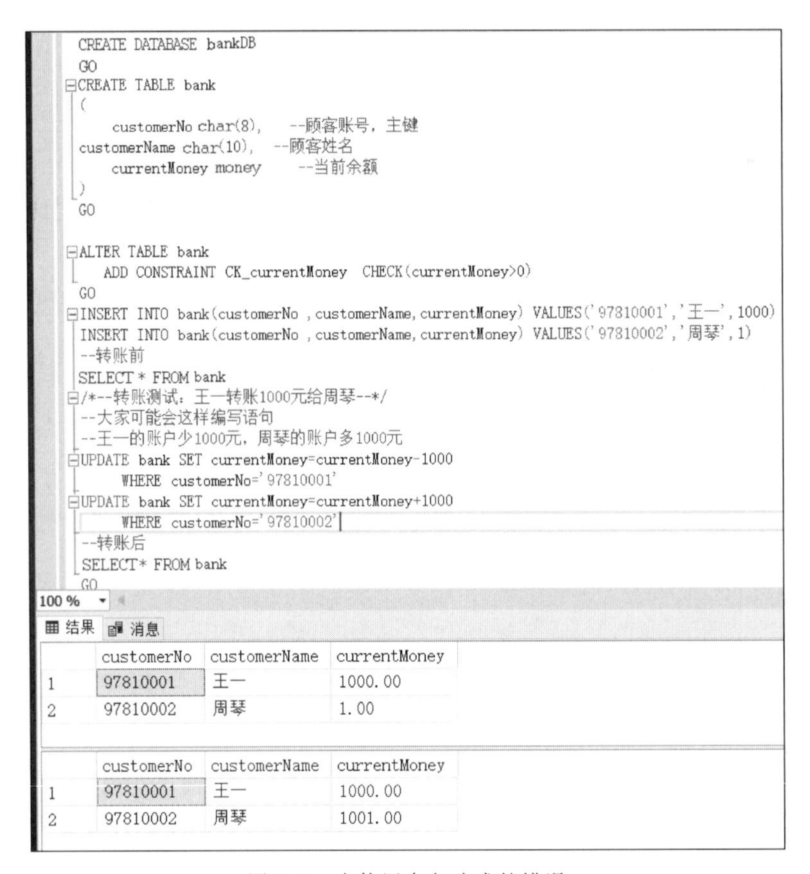

图 8.1　未使用事务造成的错误

8.1.2　什么是事务

事务(Transaction)是作为单个逻辑工作单元执行的一系列操作，这些操作作为一个整体一起向系统提交，要么都执行，要么都不执行。事务是一个不可分割的工作逻辑单元。

事务必须具备以下 4 个属性，简称 ACID 属性。

- 原子性(Atomicity)：事务是一个完整的操作。事务的各步操作是不可分的(原子的)，要么都执行，要么都不执行。
- 一致性(Consistency)：当事务完成时，数据必须处于一致状态。
- 隔离性(Isolation)：对数据进行修改的所有并发事务是彼此隔离的，这表明事务必须是独立的，它不应以任何方式依赖于或影响其他事务。
- 永久性(Durability)：事务完成后，它对数据库的修改被永久保持，事务日志能够保持事务的永久性。

转账过程就是一个事务。它需要两条 UPDATE 语句来完成，这两条语句是一个整体，如果其中任何一条出现错误，则整个转账业务也应取消，两个账户中的余额应恢复到原来的数据，从而确保转账前和转账后的余额不变，即都是 1001 元。

下面根据银行转账例子解释事务的 4 个特征。

原子性(Atomicity)：事务是一个完整的操作。事务的各元素是不可分的(原子的)。

事务中的所有元素必须作为一个整体提交或回滚。如果事务中的任何元素失败，则整个事务将失败。

以银行转账事务为例，如果该事务提交了，则这两个账户的数据将会更新。如果由于某种原因，事务在成功更新这两个账户之前中止，则不会更新这两个账户的余额，并且会撤销对任何账户余额的修改。

一致性(Consistency)：当事务完成时，数据必须处于一致状态。也就是说，在事务开始之前，数据存储中的数据处于一致状态。在正在进行的事务中，数据可能处于不一致的状态，例如数据可能有部分修改。然而，当事务成功完成时，数据必须再次回到已知的一致状态。通过事务对数据所做的修改不能损坏数据，或者说事务不能使数据存储处于不稳定的状态。

再次以银行转账事务为例。在事务开始之前，所有账户余额的总额处于一致状态。在事务进行过程中，一个账户余额减少，而另一个账户余额尚未修改。因此，所有账户余额的总额处于不一致状态。在事务完成以后，账户余额的总额再次恢复一致状态。

隔离性(Isolation)：对数据进行修改的所有并发事务是彼此隔离的，这表明事务必须是独立的，它不应以任何方式依赖于或影响其他事务。修改数据的事务可以在另一个使用相同数据的事务开始之前访问这些数据，或者在另一个使用相同数据的事务结束之后访问这些数据。另外，当事务修改数据时，如果任何其他进程正在同时使用相同的数据，则直到该事务成功提交之后对数据的修改才能生效。例如张三和李四之间以及王五和赵二之间的转账永远是相互独立的。

持久性(Durability)：事务完成之后，它对于系统的影响是永久性的。该修改即使出现系统故障也将一直保持。银行的转账事务，即使出现停电等突发事件，也不会影响数据的正确处理。

8.1.3 怎样使用事务

T-SQL 使用下列语句来管理事务。

- 开始事务：BEGIN TRANSACTION；
- 提交事务：COMMIT TRANSACTION；
- 回滚(撤销)事务：ROLLBACK TRANSACTION。

一旦事务提交或回滚，则事务结束。

中断事务，使得事务回滚，是因为语句中有错误的或者违反约束的语句出现。那么只要判断出某条语句的执行是否出错就够了，可以利用全局变量@@error。

@@error 用于判断最后一条被执行的 T-SQL 语句是否有错，当@@error=0 时，说明之前执行的最后一条 SQL 语句是对的，否则当@error<>0，而得具体错误的错误号时，说明最后执行的那条 SQL 语句是错误的。如果一个事务有 10 万条 SQL 语句，若逐条判断 SQL 语句的对错，会很不方便，为了加快判断事务中的所有 T-SQL 语句是否有错，可以在事务最后对错误进行累计，例如：

```
SET @errorSum = @errorSum + @@error
```

若@errorSum＝0,则说明事务中的所有语句都被顺利执行,事务可以被提交。反之,则说明有错误,回滚即可。

事务分为显式事务、隐性事务和自动提交事务3类,具体如下。

- 显式事务:用 BEGIN TRANSACTION 明确指定事务的开始,这是最常用的事务类型。
- 隐性事务:通过设置 SET IMPLICIT_TRANSACTIONS ON 语句,将隐性事务模式设置为打开,下一个语句自动启动一个新事务。当该事务完成时,再下一个 T-SQL 语句又将启动一个新事务。
- 自动提交事务:这是 SQL Server 的默认模式,它将每条单独的 T-SQL 语句视为一个事务,如果成功执行,则自动提交;如果错误,则自动回滚。

对于事务的分类只需了解,在实际开发中最常用的就是显式事务,它明确地指定事务的开始。

银行转账事务的代码实现如下:

```
BEGIN TRANSACTION
/* --定义变量,用于累计事务执行过程中的错误-- */
DECLARE @errorSum int
SET @errorSum = 0                          --初始化为0,即无错误
/* --转账:王一的账户少1000元,周琴的账户多1000元 */
UPDATE bank SET currentMoney = currentMoney - 1000
  WHERE customerName = '王一'
SET @errorSum = @errorSum + @@error
UPDATE bank SET currentMoney = currentMoney + 1000
  WHERE customerName = '周琴'
SET @errorSum = @errorSum + @@error        --累计是否有错误
IF @errorSum <> 0                          --如果有错误
  BEGIN
    print '交易失败,回滚事务'
    ROLLBACK TRANSACTION
  END
ELSE
  BEGIN
    print '交易成功,提交事务,写入硬盘,永久地保存'
    COMMIT TRANSACTION
  END
GO
print '查看转账事务后的余额'
SELECT * FROM bank
GO
```

该例的执行结果如图8.2所示。

在银行事务管理中使用事务是经典的应用,其实在很多地方都使用了事务。在数据库设计和程序开发过程中,巧妙地使用事务和事务思想是提高数据和程序安全性的有效办法。

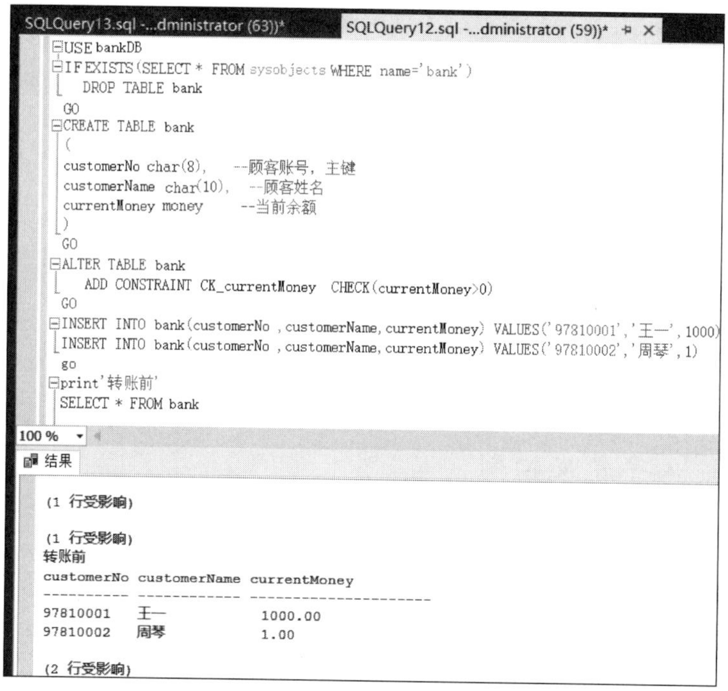

```
SQLQuery13.sql -...dministrator (63))*    SQLQuery12.sql -...dministrator (59))*
USE bankDB
IF EXISTS(SELECT * FROM sysobjects WHERE name='bank')
    DROP TABLE bank
GO
CREATE TABLE bank
(
customerNo char(8),      --顾客账号，主键
customerName char(10),   --顾客姓名
currentMoney money       --当前余额
)
GO
ALTER TABLE bank
    ADD CONSTRAINT CK_currentMoney  CHECK(currentMoney>0)
GO
INSERT INTO bank(customerNo ,customerName,currentMoney) VALUES('97810001','王一',1000)
INSERT INTO bank(customerNo ,customerName,currentMoney) VALUES('97810002','周琴',1)
go
print'转账前'
SELECT * FROM bank

100 %
结果

(1 行受影响)

(1 行受影响)
转账前
customerNo customerName currentMoney
---------- ------------ ---------------------
97810001   王一           1000.00
97810002   周琴           1.00

(2 行受影响)
```

(a) 转账前

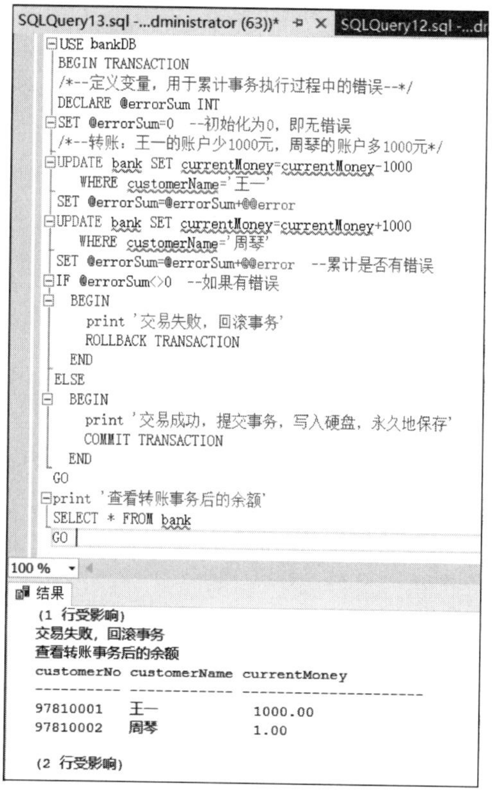

```
SQLQuery13.sql -...dministrator (63))*    SQLQuery12.sql -...dr
USE bankDB
BEGIN TRANSACTION
/*--定义变量，用于累计事务执行过程中的错误--*/
DECLARE @errorSum INT
SET @errorSum=0  --初始化为0，即无错误
/*--转账：王一的账户少1000元，周琴的账户多1000元*/
UPDATE bank SET currentMoney=currentMoney-1000
    WHERE customerName='王一'
SET @errorSum=@errorSum+@@error
UPDATE bank SET currentMoney=currentMoney+1000
    WHERE customerName='周琴'
SET @errorSum=@errorSum+@@error  --累计是否有错误
IF @errorSum<>0  --如果有错误
  BEGIN
    print '交易失败，回滚事务'
    ROLLBACK TRANSACTION
  END
ELSE
  BEGIN
    print '交易成功，提交事务，写入硬盘，永久地保存'
    COMMIT TRANSACTION
  END
GO
print '查看转账事务后的余额'
SELECT * FROM bank
GO

100 %
结果
(1 行受影响)
交易失败，回滚事务
查看转账事务后的余额
customerNo customerName currentMoney
---------- ------------ ---------------------
97810001   王一           1000.00
97810002   周琴           1.00

(2 行受影响)
```

(b) 使用事务执行错误的转账指令后

图 8.2　通过事务保护财务的例子的执行结果

8.2 并发控制

SQL Server 的数据保护措施有很多，例如之前在介绍数据库的基本操作时提到过的授权用户利用不同的身份验证方式对数据库和数据库对象进行访问，为数据表添加约束（包括之后要接触的为表添加触发器），以及数据库的备份和还原、数据的导入/导出、使用事务等。当多个事务同时执行时，必须使用并发控制技术来实现数据的安全保护。

并发控制机制是衡量一个数据库系统性能的重要标志之一。数据库系统利用并发控制机制来协调并发操作以保证事务的隔离性和数据的一致性。SQL Server 数据库以事务为单位，通常使用锁来实现并发控制。

8.2.1 为什么要并发控制

SQL Server 作为多用户数据库系统，为了充分利用系统资源，发挥其共享资源的特点，可同时运行多个事务并行存取数据。在这种情况下，可能会出现多个并发的事务同时申请存取同一数据的情况。在下面的 4 种情况中都使用了并发事务来模拟共享系统中的数据处理情况，可以看到虽然事务本身的执行是正确的，但是由于互相间的干扰，最终可能会产生错误的总体结果。

1. 丢失更新

当两个事务 Tran1 和 Tran2 同时更新某条记录时，它们读入记录并修改，出现事务 Tran2 提交的结果破坏了事务 Tran1 提交的结果，导致 Tran1 的修改结果丢失，因此出现“丢失更新”的问题。

2. “脏”数据

“脏”数据是指事务 Tran1 修改某一条记录，并将其写入数据库，事务 Tran2 读取同一条记录后，事务 Tran1 由于某种原因被回滚取消，此时被事务 Tran1 修改过的数据恢复原值，这样事务 Tran2 读到的数据就与数据库中的数据不一致，该数据为“脏”数据。

3. 不可重复读取

“不可重复读取”也称为“不一致的分析”，是指事务 Tran1 读取数据后，事务 Tran2 对同一数据执行更新操作，使得 Tran1 再次读取该数据时得到与之前不同的值。

4. 幻影数据

事务 Tran1 按一定的条件从数据库等集合中读取数据后，事务 Tran2 又对该数据集删除或插入了一些记录，此时事务 Tran1 在按相同条件读取数据时发现少了或者多了一些记录。

综上所述，可以发现在并发操作中需要使用某种并发控制机制，以保证多用户程序情况时数据的一致性、完整性。

8.2.2 封锁协议

并发控制机制最常采用的是“锁”。“锁”是指事务在对某个数据库中的资源存取前，先向系统发出请求，要求封锁该资源。事务获得锁后，也获得对该数据的控制权，在事务释放此锁之前，其他的事务不允许更新此数据。当事务结束或撤销以后，再释放被锁定的资源。

为操作的数据加什么类型的锁？何时释放锁？这些内容构成了不同的封锁协议。

1. 一级封锁协议

任何尝试更新记录 Record 的事务必须对该 Record 加独占排他锁，并保持锁到事务结束，否则该事务进入等待队列，状态转换为等待，直到获得锁为止。这样就可以防止“丢失更新”和由于某些原因导致事务撤销造成的读“脏”数据的情况。

2. 二级封锁协议

任何试图读取记录 Record 的事务必须对该 Record 加共享锁，读完后随即释放锁。当事务进一步进行更新 Record 操作时，将共享锁升级为独占排他锁，并一直保持到事务结束。这样提高了事务的并行度，解决了“丢失更新”和读“脏”数据的问题。

3. 三级封锁协议

任何尝试读取记录 Record 的事务必须对 Record 加共享锁，直到该事务结束才释放。这样既可以防止丢失更新和读“脏”数据，还进一步防止了不可重复读取，但同时也因为锁时间较长而易引发更多的死锁。

8.2.3 基本锁类型

基本锁类型包含两种，即排他锁和共享锁。它们是 SQL Server 主要使用的锁。

1. 排他锁

排他锁又称为“写锁”。如果事务 Tran 对数据对象 Record 加上排他锁 WriteLock，则只允许该 Tran 读取和修改 Record，其他的任何事务都不能再对该 Record 加任何类型的锁，直到 Tran 释放该 Record 上的排他锁 WriteLock。这保证了在 Tran 释放对该 Record 的锁之前，其他事务不能同时读取和修改此 Record。

通过加排他锁可以避免“丢失更新”。事务 Tran1 在修改 Record 前对该 Record 加排他锁 WriteLock，则事务 Tran2 想要更新该 Record 的数据必须等待，直到 Tran1 完成更新后释放 WriteLock 锁，Tran2 才能对 Record 加 WriteLock 锁。这时 Tran2 读到的 Record 是被 Tran1 更新后的值，避免了丢失更新。

通过加排他锁还可以避免读“脏”数据。事务 Tran1 在向表录入数据前对该表加排他锁 WriteLock，那么另一个检索该表的事务 Tran2 将一直处于等待状态，直到事务 Tran1 结束或者撤销，释放排他锁 WriteLock，Tran2 才能够检索表，避免了读“脏”数据。

2. 共享锁

共享锁又称为“读锁”。如果事务 Tran 对数据对象 Record 加读锁 ReadLock，则其他事务也可以对该 R 加读锁 ReadLock，但不能同时对该 Record 加排他锁 WriteLock，直到该 Record 上的所有读锁释放为止。所以，共享锁能够阻止对已加锁的数据进行更新操作。

对事务中操作的数据对象 Record 加写锁 WriteLock 可以避免数据的一致性被破坏，但是却降低了并发性。使用共享锁，主要防止事务在读操作期间发生对数据的修改操作，因此允许其他事务对数据对象 Record 加读锁 ReadLock，完成对该数据对象的并行读取操作。

事务 Tran1 在进行检索之前先对该表加共享锁，那么在 Tran1 结束前，Tran2 不能够获得该表的排他锁，即不能插入或者修改表记录。在 Tran1 完成本次检索统计操作之后，事务 Tran1 结束，这时 Tran2 才能够插入或修改表记录，避免了幻影数据。

8.2.4 锁的相容性

不同的锁相互作用,其相容性如表 8.1 所示。其中,“W”表示事务在对象上加排他锁,“R”表示事务在对象上加共享锁,“—”表示事务没有在对象上加锁。

表 8.1 锁的相容性

Tran1	Tran2		
	W	R	—
W	No	No	Yes
R	No	Yes	Yes
—	Yes	Yes	Yes

表 8.1 的第一列表示事务 Tran1 对数据对象 Record 可能加的锁,表的第一行表示事务 Tran2 对数据对象 Record 可能加的锁,其他行列表示在事务 Tran1 加锁的情况下事务 Tran2 是否能够获得该对象上的锁。在 Tran1 获得锁后,Tran2 再请求加锁,如果被拒绝,表示发生了冲突,使用 No 表示。如果 Tran2 的加锁请求可以满足,使用 Yes 表示。

8.2.5 锁的应用

应用锁可以采取两种方式,一是使用表级锁,防止并发事务在存取同一数据时相互干扰,影响数据的一致性;二是设置事务隔离级别,为访问数据的操作指定默认的加锁方式。

1. 表级锁

表级锁是在使用 SELECT、INSERT、UPDATE 和 DELETE 语句时直接在语句中指定表级锁类型。一般来说,读操作需要共享锁,写操作需要排他锁。当需要更精细地控制资源的锁定类型时,可以使用表级锁。

1) 设置共享锁

通常在读操作时采用共享锁。共享锁一直存在,直到满足查询条件的所有记录已经返回给客户端为止。使用关键字 HOLDLOCK 锁定提示设置共享锁。

【例 8.1】 对数据库 student 的表 stuInfo(stuNo,stuName,stuAge,stuAddr)进行并行查询,要求显示学生基本信息以及学生人数。

分析:在事务 Tran1 打印查询报表的语句中设置共享锁,避免了 Tran2 事务向该表中插入记录的情况,以避免幻影数据。

答:

```
USE student
GO
BEGIN TRANSACTION Tran1
SELECT stuNo, stuName, stuAge, stuAddr FROM stuInfo WITH(HOLDLOCK)
SELECT COUNT(stuNo) FROM stuInfo
COMMIT TRANSACTION
```

2）设置排他锁

在使用 INSERT、UPDATE 和 DELETE 语句修改数据时使用排他锁。在并发事务中，只有一个事务能够获得资源的排他锁，其余事务只能等待其释放排他锁以后再使用排他锁或者共享锁。使用关键字 TABLOCKX 锁定提示设置排他锁。

【例 8.2】 同时向数据库 student 的表 stuInfo(stuNo, stuName, stuAge, stuAddr)中插入数据('20130001','王宇',21,'吉林')，向表 course(courseNo, courseName)中插入数据('0002','Math')。

分析：事务 Tran1 在录入记录的时候对表使用排他锁，那么事务 Tran2 就要一直等待 Tran1 结束才能查询表记录，避免了读"脏"数据。

答：

```
USE student
GO
BEGIN TRANSACTION Tran1
INSERT INTO stuInfo WITH (TABLOCKX) (stuNo, stuName, stuAge, stuAddr) VALUES('20130001','王宇',
21,'吉林')
INSERT INTO course WITH (TABLOCKX)VALUES('0002','Math')
COMMIT TRANSACTION
```

3）设置专用锁

表 8.2 列出了专用锁以及其他类型锁定提示选项。

表 8.2 锁定提示选项

锁定提示选项	描　述
NOLOCK	不要提供共享锁，并且也不要提供排他锁。当选此选项时，可能会发生读取未提取的事务或者一组在读取中回滚的页面，有可能发生脏读。它仅应用于 SELECT 语句
READPAST	跳过锁定行。当选此选项时，会导致事务跳过由其他事务锁定的行(但这些行平时会显示在结果集内)，而不是阻塞该事务，同时等待其他事务释放在这些行上的锁。它仅适用于运行正在提交读隔离级别的事务，只在行级锁之后读取
TABLOCK	大容量更新锁。该锁允许进程将数据并发地大容量复制到同一张表，并同时防止其他不进行大容量复制数据的事务访问该表
PAGLOCK	页级锁
ROWLOCK	行级锁，比页级锁和表级锁的粒度小
UPDLOCK	读取表时使用更新锁，而非共享锁，并将更新锁一直保留到语句或事务结束。其优点是允许读取数据(不阻塞其他事务)，并在之后更新数据，同时确保自上次读取数据后数据没有更改
XLOCK	使用排他锁并一直保持到事务结束，适合在 SQL 语句上使用，可以使用 PAGLOCK 或 TABLOCK 指定该锁

2. 设置事务隔离级别

设置事务隔离级别也可以保证一个事务的执行不受其他事务干扰，但设置事务隔离级别会对会话中的所有 SQL 语句加上默认的锁。SQL Server 支持 SQL-92 标准中定义的事务隔离级别。设置事务隔离级别可能会使程序员承担某些完整性问题所带来的风险，但却能换取更高的并发访问的能力。每个隔离级别都提供了比表级锁更高的隔离性，但也是通过在更长的时间内使用更多限制锁换来的。

可以推断事务隔离级别的高低和事务的并发能力成反比，具体如表 8.3 所示。该表对事务隔离级别按从低到高的顺序做了说明。

表 8.3　事务隔离级别

描　　述	说　　明
READ UNCOMMITTED	不发出共享锁和排他锁。当使用该选项时，既允许在事务结束前更改数据内的数值，行也可以出现在数据中或从数据集消失。这是 4 个隔离级别中限制最小的级别
READ COMMITTED	SQL Server 默认的事务隔离级别，指定在读取数据时使用共享锁，但不要求一个事务读取一条记录的间隙其他的事务不能对该记录进行更新
REPEATABLE READ	严格的查询锁。锁定查询中使用的所有数据，以避免其他用户更新这些数据，并要求一个事务读取同一条记录的间隙其他的事务不能对该记录进行更新
SERIALIZABLE	数据集(表)上的共享锁，直到该事务完成才允许其他事务更新数据集或将记录插入数据集。这是 4 个隔离级别中限制最高的级别。此并发级别较低，只在必要时才使用该选项

用户可以使用 T-SQL 语句来设置事务隔离级别，典型的语法结构如下：

```
SET TRANSACTION ISOLATION LEVEL
{READ COMMITTED
|READ UNCOMMITTED
|REPEATABLE READ
|SERIALIZABLE
}
```

【例 8.3】 设置多表连接查询中数据的事务隔离级别，使得查询过程中杜绝其他用户更新，并且同一个事务访问同一条记录的间隙也不允许其他事务对该记录进行更新。

分析：事务隔离级别为 REPEATABLE READ 时能满足题目要求。

答：

```
SET TRANSACTION ISOLATION LEVEL
REPEATABLE READ
```

通过设置的事务隔离级别可以控制 SQL Server 查询优化器做出正确的加锁决定。设置事务隔离级别与避免并发异常问题之间的关系如表 8.4 所示。

表 8.4　事务隔离级别允许不同类型的行为

隔离级别	脏　数　据	丢失更新	不可重复读取	幻影数据
READ UNCOMMITTED	Yes	Yes	Yes	Yes
READ COMMITTED	No	Yes	Yes	Yes
REPEATABLE READ	No	No	No	Yes
SERIALIZABLE	No	No	No	No

由表 8.4 可见，锁定的级别与并发性之间是相互影响的，那么如何既确保数据一致性又

兼顾系统并发性？在一般情况下，采用默认的 READ COMMITTED 隔离级别，能保证两个事务使用一个 UPDATE 语句更新行，并且不基于以前检索的值，在进行更新时不会发生丢失更新。但当两个事务检索相同的行，然后基于原检索的值对行进行更新时，即会发生丢失更新。因此，可以使用更高的隔离级别以防止丢失更新，或者在必要时使用表级锁定提示更改默认的加锁行为。

小　　结

事务的四大特性是原子性、一致性、隔离性、永久性。

显式事务的定义语法为 BEGIN TRAN、COMMIT TRAN、ROLLBACK TRAN。

事务的提交和回滚是有条件的，@@error 的使用是重点。

事务的并发控制主要使用锁实现。

并发异常主要有丢失更新、“脏”数据、“不可重复读取”、幻影数据。

封锁协议分为 3 级。一级封锁协议是为更新数据的事务加独占排他锁，直到事务结束；二级封锁协议是为读取数据的事务加共享锁，读完后释放锁；三级封锁协议是为读取数据的事务加共享锁，直到事务结束才释放。

基本锁主要有共享锁和排他锁。

锁的应用分为使用表级锁和设置事务隔离级别。

课　后　题

1. 假设 order 表中存在 orderNo 等于 1 的记录，执行下面的 T-SQL 语句：

```
BEGIN TRANSACTION
DELETE FROM order WHERE orderNo = 1
IF (@@error <> 0)
ROLLBACK TRANSACTION
ROLLBACK TRANSACTION
```

以下说法正确的是（　　）。

A. 执行成功，orderNo 为 1 的记录被永久删除

B. 执行成功，order 表没有任何变化

C. 执行时出现错误

D. 执行成功，但事务处理并没有结束

2. 以下（　　）属于事务处理元素。

A. @@error　　B. BEGIN TRAN

C. COMMIT TRAN　　D. ROLLBACK TRAN

3. 事务的性质是（　　）。

A. 原子性(Atomicity)：事务是一个完整的操作。事务的各步操作是不可分的(原子的)，要么都执行，要么都不执行

B. 一致性(Consistency)：当事务完成时，数据必须处于一致状态

C. 隔离性(Isolation)：对数据进行修改的所有并发事务是彼此隔离的，这表明事务必须是独立的，它不应以任何方式依赖于或影响其他事务

D. 永久性(Durability)：事务完成后，它对数据库的修改被永久保持，事务日志能够保持事务的永久性

上 机 题

请编写一个P处理算法，实现从账户A转一定金额到账户B。已有信息如下：

```
CREATE TABLE bank
(
    customerNo char(8),                    --顾客账号，主键
    customerName char(10),                 --顾客姓名
    currentMoney money                     --当前余额
)
GO

ALTER TABLE bank
    ADD CONSTRAINT CK_currentMoney CHECK(currentMoney > 0)
GO

INSERT INTO bank(customerNo,customerName,currentMoney) VALUES('9781002012010101','A',5000)
INSERT INTO bank(customerNo,customerName,currentMoney) VALUES('9781002012010102','B',2000)
```

第9章 索　引

重点难点解析

典题例题

知识结构图

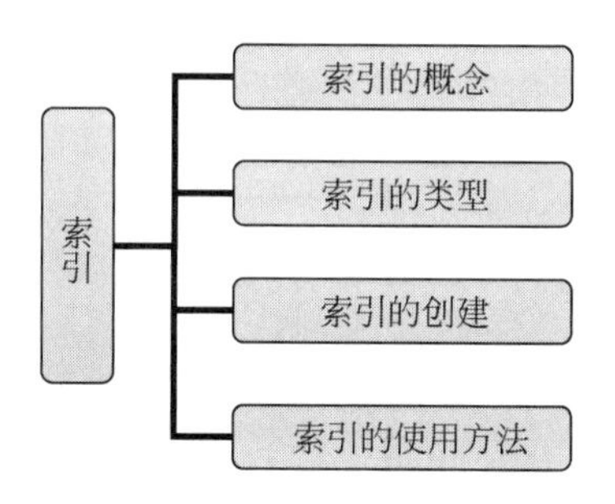

学习目标

了解索引的概念
了解索引的类型
熟练掌握索引的使用方法

导入案例

假设某员工要向老板提交一份市场调查报告,如果内容只有一段,那么只需交给老板打印有这段话的一页纸就够了。可是,如果该员工进行了充分的论证,那么将有可能是十多页。为了让自己的报告在众多竞争对手中脱颖而出,最好让老板省心又省力地对自己印象深刻,那么可以为报告做个目录,既可以做到提纲挈领,也可以帮助老板快速地了解重点。同样的道理,当数据表中的记录不多时,查找表中满足条件的记录只要遍历即可。但是当表中的记录较多,达到一万条以上的时候,以遍历的方式查找到满足条件的记录需要花费较多的时间,这个时候就需要通过在表中创建索引来提高搜索速度了。本章主要对索引的基本概念、索引的创建和使用几个方面进行介绍。

9.1 索引简介

汉语字典中的汉字按页存放,一般都有汉语拼音目录(索引)、偏旁部首目录等,用户可以根据拼音或偏旁部首快速查找某个字词。正如汉语字典中的汉字按页存放一样,SQL Server 中的数据记录也是按页存放的,每页容量一般为 4KB。为了加快查找的速度,汉语字(词)典一般都有按拼音、笔画、偏旁部首等排序的目录(索引),用户可以选择按拼音或笔画查找方式快速查找到需要的字(词)。同理,SQL Server 允许用户在表中创建索引,指定按某一列或几列预先排序,从而大大提高查询速度。

索引是对数据库中表的一个或多个列的值进行排序的结构。每个索引都有一个特定的搜索码与表中的记录关联,索引按顺序存储搜索码的值。它属于数据库编排数据的内部方法,帮助提供方法来快速编排查询数据。

索引页是数据库表中存储索引的数据页,类似于汉语字(词)典中按拼音或笔画排序的目录页。

通过使用索引,可以大大提高数据库的检索速度,改善数据库的性能,具体如图 9.1 所示。

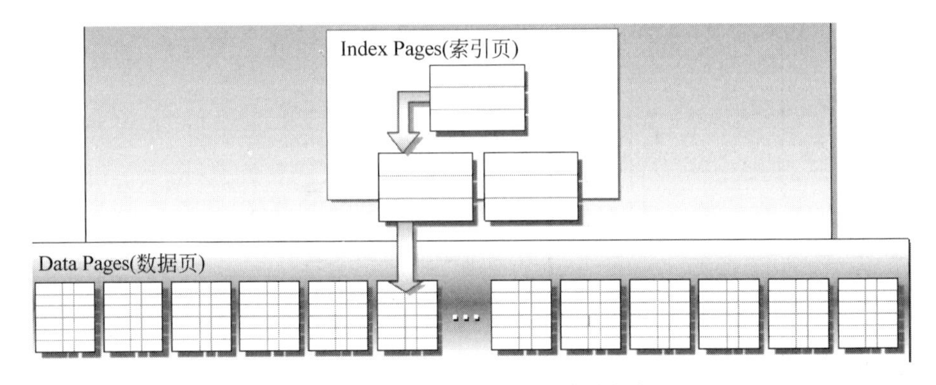

图 9.1　根据索引键查找定位数据行

9.2　索引的类型

在 SQL Server 中索引主要有两种类型,即聚集索引(Clustered Index)和非聚集索引(Non Clustered Index)。了解不同索引的结构和原理,明确不同情况下选用哪种索引,才能帮助用户创建合理的索引,提高查询速度。

9.2.1　聚集索引

聚集(Clustered)索引指数据库表中的数据行的物理顺序按照索引键值的逻辑(索引)顺序存储,且每个表只能有一个。聚集索引对查询行数据很有效。例如一本书有目录和正文,正文页码的顺序与目录的是一致的。通过目录很快能找到正文页。

聚集索引主要包括唯一索引、主键索引和普通的聚集索引。唯一索引和普通的聚集索引可以由用户创建。

如果现有数据中存在重复的键值,则大多数数据库都不允许将新创建的唯一索引与表一起保存。当新数据使表中的键值重复时,数据库也拒绝接受此数据。例如,如果在 stuInfo 表中的学员身份证号(stuNo) 列上创建了唯一索引,则所有学员的身份证号不能重复。

为表创建了一个唯一约束,将自动创建一个唯一索引,唯一索引不允许表中有两个数据行完全相同。尽管唯一索引有助于用户找到信息,但为了获得最佳性能,建议使用主键约束或唯一约束。

为表创建了一个主键约束，也将自动创建一个主键索引，主键索引是唯一索引的特殊类型。主键索引要求主键中的每个值是唯一的，并且不能为空。当在查询中使用主键索引时，它还允许快速访问数据。

图 9.2 显示了数据库 sale 中的 sales 表的数据，图 9.2(a)为字段 productID 未被设置成主键之前的显示状态，表数据未被排序显示；图 9.2(b)为设置字段 productID 的截图；图 9.2(c)为拥有了主键约束后的表数据的显示状态，表数据被按照主键字段自然排序显示。

L2XDXJ97DSRM038.Sale - dbo.sales*　SQLQuery14.sql -...

```
USE sale
SELECT * FROM sales
```

100 %　结果　消息

	productID	productName	saleAmout	saleMonth
1	3	电冰箱	2943	1
2	5	电视机	2500	1
3	9	热水器	2901	1
4	12	微波炉	3290	1
5	15	吸尘器	3201	1
6	16	洗衣机	1500	1
7	17	洗衣机	1501	2
8	13	吸尘器	1201	2
9	8	热水器	2401	2
10	11	微波炉	3230	2
11	6	电视机	2510	2
12	2	电冰箱	2913	2
13	1	电冰箱	1943	3
14	4	电视机	1502	3
15	7	热水器	1901	3
16	10	微波炉	1290	3
17	14	吸尘器	2201	3
18	18	洗衣机	1540	3

(a) 未设置主键之前的排序

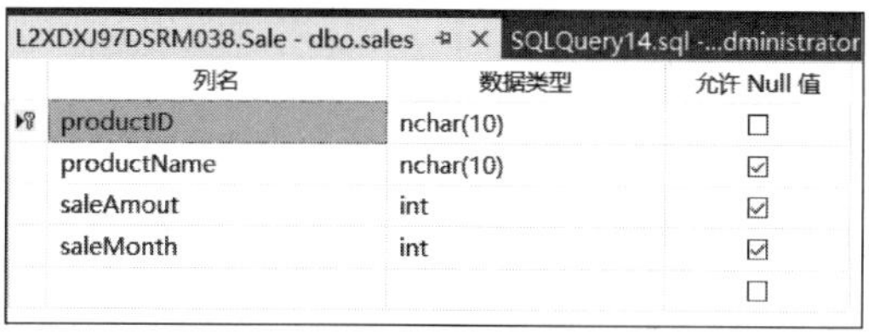

L2XDXJ97DSRM038.Sale - dbo.sales　SQLQuery14.sql -...dministrator

列名	数据类型	允许 Null 值
productID	nchar(10)	☐
productName	nchar(10)	☑
saleAmout	int	☑
saleMonth	int	☑
		☐

(b) 设置主键

SQLQuery14.sql -...dministrator (62))*

```
USE sale
SELECT * FROM sales
```

100 %　结果　消息

	productID	productName	saleAmout	saleMonth
1	1	电冰箱	1943	3
2	10	微波炉	1290	3
3	11	微波炉	3230	2
4	12	微波炉	3290	1
5	13	吸尘器	1201	2
6	14	吸尘器	2201	3
7	15	吸尘器	3201	1
8	16	洗衣机	1500	1
9	17	洗衣机	1501	2
10	18	洗衣机	1540	3
11	2	电冰箱	2913	2
12	3	电冰箱	2943	1
13	4	电视机	1502	3
14	5	电视机	2500	1
15	6	电视机	2510	2
16	7	热水器	1901	3
17	8	热水器	2401	2
18	9	热水器	2901	1

(c) 设置主键后的排序

图 9.2　显示 sales 表

9.2.2 非聚集索引

非聚集 NonClustered(索引)具有完全独立于数据行的结构,指定表的逻辑顺序。数据存储在一个位置,索引存储在另一个位置,索引中包含指向数据存储位置的指针。它可以有多个,但不能超过 249 个。例如到图书馆按照图书的名称搜索,可以在图书名称上创建一个非聚集索引。图书名称卡片记录图书的名称和在书架上的位置,图书名称卡片以图书名称为序存放,但是书架上的书是按照作者的名字为序存放。当按照书名进行查找时,使用图书名称卡片能直接找到该书的位置。图 9.3 所示为不使用非聚集索引和使用建立在 productName 上的非聚集索引来显示数据库 sale 中 sales 表数据信息的对比图。

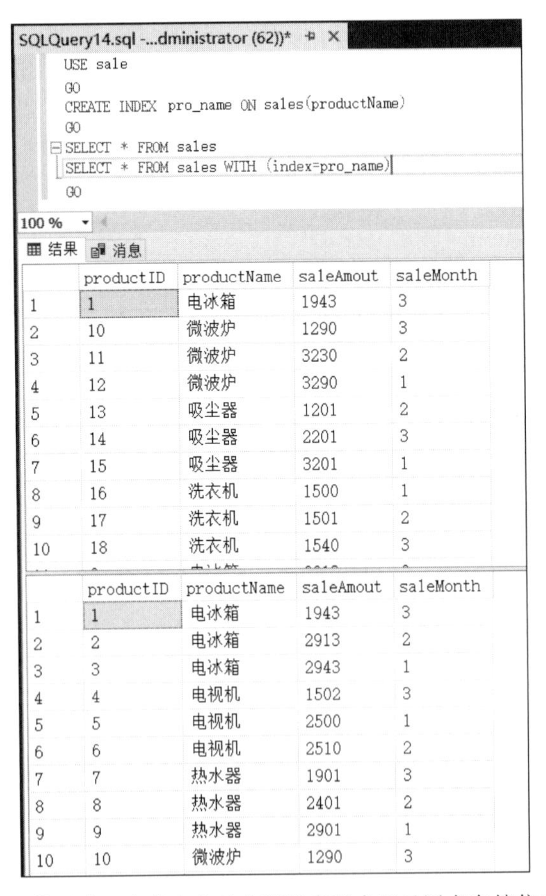

SQLQuery14.sql -...dministrator (62))*

```
USE sale
GO
CREATE INDEX pro_name ON sales(productName)
GO
SELECT * FROM sales
SELECT * FROM sales WITH (index=pro_name)
GO
```

100 %

结果 消息

	productID	productName	saleAmout	saleMonth
1	1	电冰箱	1943	3
2	10	微波炉	1290	3
3	11	微波炉	3230	2
4	12	微波炉	3290	1
5	13	吸尘器	1201	2
6	14	吸尘器	2201	3
7	15	吸尘器	3201	1
8	16	洗衣机	1500	1
9	17	洗衣机	1501	2
10	18	洗衣机	1540	3

	productID	productName	saleAmout	saleMonth
1	1	电冰箱	1943	3
2	2	电冰箱	2913	2
3	3	电冰箱	2943	1
4	4	电视机	1502	3
5	5	电视机	2500	1
6	6	电视机	2510	2
7	7	热水器	1901	3
8	8	热水器	2401	2
9	9	热水器	2901	1
10	10	微波炉	1290	3

图 9.3 是否使用建立在书名上的非聚集索引来显示图书存储信息的对比图

9.2.3 聚集索引与非聚集索引

在聚集索引中,表中各行的物理顺序与键值的逻辑(索引)顺序相同。表只能包含一个聚集索引。例如汉语字(词)典默认按拼音排序编排字典中每页的页码。拼音字母 a、b、c、d、…、x、y、z 就是索引的逻辑顺序,而页码 1、2、3、…就是物理顺序。默认按拼音排序的字典,其索引顺序和逻辑顺序是一致的,即拼音字母顺序排在较后的字(词)对应的页码也较大。例如拼音“ha”对应的字(词)的页码就比拼音“ba”对应的字(词)的页码大(靠后)。

如果不是聚集索引，表中各行的物理顺序与键值的逻辑顺序不匹配。聚集索引比非聚集索引(NonClustered Index)有更快的数据访问速度。例如，按笔画排序的索引就是非聚集索引，“1”画的字(词)对应的页码可能比“3”画的字(词)对应的页码大(靠后)。

在 SQL Server 中，一个表只能创建一个聚集索引，可以创建多个非聚集索引。

聚集索引改变数据的物理排序方式，使得数据行的物理顺序与索引键值的物理存储顺序一致。注意，要在创建非聚集索引前创建聚集索引。

聚集索引页的大小根据被索引列的情况有所不同，平均大小占表的 5%。

非聚集索引页的大小可由用户在创建时指定。

9.3 创建索引

创建索引有使用索引设计器和使用 SQL 语句两种方法。

9.3.1 使用索引设计器创建索引

使用索引设计器创建索引，具体见例 9.1。

【例 9.1】 在数据库 jsj2019 中，为帮助用户快速查询成绩，在 scores 表的 score 列上创建非聚集索引。

答：在 SSMS 中展开 jsj2019 数据库的 scores 表，右击“索引”，选择“新建索引”→“非聚集索引”命令，如图 9.4 所示。

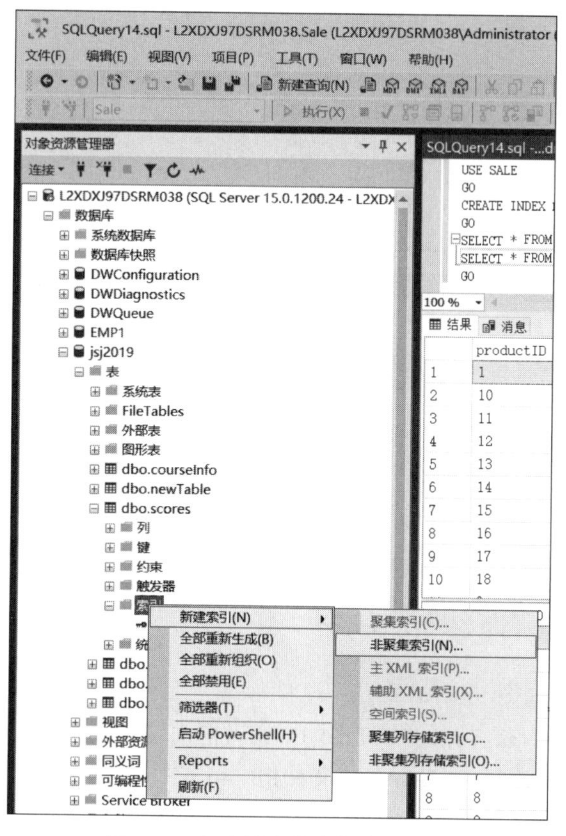

图 9.4 启动创建非聚集索引任务

打开“新建索引”窗口，在左侧选择“常规”选择页，在右侧单击“添加”按钮，如图 9.5 所示。

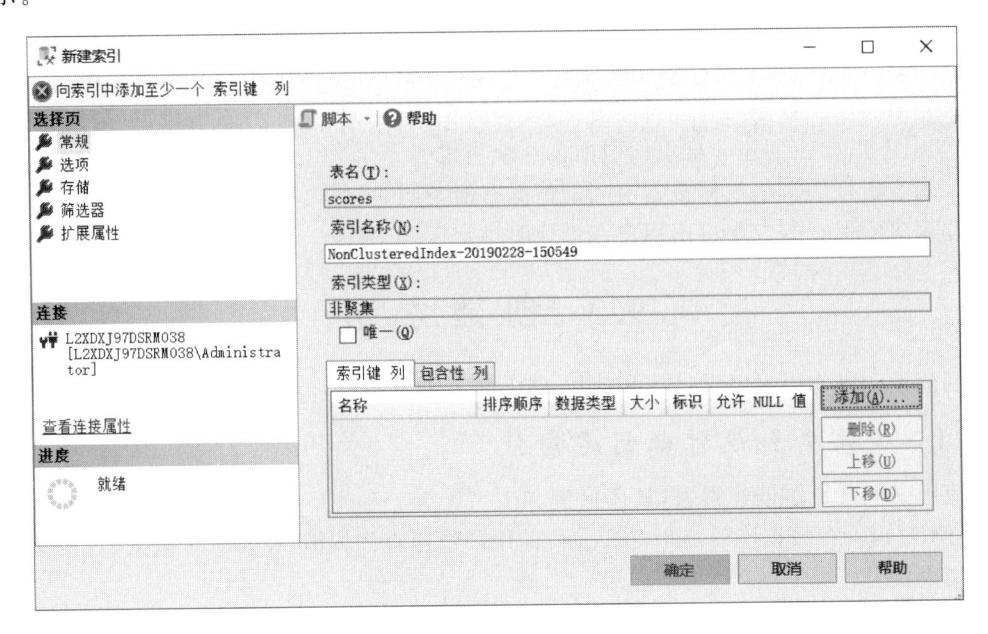

图 9.5　在“常规”选择页中添加索引列

弹出选择列窗口，选择 score，如图 9.6 所示。

从“dbo.scores”中选择列

就绪

选择要添加到索引中的表列:

	名称	数据类型	大小	标识	允许 NULL 值
☐	stuNo	varchar(10)	10	否	否
☐	cNo	varchar(4)	4	否	否
☑	score	int	4	否	是

确定　取消　帮助

图 9.6　选择 score 列

单击“确定”按钮，如图 9.7 所示。

选择“选项”选择页，在右侧的“填充因子”编辑框内输入 30，如图 9.8 所示。

在“存储”选择页中选择 PRIMARY 文件组，如图 9.9 所示。

单击“确定”按钮，索引创建完毕，之后查看创建结果，如图 9.10 所示。

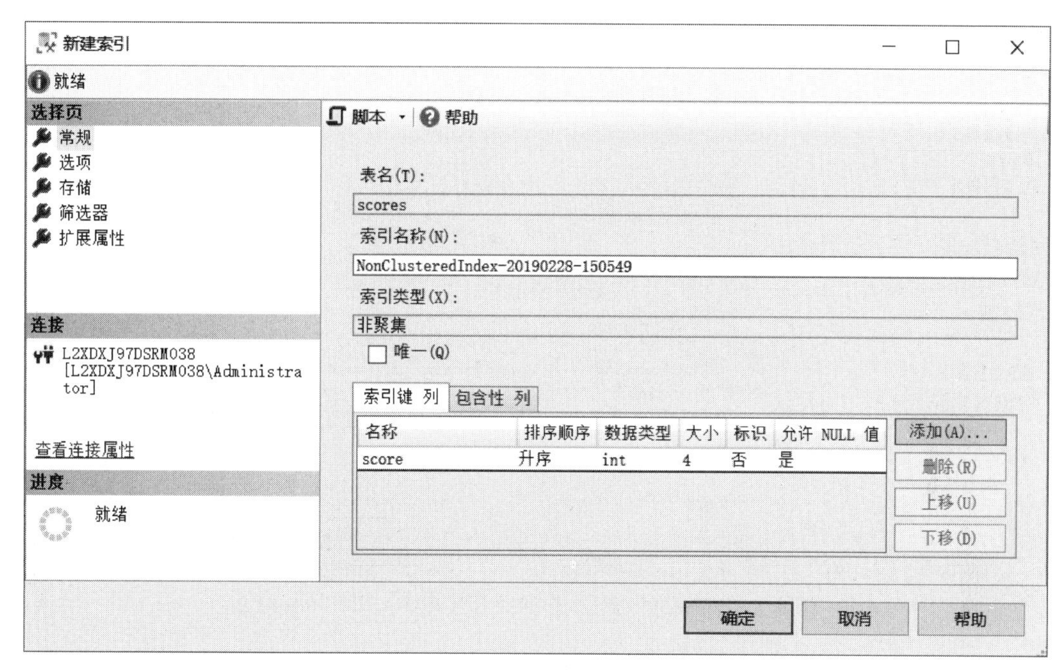

图 9.7　选择列后

图 9.8　输入填充因子

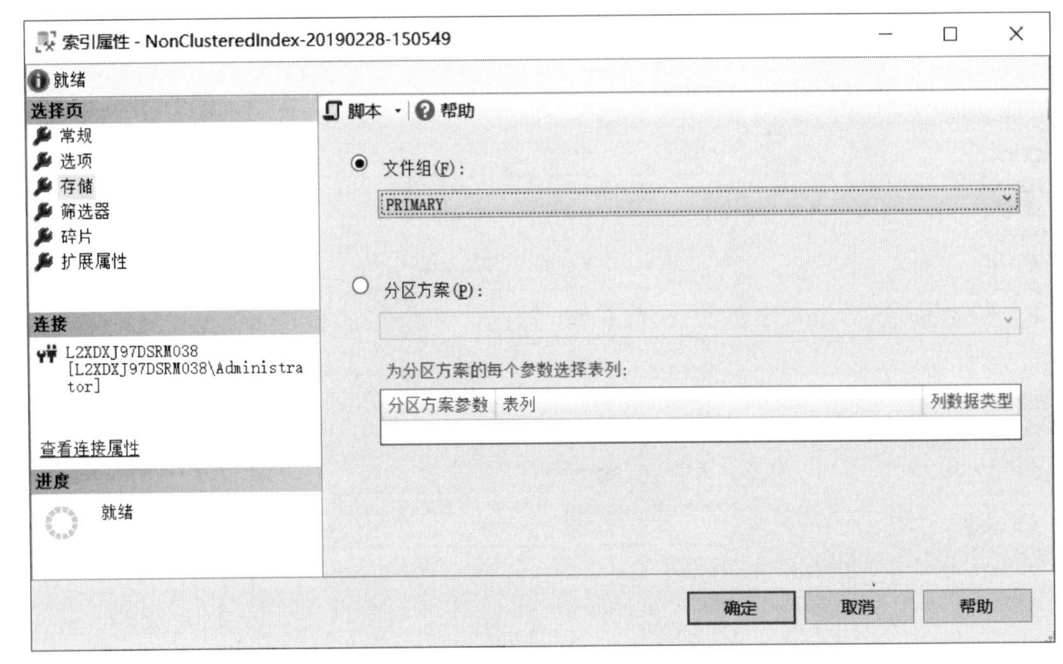

图 9.9 在"存储"选择页中选择 PRIMARY 文件组存储

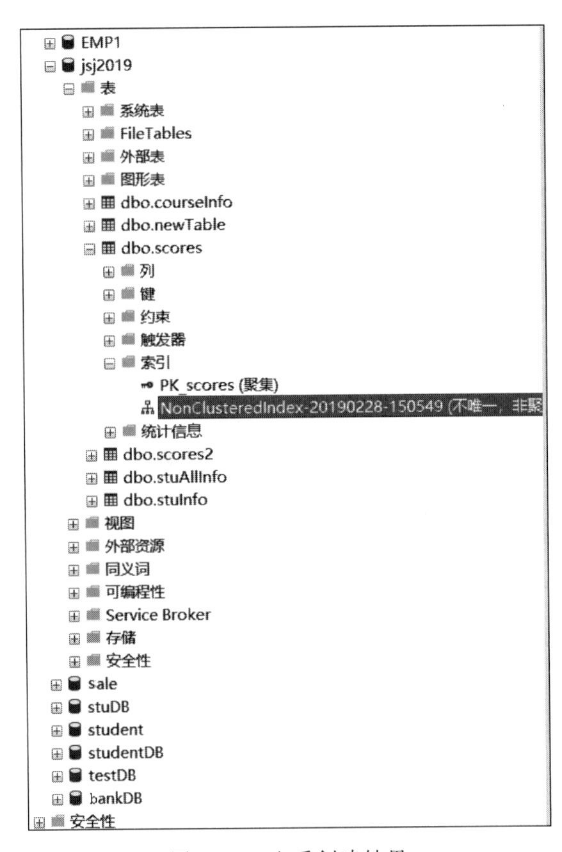

图 9.10 查看创建结果

9.3.2 使用SQL语句创建索引

使用 T-SQL 语句创建索引的语法如下：

```
CREATE [UNIQUE] [CLUSTERED|NONCLUSTERED]
    INDEX index_name
     ON table_name (column_name…)
      [WITH FILLFACTOR = x]
```

其中，UNIQUE 表示唯一索引，可选；CLUSTERED|NONCLUSTERED 表示聚集索引还是非聚集索引，可选，默认为 NONCLUSTERED 类型的索引；FILLFACTOR 表示填充因子，指定一个 0～100 的值，该值指示索引页填满的空间所占的百分比。

【例 9.2】 在数据库 jsj2019 中表 courseInfo(cNo，cName)的 cName 列上创建唯一索引。

答：

```
CREATE UNIQUE INDEX IX_cName
  ON courseInfo(cName)
```

【例 9.3】 在数据库 jsj2019 中表 stuInfo 的 stuNo 和 stuSeat 两列上创建组合索引。

答：

```
CREATE NONCLUSTERED INDEX IX_BT
  ON stuInfo(stuNo,stuSeat)
```

【例 9.4】 在成绩表 scores(stuNo，cNo，score)上创建非聚集索引，用来快速按成绩查询信息。

答：

```
CREATE NOCLUSTERED INDEX IX_score
  ON scores(score)
```

9.4 如何应用索引

9.4.1 使用索引

使用索引的格式如下：

```
SELECT [列名序列] FROM 表名 WITH (INDEX = 索引名)
    WHERE 条件
```

在 SQL Server 2019 中，索引的信息存储在每个数据库的系统视图 sys.indexes 中。

删除索引的语法如下：

```
DROP INDEX 索引名
```

【例 9.5】 创建加速查询笔试成绩的索引。在数据库 studentDB 中表 stuMarks 的

writtenExam 列创建非聚集索引。

数据表为 stuMarks(stuNo,examNo,writtenExam,labExam)。

答：

```
USE studentDB
GO
IF EXISTS (SELECT name FROM sysindexes
          WHERE name = 'IX_writtenExam')
  DROP INDEX stuMarks.IX_writtenExam                --删除索引
/* --笔试列创建非聚集索引,填充因子为 30% -- */
CREATE NONCLUSTERED INDEX IX_writtenExam
    ON stuMarks(writtenExam)
     WITH FILLFACTOR = 30
GO
/* -----指定按索引 IX_writtenExam 查询---- */
SELECT * FROM stuMarks WITH (INDEX = IX_writtenExam)
   WHERE writtenExam BETWEEN 60 AND 90
```

注意：索引信息在系统视图 sys.indexes 中可以查询到，SQL Server 将会根据用户创建的索引自动优化查询。

该例的执行结果如图 9.11 所示。

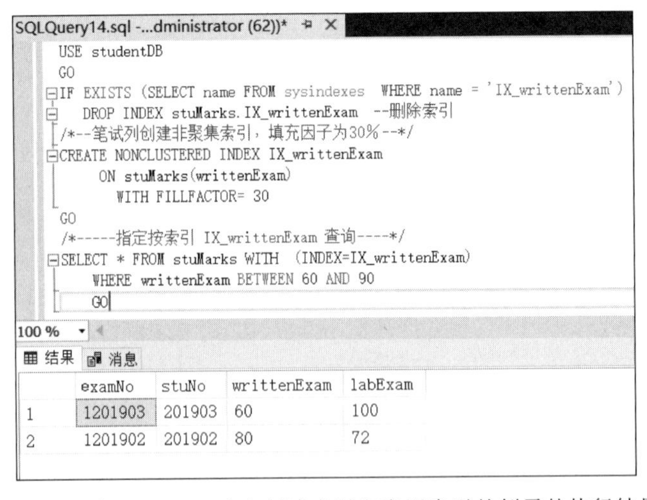

图 9.11 在 stuMarks 表上创建索引和应用索引的例子的执行结果

9.4.2 创建和使用索引的原则

索引的优点是能够加快访问速度和加强行的唯一性。

但是索引也有缺点，带索引的表在数据库中需要更多的存储空间，而且操作数据的命令需要更长的处理时间，因为它们需要对索引进行更新。

因此，是否使用索引要遵守以下原则。

(1) 选择建立索引的列的标准：

① 该列用于频繁搜索。

② 该列用于对数据进行排序。

(2) 不要使用下面的列创建索引：

① 列中仅包含几个不同的值。

② 表中仅包含几行。为小型表创建索引可能不太划算，因为 SQL Server 在索引中搜索数据所花的时间比在表中逐行搜索所花的时间更长。

小　　结

索引是为了方便快速查询而创建的。

索引分唯一索引、主键索引、聚集(Clustered)索引和非聚集(NonClustered)索引。

索引存在于表中，是表的一个组成对象。索引页占表的百分比一般在 30%以内。

用户可以使用索引设计器创建索引，也可以使用 SQL 语句直接创建索引。

只有在表的记录数足够多的时候才有必要为它创建索引。

索引要创建在能够排序、频繁被查询和包含的字段值丰富的字段上。

课　后　题

1. 某表数据较多，为了加快对表的访问速度，应对此表建立(　　)。

　A. 约束　　B. 存储过程　　C. 规则　　D. 索引

2. 在(　　)的列上更适合创建索引。

　A. 需要对数据进行排序　　B. 具有默认值

　C. 频繁更改　　D. 频繁搜索

3. 以下说法正确的是(　　)。

　A. 为表创建索引，可以提高表的查询速度

　B. 不是所有表都适合创建索引

　C. 创建索引会增加表的存储空间

　D. 在创建主键后，表自动添加了主键索引

上　机　题

在数据库 student 中有表 stuInfo(stuNo, stuName)、course(cNo, cName)、scores(stuNo,cNo,score)。由于学生成绩数据太多，为提高查询的速度，请为成绩表(scores)创建索引，并使用该索引进行成绩查询。

第10章 视　图

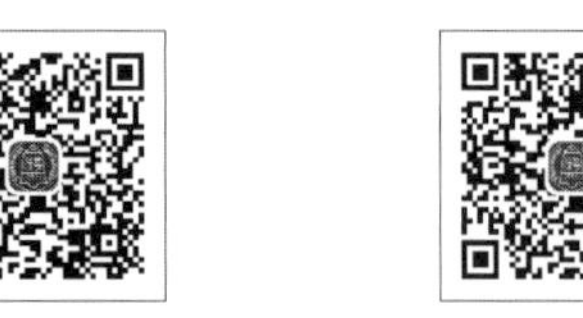

重点难点解析

典题例题

知识结构图

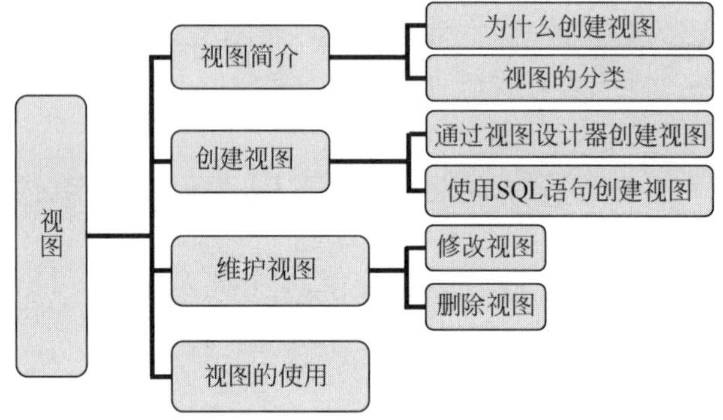

学习目标

了解视图的概念

熟练使用视图

导入案例

数据库模式分为内模式(物理模式)、模式(数据库架构)和外模式(子模式),其中外模式还可以称为视图,主要是指按照用户的需要创建的数据库对象,用户可以通过视图方便地对数据库中的数据进行维护。本章将形象地阐述视图的重要意义,以及视图的创建、维护方法和使用。

10.1 视图简介

视图是一张虚拟表,它表示一张表的部分数据或多张表的综合数据,其结构和数据建立在对表的查询的基础上。视图中并不存放数据,而是存放在视图所引用的原始表(基表)中。同一张原始表,根据不同用户的不同需求可以创建不同的视图。

10.1.1 为什么创建视图

了解了视图的概念,下面了解一下视图有哪些作用。视图可以:

(1) 筛选表中的行；

(2) 防止未经许可的用户访问敏感数据；

(3) 降低数据库的复杂程度；

(4) 将多个物理数据库抽象为一个逻辑数据库。

对于同一个员工信息表的数据，因为公司保密原因，可能要求不同权限的人员看到不同的员工信息。例如，财务人员只能查看员工的姓名、工资、奖金等；技术部经理只能查看员工的姓名、职称、技能等；人事部经理只能查看员工的姓名、工作经历、发展方向等；总经理当然可以全部查看了。那么如何更加安全、直观地显示数据结果呢？在 SQL Server 中允许用户创建视图，在同一原始数据表的基础上为不同的用户选择不同的列，从而达到不同用户的需求。

使用视图可以给用户和开发人员带来很多好处，具体如下。

(1) 对最终用户的好处。

① 结果更容易理解。在创建视图时，可以将列名改为有意义的名称，使用户更容易理解列所代表的内容。在视图中修改列名不会影响基表的列名。

② 获得数据更容易。很多人对 SQL 不太了解，因此对他们来说创建对多个表的复杂查询很困难。此时可以通过创建视图来方便用户访问多个表中的数据。

(2) 对开发人员的好处。

① 限制数据检索更容易。开发人员有时需要隐藏某些行或列中的信息。通过使用视图，用户可以灵活地访问他们需要的数据，同时保证同一个表或其他表中的数据的安全性。如果要实现这一目标，可以在创建视图时将要对用户保密的列排除在外。

② 维护应用程序更方便。调试视图比调试查询更容易，跟踪视图中过程的各个步骤中的错误更容易，这是因为所有的步骤都是视图的组成部分。

10.1.2 视图的分类

视图有系统视图和用户视图之分。系统视图的架构和数据完全由 SQL Server 2019 服务自动配给，用户只需享受它们提供的服务即可。SQL Server 2019 的数据字典不再使用系统数据库 master 中的系统表，而主要采用每个数据库中的系统视图。以“INFORMATION_”为前缀命名的系统视图提供本数据库的所有数据字典信息，以“sys”为前缀命名的系统视图提供本服务的所有数据字典信息。SQL Server 2019 的这一改变更加方便了数据库用户的多数据库操作。下面介绍一些主要的系统视图。

- INFORMATION_SCHEMA.CHECK_CONSTRAINTS：用户数据库内的 CHECK 约束。
- INFORMATION_SCHEMA.COLUMNS：用户数据库内的所有表和视图的列。
- INFORMATION_SCHEMA.TABLES：用户数据库内的所有表。
- INFORMATION_SCHEMA.VIEWS：用户数据库内的所有视图。
- INFORMATION_SCHEMA.CONSTRAINT_COLUMN_USAGE：用户数据库内的所有键。
- sys.columns：SQL Server 2019 服务中所有的列。
- sys.databases：SQL Server 2019 服务中所有的数据库。

- sys. default_constraints：SQL Server 2019 服务中所有的默认约束。
- sys. object：SQL Server 2019 服务中所有的对象信息。

用户视图是用户根据具体的数据管理需要而创建的，视图的架构完全由用户决定。

10.2 创建视图

创建视图有两种方式，一种是在 SSMS 中通过视图设计器来创建，另外一种是使用 SQL 语句创建。

10.2.1 通过视图设计器创建视图

打开相应数据库，右击“视图”，然后选择“新建视图”命令，编辑视图，具体见例 10.1。

【例 10.1】 在数据库 jsj2019 中创建视图 View_stuforFessTea，以方便专业课教师管理学生信息。

答：专业课教师需要的学生数据主要有学生学号、姓名、课程和总分，这些字段分布在 stuInfo、courseInfo 和 scores 3 个表中，所以要从这 3 个表中抽取视图字段。具体操作如下：

在数据库 jsj2019 中右击“视图”，选择“新建视图”命令，如图 10.1 所示。

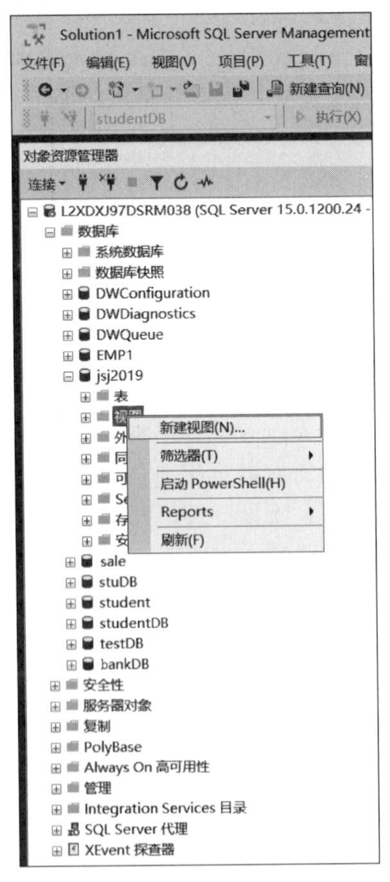

图 10.1 启动新建视图任务

启动新建视图任务后会弹出“添加表”对话框，帮助用户直接从视图的各数据来源对象中选择数据，如图 10.2 所示。

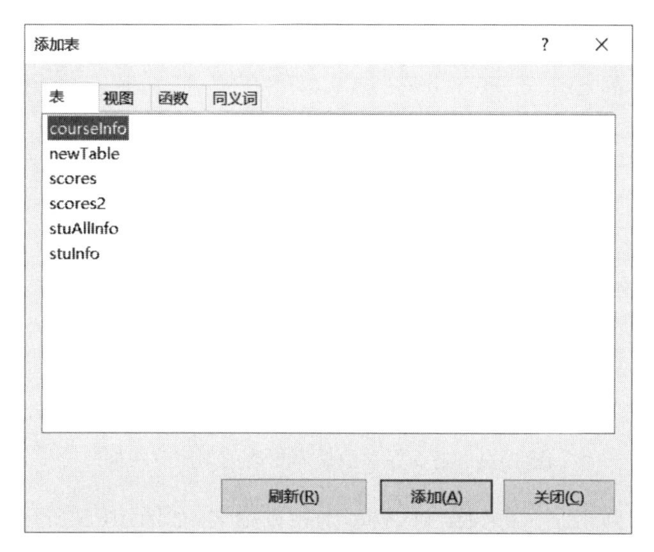

图 10.2 “添加表”对话框

在“添加表”对话框中选中视图所需字段涉及的表。单击“添加”按钮，弹出视图设计器。在上方的图表部分直接使用鼠标选择各表中的字段，随即下方的 SQL 代码部分会自动地写出相应的操作，如图 10.3 所示。当然，用户也可以在下方直接写出创建视图的 SQL 语句，具体见使用 SQL 语句创建视图部分。

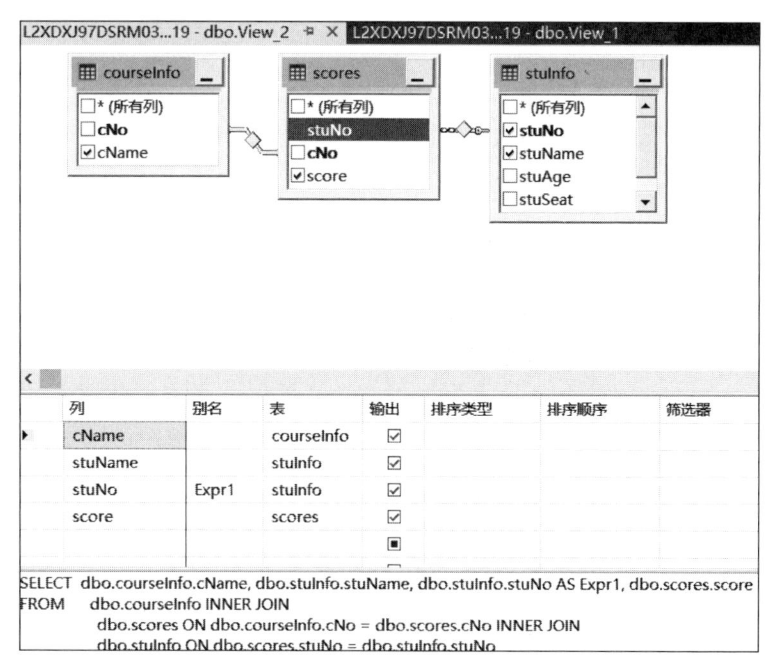

图 10.3 视图设计器

之后视图架构搭建完毕，单击“关闭”按钮，弹出询问对话框，如图 10.4 所示。

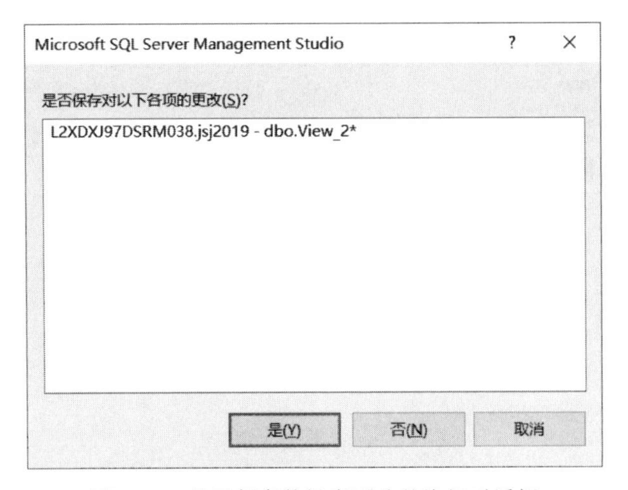

图 10.4　是否保存数据库更改的询问对话框

单击“是”按钮，弹出“选择名称”对话框，为视图命名，如图 10.5 所示。

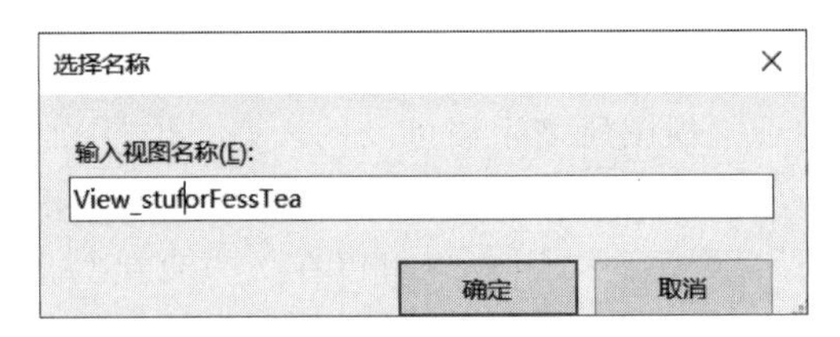

图 10.5　“选择名称”对话框

创建的视图效果见图 10.6。

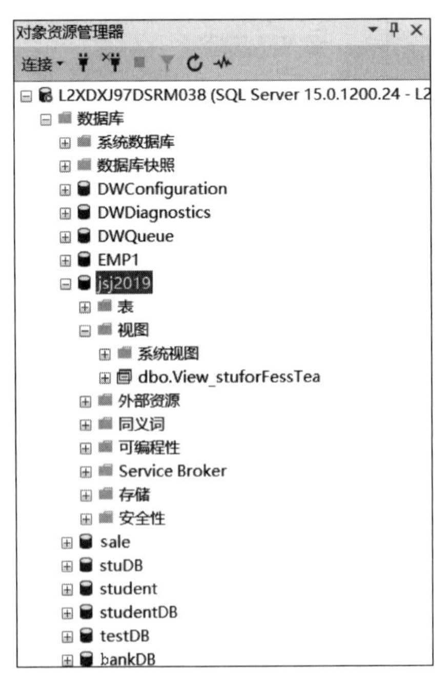

图 10.6　创建视图完毕

10.2.2 使用SQL语句创建视图

用户还可以使用T-SQL语句创建视图，具体语法如下：

```
CREATE VIEW view_name
  AS
   < SELECT 语句>
```

【例10.2】 学期结束了，班主任需要了解总分排在前5名的学生的情况，包括学号、姓名、总分，在数据库jsj2019中创建视图。

答：创建总分排行表(学号、姓名、总分)。

```
USE jsj2019
-- 查询是否存在同名视图
IF EXISTS(SELECT * FROM sys.objects WHERE name = 'view_总分排行表')
   DROP VIEW view_总分排行表          -- 删除视图
GO
CREATE VIEW [view_总分排行表]
  AS
SELECT TOP 5 学号 = stuInfo.stuNo, 姓名 = stuName,总分 = SUM(score)
FROM stuInfo LEFT JOIN scores ON stuInfo.stuNo = scores.stuNo
GROUP BY stuInfo.stuNo,stuName
ORDER BY 总分 DESC
GO
SELECT * FROM view_总分排行表
```

该例的执行结果如图10.7所示。

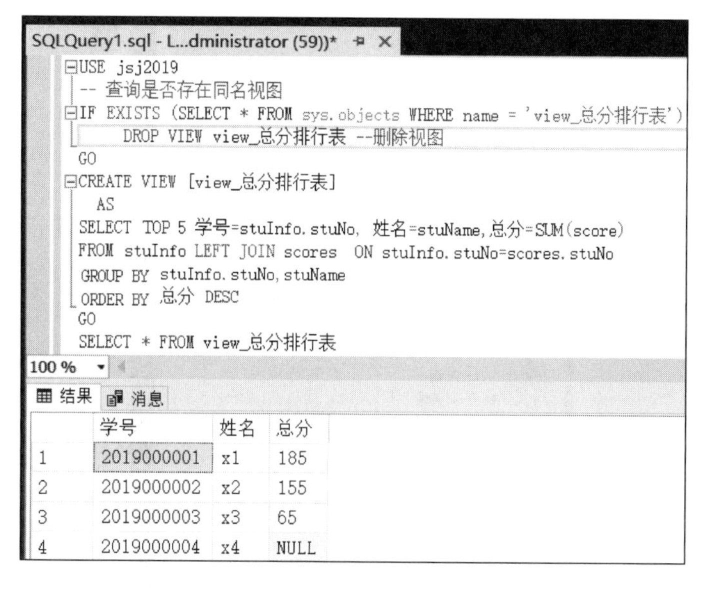

图10.7 使用SQL语句创建视图

注意：ORDER BY不允许单独使用在视图中，除非配合TOP、OFFSET或FOR XML。

10.3 维护视图

维护视图的操作主要有修改视图和删除视图，操作分为在 SSMS 中使用视图设计器（或对象资源管理器）和使用 SQL 语句两种方式。

10.3.1 修改视图

修改视图有使用视图设计器和使用 SQL 语句两种方式。

1. 使用视图设计器修改视图

启动视图设计器，在视图编辑页修改字段和条件即可。具体见例 10.3。

【例 10.3】 在数据库 jsj2019 中修改视图 View_stuforFessTea，使其能够为专业课教师显示及格学生的信息。

答：选中数据库 jsj2019，右击"视图"下的 dbo. View_stuforFessTea，然后选择"设计"命令，启动视图设计器，如图 10.8 所示。

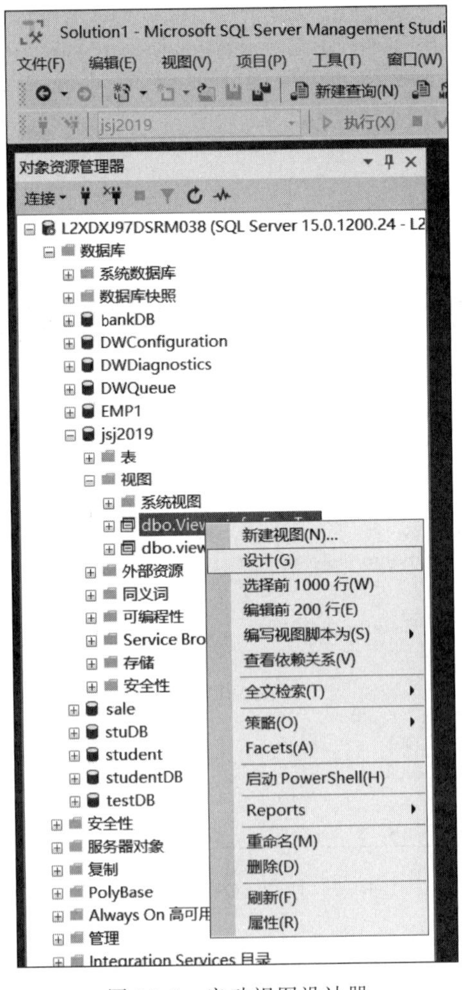

图 10.8 启动视图设计器

启动视图设计器后，在视图设计器中部的所选列表中直接在 score 行选中“筛选器”字段，并加上筛选条件“>=60”，下部的 SQL 代码处会自动出现条件代码。当然，如果直接修改下面的 SQL 代码，中部的所选列表也会相应修改。具体如图 10.9 所示。

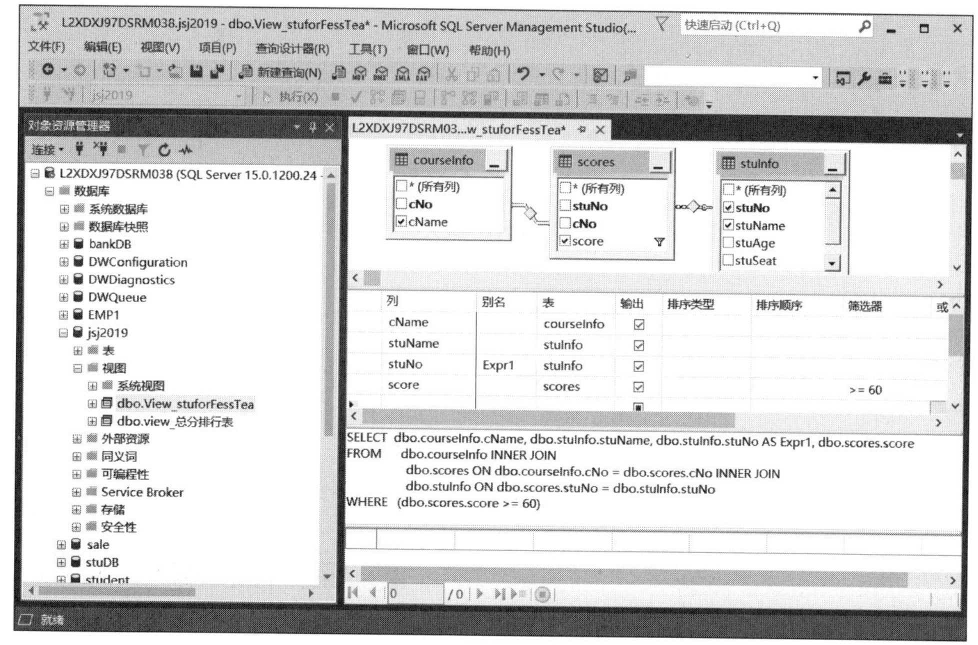

图 10.9　修改视图

单击视图设计器中的“关闭”按钮，弹出询问保存修改的对话框，如图 10.10 所示。

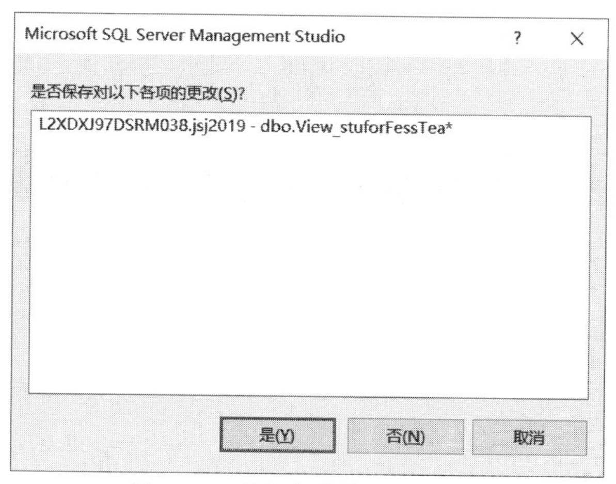

图 10.10　询问保存修改的对话框

单击“是”按钮，视图修改完毕。

2. 使用 SQL 语句修改视图

用户可以直接使用 SQL 语句进行视图的修改，语法如下：

```
ALTER VIEW 视图名[列名]
AS
  SELECT…
```

具体见例 10.4。

【例 10.4】 使用 SQL 语句实现：在数据库 jsj2019 中修改视图 View_stuforFessTea，使其能够为专业课教师显示成绩高于或等于 75 分的学生的信息。

答：

```
USE jsj2019
GO
ALTER VIEW View_stuforFessTea
AS
SELECT stuInfo.stuNo,stuName,courseInfo.cNo,cName,score FROM stuInfo
 INNER JOIN scores ON stuInfo.stuNo = scores.stuNo
 INNER JOIN courseInfo ON scores.cNo  = courseInfo.cNo
 WHERE score > = 75
GO
SELECT  *  FROM View_stuforFessTea
```

该例的执行结果如图 10.11 所示。

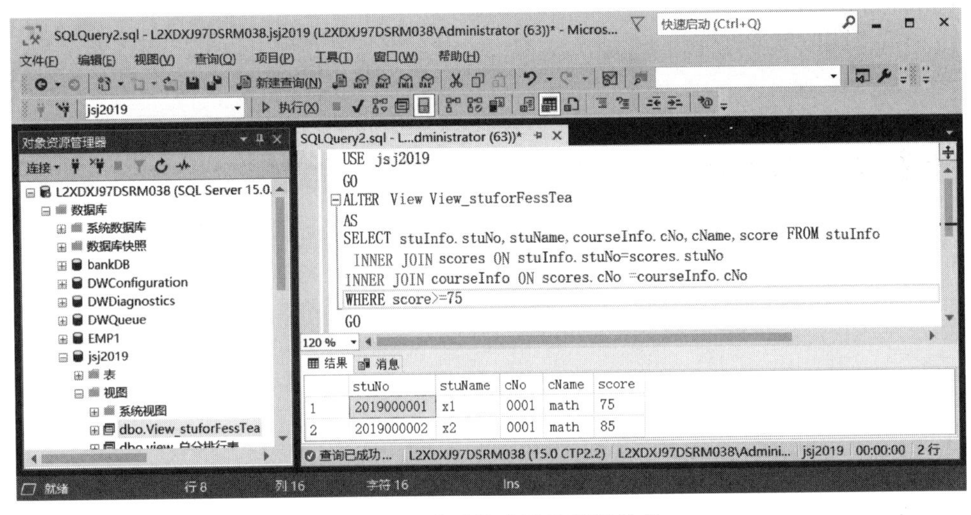

图 10.11 查看修改后的视图数据

10.3.2 删除视图

删除视图的操作有在 SSMS 的对象资源管理器中直接启动删除任务和使用 SQL 语句两种方式。

1. 在 SSMS 的对象资源管理器中启动删除任务

操作方法是展开"数据库"下的"视图"，右击要被删除的视图，然后选择"删除"命令。具体操作见图 10.12(a)。

在图 10.12(b)中单击"确定"按钮，等待几秒后，视图就被删除了。

2. 使用 SQL 语句删除视图

其语法如下：

```
DROP VIEW  视图名
```

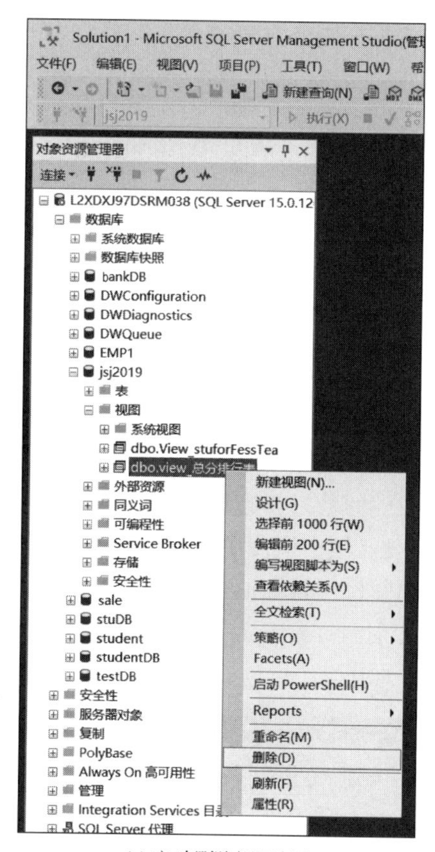

(a) 启动删除视图任务

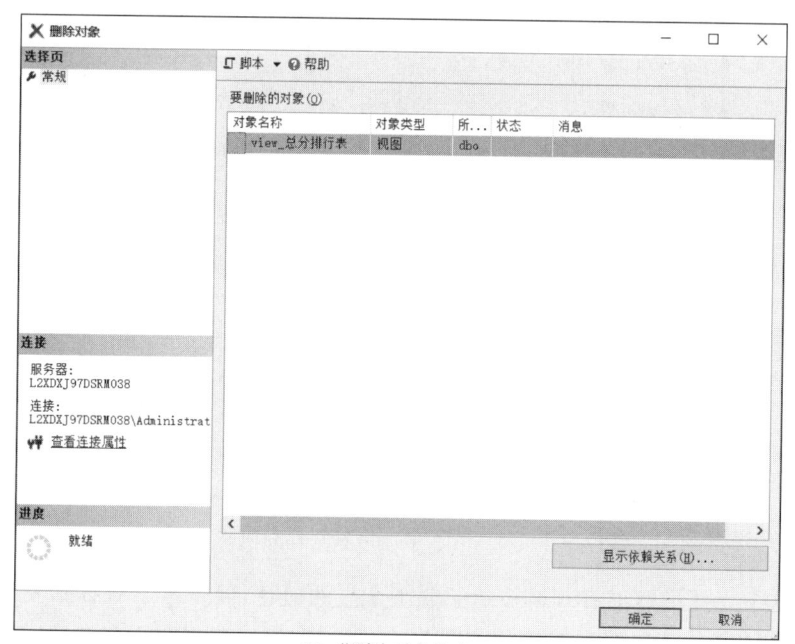

(b) “删除对象”窗口

图 10.12 删除视图

在新建视图前，一般要先检查是否有同名视图，若有，则删掉。采用的 SQL 语句模式为：

```
-- 查询是否存在同名视图
IF EXISTS(SELECT * FROM sys.objects WHERE name = 'view_总分排行表') DROP VIEW view_总分排行表 --删除视图
```

注意：从一个或者多个表或视图中导出的虚拟表，其结构和数据是建立在对表的查询基础上的。

10.4 视图的使用

使用视图可以帮助用户方便地管理数据，它可以像普通的物理表一样使用，例如进行增、删、改、查等操作，修改视图中的数据实际上是修改原始数据表。因为修改视图有许多限制，所以在实际开发中视图一般仅做查询使用。

下面通过一个综合案例说明使用视图的优越性，具体见例 10.5。

【例 10.5】 企业员工信息管理系统最常用的就是查看员工个人信息，图 10.13 是某单位显示员工个人信息的管理界面图。

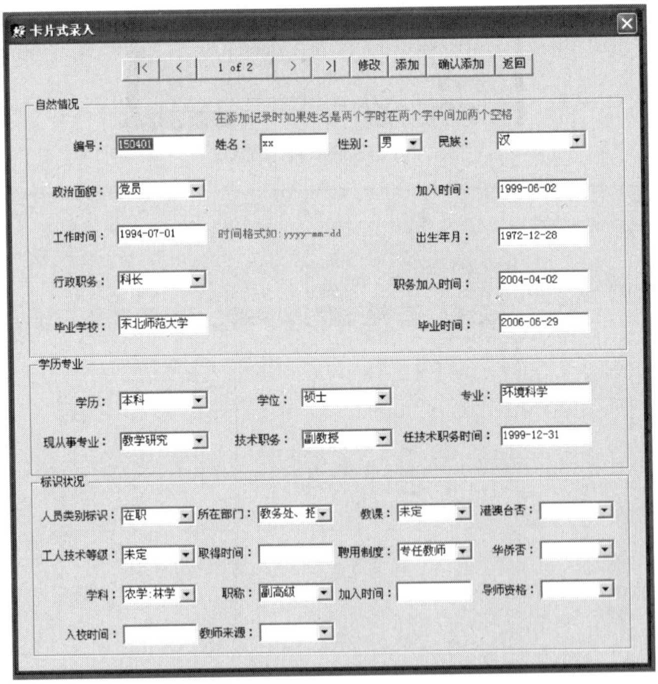

图 10.13　员工个人信息管理界面图

分析：这个界面虽然很有效地显示了职工个人的信息，但是出于对数据安全的考虑，设计者使用了范式来约束数据表的设计。因此，这张图中的信息来源于多个表，这些表包括各个参数表，例如民族表、政治面貌表、职称表、进修表等。当然，最主要的信息来源于职工基本信息表。

在职工基本信息表中涉及参数表中的信息，例如民族，都是使用的编号。出于对程序界面友好的考虑，为用户显示信息，当然不能显示民族编号了。所以，考虑用多表连接查询，而且这是一个十分烦琐的多表连接查询。

经过分析，涉及的表如表10.1所示。由于表字段和表名是采用汉语拼音和缩写的方法标识的，见名知意，所以直接给出表的关系模式结构。在后面的章节中将详细介绍。

表10.1　涉及的表

表	作　用
JiBenInfo（ID，Name，Sex，MinZuID，Birthday，WorkTime，ZZMianMaoID，ZTime，XingZhengZhiWuID，XTime，JiShuDengJiID，JTime，XueLiID，BiYe，BTime，XueXiZhuanYe，CongShiZhuanYe，BuMenID，XueWeiID，JiShuZhiWuID，JZTime，HuaQiao，GAT，TeachCourse，PinYongZhiWuID，BiaoShiID，Course，ZhiChengID，DaoShi，DiaoRuTime，LeiXing，ZhiChengTime，ShiFouPeiXun，PeiXunTime）	职工基本信息
BuMenCode（ID，BuMenName，BuMenCode）	院系各部门编号
JiShuZhiWu（ID，Name）	技术职务信息
XingZhengZhiWu（ID，stuNo）	行政职务信息
PeiXunJinXiuDengJiBiao（BianHao，JinXiuName，JinXiuZhuangTai，XueXiFangShi，JinXiuYuanXiaoZ，XueXiDateStart，XueXiDateEnd）	培训信息
ZhiCheng（ID，Name）	职称信息
RenYuanLeiBie（ID，RenYuanLeiBie）	人员类别信息
ZZMianMao（ID，ZZName）	政治面貌信息
Manage（ID，MName，PassWord，Level）	管理员相关信息
XueWei（ID，Name）	学位类型
XueLi（ID，Name）	学历类型
XueKe（ID，Name）	学科类型

要如图10.13所示显示信息，至少要做一个多表连接查询，将相关数据提取到数据集中，再使用数据绑定技术，将数据集中的各字段数据显示在界面上。

查询语句如下：

```
SELECT JiBenInfo.[No] AS 编号, JiBenInfo.Name AS 姓名,
        JiBenInfo.Sex AS 性别, JiBenInfo.Birthday AS 出生年月,
        MinZu.MinZu AS 民族, XueLi.Name AS 学历, XueWei.Name AS 学位,
        JiBenInfo.BiYe AS 毕业学校, JiBenInfo.BTime AS 毕业时间,
        JiBenInfo.XueXiZhuanYe AS 学习专业,
        ZhengZhiMianMao.ZZName AS 政治面貌, JiBenInfo.ZTime AS 加入时间,
        JiBenInfo.WorkTime AS 工作时间, JiShuZhiWu.Name AS 技术职务,
        JiBenInfo.JZTime AS 技术职务取得时间, JiShuDengJi.Name AS 技术等级,
        JiBenInfo.JTime AS 技术等级取得时间,
        XingZhengZhiWu.Name AS 行政职务,
        JiBenInfo.XTime AS 行政职务取得时间, JiBenInfo.Course AS 授课,
        BuMenCode.BuMenName AS 部门, GeLeiPeople.Name AS 聘用制度,
        BiaoShi.Name AS 人员标识, JiBenInfo.HuaQiao AS 华侨否,
        JiBenInfo.GAT AS 港澳台否, JiBenInfo.ID, XueKe.Name AS 从事学科,
        ZhiCheng.Name AS 职称, JiBenInfo.DaoShi AS 导师,
```

```
        JiBenInfo.DiaoRuTime AS 调入本校时间, JiBenInfo.LeiXing AS 教师来源,
        JiBenInfo.ZhiChengTime AS 获得职称时间,
        BuMenCode2.BuMenName2 AS 从事专业,
        JiBenInfo.ShiFouPeiXun AS 是否培训,
        JiBenInfo.PeiXunTime AS 培训时间
FROM BuMenCode INNER JOIN
        JiBenInfo ON BuMenCode.ID = JiBenInfo.BuMenID INNER JOIN
        BuMenCode2 ON
        JiBenInfo.CongShiZhuanYe = BuMenCode2.ID2 INNER JOIN
        ZhengZhiMianMao ON
        JiBenInfo.ZZMianMaoID = ZhengZhiMianMao.ID INNER JOIN
        XueKe ON JiBenInfo.TeachCourse = XueKe.ID INNER JOIN
        MinZu ON JiBenInfo.MinZuID = MinZu.ID INNER JOIN
        ZhiCheng ON JiBenInfo.ZhiChengID = ZhiCheng.ID INNER JOIN
        JiShuDengJi ON JiBenInfo.JiShuDengJiID = JiShuDengJi.ID INNER JOIN
        JiShuZhiWu ON JiBenInfo.JiShuZhiWuID = JiShuZhiWu.ID INNER JOIN
        BiaoShi ON JiBenInfo.BiaoShiID = BiaoShi.ID INNER JOIN
        XingZhengZhiWu ON
        JiBenInfo.XingZhengZhiWuID = XingZhengZhiWu.ID INNER JOIN
        XueWei ON JiBenInfo.XueWeiID = XueWei.ID INNER JOIN
        XueLi ON JiBenInfo.XueLiID = XueLi.ID INNER JOIN
        GeLeiPeople ON JiBenInfo.PinYongZhiID = GeLeiPeople.ID
```

由上可见,这样一条 SQL 语句是多么烦琐、巨大。放在客户端应用程序中,每次向服务器提交数据访问申请时,都要在网络中传送,既保证不了数据安全,也影响数据访问的效率,而且也不符合软件重用的策略。因此,最好的解决办法是将此次查询封装在一个视图对象中永久保存。这样每次发起查询时,只要从视图中访问即可,语句也非常简洁。如下所示:

```
-----创建视图 JiBenInfo1
CREATE VIEW JiBenInfo1
AS
SELECT JiBenInfo.[No] AS 编号, JiBenInfo.Name AS 姓名,
        JiBenInfo.Sex AS 性别, JiBenInfo.Birthday AS 出生年月,
        MinZu.MinZu AS 民族, XueLi.Name AS 学历, XueWei.Name AS 学位,
        JiBenInfo.BiYe AS 毕业学校, JiBenInfo.BTime AS 毕业时间,
        JiBenInfo.XueXiZhuanYe AS 学习专业,
        ZhengZhiMianMao.ZZName AS 政治面貌, JiBenInfo.ZTime AS 加入时间,
        JiBenInfo.WorkTime AS 工作时间, JiShuZhiWu.Name AS 技术职务,
        JiBenInfo.JZTime AS 技术职务取得时间, JiShuDengJi.Name AS 技术等级,
        JiBenInfo.JTime AS 技术等级取得时间,
        XingZhengZhiWu.Name AS 行政职务,
        JiBenInfo.XTime AS 行政职务取得时间, JiBenInfo.Course AS 授课,
        BuMenCode.BuMenName AS 部门, GeLeiPeople.Name AS 聘用制度,
        BiaoShi.Name AS 人员标识, JiBenInfo.HuaQiao AS 华侨否,
        JiBenInfo.GAT AS 港澳台否, JiBenInfo.ID, XueKe.Name AS 从事学科,
        ZhiCheng.Name AS 职称, JiBenInfo.DaoShi AS 导师,
        JiBenInfo.DiaoRuTime AS 调入本校时间, JiBenInfo.LeiXing AS 教师来源,
        JiBenInfo.ZhiChengTime AS 获得职称时间,
        BuMenCode2.BuMenName2 AS 从事专业,
        JiBenInfo.ShiFouPeiXun AS 是否培训,
        JiBenInfo.PeiXunTime AS 培训时间
FROM BuMenCode INNER JOIN
        JiBenInfo ON BuMenCode.ID = JiBenInfo.BuMenID INNER JOIN
```

```
    BuMenCode2 ON
    JiBenInfo.CongShiZhuanYe = BuMenCode2.ID2 INNER JOIN
    ZhengZhiMianMao ON
    JiBenInfo.ZZMianMaoID = ZhengZhiMianMao.ID INNER JOIN
    XueKe ON JiBenInfo.TeachCourse = XueKe.ID INNER JOIN
    MinZu ON JiBenInfo.MinZuID = MinZu.ID INNER JOIN
    ZhiCheng ON JiBenInfo.ZhiChengID = ZhiCheng.ID INNER JOIN
    JiShuDengJi ON JiBenInfo.JiShuDengJiID = JiShuDengJi.ID INNER JOIN
    JiShuZhiWu ON JiBenInfo.JiShuZhiWuID = JiShuZhiWu.ID INNER JOIN
    BiaoShi ON JiBenInfo.BiaoShiID = BiaoShi.ID INNER JOIN
    XingZhengZhiWu ON
    JiBenInfo.XingZhengZhiWuID = XingZhengZhiWu.ID INNER JOIN
    XueWei ON JiBenInfo.XueWeiID = XueWei.ID INNER JOIN
    XueLi ON JiBenInfo.XueLiID = XueLi.ID INNER JOIN
    GeLeiPeople ON JiBenInfo.PinYongZhiID = GeLeiPeople.ID
GO
```

所以，客户端应用程序中如图 10.13 所示显示数据的 SQL 语句如下书写即可：

```
SELECT * FROM JiBenInfo1
```

对于这个例子，使用视图更能说明视图在软件项目开发中的重要作用。之前定义视图是为了查询方便。那么，如果要修改、删除或者在图 10.13 中插入数据呢？请试着使用视图 JiBenInfo1 操作。

小　　结

视图是一张虚拟的表，数据来自其他的表和视图。

视图可以针对用户为其提供专门的数据。

用户可以通过视图设计器和 SQL 语句创建视图。

课　后　题

1. 为数据库中一个或多个表的数据提供另一种查看方式的逻辑表被称为(　　)。

   A. 存储过程　　B. 触发器　　C. 视图　　D. 表

2. 视图中的数据可以来源于(　　)。

   A. 表　　B. 视图　　C. 存储过程　　D. 触发器

3. 使用视图可以(　　)。

   A. 帮助查询　　B. 帮助添加数据

   C. 帮助修改数据　　D. 帮助删除数据

上　机　题

创建班主任和教师关心的视图。班主任关心学生档案(姓名，学号，性别和年龄)，教师关心学生成绩、是否参加考试、是否考试及格(姓名，学号，笔试和机试是否通过，是否缺考)。

第11章 存储过程

重点难点解析

典题例题

知识结构图

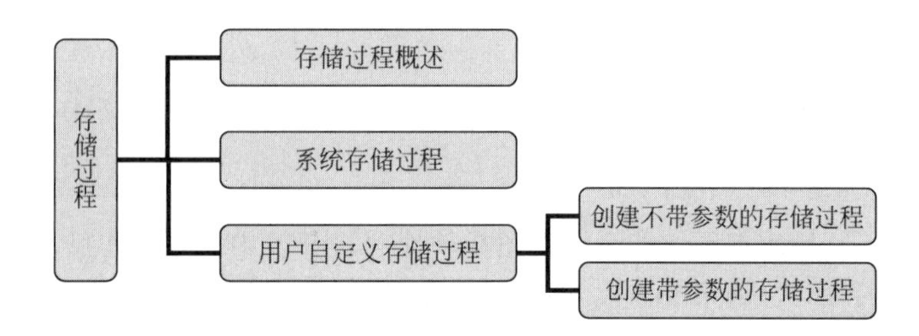

学习目标

了解数据库的存储过程的概念和特点
了解数据库的存储过程的分类
熟练使用数据库的存储过程

导入案例

批处理是以GO为结束标志的SQL语句流,事务是以BEGIN开始的要么都执行要么都撤销的SQL语句块,它们都是通过优秀的算法对数据库进行数据维护的T-SQL程序段,但也都存储在临时空间中,若不刻意保存,就会丢失。那么如何让优秀的算法持续化、普及化?可以定义数据库对象——存储过程,把算法定义在存储过程体中以期永久保存。本章将介绍存储过程的分类、各种类型的存储过程的创建和应用。虽然.NET平台也提供了相应的存储过程类,但本章主要介绍SQL Server自带的存储过程功能。

11.1 存储过程概述

存储过程(Procedure)类似于C语言中的函数,用来执行管理任务或应用复杂的业务规则,存储过程可以自带参数,也可以返回结果。

存储过程可以包含数据操作语句、变量、逻辑控制语句等。

存储过程的优点如下。

(1) 执行速度快:存储过程在创建时就已经通过语法检查和性能优化,在执行时无须每次编译,并且由于存储过程存储在数据库服务器中,性能高。

(2) 允许模块化设计：只需创建一次存储过程并将其存储在数据库中，以后即可在程序中调用该过程任意次。存储过程可由在数据库编程方面有专长的人员创建，并可独立于程序源代码而单独修改。

(3) 提高系统安全性：可将存储过程作为用户存取数据的管道，可以限制用户对数据表的存取权限，建立特定的存储过程供用户使用，完成对数据的访问。另外，存储过程的定义文本可以被加密，使用户不能查看其内容。

(4) 减少网络流量：一个需要数百行 T-SQL 代码的操作由一条执行过程代码的单独语句就可以实现，而不需要在网络中发送数百行代码。

存储过程分为系统存储过程和用户自定义存储过程两类。

(1) 系统存储过程：由系统定义，存放在 master 数据库中，系统存储过程的名称都以"sp_"或"xp_"开头。sp 是指 system procedure（系统过程），xp 是指 eXtensible procedure（扩展过程）。

(2) 用户自定义存储过程：由用户在自己的数据库中创建的存储过程。

11.2 系统存储过程

系统存储过程种类繁多、功能丰富，如果恰当使用，会使 SQL 编程起到事半功倍的效果。常用的系统存储过程见表 11.1。

表 11.1 常用的系统存储过程

系统存储过程	说　　明
sp_databases	列出服务器上的所有数据库
sp_helpdb	报告有关指定数据库或所有数据库的信息
sp_renamedb	更改数据库的名称
sp_tables	返回当前环境下可查询的对象的列表
sp_columns	返回某个表的列信息
sp_help	查看某个表的所有信息
sp_helpconstraint	查看某个表的约束
sp_helpindex	查看某个表的索引
sp_stored_procedures	列出当前环境中的所有存储过程
sp_password	添加或修改登录账户的密码
sp_helptext	显示默认值、未加密的存储过程、用户定义的存储过程、触发器或视图的实际文本

例：

```
EXEC sp_databases                                  -- 列出当前系统中的数据库
EXEC sp_renamedb'Northwind','Northwind1'           -- 修改数据库的名称(单用户访问)
USE jsj2019
GO
EXEC sp_tables                                     -- 当前数据库中查询的对象的列表
EXEC sp_columns stuInfo                            -- 返回某表的列信息
EXEC sp_help stuInfo                               -- 查看表 stuInfo 的信息
```

```
EXEC sp_helpconstraint stuInfo                  -- 查看表 stuInfo 的约束
EXEC sp_helpindex scores                        -- 查看表 scores 的索引
EXEC sp_helptext 'view_总分排行表'               -- 查看视图的语句文本
EXEC sp_stored_procedures                       -- 查看当前数据库中的存储过程
```

常用的扩展存储过程 xp_cmdshell 可以执行 DOS 命令下的一些操作,以文本行方式返回任何输出。

其调用语法如下:

```
EXEC xp_cmdshell DOS 命令 [NO_OUTPUT]
```

其中,NO_OUTPUT 是可选参数,表示执行给定的 DOS 命令,但不返回任何输出。

新建数据库 bankDB,保存在 D 盘的新建文件夹 bank 下。

```
USE master
GO
EXEC xp_cmdshell 'mkdir D:\bank', NO_OUTPUT
IF EXISTS(SELECT * FROM sysdatabases
                        WHERE name = 'bankDB')
   DROP DATABASE bankDB
GO
CREATE DATABASE bankDB
 (
 …
)
GO
EXEC xp_cmdshell 'dir D:\bank\'                 -- 查看文件
```

系统存储过程还有很多,用户可以借助联机丛书或者帮助文档深入了解和学习。

11.3 用户自定义存储过程

除了调用系统存储过程外,用户还可以根据具体任务来自行定义存储过程,称为用户自定义存储过程。用户自定义存储过程是持久保存数据库算法的最佳办法,并且可以在程序设计语言开发的应用程序中被直接调用,成为访问数据库,对数据库进行复杂操作的有效手段。

定义用户自定义存储过程的语法如下:

```
CREATE  PROC[EDURE]  存储过程名
         @参数 1  数据类型 = 默认值 OUTPUT,
         …,
         @参数 n  数据类型 = 默认值 OUTPUT
        AS
        SQL 语句
GO
```

参数可选,分为输入参数、输出参数。输入参数允许有默认值。

调用存储过程的语法如下:

```
EXEC[UTE]  过程名  [参数]
```

注意：EXEC[UTE](执行)语句用来调用存储过程。

11.3.1 创建不带参数的存储过程

最简单的存储过程是不带任何参数的固定算法段，具体见例 11.1。

【例 11.1】 创建存储过程，查看驾照考试平均分以及未通过考试的学员名单。

说明：机考 90 分才算通过，路考 80 分才算通过。

数据表为 pInfo(cardNo,pName,pAge,pAddress,pTelphone)和 driveScores(cardNo,theoryScore,driveScore)。

答：

```
CREATE PROCEDURE proc_driveExam
 AS
  DECLARE @theoryAvg float,@driveAvg float
  SELECT @theoryAvg = AVG(theoryScore),
        @driveAvg = AVG(driveScore)   FROM driveScores
  print '理论平均分:' + CONVERT(varchar(5),@theoryAvg)
  print '路考平均分:' + CONVERT(varchar(5),@driveAvg)
  IF (@theoryAvg > 90 AND @driveAvg > 80)
      print '本次考试成绩:优秀'
  ELSE
      print '本次考试成绩:较差'
  print '------------------------------------------------------------ '
  print '   参加本次考试没有通过的学员:'
  SELECT pName,pInfo.cardNo,theoryScore,driveScore
   FROM  pInfo   INNER JOIN driveScores ON
      pInfo.cardNo = driveScores.cardNo
               WHERE theoryScore < 90 OR driveScore < 60
GO
EXEC proc_driveExam
```

本例的相关截图如图 11.1 所示。

11.3.2 创建带参数的存储过程

存储过程的参数分两种，即输入参数和输出参数。

- 输入参数：用于向存储过程传入值。
- 输出参数：用于在调用存储过程后返回结果。

带输入参数的存储过程见例 11.2。

【例 11.2】 修改例 11.1 的题干。由于考试的严格性与否涉及人民的生命安全，所以每次理论考试和路面考试的及格线可能提分，因此及格线分数不再固定。

分析：在该存储过程添加两个输入参数。

@theoryPass：理论及格线。

@drivePass：路面及格线。

```
SQLQuery4.sql - L...dministrator (66))*
USE master
IF EXISTS(SELECT * FROM sys.databases WHERE name='JiaZhaoKaoShiDB')
  DROP DATABASE JiaZhaoKaoShiDB
GO
CREATE DATABASE JiaZhaoKaoShiDB
GO
USE JiaZhaoKaoShiDB
IF EXISTS(SELECT * FROM sys.objects WHERE name='pInfo')
DROP TABLE pInfo
CREATE TABLE pInfo
(
  cardNo varchar(18) PRIMARY KEY,
  pName varchar(10) NOT NULL,
  pAge int,
  pAddress varchar(50),
  pTelphone varchar(20)
)
GO
IF EXISTS(SELECT * FROM sys.objects WHERE name='driveScores')
DROP TABLE driveScores
CREATE TABLE driveScores
(
  cardNo varchar(18) PRIMARY KEY,
  theoryScore int ,
  driveScore int,
  POREIGN KEY (cardNo) REFERENCES pInfo(cardNo)
)
GO
INSERT INTO pInfo(cardNo,pName) SELECT '123456789101112131','x1' UNION SELECT '234567891011121314','x2' UNION SELECT '345678910111213141','x3'
INSERT INTO driveScores SELECT '123456789101112131',96,88 UNION SELECT '234567891011121314',89,75 UNION SELECT '345678910111213141',95,56
SELECT * FROM pInfo
SELECT * FROM driveScores
GO
```

(a) 建库、建表、建数据截图

结果 消息

	cardNo	pName	pAge	pAddress	pTelphone
1	123456789101112131	x1	NULL	NULL	NULL
2	234567891011121314	x2	NULL	NULL	NULL
3	345678910111213141	x3	NULL	NULL	NULL

	cardNo	theoryScore	driveScore
1	123456789101112131	96	88
2	234567891011121314	89	75
3	345678910111213141	95	56

(b) 显示查询结果

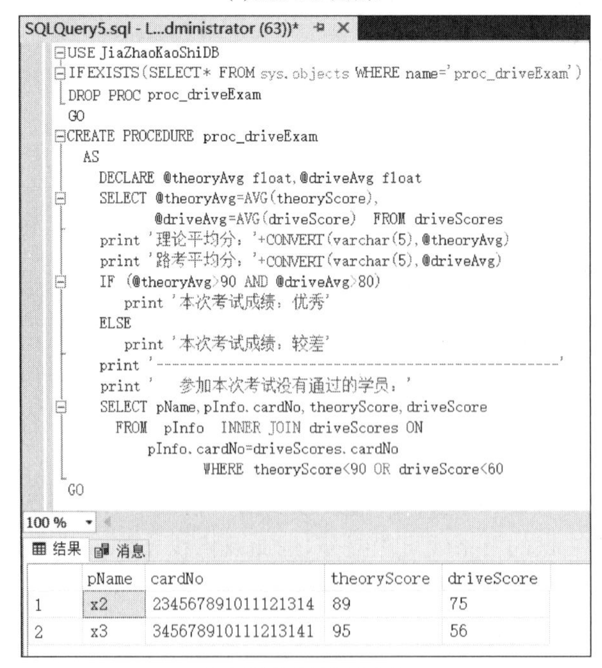

```
SQLQuery5.sql - L...dministrator (63))*
USE JiaZhaoKaoShiDB
IF EXISTS(SELECT* FROM sys.objects WHERE name='proc_driveExam')
DROP PROC proc_driveExam
GO
CREATE PROCEDURE proc_driveExam
 AS
   DECLARE @theoryAvg float,@driveAvg float
   SELECT @theoryAvg=AVG(theoryScore),
          @driveAvg=AVG(driveScore)  FROM driveScores
   print '理论平均分：'+CONVERT(varchar(5),@theoryAvg)
   print '路考平均分：'+CONVERT(varchar(5),@driveAvg)
   IF (@theoryAvg>90 AND @driveAvg>80)
      print '本次考试成绩：优秀'
   ELSE
      print '本次考试成绩：较差'
   print '--------------------------------------------------'
   print '    参加本次考试没有通过的学员：'
   SELECT pName,pInfo.cardNo,theoryScore,driveScore
     FROM  pInfo  INNER JOIN driveScores ON
         pInfo.cardNo=driveScores.cardNo
                WHERE theoryScore<90 OR driveScore<60
GO
```

100 %

结果 消息

	pName	cardNo	theoryScore	driveScore
1	x2	234567891011121314	89	75
2	x3	345678910111213141	95	56

(c) 创建存储过程并执行

图 11.1　无参存储过程示例的截图

答：

```
CREATE PROCEDURE proc_driveExam
 @theoryPass int,
 @drivePass int
 AS
    print '---------------------------------------------------------------'
    print '      参加本次考试没有通过的学员:'
    SELECT pName,pInfo.cardNo,theoryScore,driveScore
      FROM  pInfo  INNER JOIN driveScores ON
          pInfo.cardNo = driveScoes.cardNo
                   WHERE theoryScore <@theoryPass OR driveScore <@drivePass

GO
EXEC proc_driveExam 95,85
```

或如下调用：

```
EXEC proc_driveExam @theoryPass = 95,@drivePass = 85
```

带可选输入参数的存储过程如下，可以通过给存储过程的输入参数设置默认值实现。

```
CREATE PROCEDURE proc_driveExam
  @theoryPass int = 90,
  @drivePass int = 80
  AS
   print '---------------------------------------------------------------'
   print '      参加本次考试没有通过的学员:'
   SELECT pName,pInfo.cardNo,theoryScore,driveScore
    FROM  pInfo  INNER JOIN driveScores ON
       pInfo.cardNo = driveScoes.cardNo
                 WHERE theoryScore <@theoryPass OR driveScore <@drivePass

GO
EXEC proc_driveExam                            --都采用默认值
EXEC proc_driveExam 95                         --路面考试及格线采用默认值
EXEC proc_driveExam 95,80                      --都不采用默认值
EXEC proc_driveExam  @drivePass = 85           --理论考试及格线采用默认值
```

如果希望在调用存储过程后返回一个或多个值，这时就需要使用带输出参数的存储过程了。输出参数表示为(OUTPUT)。具体见例 11.3。

【例 11.3】 修改例 11.2，返回未通过考试的学员的人数。

答：

```
CREATE PROCEDURE proc_driveExam
 @theoryPass int = 90,
 @drivePass int = 80,
 @notPassSum int OUTPUT
 AS
    print '---------------------------------------------------------------'
    print '      参加本次考试没有通过的学员:'
```

```
    SELECT pName,pInfo.cardNo,theoryScore,driveScore
     FROM   pInfo   INNER JOIN driveScores ON
        pInfo.cardNo = driveScoes.cardNo
                 WHERE theoryScore <@theoryPass OR driveScore <@drivePass
    SELECT @notPassSum = COUNT(cardNo)
        FROM driveScores   WHERE theoryScore <@theoryPass
                            OR driveScore <@drivePass
GO

/* --- 调用存储过程 ---- */
DECLARE @sum int
EXEC proc_driveExam 95,85,@sum OUTPUT
print '------------------------------------------------------'
print '未通过人数:' + CONVERT(varchar(5),@sum) +  '人'
GO
```

注意：在调用时必须带 OUTPUT 关键字，返回结果将存放在变量@sum 中。

参考：从 SQL Server 2008 开始，允许存储过程带表类型的参数，这样使得程序与 SQL Server 数据库之间减少了交互，提高了程序性能。

由于表类型是用户自定义类型，所以在使用表类型前要先根据表参数值创建具体的表类型。

小　　结

存储过程是数据库中算法设计与存储的物理对象。

存储过程分系统存储过程和用户自定义存储过程。

用户自定义存储过程有无参、带输入参数和带输出参数存储过程之分。

课　后　题

1. 存储过程包括(　　)。

   A. 无参存储过程　　B. 带输入参数的存储过程

   C. 带输入和输出参数的存储过程　　D. 带默认输入参数的存储过程

2. 有如下存储过程代码段：

```
CREATC PROC proc_A
@pass1 int = 60,
@pass2 int = 60
@sum int OUTPUT
AS
…
GO
```

以下(　　)是该存储过程的正确调用形式。

A. DECLARE @sum2 int
   EXEC proc_A @sum2 OUTPUT

B. DECLARE @sum2 int
EXEC proc_A 70,70,@sum2 OUTPUT

C. DECLARE @sum2 int
EXEC proc_A 70,@sum2 OUTPUT

D. DECLARE @sum2 int
EXEC proc_A @pass2=70,@sum2 OUTPUT

上　机　题

1. 创建存储过程完成以下操作：

(1) 查询上学期期末考试未通过的学员，显示姓名、学号、笔试和机试成绩、是否通过，没参加考试的学员的成绩显示为缺考。

(2) 存储过程带 3 个参数，分别表示未通过的学员人数、笔试及格线和机试及格线，统计不及格学生的名单并返回人数。

(3) 在统计未通过学员人数和名单时，缺考的学员也计算在内。

2. 定义一个存储过程，实现某账户向另一个账户转一定金额的通用算法。

```
CREATE TABLE bank
(
  customerNo char(8),                -- 顾客账号，主键
  customerName char(10),             -- 顾客姓名
  currentMoney money                 -- 当前余额
)
GO

ALTER TABLE bank
  ADD CONSTRAINT CK_currentMoney CHECK(currentMoney > 0)
GO
```

第12章 触 发 器

重点难点解析

典题例题

知识结构图

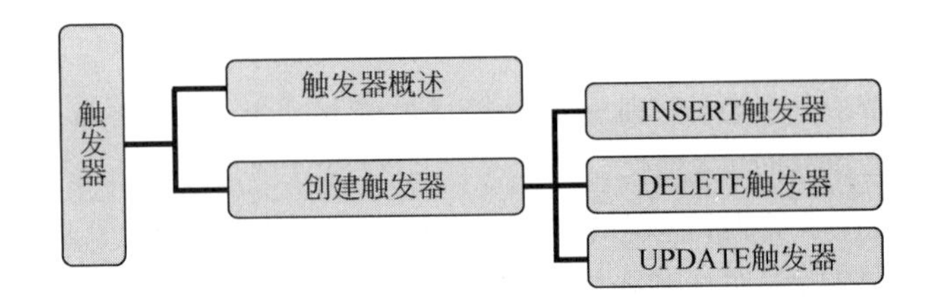

学习目标

了解触发器的概念
了解触发器的种类
熟练使用触发器

导入案例

因触动而激发起某种反应是触发。在 SQL Server 2019 中,触发器分为当用户对某表中的数据进行增加、修改、删除时,以及当用户对数据库或其内部对象进行结构创建、更改、删除时触发的系统存储过程,分别称为 DML 触发器和 DDL 触发器。它们或者帮助数据库自动更新和维护,或者帮助维护数据库结构不被随便变动。另外,除了 SQL Server 本身提供的触发器定义功能以外,还有.NET 平台提供的触发器类。本章主要介绍对数据表进行增、删、改操作时触发的触发器类型,它们可被看作数据表的高级 CHECK 约束。

12.1 触发器概述

触发器是由系统自动触发的特殊的存储过程,是实现用户高级自定义完整性约束的手段。

最典型的应用触发器的例子莫过于银行的取款机系统。

假设有账户信息表 bank(customerName, cardID, currentMoney)和交易信息表 transInfo(transDate, cardID, transType, transMoney),交易信息表(transInfo)存放每次的交易信息。当张三取 200 元钱时,他要把需求输入 transInfo 表。之后,若 bank 表中张三的余额够这次交易,则张三很快会取出 200 元钱。这两个表如图 12.1 所示,上面是 bank 表。

	customerName	cardID	currentMoney
1	张三	1001 0001	1000.0000
2	李四	1001 0002	1.0000

	transDate	cardID	transType	transMoney
1	2005-10-11 11:30:46.623	1001 0001	支取	200.0000

图 12.1　与取款机相关的两张数据表

那么如何实现呢？这种特殊的业务规则使用普通约束行吗？

答案显然是否定的。

使用事务行吗？事务能保证一旦交易失败，余额修改也自动取消，但实现不了自动修改的触发功能。

最优的解决方案就是采用触发器，它是一种特殊的存储过程，并且具有事务的功能。它能在多表之间执行特殊的业务规则或保持复杂的数据逻辑关系。

触发器的特性如下：

(1) 触发器是在对表进行插入、更新或删除操作时自动执行的存储过程。

(2) 触发器通常用于强制业务规则。

(3) 触发器是一种高级约束，可以定义比用 CHECK 约束更为复杂的约束。

(4) 可执行复杂的 SQL 语句(IF/WHILE/CASE)。

(5) 可引用其他表中的列。

注意：

(1) 触发器是一种特殊类型的存储过程，在对表进行插入、更新或删除操作时自动触发执行，它也可以定义变量、使用逻辑控制语句等 T-SQL 语句。

(2) 普通的约束有一定的局限性(例如不能引用其他表中的列，不能执行 IF/WHILE/CASE 语句等)，只能进行简单操作。

(3) 触发器定义在特定的表上，与表相关。

(4) 自动触发执行，不能直接调用。

(5) 它是一个事务(可回滚)。

当对某一表进行修改(例如执行 UPDATE、INSERT、DELETE 这些操作)时，SQL Server 就会自动执行触发器所定义的 SQL 语句，从而确保对数据的处理必须符合由这些 SQL 语句所定义的规则。

触发器可分为 INSERT 触发器、UPDATE 触发器和 DELETE 触发器 3 种。

- INSERT 触发器：当向表中插入数据时触发，自动执行触发器所定义的 SQL 语句。
- UPDATE 触发器：当更新表中某列或多列时触发，自动执行触发器所定义的 SQL 语句。
- DELETE 触发器：当删除表中记录时触发，自动执行触发器所定义的 SQL 语句。

当触发器触发时，系统自动在内存中创建 deleted 表或 inserted 表。它们是只读的，不允许修改，当触发器执行完成后会被自动删除。

- inserted 表：临时保存了插入或更新后的记录行，可以从 inserted 表中检查插入的数据是否满足业务需求，如果不满足，则向用户报告错误消息，并回滚插入操作。
- deleted 表：临时保存了删除或更新前的记录行，可以从 deleted 表中检查被删除的数据是否满足业务需求，如果不满足，则向用户报告错误消息，并回滚插入操作。

deleted 表和 inserted 表的工作原理如下。

- deleted 表：用于存储 DELETE 和 UPDATE 语句所影响的行的副本，即在 deleted 表中临时保存了被删除或被更新前的记录行。在执行 DELETE 或 UPDATE 语句时，行从触发器表中删除，并传输到 deleted 表中。由此可以从 deleted 表中检查删除的数据行是否能删除。如果不能，就可以回滚撤销此操作，因为触发器本身就是一个特殊的事务单元。
- inserted 表：用于存储 INSERT 和 UPDATE 语句所影响的行的副本，即在 inserted 表中临时保存了被插入或被更新后的记录行。在执行 INSERT 或 UPDATE 语句时，新加行被同时添加到 inserted 表和触发器表中。由此可以从 inserted 表检查插入的数据是否满足业务需求。如果不满足，就可以向用户报告错误消息，并回滚撤销操作。

更新(UPDATE)语句类似于在删除之后执行插入。首先旧行被复制到 deleted 表中，然后新行被复制到触发器表和 inserted 表中，见表 12.1。

表 12.1　inserted 表和 deleted 表

修改操作	inserted 表	deleted 表
增加(INSERT)记录	存放新增的记录	———————
删除(DELETE)记录	—————	存放被删除的记录
修改(UPDATE)记录	存放更新后的记录	存放更新前的记录

12.2　创建触发器

触发器是属于某具体表的具体数据对象，创建触发器的语法如下：

```
CREATE TRIGGER trigger_name
 ON table_name
 [WITH ENCRYPTION]
  FOR [DELETE, INSERT, UPDATE]
 AS
  T - SQL 语句
GO
```

其中，WITH ENCRYPTION 表示加密触发器定义的 SQL 文本，[DELETE，INSERT，UPDATE]指定触发器的类型。

12.2.1　INSERT 触发器

INSERT 触发器的工作原理如下：

(1) 执行 INSERT 语句，在表中插入数据行。

(2) 触发 INSERT 触发器，向系统临时表 inserted 中插入新行的备份(副本)。

(3) 触发器检查 inserted 表中插入的新行数据，确定是否需要回滚或执行其他操作。

【例 12.1】 解决银行取款问题：当向交易信息表(transInfo)中插入一条交易信息时，应自动更新对应账户的余额。

```
表 transInfo
(cardID char(10),
 transType char(4),
 transMoney money,
 transDate DateTime
)
表 bankTB
(cardID char(10),
 customerName varchar(20),
 currentMoney money
)
```

答：

```
-------关键代码------
CREATE TRIGGER trig_transInfo
 ON transInfo
 FOR INSERT
   AS
   DECLARE @type char(4),@outMoney money
   DECLARE @myCardID char(10),@balance money
   SELECT @type = transType,@outMoney = transMoney,
          @myCardID = cardID FROM inserted
     IF (@type = '支取')
         UPDATE bankTB SET currentMoney = currentMoney - @outMoney
              WHERE cardID = @myCardID
    ELSE
        UPDATE bankTB SET currentMoney = currentMoney + @outMoney
             WHERE cardID = @myCardID
   GO
```

该例的执行结果如图 12.2 所示。

【例 12.2】 举个简单的例子，有数据表 A(ANo,AName)和数据表 B(BNo,BName)，要求在将数据插入表 A 时，表 B 的数据同时更新。

答：

```
CREATE TRIGGER trig_insert_A
ON A
FOR INSERT
AS
DECLARE @aNo varchar(8) ,@aName varchar(10)
SELECT @aNo = ANo, @aName = AName FROM inserted
INSERT INTO B VALUES(@aNo, @aName)
GO
```

12.2.2 DELETE 触发器

DELETE 触发器的工作原理如下：

(1) 执行 DELETE 语句，删除表中的数据行。

(2) 触发 DELETE 触发器，向系统临时表 deleted 中插入被删除的副本。

(3) 触发器检查 deleted 表中被删除的数据，确定是否需要回滚或执行其他操作。

```
例12-1-建银行库表约束...istrator (64))
USE master
IF EXISTS(SELECT * FROM sys.databases WHERE name='bank')
DROP DATABASE bank
GO
CREATE DATABASE bank
GO
USE bank
IF EXISTS(SELECT * FROM sys.objects WHERE name='bankTB')
DROP TABLE bankTB
GO
CREATE TABLE bankTB
(
  cardID char(10) PRIMARY KEY,
  customerName varchar(20),
  currentMoney money CHECK(currentMoney>=1)
)
GO
IF EXISTS(SELECT * FROM sys.objects WHERE name='transInfo')
DROP TABLE transInfo
GO
CREATE TABLE transInfo
(cardID char(10),
 transType char(4) NULL,
 transMoney money,
 transDate datetime PRIMARY KEY,
 FOREIGN KEY(cardID)REFERENCES bankTB(cardID)
)
GO
INSERT INTO bankTB SELECT '10010001','张三',1000 UNION SELECT '10010002','李四',1
SELECT * FROM bankTB
```

	cardID	customerName	currentMoney
1	10010001	张三	1000.00
2	10010002	李四	1.00

(a) 创建库、表、约束、数据

```
L2XDXJ97DSRM038 (SQL Server 15.0.1200.
  数据库
    系统数据库
    数据库快照
    bank
      表
        系统表
        FileTables
        外部表
        图形表
        dbo.bankTB
        dbo.transInfo
          列
          键
          约束
          触发器
            trig_transInfo
```

```
USE bank
GO
CREATE TRIGGER trig_transInfo
 ON transInfo
  FOR INSERT
   AS
   DECLARE @type char(4),@outMoney money
   DECLARE @myCardID char(10),@balance money
   SELECT @type=transType,@outMoney=transMoney, @myCardID=cardID FROM inserted
     IF (@type='支取')
        UPDATE bankTB SET currentMoney=currentMoney-@outMoney
           WHERE cardID=@myCardID
    ELSE
        UPDATE bankTB SET currentMoney=currentMoney+@outMoney
           WHERE cardID=@myCardID
   GO
```

命令已成功完成。

(b) 在交易表上创建INSERT触发器

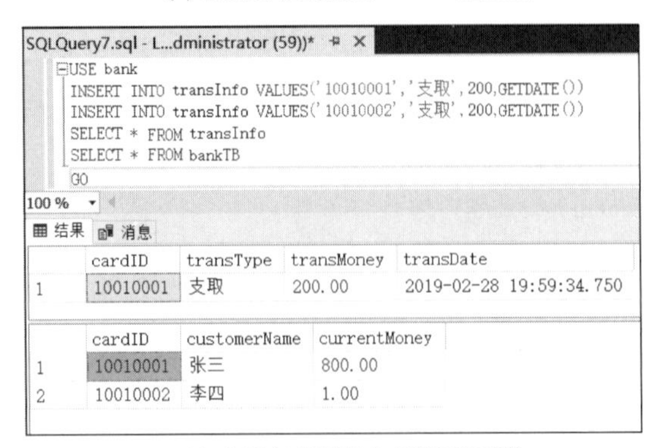

```
USE bank
INSERT INTO transInfo VALUES('10010001','支取',200,GETDATE())
INSERT INTO transInfo VALUES('10010002','支取',200,GETDATE())
SELECT * FROM transInfo
SELECT * FROM bankTB
GO
```

	cardID	transType	transMoney	transDate
1	10010001	支取	200.00	2019-02-28 19:59:34.750

	cardID	customerName	currentMoney
1	10010001	张三	800.00
2	10010002	李四	1.00

(c) 分别在交易表上支取200元钱

图 12.2　INSERT 触发器例子的相关图示

DELETE 触发器的典型应用就是银行系统中的数据备份。当交易记录过多时，为了不影响数据访问的速度，交易信息表需要定期删除部分数据。当删除数据时，一般需要自动备份，以便将来的客户查询、数据恢复或年终统计等。那么如何实现呢？

【例 12.3】 在例 12.1 中，当删除交易信息表时，要求自动备份被删除的数据到 backupTable 表中。

答：

```
-------关键代码------
CREATE TRIGGER trig_delete_transInfo
 ON transInfo
  FOR DELETE
   AS
    print '开始备份数据,请稍后......'
    IF NOT EXISTS(SELECT * FROM sysobjects
         WHERE name = 'backupTable')
       SELECT * INTO backupTable FROM deleted
     ELSE
       INSERT INTO backupTable SELECT * FROM deleted
     print '备份数据成功,备份表中的数据为:'
     SELECT * FROM backupTable
GO
```

【例 12.4】 举个简单的例子，有表 A(ANo，AName)和表 B(BNo，BName，BDate)，当记录从表 A 中删除时自动转入表 B。

答：

```
CREATE TRIGGER trig_delete_A
ON A
FOR DELETE
AS
DECLARE @aNo varchar(8),@aName varchar(10)
SELECT @aNo = ANo,@aName = AName FROM deleted
INSERT INTO TO B VALUES(@aNo,@aName,GETDATE())
GO
```

12.2.3 UPDATE 触发器

UPDATE 触发器的工作原理如下：

(1) 向 deleted 表中插入被修改前的记录。

(2) 向 inserted 表中插入被添加的副本。

(3) 执行更新操作。

UPDATE(更新)触发器主要用于跟踪数据的变化。其典型的应用就是在银行系统中为了安全起见，一般要求每次交易金额不能超过一定的数额。这也是触发器作为高级 CHECK 约束的体现。

【例 12.5】 跟踪用户的交易，若交易金额超过 2000 元，则取消交易，并给出错误提示。

分析：在 bank 表上创建 UPDATE 触发器。修改前的数据可以从 deleted 表中获取，修改后的数据可以从 inserted 表中获取。

答：

```
-------关键代码------
CREATE TRIGGER trig_update_bank
 ON bank
  FOR UPDATE
   AS
      DECLARE @beforeMoney money,@afterMoney money
      SELECT @beforeMoney = currentMoney FROM deleted
      SELECT @afterMoney = currentMoney FROM inserted
      IF ABS(@afterMoney - @beforeMoney)> 2000
         BEGIN
            print '交易金额:' + convert(varchar(8),
                  ABS(@afterMoney - @beforeMoney))
            print'每笔交易不能超过两千元,交易失败!'
            ROLLBACK TRANSACTION
          END
GO
```

UPDATE 触发器除了跟踪数据的变化(修改)外，还可以检查是否修改了某列的数据，使用 UPDATE(列名)函数检测是否修改了某列。具体见例 12.6。

【例 12.6】 交易日期一般由系统自动产生，默认为当前日期。为了安全起见，一般禁止修改，以防舞弊。

分析：UPDATE(列名)函数可以检测是否修改了某列。UPDATE()函数用于测试在指定的列上进行的 INSERT 或 UPDATE 修改。

答：

```
-------关键代码------
CREATE TRIGGER trig_update_transInfo
 ON transInfo
  FOR UPDATE
   AS
      IF UPDATE(transDate)
         BEGIN
           print '交易失败......'
           RAISERROR ('安全警告:交易日期不能修改,
                     由系统自动产生',16,1)
           ROLLBACK TRANSACTION
         END
GO
```

【例 12.7】 举个简单的例子，有表 A(ANo，AName)和表 B(BNo，BName)，当表 A 中的数据被修改时，要将修改前的数据备份到表 B 中。

```
CREATE TRIGGER trig_update_A
ON A
FOR UPDATE
AS
```

```
IF EXISTS(SELECT * FROM sysobjects WHERE name = 'B')
        INSERT INTO B(BNo,BName) SELECT ANo,AName FROM deleted
ELSE
        SELECT ANo,AName INTO B FROM deleted
GO
```

小　　结

触发器是在对表进行插入、更新或删除操作时自动执行的存储过程，触发器通常用于强制业务规则。

触发器还是一个特殊的事务单元，当出现错误时可以执行 ROLLBACK TRANSACTION 回滚撤销操作。

触发器一般都需要使用临时表 deleted 和 inserted，它们存放了被删除或插入的记录行副本。

触发器有 INSERT 触发器、UPDATE 触发器、DELETE 触发器几种类型。

课　后　题

1. 触发器有(　　)几种类型。
   A. INSERT 触发器
   B. UPDATE 触发器
   C. DELETE 触发器
   D. INSERT、UPDATE 和 DELETE 两两混合或者三者混合在一起的触发器
2. 在 scores 表上创建一个触发器：

```
CREATE TRIGGER trig_scores
ON scores
FOR UPDATE,DELETE
AS
IF (SELECT COUNT( * ) FROM inserted)> 0
print('hello)
GO
```

在查询分析器上执行以下(　　)语句，可能会输出“hello”。(选择一项)
   A. UPDATE scores SET score＝20
   B. DELETE FROM scores WHERE score＜60
   C. INSERT INTO scores VALUES (…)
   D. SELECT * FROM scores
3. 在某个触发器定义中存在如下代码片段：

```
DECLARE @n1 int, @n2 int
SELECT @n1 = price FROM deleted
SELECT @n2 = price FROM inserted
print CONVERT(varchar, @n2 - @n1)
```

该触发器是(　　)触发器。

A. SELECT　　B. UPDATE　　C. INSERT　　D. DELETE

上　机　题

在 bank 表上创建 INSERT 触发器,当开户时需要将开户金额自动作为该卡号的存款交易,保存在交易信息表中。如果金额大于 5 万元,打印显示“贵宾”,否则显示“普通”。

第13章 复杂数据库的设计与实现*

知识结构图

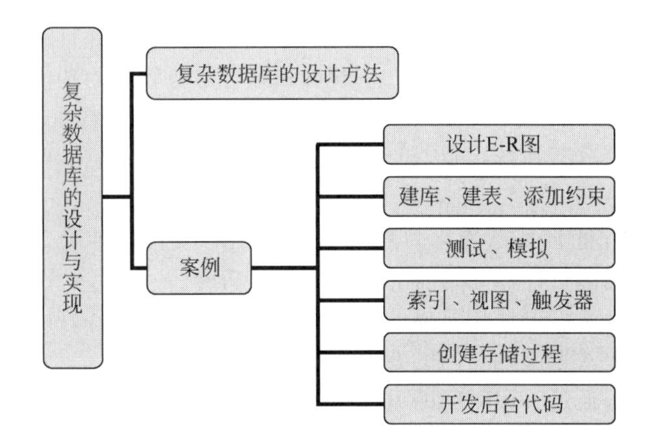

学习目标

了解复杂数据库的设计方法

熟练使用数据库管理软件管理数据库

导入案例

金融数据的管理是所有数据中最为敏感的一类，也是安全性要求最高的一类。本章以模拟开发一个ATM管理系统为例，该系统虽小巧，但却全面应用了SQL Server数据中的技术，展示了开发一般MIS项目的必要过程。

13.1 复杂数据库的设计方法

前面学习了数据库的基础理论、SQL Server数据库软件的使用和T-SQL语言的语法，并对数据访问技术进行了学习。在这之后就可以开发一般的数据库管理系统了，或者说可以练习一些MIS项目开发了。

那么软件开发的具体过程是怎样的呢？实际上，软件项目开发是需要周期的，具体分为以下几个阶段。

- 需求分析阶段：分析客户的业务和数据处理需求。

- 概要设计阶段：设计数据库的 E-R 模型图，确认需求信息的正确和完整。
- 详细设计阶段：将 E-R 图转换为多张表，进行逻辑设计，并应用数据库设计的范式进行审核。
- 代码编写阶段：选择具体数据库软件进行数据库的物理实现，并编写代码完成应用程序开发。
- 软件测试阶段。
- 安装部署。

在一般情况下，明确了项目开发周期，在面向对象开发方法、技术和相应的面向对象开发软件的帮助下，开发具有数据管理功能的项目的周期和每个阶段的工作内容，总体思路是相对清晰和明确的。

项目开发周期中的每个阶段的工作都不容轻视。在需求分析阶段，通过与客户的深入沟通，要明确项目的意义和主要开发内容，基本能给出项目模块，并且通过技术分析，确定合适的开发技术，给出科学的可行性分析。一般在和客户沟通软件的功能和文化创意时，基本能够设计出项目的主要界面。

在概要设计阶段，分析系统特点，设计数据库的 E-R 图，获得需求信息，并保证其正确和完整。

在详细设计阶段，将 E-R 图转化为具体的逻辑模型，要保证准确。另外，此时也可以给出系统的类图，并且明确设计出项目各界面的样式及功能。

在代码编写阶段，不仅要使用具体的数据库软件物理实现设计好的数据库，还要完成各类、各界面以及对后台数据库的访问的开发。

在软件测试阶段，通过一段时间的试运行，对各种类型的数据进行测试，一旦发现问题，立即解决。

通过测试的软件和其数据库可以交付给客户使用了，可以给客户直接安装，或者将项目软件和数据库打包，帮助客户直接运行安装包将软件部署在服务器和客户端上。

随着项目的复杂化，越来越强调项目周期的设计，尤其是数据库设计和软件设计。项目工程化要求开发人员在开发项目前绘制出美好的蓝图。只有遵照软件开发的科学流程，并本着认真负责的态度，才能构建出“高楼大厦”。

13.2 模拟设计 ATM 柜员机系统数据库

涉及金融方面的数据库在安全性上是要求最高的数据库系统之一，相应的数据库设计也是较为复杂的，不仅要求设计准确，使用各种必要的约束、视图、索引、存储过程、事务、触发器，还要对数据库用户进行限制。模拟设计 ATM 系统数据库是比较典型的复杂数据库设计案例。ATM 柜员机系统涉及的数据实体并不多，功能界面也广为人知，具体数据库模拟实现见例 13.1。

【例 13.1】 某银行拟开发一套 ATM 柜员机系统，有开户（到银行填写开户申请单，卡号自动生成）、取钱、存钱、查询余额、转账（例如使用一卡通代缴手机话费、进行个人股票交易等）功能。现要求对“ATM 柜员机系统”进行数据库的设计并实现，数据库保存在“D:\bank”目录下，文件增长率为 15%。

其功能界面如图 13.1 所示。

(a) 登录界面

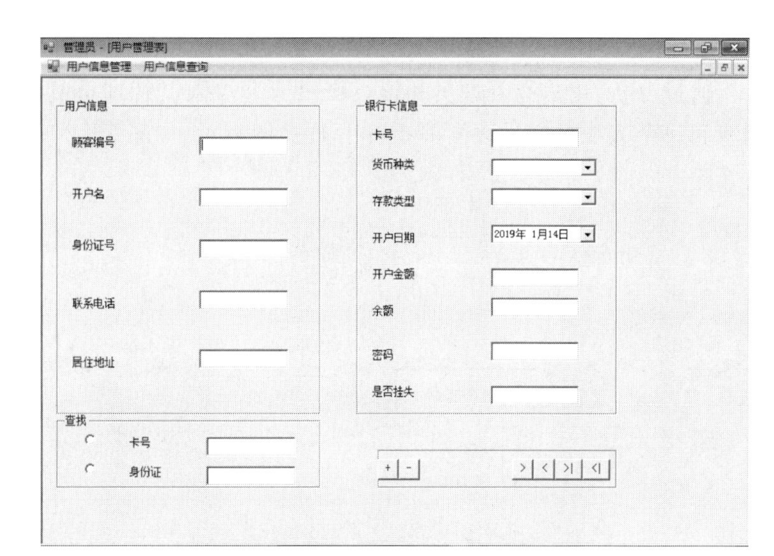

(b) 管理员管理用户信息界面

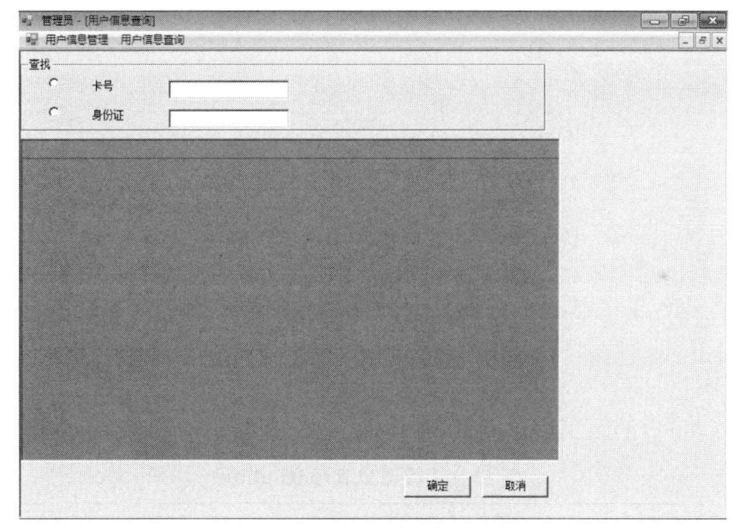

(c) 管理员查找用户界面

(d) 个人账户交易余额查询、存入、支取界面

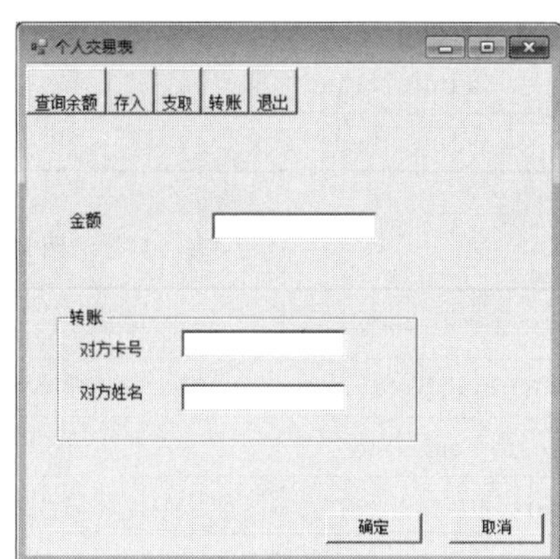

(e) 转账界面

图 13.1　ATM 系统模拟界面

1. 概要设计

通过分析，用户有管理员和银行账户两个权限。管理员具有管理银行账户的所有信息的权利。个人账户交易数据关系可用 E-R 图表示，如图 13.2 所示。

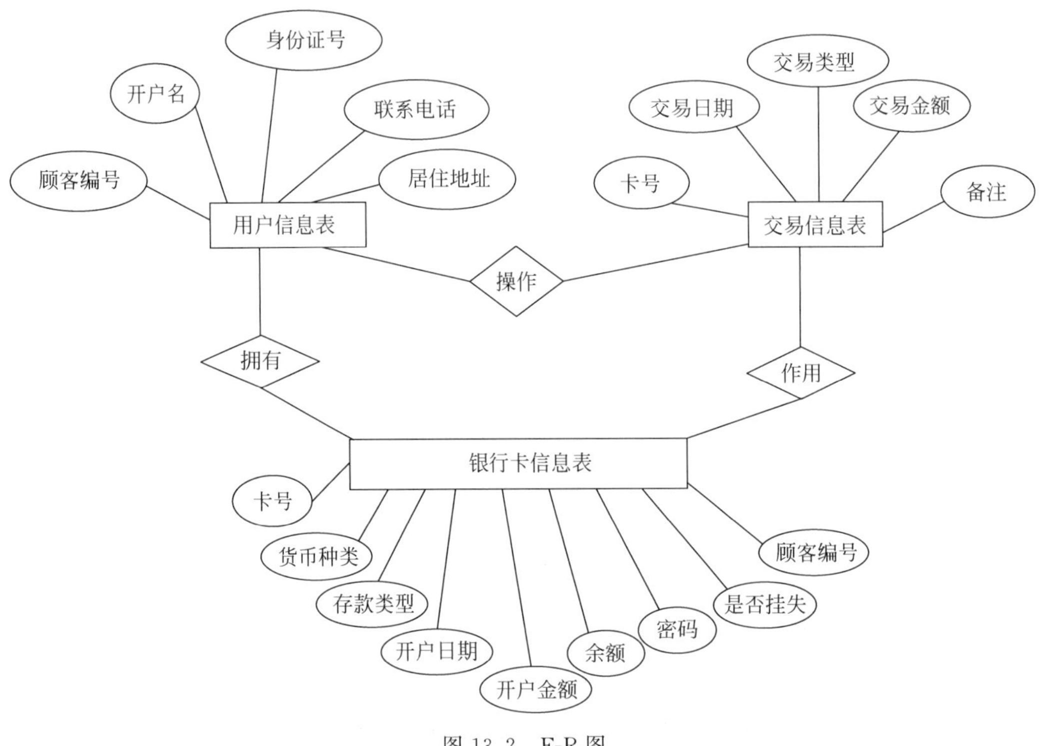

图 13.2 E-R 图

2. 详细设计

通过详细分析，得到 4 个用户表，分别如表 13.1～表 13.4 所示。

表 13.1 管理员表(adminInfo)

字　段	描　述
adminID	序号，从 1 开始的自动增长列
adminName	管理员账号，主键
adminPwd	密码，长 6 位

表 13.2 用户信息表(userInfo)

字　段	描　述
customerNo	顾客编号，标识列，从 1 开始，主键
customerName	开户名，非空
cardID	身份证号，18 位
telephone	必填，格式为××××-××××××××或手机号 13 位
address	居住地址，可选

表 13.3 银行卡信息表(cardInfo)

字　　段	描　　述
cardNo	卡号 必填,主键,银行的卡号规则和电话号码一样,一般前 8 位代表特殊含义,例如某总行某支行等。假定该行要求其营业厅的卡号格式为以 1010 3576 ×××× ×××开始,每 4 位号码后有空格,卡号一般是随机产生的
curType	货币种类 必填,默认为 RMB
savingType	存款类型 活期、定活两便、定期
openDate	开户日期 必填,默认为系统当前日期
openMoney	开户金额 必填,不低于 1 元
balance	余额 必填,不低于 1 元,否则将销户
pass	密码 必填,6 位数字,开户时默认为 6 个“8”
IsReportLoss	是否挂失 必填,是/否值,默认为“否”
customerNo	顾客编号 外键,必填,表示该卡对应的顾客编号,一位顾客允许办理多张卡号

表 13.4 交易信息表(transInfo)

字　　段	描　　述
transDate	交易日期,主键,默认为系统当前日期
cardNo	卡号,必填,外键,可重复索引
transType	交易类型,必填,只能是存入或支取
transMoney	交易金额,必填,大于 0
remark	备注,可选输入,其他说明

3. 物理实现步骤

根据逻辑表设计要求,将数据库的物理实现分为以下步骤:

(1) 利用 SQL 语句实现建库、建表、添加约束、建关系。

(2) 利用 SQL 语句插入测试数据,模拟常规业务操作。

(3) 利用 SQL 语句创建索引和视图、创建触发器并测试。

(4) 利用 SQL 语句创建转账的存储过程并测试。

4. 利用 SQL 语句实现建库、建表、添加约束、建关系

1) 建库

在创建数据库对象前首先要验证是否有同名库,若有,则删除后再创建此库。其代码如下:

```
/******************* 建库 ******************/
USE master
-- 检验数据库是否存在,如果为真,删除此数据库 --
IF EXISTS(SELECT * FROM sys.databases WHERE name = 'bankDB')
   DROP DATABASE bankDB
GO
-- 创建库 bankDB
CREATE DATABASE bankDB
 ON
 (
  name = 'bankDB',
  filename = 'D:\bank\bankDB.mdf',
  size = 1MB,
  filegrowth = 15 %
 )
 LOG ON
 (
  name =  'bankDB_log',
  filename = 'D:\bank\bankDB_log.ldf',
  size = 1MB,
  filegrowth = 15 %
 )
GO
```

2）建表

使用 SQL 语句创建 4 个数据表,自动增长列、主键列、较短的 CHECK 约束列一般在建表的同时给出。其具体代码如下:

```
/****************** 建表 ******************* /
-- 建管理员表
USE bankDB
IF EXISTS(SELECT name FROM sys.objects WHERE name = 'adminInfo')
   DROP TABLE adminInfo
GO
CREATE TABLE adminInfo                              -- 管理员表
(
 adminID int IDENTITY(1,1),                         -- 自动增长列
 adminName varchar(6) PRIMARY KEY,                  -- 管理员用户名
 adminPwd varchar(6) CHECK(LEN(adminPwd = 6))       -- 管理员密码
)
GO

-- 建用户信息表
USE bankDB
IF EXISTS(SELECT name FROM sys.objects WHERE name = 'userInfo')
   DROP TABLE userInfo
GO
CREATE TABLE userInfo                               -- 用户信息表
(
 customerNo int IDENTITY(1,1),
```

```
 customerName char(8) NOT NULL,
 cardID char(18) NOT NULL,
 telephone char(13) NOT NULL,
 address varchar(50)
)
GO

-- 建银行卡信息表
USE bankDB
IF EXISTS(SELECT name FROM sys.objects WHERE name = 'cardInfo')
   DROP TABLE cardInfo
GO
CREATE TABLE cardInfo                                   -- 银行卡信息表
(
 cardNo   char(19) NOT NULL,
 curType   char(5) NOT NULL,
 savingType   char(8) NOT NULL,
 openDate   datetime NOT NULL,
 openMoney   money NOT NULL,
 balance   money NOT NULL,
 pass   char(6) NOT NULL,
 IsReportLoss   bit   NOT NULL,
 customerNo   int   NOT NULL
)
GO

-- 建交易信息表
USE bankDB
IF EXISTS(SELECT name FROM sys.objects WHERE name = 'transInfo')
   DROP TABLE transInfo
GO
CREATE TABLE transInfo                                  -- 交易信息表
(
 transDate   datetime PRIMERY KEY,
 transType   char(4) NOT NULL,
 cardID   char(19) NOT NULL,
 transMoney   money NOT NULL,
 remark   text
)
GO
```

3）为表添加约束

约束是分表添加的。约束包括主键约束、唯一约束、较复杂的 CHECK 约束、外键约束和默认约束。其具体代码如下：

```
/****************** 添加约束 ******************/
-- userInfo 表约束
ALTER TABLE userInfo
 ADD CONSTRAINT PK_customerNo PRIMARY KEY(customerNo),
     CONSTRAINT CK_cardID CHECK(LEN(cardID) = 18),
     CONSTRAINT UQ_cardID UNIQUE(cardID),
```

```
    CONSTRAINT CK_telephone CHECK(telephone LIKE '[0-9][0-9][0-9][0-9]-[0-9][0-9][0-9][0-9][0-9][0-9][0-9][0-9]' OR telephone LIKE '[0-9][0-9][0-9]-[0-9][0-9][0-9][0-9][0-9][0-9][0-9][0-9]' OR LEN(telephone) = 13 )
GO

-- cardInfo 表的约束
ALTER TABLE cardInfo
 ADD CONSTRAINT  PK_cardNo   PRIMARY KEY(cardNo),
     CONSTRAINT  CK_cardNo   CHECK(cardNo LIKE '1010 3576 [0-9][0-9][0-9][0-9] [0-9][0-9][0-9][0-9]'),
     CONSTRAINT  DF_curType   DEFAULT('RMB') FOR curType,
     CONSTRAINT  CK_savingType   CHECK(savingType IN ('活期','定活两便','定期')),
     CONSTRAINT  DF_openDate   DEFAULT(GETDATE()) FOR openDate,
     CONSTRAINT  CK_openMoney   CHECK(openMoney>=1),
     CONSTRAINT  CK_balance   CHECK(balance>=1),
     CONSTRAINT  CK_pass   CHECK(pass LIKE '[0-9][0-9][0-9][0-9][0-9][0-9]'),
     CONSTRAINT  DF_pass   DEFAULT('888888') FOR pass,
     CONSTRAINT  DF_IsReportLoss DEFAULT(0) FOR IsReportLoss,
     CONSTRAINT  FK_customerNo FOREIGN KEY(customerNo) REFERENCES userInfo(customerNo)
GO

-- transInfo 表的约束
ALTER TABLE transInfo
 ADD CONSTRAINT  CK_transType   CHECK(transType IN ('存入','支取')),
     CONSTRAINT  FK_cardNo   FOREIGN KEY(cardNo) REFERENCES cardInfo(cardNo),
     CONSTRAINT  CK_transMoney   CHECK(transMoney>0),
     CONSTRAINT  DF_transDATE DEFAULT(GETDATE()) FOR transDate
GO
```

5. 向各表插入测试数据，模拟常规业务操作

具体内容略，请读者参考相关章节。

6. 利用 SQL 语句创建索引和视图、创建触发器并测试

1）创建索引

用户在进行金融操作时，系统通过获取用户手中银行卡的卡号为用户提供余额查询、取钱、存钱、转账等功能。这是银行系统使用最多的操作，因此在交易表上为卡号创建索引，以提高交易表上的查询速度。其具体代码如下：

```
/****************** 索引 ******************/
-- 创建索引:给交易表的卡号(cardNo)字段创建重复索引
CREATE NONCLUSTERED INDEX index_cardID ON transInfo(cardID)WITH FILLFACTOR = 70
GO
```

2）创建视图

4 个表的字段都是英文，为了友好地为中文用户提供服务，创建以中文字段为别名的视图，具体代码如下：

```
/****************** 视图 ******************/
-- 创建视图:为了向客户显示信息能够友好,查询各表要求字段全为中文字段名
CREATE VIEW view_userInfo                           -- 用户信息表视图
```

```
 AS
   SELECT customerNo AS 客户编号,customerName AS 开户名, cardID AS 身份证号,
        telephone AS 电话号码,address AS 居住地址 FROM userInfo
GO

CREATE VIEW view_cardInfo                          --银行卡信息表视图
 AS
   SELECT cardNo AS 卡号,curType AS 货币种类, savingType AS 存款类型,openDate AS 开户日期,
balance AS 余额,pass AS 密码,IsReportLoss AS 是否挂失,customerNo AS 客户编号 FROM cardInfo
GO

CREATE VIEW view_transInfo                         --交易信息表视图
 AS
   SELECT transDate AS 交易日期,transType AS 交易类型, cardNo AS 卡号,transMoney AS 交易金
额,remark AS 备注 FROM transInfo
GO
```

3）创建触发器

为交易信息表创建 INSERT 触发器。每当客户进行一次交易时，就会向交易信息表中插入一条记录，当客户选择存钱或者取钱时，不仅将交易记录存入交易信息表，更会直接修改客户的金融卡余额信息，在满足卡余额要高于 1 元钱的约束下，为用户提供最快捷、安全的服务。其具体代码如下：

```
/******************* 触发器 ***************/
--当存钱或取钱时,会往交易信息表(transInfo)中添加一条交易记录,同时会自动更新用户信息表
(userInfo)中现有金额的变化(例如增加/减少 500 元)

USE bankDB
IF EXISTS(SELECT name FROM sys.objects WHERE name = 'trig_trans')
  -- DROP TRIGGER trig_trans
GO
CREATE TRIGGER trig_trans ON transInfo FOR INSERT
 AS
   DECLARE @myTransType char(4),@outMoney money,@myCardNo char(19)
   SELECT @myTransType = transType,@outMoney = transMoney,@myCardNo = cardNo FROM inserted
   DECLARE @mybalance money
   SELECT @mybalance = balance FROM cardInfo WHERE cardNo = @myCardNo
   IF (@myTransType = '支取')
       IF (@mybalance - @outMoney > = 1)
           UPDATE cardInfo SET balance = balance - @outMoney WHERE cardNo = @myCardNo
       ELSE
           BEGIN
             print ('交易失败!余额不足!')
             ROLLBACK TRAN
           END
   ELSE IF (@myTransType = '存入')
           UPDATE cardInfo SET balance = balance + @outMoney WHERE cardNo = @myCardNo
   print '交易成功!交易金额:' + CONVERT(varchar(20),@outMoney)
   SELECT @mybalance = balance FROM cardInfo WHERE cardNo = @myCardNo
   print '卡号' + @myCardNo + '  余额:' + CONVERT(varchar(20),@mybalance)
GO
```

7. 创建存储过程并测试

创建转账的存储过程，需要输入自己的账号、对方账号和姓名(防止卡号写错)，并且需要借助事务。其具体代码如下：

```
/******************* 创建存储过程 ***************/
CREATE PROCEDURE proc_transMoney
   @cardNoOut char(19),
   @cardNoIn char(19),
   @customerName char(8),
   @outMoney money
   AS
    DECLARE @sumError int = 0
    BEGIN TRAN

    IF NOT EXISTS(SELECT * FROM cardInfo WHERE cardNo = @cardNoIn)
         BEGIN
           print '目标卡号不存在!'
           ROLLBACK TRAN
         END
    DECLARE @customerNo int
    SELECT @customerNo = customerNo FROM cardInfo WHERE cardNo = @cardNoIn

    IF NOT EXISTS(SELECT * FROM cardInfo WHERE customerNo = @customerNo AND customerName = @
customerName)                                 -- 名字和卡号匹配
         BEGIN
           print'目标卡号和名字不匹配!'
           ROLLBACK TRAN
         END

    UPDATE cardInfo SET curMoney = balance - @outMoney WHERE cardNo = @cardNoOut
    SET @sumError = @sumError + @@error
    UPDATE cardInfo SET curMoney = balance + @outMoney WHERE cardNo = @cardNoIn
    SET @sumError = @sumError + @@error

    IF(@sumError <> 0)
         BEGIN
           print '交易失败!'
           ROLLBACK TRAN
         END
    ELSE
       BEGIN
         print'交易成功!'
         COMMIT TRAN
       END
   GO
```

至此数据库创建完毕，用户可以使用.NET平台、C#语言模拟实现系统的前台开发。

小　　结

复杂数据库设计与开发的过程包括建库、建表、添加约束、建关系，数据测试，以及创建索引、视图、触发器、存储过程。

同时巩固的知识点如下。

(1) 使用 SQL 语句建库、建表、添加约束、建关系。

(2) 常用的约束类型：主键、外键、非空、默认值及检查约束。

(3) 高级查询的使用：内部连接、子查询、索引、视图。

(4) 触发器：INSERT 触发器的使用。

(5) 存储过程：带参数的存储过程、带返回值的存储过程。

(6) 事务：显式事务的应用。

第3篇
开发篇——数据库系统软件开发

第14章 数据访问技术*

知识结构图

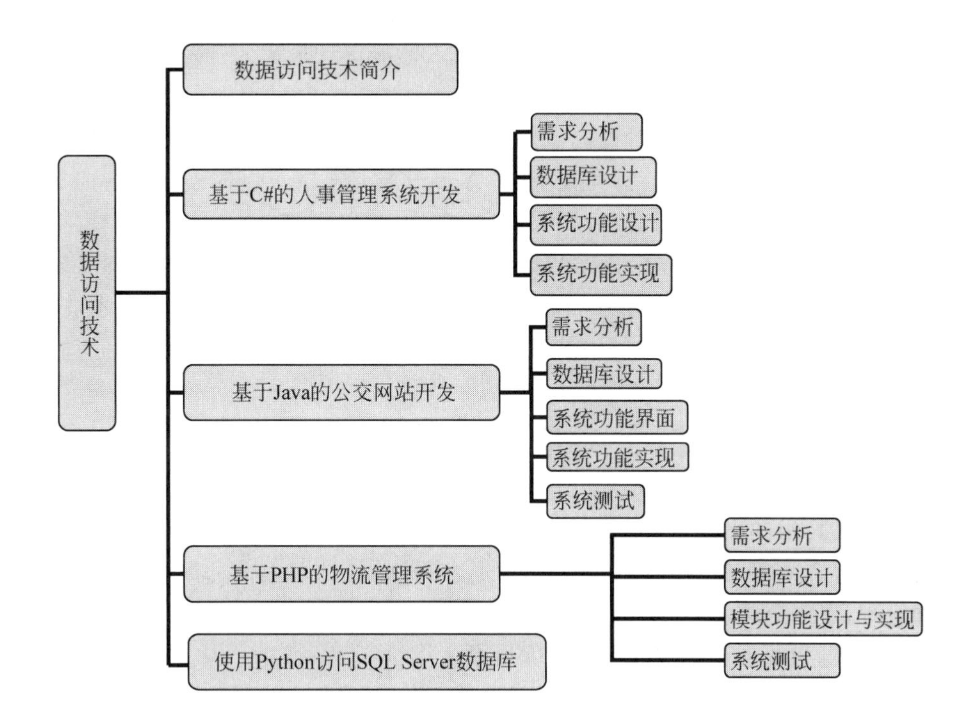

学习目标

了解数据访问的方法

熟练使用数据访问技术

导入案例

数据访问技术是提供给开发语言的高效访问数据库的技术。一方面，它使得数据的独立、安全、持久、大量存储成为可能；另一方面，为了尽量高效、安全地访问数据库，数据访问技术也在不断发展、进步。到 SQL Server 2012 时，相应的.NET 平台甚至提供了固化的访问数据库的通道，隐去烦琐的步骤，在开发网站等程序时可以方便地访问数据库。而到 SQL Server 2019 版，不仅可以开发常规项目和数据库，还可以开发 Python 等程序。本章将分别介绍以C#、Java和PHP为前台开发技术，以SQL Server为后台数据库的典型案例的设计与开发。最后简单介绍近年来流行的使用Python访问SQL Server数据库的方法。

14.1 数据访问技术简介

嵌入式SQL语句适合于应用程序的客户对象是特定的厂商，他们所使用的数据库基本不变的情况，此时嵌入式SQL的简洁、迅速的特点得以彰显。但由于嵌入式SQL语句会随着所访问数据库的变化而变化，所以不适合开发关系数据访问软件，也不利于维护。

多年以来，Microsoft公司提供的数据访问技术在不断地改进、变化，例如ODBC接口、DAO、RDO、OLEDB接口、ADO、ADO.NET。以上数据访问方法都有自身的优缺点。在信息化工程建设中，并不是由技术的先进程度决定成败。没有最好的，只有最合适的。充分了解各种编程方法，根据自身的目标和水平来选择，才能得到最大的开发效率。如何选择使用数据访问模式，主要考虑数据源种类、支持语言、性能要求、功能、现有技术及对未来开发工具的兼容。JDBC虽然是性能较好的数据访问接口，但是只适用于Java语言开发。

近年来，大数据、网络云、移动智能设备的App开发、Python、新时期人工智能等都是非常流行的技术。Microsoft公司在自己的Visual Studio和SQL Server产品中也都对这些技术进行了融合。尤其是SQL Server数据库中有Python数据库，二者的数据可以互相导入和导出。Python也能访问SQL Server数据库。Python数据访问技术主要使用pymssql，它是基于_mssql模块做的封装，遵守Python的DBAPI规范接口。

14.2 基于C#的人事管理系统开发

随着计算机技术的飞速发展，计算机在高校管理中应用的普及，利用计算机实现高校人事管理势在必行。人事管理系统就是把分散的企事业单位的职工信息实行统一、集中、规范的收集和管理，建立分类编号管理、计算机存储查询以及防火、防潮、防蛀、防盗等现代化、专业化的管理系统，为企事业单位和职工解除后顾之忧。

本系统从符合操作简单、界面友好、灵活、实用、安全的要求出发，完成人事管理系统的开发，主要完成数据管理、数据统计、数据查询、打印统计表和系统维护，使用C#语言和SQL Server数据库开发。

14.2.1 需求分析

本系统主要实现数据管理、数据统计、数据查询、打印统计表、系统维护等管理功能。系统功能如图14.1所示。

1. 数据管理模块

该模块的主要任务是给系统添加数据和维护数据，包括人员基本信息的输入、新进人员档案的添加、离退人员的管理、调出人员的管理、内部人员调转的管理和对各部门的编号的管理。数据管理功能如图14.2所示。

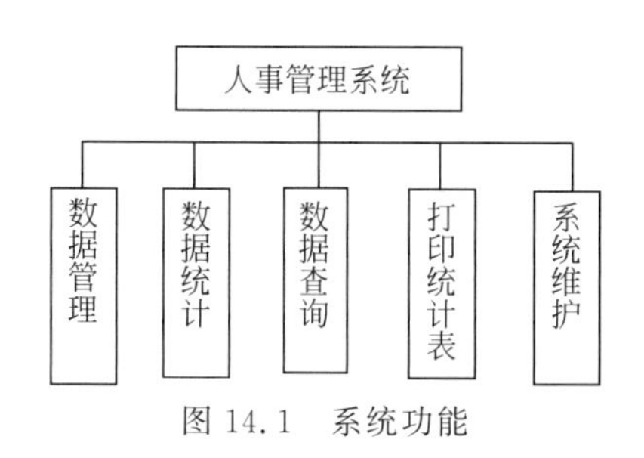

图 14.1 系统功能

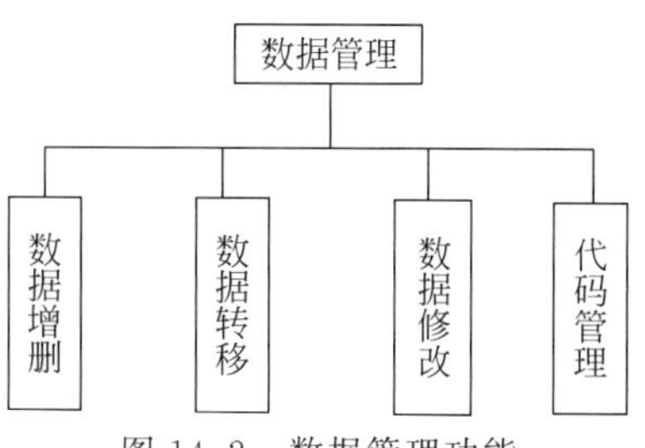

图 14.2 数据管理功能

2. 数据统计模块

数据统计模块的功能如图 14.3 所示，数据统计模块针对数据库中的数据进行分类统计，包括性别统计、民族统计、年龄统计等基本统计，还包括对人员的工作时间的统计、政治面貌的统计、学位和学历的统计、行政职务和专业职务的统计、基层教职工人数的统计等统计功能。

3. 数据查询模块

数据查询模块的功能是对人员基本信息、离退休人员信息、调出人员信息、其他人员信息进行查询，可以对查到的人员的信息进行修改，如图 14.4 所示。

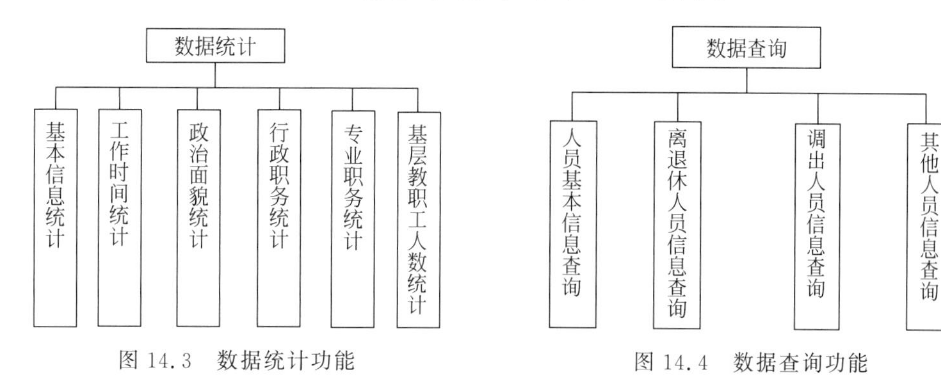

图 14.3 数据统计功能

图 14.4 数据查询功能

4. 打印统计表模块

打印统计表模块的功能是对各类信息进行报表统计并打印，负责打印退休人员信息、调出人员信息、其他人员信息，以及对统计出来的数据进行打印，如图 14.5 所示。

5. 系统维护模块

系统维护模块实现用户密码修改、用户密码找回等功能，如图 14.6 所示。

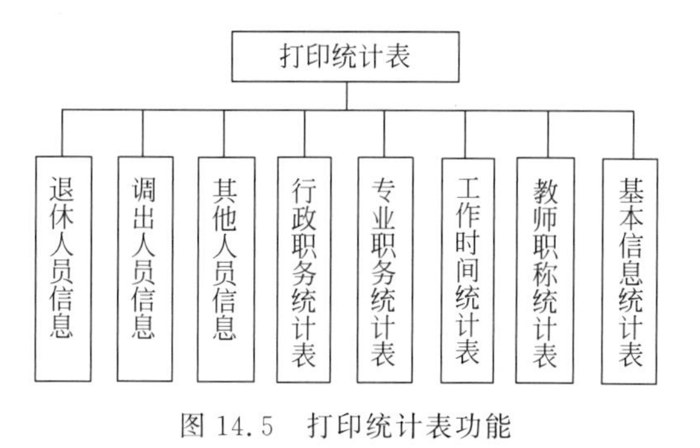

图 14.5 打印统计表功能

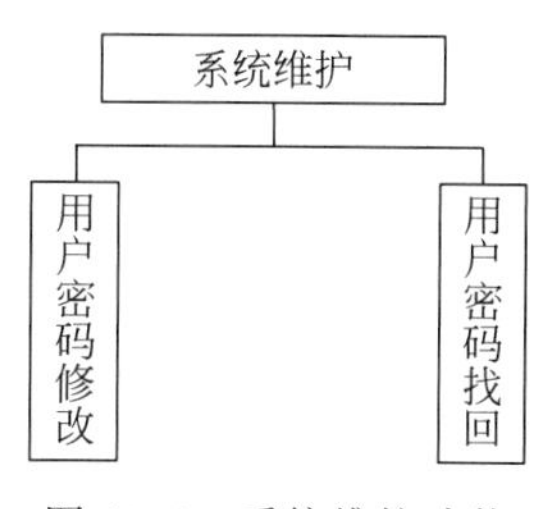

图 14.6 系统维护功能

14.2.2 数据库设计

1. 概要设计

经过分析，系统 E-R 图如图 14.7 所示。

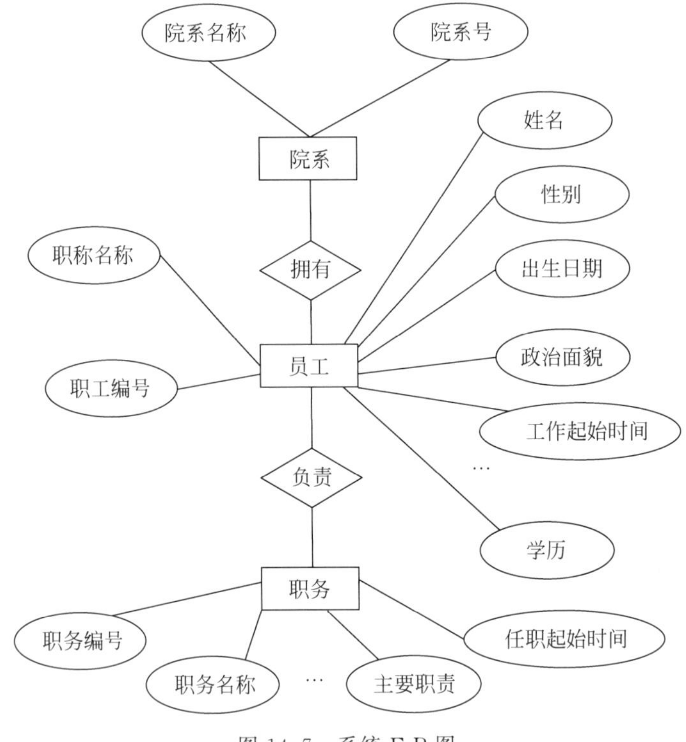

图 14.7 系统 E-R 图

2. 详细设计

根据 E-R 图的分析，得到数据库的各关系模式，再通过范式审核，得到 JiBenInfo、DiaoZhuan、DiaoChu、TuiXiu、BuMenCode、JiShuZhiWu、XingZhengZhiWu、PeiXunJinXiuDengJiBiao、ZhiCheng、RenYuanLeiBie、ZZMianMao、Manage、XueWei 等表，如表 14.1 所示。

各主要表具体见表 14.2～表 14.15。

表 14.1 数据库中主要的表

表 名	描 述
JiBenInfo	人员基本信息表
DiaoZhuan	调转人员信息表
DiaoChu	调出人员信息表
TuiXiu	存储退休人员信息表(由 JiBenInfo 表导出，字段与 JiBenInfo 表的一致)
BuMenCode	院系各部门编号表
JiShuZhiWu	技术职务信息表
XingZhengZhiWu	行政职务信息表
PeiXunJinXiuDengJiBiao	培训进修信息表

续表

表　　名	描　　述
ZhiCheng	职称信息表
RenYuanLeiBie	类别信息表
ZZMianMao	政治面貌信息表
Manage	管理员相关信息表
XueLi	学历类型信息表
XueWei	学位类型信息表
XueKe	学科类型信息表

表 14.2　JiBenInfo 表

编　　号	列　　名	数据类型	长度(byte)	是否允许为空	描　　述
1	ID	int	4	否	编号,主键
2	Name	nvarchar	10	否	姓名
3	Sex	char	2	否	性别
4	MinZuID	int	4	否	民族编号
5	Birthday	varchar	10	否	出生年月
6	WorkTime	varchar	10	否	工作时间
7	ZZMianMaoID	int	4	是	政治面貌编号
8	ZTime	varchar	10	是	加入时间
9	XingZhengZhiWuID	nvarchar	10	是	行政职务编号
10	XTime	varchar	10	是	行政职务取得时间
11	JiShuDengJiID	int	4	是	技术等级编号
12	JTime	varchar	10	是	技术等级取得时间
13	XueLiID	int	4	是	学历编号
14	BiYe	nvarchar	50	是	毕业学校
15	BTime	varchar	10	是	毕业时间
16	XueXiZhuanYe	nvarchar	100	是	学习专业
17	CongShiZhuanYe	nvarchar	100	是	从事专业
18	BuMenID	nvarchar	10	是	部门编号
19	XueWeiID	int	4	是	学位编号
20	JiShuZhuWuID	nvarchar	10	是	技术职务编号
21	JZTime	varchar	10	是	技术职务取得时间
22	HuaQiao	char	2	是	是否为华侨
23	GAT	char	2	是	是否为港澳台
24	TeachCourse	nvarchar	3	是	教授课程
25	PinYongZhiDuID	nvarchar	3	是	聘用制度
26	BiaoShiID	int	4	是	标识编号
27	Course	nvarchar	10	是	课程
28	ZhiChengID	int	4	是	职称编号
29	DaoShi	nvarchar	10	是	导师
30	DiaoRuTime	varchar	10	是	调入时间
31	LeiXing	nvarchar	20	是	类型(教师来源)
32	ZhiChengTime	varchar	10	是	获得职称时间
33	ShiFouPeiXun	char	2	是	是否培训
34	PeiXunTime	varchar	10	是	培训时间

表 14.3 DiaoZhuan 表

编　号	列　名	数据类型	长度(byte)	是否允许为空	描　述
1	ID	int	4	否	编号，主键
2	YuanBuMenID	nvarchar	10	否	原工作部门编号
3	NewBuMenID	nvarchar	10	否	调入部门编号
4	Time	varchar	10	是	调入时间
5	DiaoLiTeach	char	2	是	是否调离教育岗位

表 14.4 DiaoChu 表

编　号	列　名	数据类型	长度(byte)	是否允许为空	描　述
1	ID	int	4	否	主键，自动增长
2	Name	nvarchar	50	否	姓名
3	Sex	char	2	否	性别
4	MinZuID	int	4	否	民族编号
5	Birthday	varchar	10	否	出生年月
6	WorkTime	varchar	10	否	工作时间
7	ZZMianMaoID	int	4	是	政治面貌编号
8	ZTime	varchar	10	是	加入时间
9	XingZhengZhiWuID	nvarchar	10	是	行政职务编号
10	XTime	varchar	10	是	行政职务取得时间
11	JiShuDengJiID	int	4	是	技术等级编号
12	JTime	varchar	10	是	技术等级取得时间
13	XueLiID	int	4	是	学历编号
14	BiYe	nvarchar	50	否	毕业学校
15	BTime	varchar	10	是	毕业时间
16	XueXiZhuanYe	nvarchar	100	是	学习专业
17	CongShiZhuanYe	nvarchar	100	是	从事专业
18	BuMen	nvarchar	10	否	所在部门
19	XueWeiID	int	4	是	学位编号
20	JiShuZhiWuID	nvarchar	10	是	技术职务编号
21	JZTime	varchar	10	是	技术职务取得时间
22	DiaoChuTime	nvarchar	10	是	调出时间
23	DiaoChuYuanYin	nvarchar	100	是	调出原因
24	HuaQiao	char	2	是	是否为华侨
25	GAT	char	2	是	是否为港澳台
26	TeachCourse	nvarchar	3	是	教授课程
27	PinYongZhiDu	nvarchar	3	是	聘用制度
28	Course	nvarchar	20	是	课程
29	ZhiChengID	int	4	是	职称编号
30	DaoShi	nvarchar	10	是	导师
31	ZhiChengTime	varchar	10	是	获得职称时间
32	ShiFouPeiXun	char	2	是	是否培训
33	PeiXunTime	varchar	10	是	培训时间

表 14.5　BuMenCode 表

编　　号	列　　名	数据类型	长度(byte)	是否允许为空	描　　述
1	ID	nvarchar	10	否	主键,自动增长
2	BuMenName	nvarchar	50	否	部门名称
3	BuMenCode	nvarchar	10	是	部门编号

表 14.6　JiShuZhiWu 表

编　　号	列　　名	数据类型	长度(byte)	是否允许为空	描　　述
1	ID	nvarchar	10	否	技术职务编号,主键
2	Name	nvarchar	50	否	技术职务名称

表 14.7　XingZhengZhiWu 表

编　　号	列　　名	数据类型	长度(byte)	是否允许为空	描　　述
1	ID	nvarchar	10	否	行政职务编号,主键
2	stuNo	nvarchar	50	否	行政职务名称

表 14.8　PeiXunJinXiuDengJiBiao 表

编　　号	列　　名	数据类型	长度(byte)	是否允许为空	描　　述
1	BianHao	varchar	50	否	编号,主键
2	JinXiuName	varchar	50	是	进修人员姓名
3	JinXiuZhuangTai	varchar	50	否	进修状态
4	XueXiFangShi	varchar	50	是	学习方式
5	JinXiuYuanXiaoZY	varchar	50	是	进修院校及所学专业
6	XueXiDateStart	varchar	10	是	学习开始时间
7	XueXiDateEnd	varchar	10	是	学习结束时间

表 14.9　ZhiCheng 表

编　　号	列　　名	数据类型	长度(byte)	是否允许为空	描　　述
1	ID	int	4	否	职称编号,主键
2	Name	nvarchar	10	是	职称名称

表 14.10　RenYuanLeiBie 表

编　　号	列　　名	数据类型	长度(byte)	是否允许为空	描　　述
1	ID	nvarchar	10	否	主键,自动增长
2	RenYuanLeiBie	varchar	50	是	人员类别

表 14.11　ZZMianMao

编　　号	列　　名	数据类型	长度(byte)	是否允许为空	描　　述
1	ID	int	4	否	政治面貌编号,主键
2	ZZName	nvarchar	4	否	政治面貌名称

表 14.12　Manage 表

编　　号	列　　名	数据类型	长度(byte)	是否允许为空	描　　述
1	ID	int	4	否	编号,主键
2	MName	nvarchar	10	否	管理员的用户名
3	PassWord	nvarchar	10	否	管理员的密码
4	Level	varchar	4	否	管理员级别

表 14.13　XueWei 表

编　　号	列　　名	数据类型	长度(byte)	是否允许为空	描　　述
1	ID	int	4	否	学位编号,主键
2	Name	nvarchar	10	否	学位名称

表 14.14　XueLi 表

编　　号	列　　名	数据类型	长度(byte)	是否允许为空	描　　述
1	ID	int	4	否	学历编号,主键
2	Name	nvarchar	10	否	学历名称

表 14.15　XueKe 表

编　　号	列　　名	数据类型	长度(byte)	是否允许为空	描　　述
1	ID	int	4	否	学科编号,主键
2	Name	nvarchar	10	否	学科名称

3. 存储过程

本系统创建存储过程用于实现信息的查询、添加、统计和更新。使用存储过程可以优化系统,提高效率。表 14.16 列出了本系统中主要存储过程的基本信息。

表 14.16　系统存储过程

编　　号	存储过程名称	参　　数	功　　能
1	procUpdateJiBenInfo	@id,@name,@sex,@minzu,@birthday,@worktime,@zzmianmao…	修改人员基本信息
2	procInsertJiBenInfo	@id,@name,@sex,@minzu,@birthday,@worktime,@zzmianmao…	添加人员基本信息
3	procZhuanRuTuiXiu	@no,@time,@sum,@error,@id	转入退休人员表
4	procZhuanRuDiaoChu	@no,@yuanyin,@diaochutime,	转入调出人员表
5	procCountBiYe	@zhicheng,@jinsheng,@biyet1,@biyet2	按时间统计毕业人数
6	procCountWork	@year1,@year2	按工作时间统计人数
7	procCountXingZhengAll	@xingzheng	按行政职务进行统计
8	procBaseSumZ	@bumen	基础部门人数统计
9	procTechWorkSum	@jishudengji	按技术等级统计
10	procCountOld	@age1,@age2,@xingzheng	按年龄段进行职务统计

4. 视图

在本系统中共定义了 6 个视图，分别是 Dead1、DiaoChu1、JiBenInfo1、JiBenInfo2、TuiXiu 和 view_peixunPrint，这 6 个视图的基本信息如表 14.17 所示。

表 14.17　系统中的视图

编　　号	视 图 名 称	说　　明
1	Dead1	对死亡人员的统计
2	DiaoChu1	对调出人员的统计
3	JiBenInfo1	从 JiBenInfo 查询部分信息
4	JiBenInfo2	从 JiBenInfo 查询部分信息
5	TuiXiu	对退休人员的统计
6	view_peixunPrint	对培训人员的信息查询

其中，view_peixunPrint 的定义如下：

```
CREATE VIEW view_peixunPrint
AS
SELECT JiBenInfo1.部门, JiBenInfo1.姓名, JiBenInfo1.性别, JiBenInfo1.出生年月, JiBenInfo1.
技术职务, JiBenInfo1.学历, JiBenInfo1.学位, JiBenInfo1.毕业时间, JiBenInfo1.从事专业,
PeiXunJinXiuDengJiBiao.JinXiuZhuangTai AS 进修状态, PeiXunJinXiuDengJiBiao.JinXiuYuanXiaoZY
AS 在读学校及所学专业, PeiXunJinXiuDengJiBiao.XueXiDateStart AS 学习开始时间,
PeiXunJinXiuDengJiBiao.XueXiDateEnd AS 学习结束时间, PeiXunJinXiuDengJiBiao.XueXiLeiBie AS
学习类别, PeiXunJinXiuDengJiBiao.XueXiFangShi AS 学习方式 FROM JiBenInfo1 INNER JOIN
PeiXunJinXiuDengJiBiao ON JiBenInfo1.编号 = PeiXunJinXiuDengJiBiao.BianHao
GO
```

14.2.3　系统功能设计

高校人事管理系统的各功能界面介绍如下。

1. 登录界面

在进入系统之前需要登录验证，如图 14.8 所示。输入姓名和密码，当姓名和密码都正确时才能进入系统。

图 14.8　登录界面

2. 系统主界面

在人事系统软件登录成功后启动的主界面如图 14.9 所示。

图 14.9　系统主界面

3. 数据录入界面

数据录入界面用于系统所有数据的录入和维护，包括数据录入、数据修改、数据转移、代码管理，以及离退休人员库、调出人员库和其他人员库。各项管理的功能是对所管理的信息进行查询、添加、修改和删除。

职工信息录入是对人员的自然情况、学历专业、标识状况等信息统一管理，包括人员信息录入和人员信息维护，如图 14.10 所示。

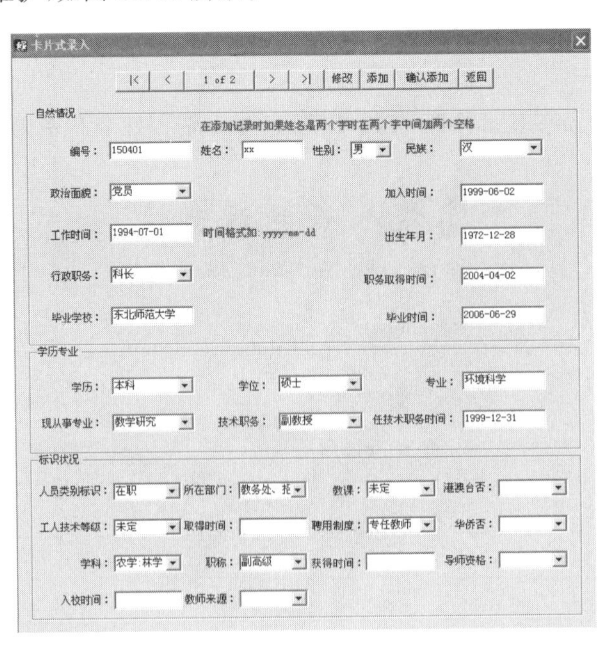

图 14.10　数据录入界面

4. 数据修改界面

数据修改界面包括按部门修改界面和按姓名修改界面,可对人员信息进行查询、添加、修改和删除操作,可以对系统现有的专业信息进行维护。在数据修改界面中显示的是系统中所有的相关信息。

(1) 按部门修改界面如图 14.11 所示。

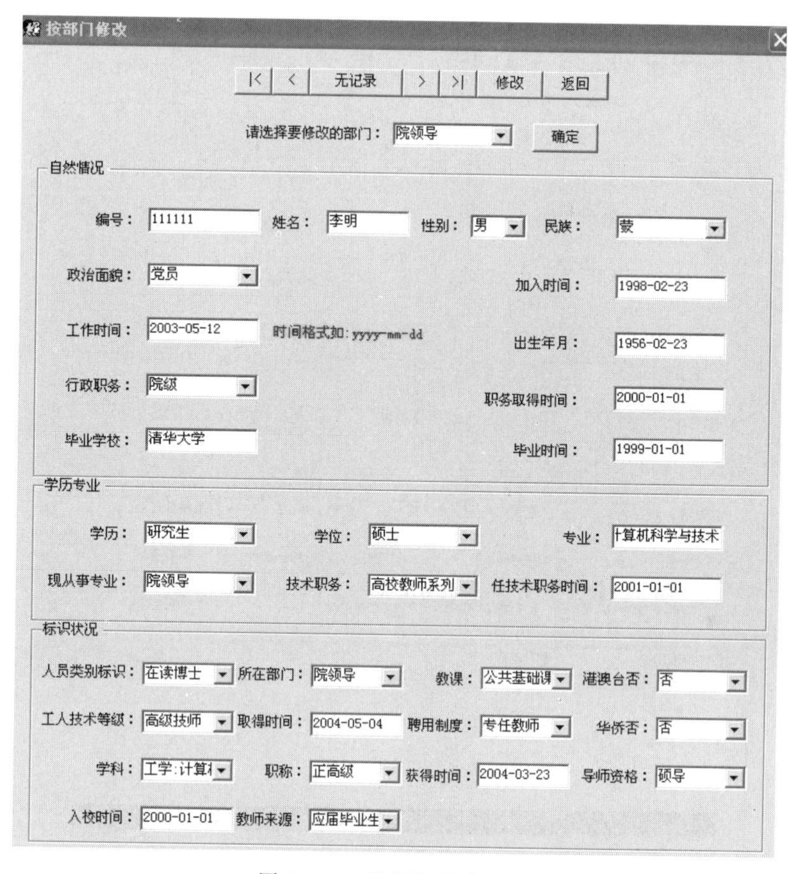

图 14.11　按部门修改界面

(2) 按姓名修改界面如图 14.12 所示。在输入姓名处输入所要查询人员的姓名,然后单击"确定"按钮,如果在数据库中有该人员,则在下方显示出该人员的相关信息,从而进行修改。

(3) 数据转移涉及转入离退休人员库、转入调出人员库、转入调转人员库、转入其他人员库。

转入离退休人员库界面如图 14.13 所示。在输入调转人员姓名处输入离退休人员的姓名,单击"确定"按钮,如果输入错误,则可以单击"重输"按钮重新输入姓名,然后输入退休时间。该界面表格中当前行显示的信息即为输入人员的相关信息,在输入退休时间后单击"调转"按钮,进行调转操作。

转入调出人员库界面如图 14.14 所示。在该界面中输入调出人员的姓名、调出原因和调出时间,如果想要重新输入,单击"重输"按钮重新输入即可。该界面表格中当前行显示的信息即为调出人员的相关信息,在输入调出时间后单击"调转"按钮,完成调出操作。

按姓名修改

|< < 1 of 1 > >| 修改 返回

请输入要修改人员的姓名：李明 确定

如果姓名是两个字时在两个字中间加两个空格

自然情况

编号：111111 姓名：李明 性别：男 民族：蒙

政治面貌：民盟 加入时间：1999-06-02

工作时间：1994-07-01 时间格式如：yyyy-mm-dd 出生年月：1972-12-28

行政职务：技术员级 职务取得时间：2004-04-02

毕业学校：吉林大学 毕业时间：2006-06-29

学历专业

学历：本科 学位：硕士 专业：环境科学

现从事专业：院领导 技术职务：副教授 任技术职务时间：1999-12-31

标识状况

人员类别标识：在职 所在部门：教务处、招 教课：未定 港澳台否：

工人技术等级：未定 取得时间： 聘用制度：专任教师 华侨否：

学科：农学:林学 职称：副高级 获得时间： 导师资格：

入校时间： 教师来源：

图 14.12 按姓名修改界面

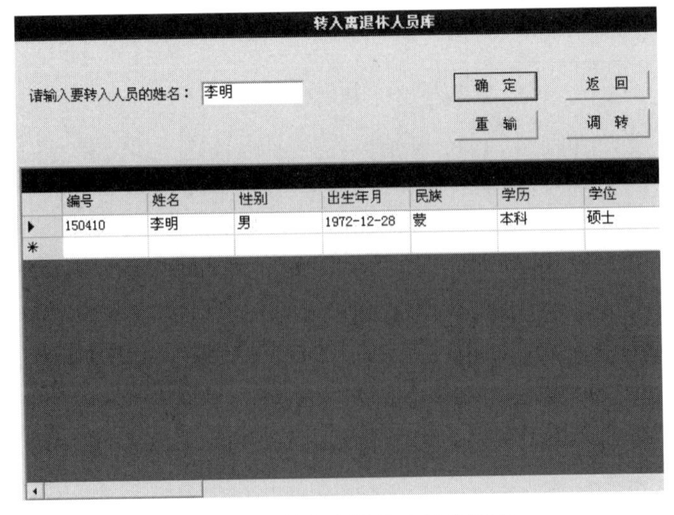

图 14.13 转入离退休人员库界面

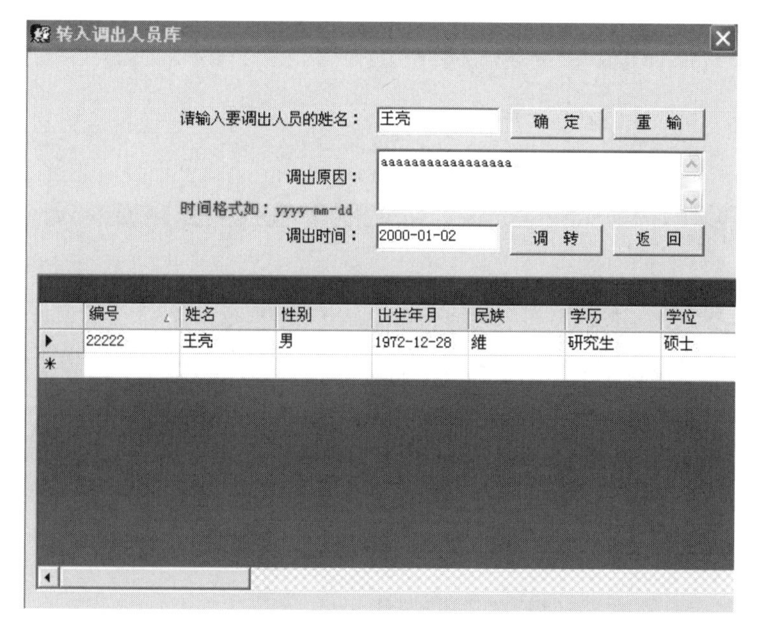

图 14.14　转入调出人员库界面

在转入调转人员库界面中输入要调转人员的姓名，单击“确定”按钮，该界面表格中当前行显示的信息即为要调转人员的相关信息。选择调转的岗位并输入调转时间等相关信息，单击“调转”按钮，完成调转操作，如图 14.15 所示。

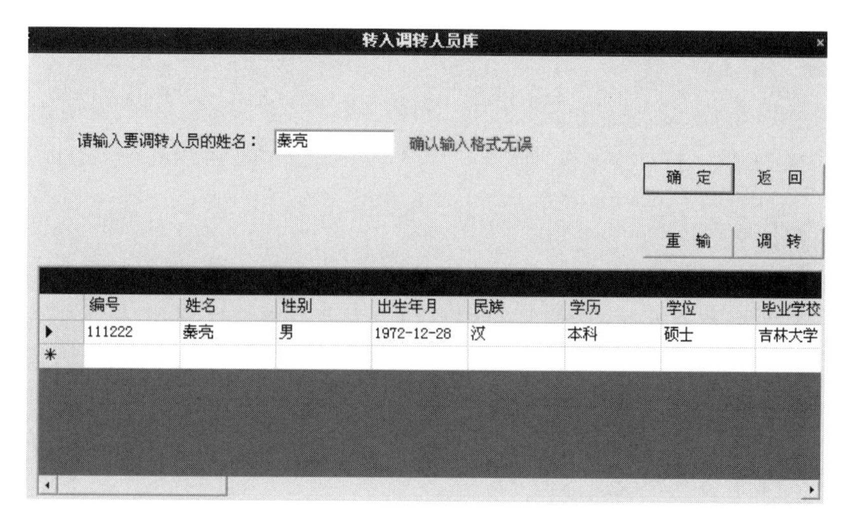

图 14.15　转入调转人员库界面

在转入其他人员库界面中输入要转入人员的姓名，单击“确定”按钮，该界面表格中当前行显示的信息即为要转入人员的相关信息，如图 14.16 所示。单击“调转”按钮转入对应人员库。

(4) 代码管理包括对部门、民族、学位、学历、专业、行政、技术职务等的代码管理。

图 14.17 所示为对部门的代码管理，图 14.18 所示为对民族的代码管理。

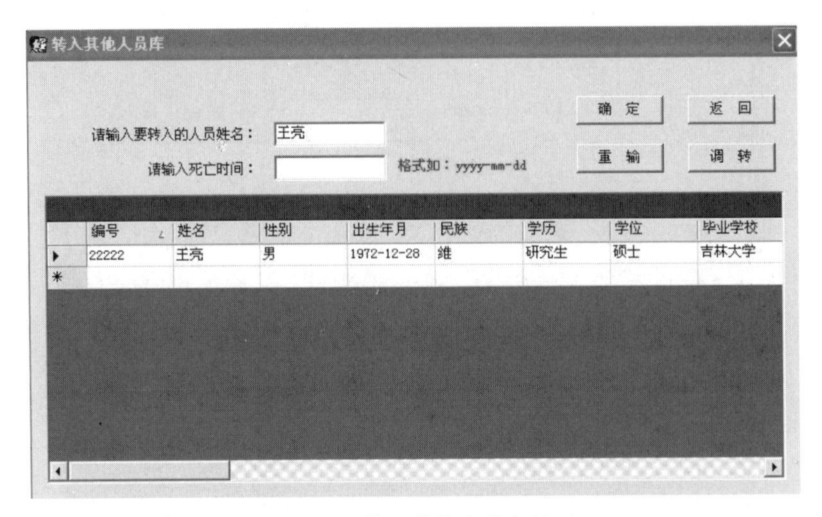

图 14.16　转入其他人员库界面

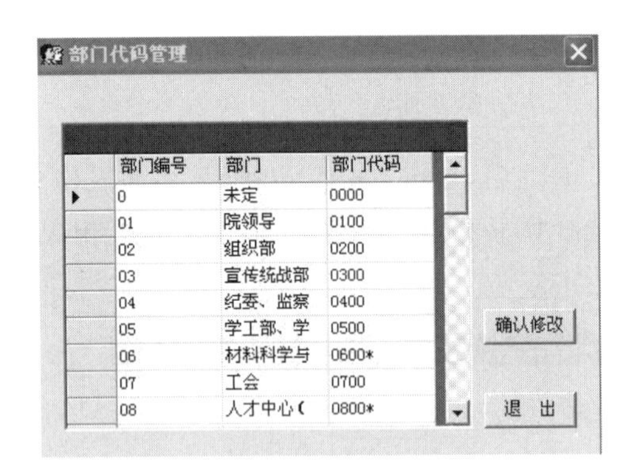

图 14.17　部门代码管理界面

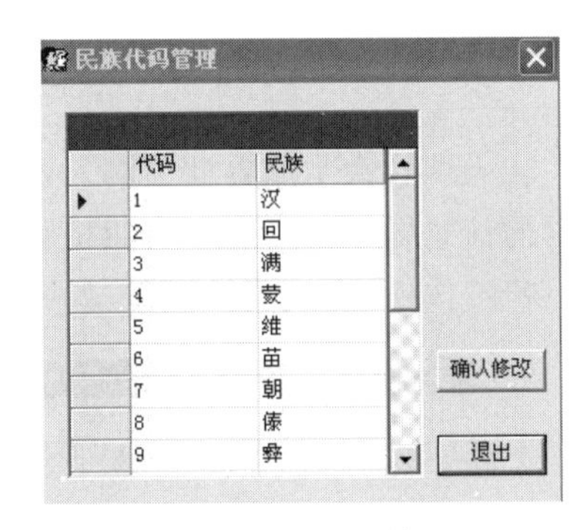

图 14.18　民族代码管理界面

5. 数据统计

数据统计包括性别、民族、年龄等自然情况的统计，以及工作时间统计、政治面貌统计、学位学历统计、行政职务统计、专业职称级别统计、专业教师情况统计、技术工人统计、基层单位教职工人数统计。

1）性别统计

性别统计通过人员性别来统计，包括全院教职工性别统计、人员分类性别统计、行政职务性别统计、专业职务性别统计。

首先是全院教职工性别统计，统计对象是所有的工作人员。进入全院教职工性别统计界面，单击“统计”按钮进行统计，如图 14.19 所示。

人员分类性别统计是对所选类别人员的性别进行统计，在选项中选择人员的类别，然后进行统计操作，统计后单击“打印”按钮还可以打印出统计人员的信息，如图 14.20 所示。

行政职务性别统计是对专业技术职务为院级、处级、科级、科办员的人员的性别进行统计，在下方单选按钮组中进行相应的选择，如图 14.21 所示。

专业职务性别统计是对职称为正高级、副高级、中级、初级的人员以及无职称人员的性别统计，选择要统计人员的专业技术职务进行统计，如图 14.22 所示。

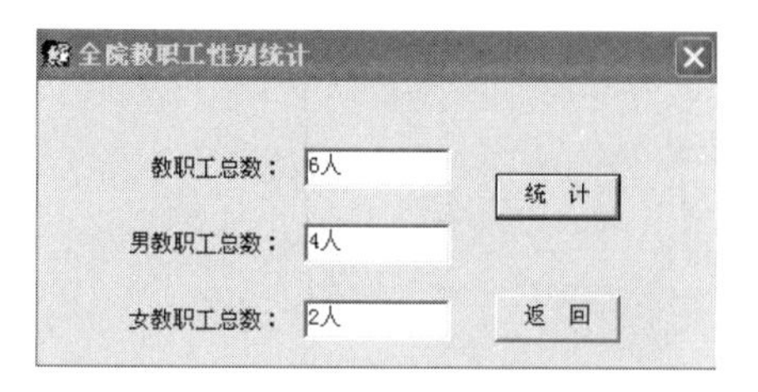

图 14.19 全院教职工性别统计界面

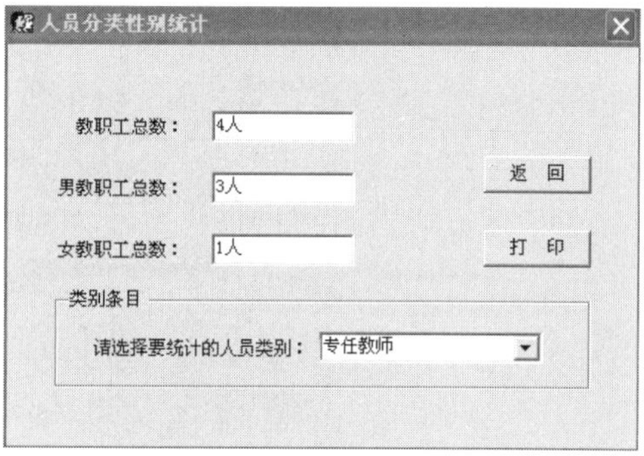

图 14.20 人员分类性别统计界面

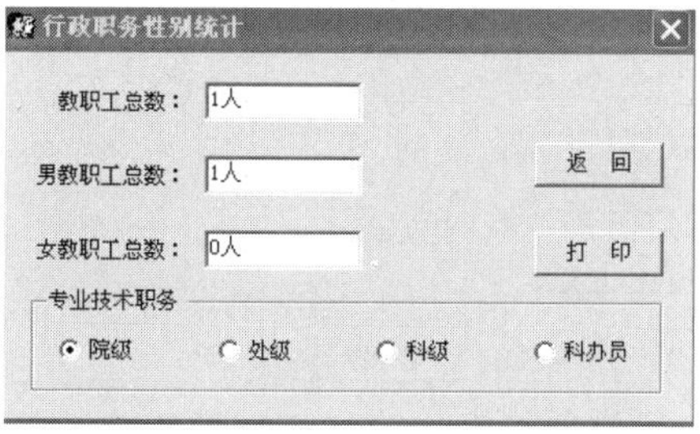

图 14.21 行政职务性别统计界面

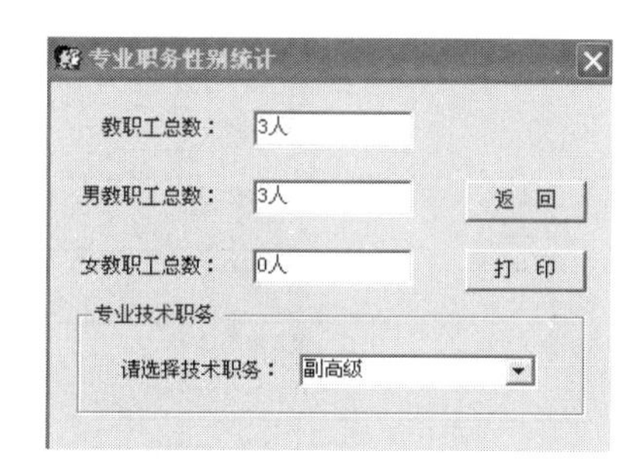

图 14.22 专业职务性别统计界面

2）民族统计

民族统计首先统计全院职工各民族的人数，主要是对汉族、满族、朝鲜族、蒙古族、维吾尔族人数的统计，如图 14.23 所示。单击“统计”按钮可以统计结果，单击“返回”按钮则关闭该界面。

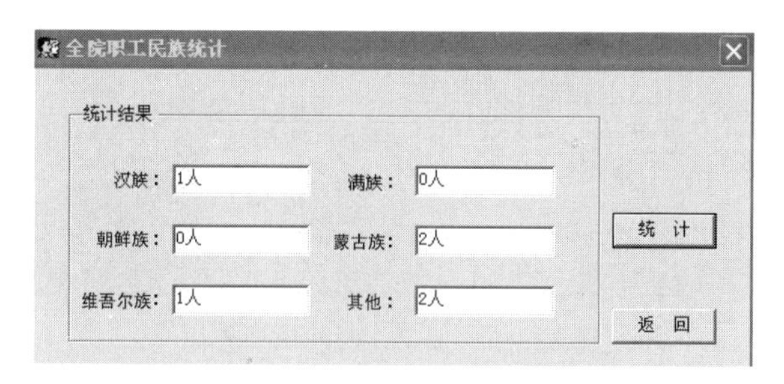

图 14.23 全院职工民族统计界面

按行政职务民族统计界面如图 14.24 所示，在下方的单选按钮组中选择行政职务可以统计相关内容，单击“返回”按钮则关闭该界面。

按人员类别民族统计界面如图 14.25 所示，在人员类别处选择要统计的人员类别，统计出所要的相关信息，单击“返回”按钮则关闭该界面。

3）工作时间统计

工作时间统计是根据人员在校工作时间进行统计，在统计时间处输入要统计的时间区域，然后单击“统计”按钮，即可得到相关信息。单击“统计”按钮进行统计操作，单击“返回”按钮关闭该界面，如图 14.26 所示。

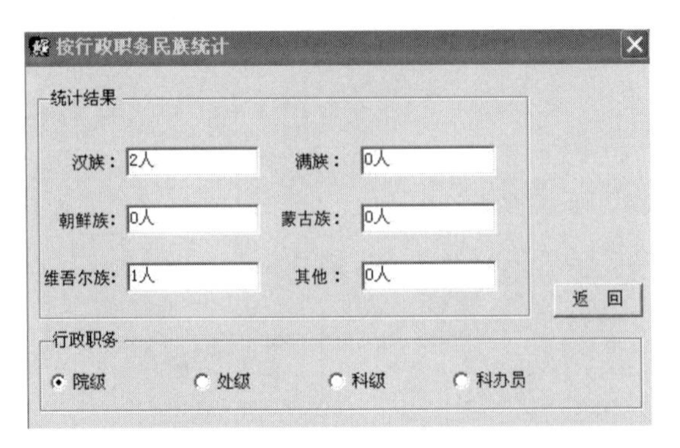

图 14.24　按行政职务民族统计界面

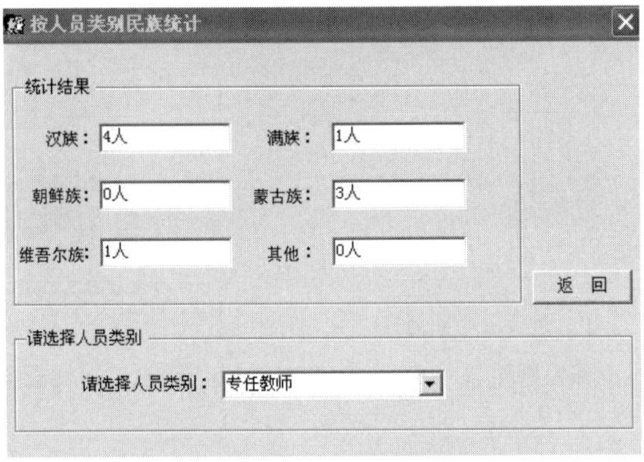

图 14.25　按人员类别民族统计界面

图 14.26　按工作时间统计界面

4）政治面貌统计

政治面貌统计包括全院政治面貌统计和按人员类别统计。全院政治面貌统计对全院人员进行统计，如图 14.27 所示。进入统计界面后单击"统计"按钮即可得到相关信息，单击"返回"按钮则关闭该界面。

按人员类别统计是选择所要统计的类别进行统计，如图 14.28 所示。

5）学位学历统计

学位学历统计首先对全院教职工的学历进行统计，输入所要统计的年龄段，单击"统计"按钮可查询相关信息(学位统计与其类似)，如图 14.29 所示。

按毕业时间统计，首先输入毕业时间段，然后选择职称名称。若在晋升时间处输入时间，则统计在该时间内获得职称的人数；如果不输入时间，则默认统计全院在该时间段毕业的人员获得职称的人数。单击“统计”按钮即可得到相关信息，单击“返回”按钮则关闭该界面，如图 14.30 所示。

全院政治面貌统计
统计结果
党员：3
团员：1
民盟：4
民建：0
九三学社：0
其他：1
统 计
返 回

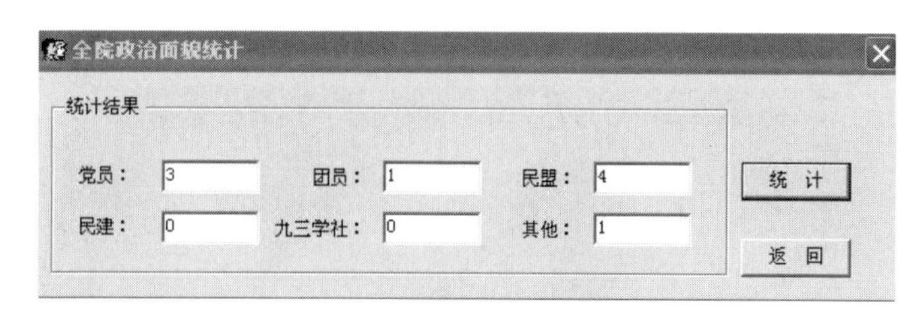

图 14.27　全院政治面貌统计界面

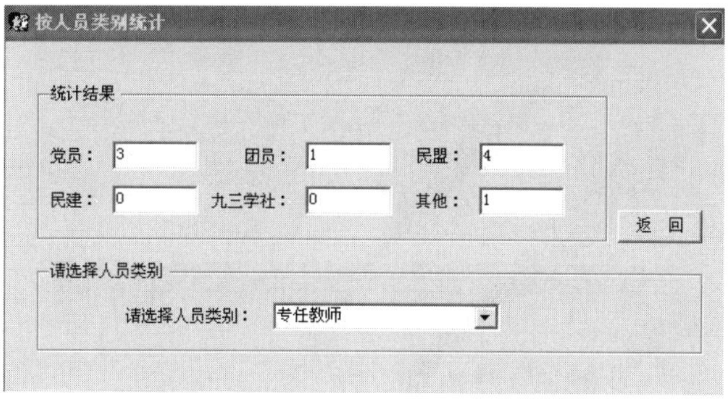

按人员类别统计
统计结果
党员：3
团员：1
民盟：4
民建：0
九三学社：0
其他：1
返 回
请选择人员类别
请选择人员类别：专任教师

图 14.28　按人员类别统计界面

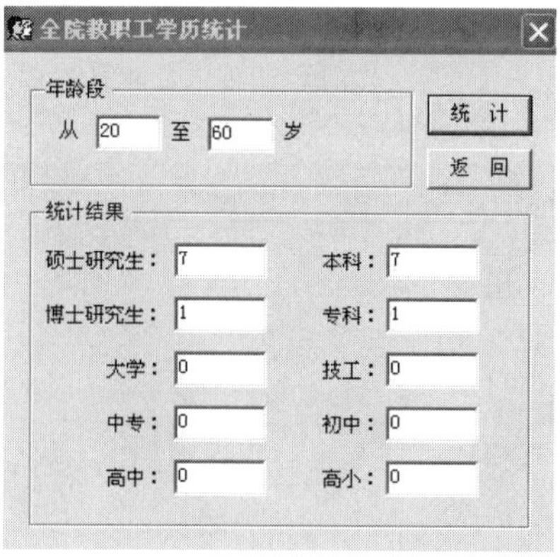

全院教职工学历统计
年龄段
从 20 至 60 岁
统 计
返 回
统计结果
硕士研究生：7
本科：7
博士研究生：1
专科：1
大学：0
技工：0
中专：0
初中：0
高中：0
高小：0

图 14.29　学历统计界面

按人员类别统计学历，在人员类别处选择要统计的人员类别查询相关结果，专业教师情况统计中的学位和职称统计与此统计相似。

6）行政职务统计

行政职务统计包括按行政职务人数统计、按年龄段统计、按学历统计。

在按行政职务人数统计界面中选择职务类别进行统计，如图 14.31 所示。

在按年龄段统计界面中输入查询年龄段，在行政职务处选择行政职务。按年龄段统计是联合查询,必须在输入查询年龄和选择行政职务后统计功能才能够实现,如图 14.32 所示。在统计后可根据统计人员信息进行打印。

在按学历统计界面中,在人员类别处选择相关学历进行统计,技术工人的统计与此统计类似。

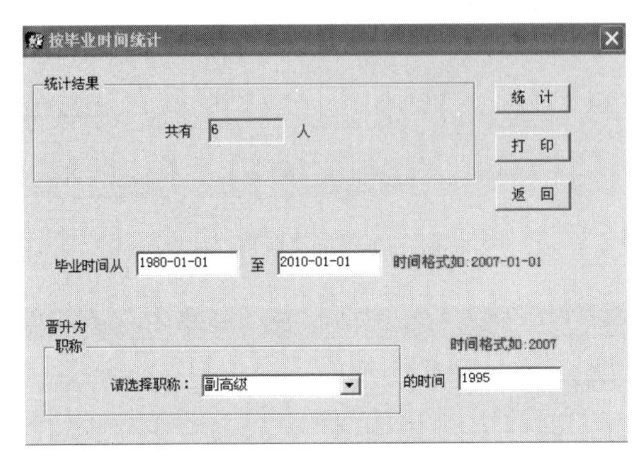

图 14.30 按毕业时间统计界面

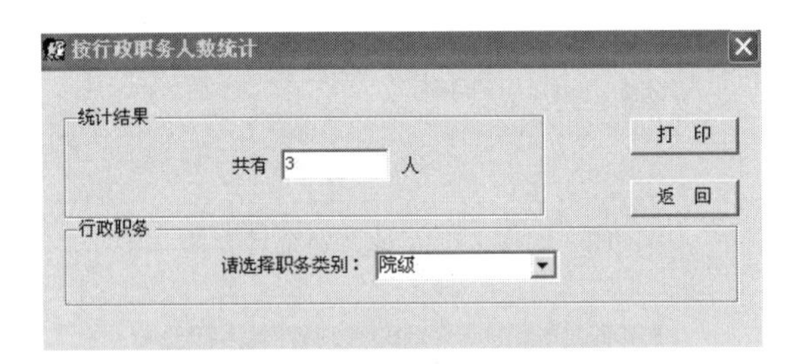

图 14.31 按行政职务人数统计界面

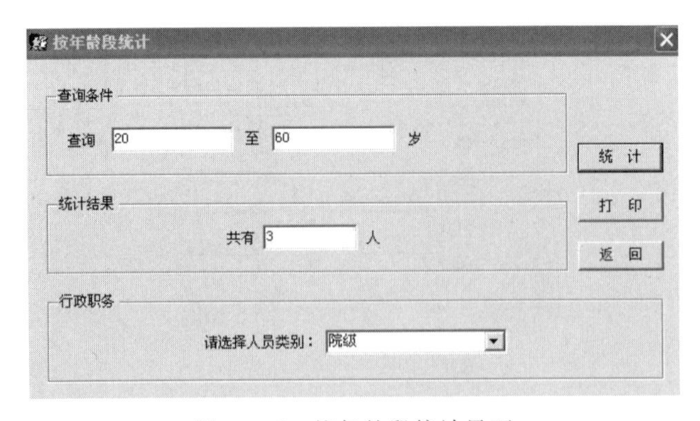

图 14.32 按年龄段统计界面

7) 专业职称级别统计

专业职称级别统计主要针对在校人员的专业职称进行统计,在该界面内选择专业职称统计出所要结果,根据结果可以进行打印操作,如图 14.33 所示。

6. 数据查询

数据查询包括按姓名查询、按部门查询,以及退休人员的具体个人情况查询、转出人员的具体个人情况查询、转入人员的具体个人情况查询。由于和前面相应功能的实现类似,这里不再赘述。

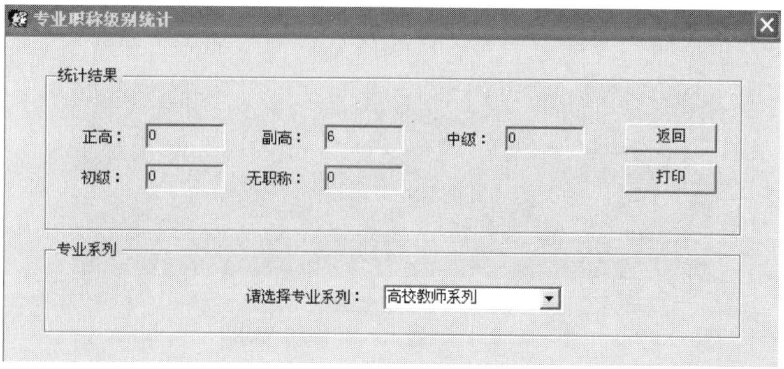

图 14.33　专业职称级别统计界面

退休人员信息查询如图 14.34 所示。

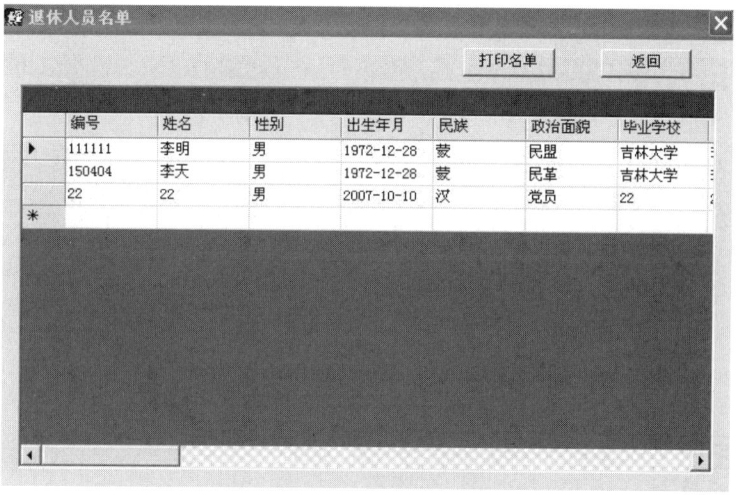

图 14.34　退休人员信息查询

转出人员信息查询是查询从学院转出人员的信息,由于在数据转移中实现了将人员调转到转出人员库,所以在转出人员库中可查询出相关信息,根据编号逐一查询调转人员的所有信息,可以查看多条记录,如图 14.35 所示。单击“打印名单”按钮可以将界面表格中显示的内容导入 Excel 中打印,单击“返回”按钮则退出该界面。

转入人员信息查询和转出人员信息查询类似,如图 14.36 所示。在其他人员库中可查询出相关信息,可以按编号逐一查询,在界面表格中显示所有符合这些条件的人员记录,单击“打印名单”按钮可导入 Excel 中打印。

7. 打印统计表

1) 打印退休人员名单

选择退休人员库,其数据显示在报表中,报表的数据源是 DataSet1 中的 JiBenInfo 表,通过单击报表上的“打印”按钮即可打印退休人员信息,如图 14.37 所示。

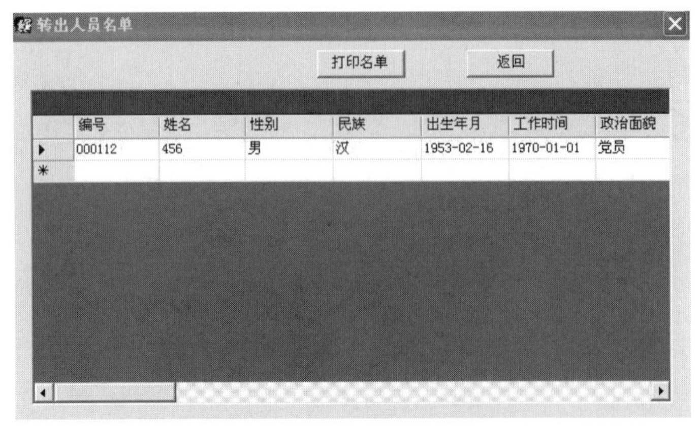

图 14.35　转出人员信息查询

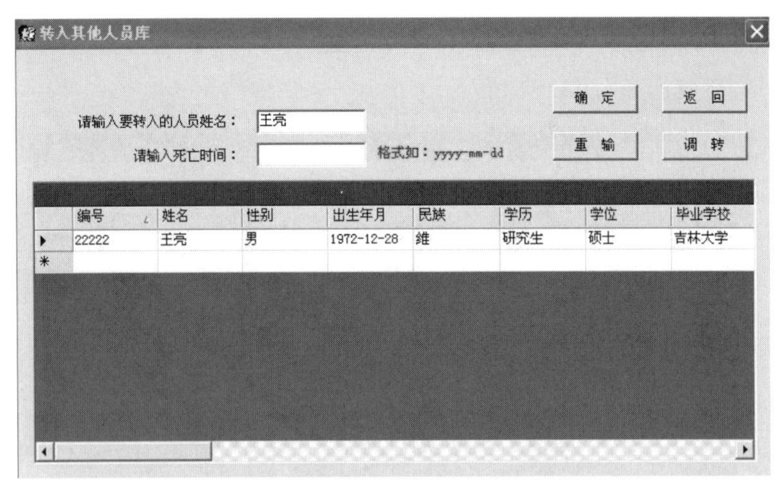

图 14.36　转入其他库人员信息查询

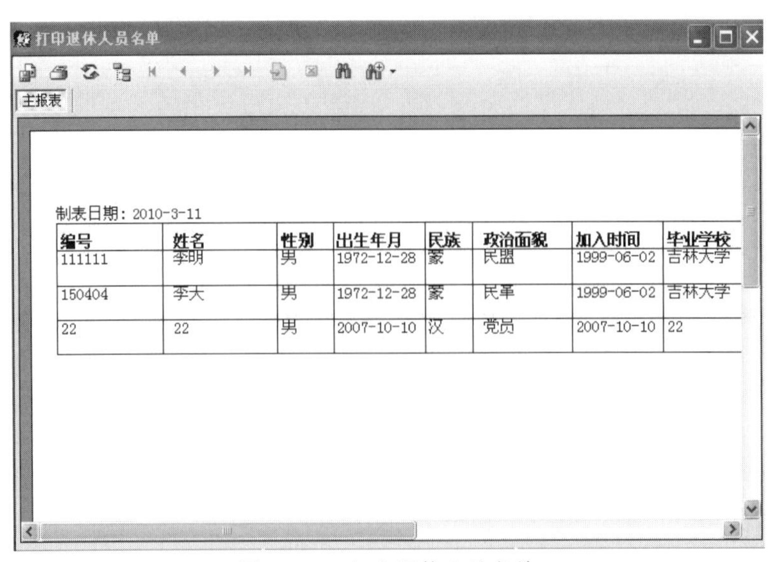

图 14.37　打印退休人员名单

2）打印调出人员名单

调出人员名单按转入调出人员库的人员打印信息，包括编号、姓名、性别、民族等信息，通过报表显示并打印，如图 14.38 所示。

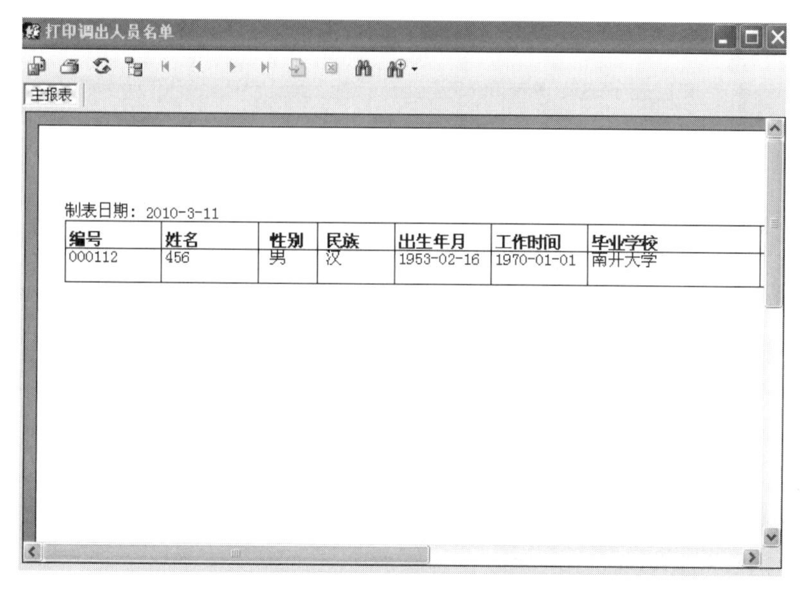

图 14.38　打印调出人员名单

3）打印其他人员名单

打印其他人员名单与打印退休人员名单的操作类似，先进入其他人员库，然后通过报表显示并打印相关信息，如图 14.39 所示。

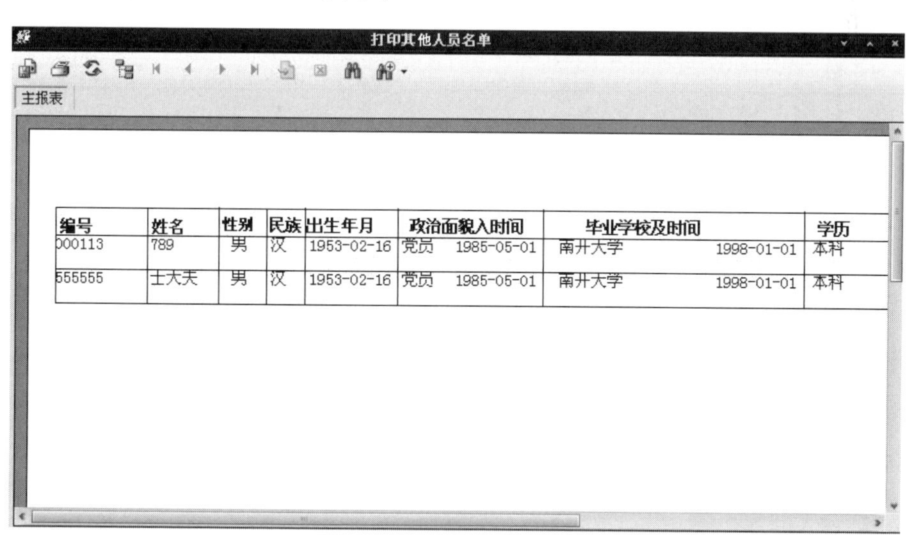

图 14.39　打印其他人员名单

4）打印按工作时间统计人员名单

在按工作时间统计人员名单界面中输入要统计的工作时间范围，然后可以通过单击报表上的“打印”按钮打印出这些信息，如图 14.40 所示。

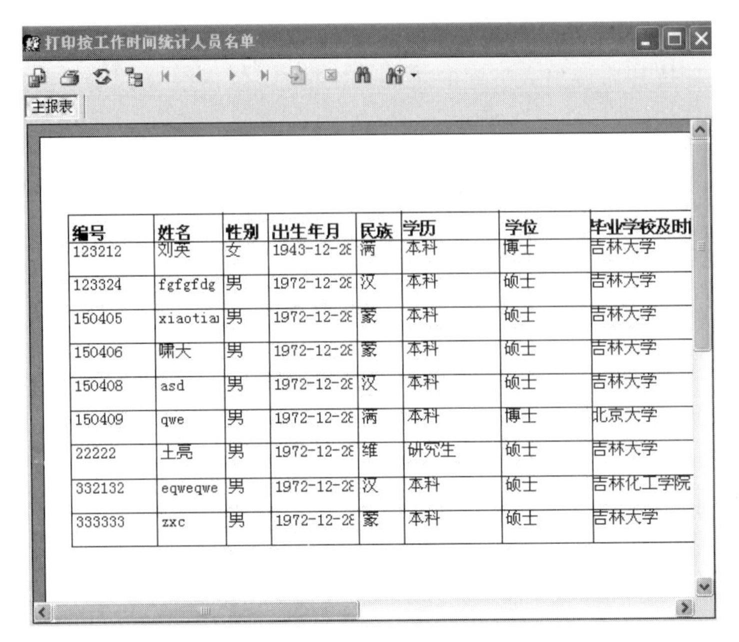

编号	姓名	性别	出生年月	民族	学历	学位	毕业学校及时
123212	刘英	女	1943-12-2	满	本科	博士	吉林大学
123324	fgfgfdg	男	1972-12-2	汉	本科	硕士	吉林大学
150405	xiaotia	男	1972-12-2	蒙	本科	硕士	吉林大学
150406	啸天	男	1972-12-2	蒙	本科	硕士	吉林大学
150408	asd	男	1972-12-2	汉	本科	硕士	吉林大学
150409	qwe	男	1972-12-2	满	本科	博士	北京大学
22222	土亮	男	1972-12-2	维	研究生	硕士	吉林大学
332132	eqweqwe	男	1972-12-2	汉	本科	硕士	吉林化工学院
333333	zxc	男	1972-12-2	蒙	本科	硕士	吉林大学

图 14.40 打印按工作时间统计人员名单

5）打印按毕业时间统计名单

在该界面中输入要统计毕业时间范围，选择相应职称，通过单击报表上的“打印”按钮打印出这些信息，如图 14.41 所示。

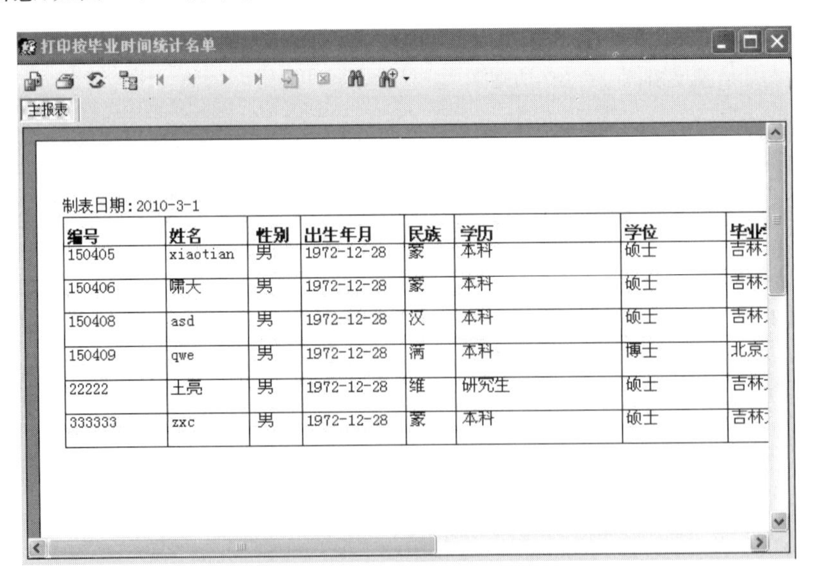

编号	姓名	性别	出生年月	民族	学历	学位	毕业
150405	xiaotian	男	1972-12-28	蒙	本科	硕士	吉林
150406	啸天	男	1972-12-28	蒙	本科	硕士	吉林
150408	asd	男	1972-12-28	汉	本科	硕士	吉林
150409	qwe	男	1972-12-28	满	本科	博士	北京
22222	土亮	男	1972-12-28	维	研究生	硕士	吉林
333333	zxc	男	1972-12-28	蒙	本科	硕士	吉林

图 14.41 打印按毕业时间统计名单

6）打印按行政职务人数统计名单

在行政职务统计中包括按行政职务人数统计、按年龄段统计，所以在打印时可以按照上述两种方式进行打印。若按行政职务人数统计，在打印时选择人员的行政职务打印出相关信息，如图 14.42 所示；若按年龄段统计，在打印时要首先输入年龄段信息，然后再选择行政职务，单击“打印”按钮。

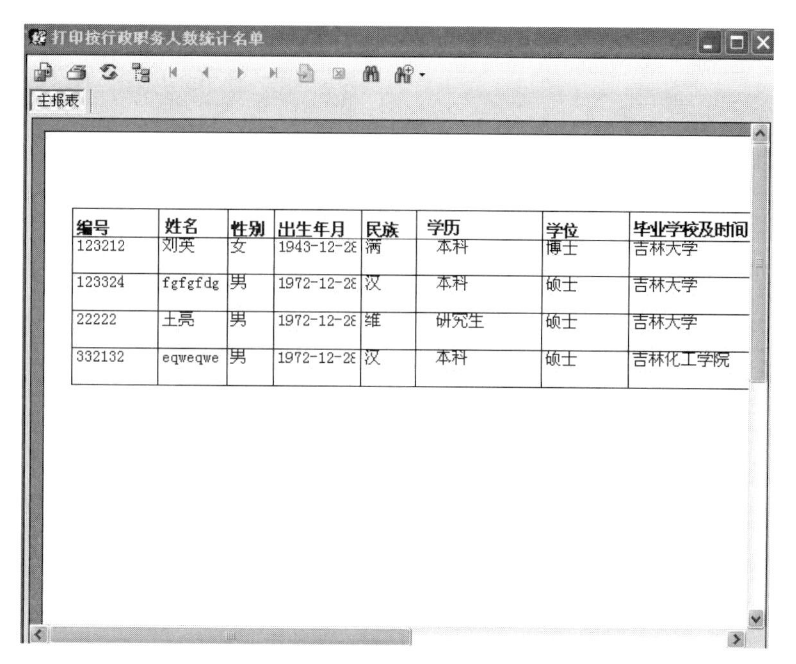

图 14.42　打印按行政职务人数统计名单

7）打印按专业系列统计名单

按专业系列统计是在人员信息表中统计人员职务信息，可以通过单击报表上的“打印”按钮打印出这些信息，如图 14.43 所示。

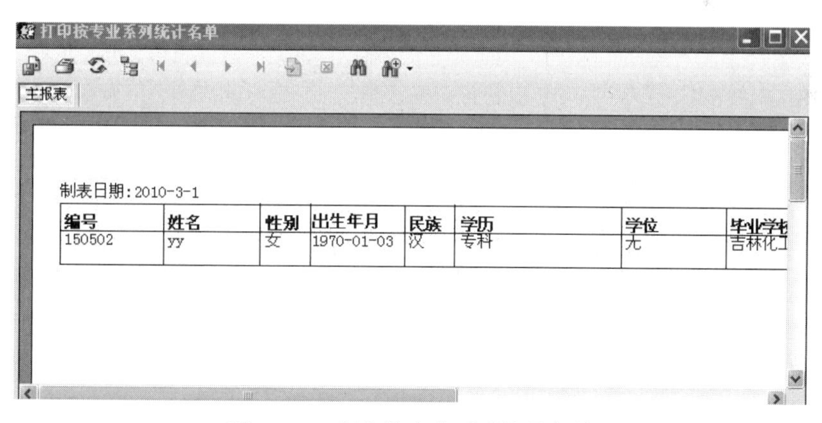

图 14.43　打印按专业系列统计名单

8. 系统维护

系统维护实现修改用户密码和找回用户密码的功能。

1）修改密码

用户登录后，他的用户名和密码被记录下来，当需要修改密码时只需在如图 14.44 所示的界面中输入自己的密码和新设定的密码，然后单击“确认”按钮，系统将进行核对，如果输入的密码正确，则进行修改密码的操作。

2）找回密码

如果用户忘记登录密码，可以在系统维护中的找回密码界面内输入用户名，单击“找回密码"按钮,如图 14.45 所示。

图 14.44 修改密码界面

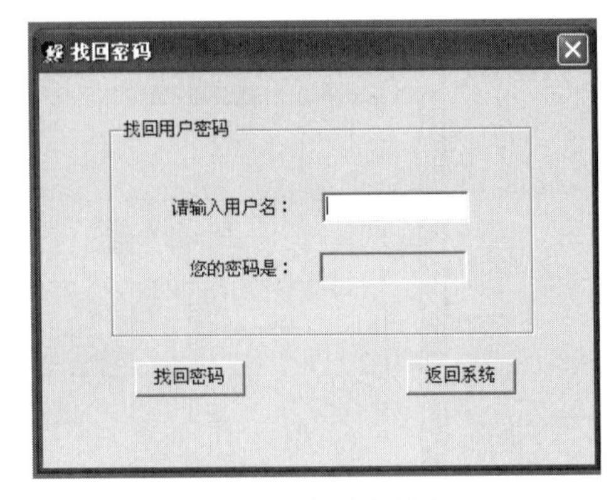

图 14.45 找回密码界面

14.2.4 系统功能实现

1. 登录

在登录时需要验证用户类型、用户名和密码。在选择了用户类型,输入用户名和密码后,单击"登录"按钮响应 button_Click 事件,在 Click 事件中对用户进行验证。登录界面中用到的控件如表 14.18 所示。

表 14.18 登录界面的主要控件

编　号	控件名称	类　名	描　述
1	GroupBox	分组框	将各类信息分类显示
2	TextBox	文本框	用于文本的输入和显示
3	Button	命令按钮	在用户选定命令或操作后执行它
4	Label	标签	显示用户不可修改的文本

登录方法的具体实现如下:

```
private void button1_Click(object sender, System.EventArgs e)
        {
            string str = "server = . ;uid = sa;pwd = sa;database = aab";
            SqlConnection conn = new SqlConnection(str);
            try
            {
                if(this.textBox1.Text.Trim()!= ""&&this.textBox2.Text.Trim()!= "")
                {
                    conn.Open();
                    string sql = "SELECT MName,PassWord FROM manage WHERE MName = '" + this.
textBox1.Text + "' AND PassWord = '" + this.textBox2.Text + "'";
                    SqlCommand cm = new SqlCommand(sql,conn);
                    SqlDataReader dr = cm.ExecuteReader();
                    if(dr.Read())
                    {
  if(this.textBox1.Text.Trim() == dr.GetString(0).Trim()&&this.textBox2.Text.Trim() ==
```

```
dr.GetString(1).Trim())
                    {
                        Form fn = new mainfrm();
                        fn.Show();
                        this.Hide();
                    }
                    else
                    {
                        MessageBox.Show("输入的用户名或密码不正确!");
                        this.textBox1.Text = "";
                        this.textBox1.Focus();
                        this.textBox2.Text = "";
                    }
                }
                else
                {
                    MessageBox.Show("输入的用户名或密码不正确!");
                    this.textBox1.Text = "";
                    this.textBox1.Focus();
                    this.textBox2.Text = "";
                }
            }
            else
            {
                MessageBox.Show("请输入正确的用户名和密码!");
                this.textBox1.Text = "";
                this.textBox1.Focus();
                this.textBox2.Text = "";
            }
        }
        catch(Exception ex)
        {
            MessageBox.Show(ex.Message);
        }
        finally
        {
            conn.Close();
        }
    }
```

2. 主界面的实现

当用户登录成功后就进入主界面,在主界面中包含了系统所有的操作。主界面用到的控件只有 MainMenu,它包括 63 个子菜单,通过 MainMenu 下的各个子菜单来操作各项功能。主界面用到了 checkChildFrmExist()方法,该方法用来判断子窗体是否存在,若存在,当再次调用时激活该窗体,具体代码如下:

```
private bool checkChildFrmExist(string childFrmName) {
    foreach (Form childFrm in this.MdiChildren) {
        if (childFrm.Name == childFrmName)
        {
```

```
            if (childFrm.WindowState == FormWindowState.Minimized)
                childFrm.WindowState = FormWindowState.Maximized;
            childFrm.Activate();
            return true;
        }
    }
    return false;
}
```


3. 数据录入的实现

人员信息修改以及数据转移是数据录入中的一部分，由于数据录入的功能众多，所以这里选取两个比较有代表性的功能说明一下它的实现方法。

1）人员信息修改

人员信息修改中包括查询人员自然状况、学位学历信息、标识状况，可以修改人员自然状况、学位学历信息、标识状况。人员信息修改界面的主要控件如表 14.19 所示。

表 14.19　人员信息修改界面的主要控件

编　　号	控 件 名 称	描　　述	功　　能
1	GroupBox	分组框	将各类信息分类显示
2	TextBox	文本框	用于文本的输入和显示
3	ComboBox	组合框	用于选择输入
4	Button	命令按钮	在用户选定命令或操作后执行它
5	Label	标签	用于显示用户不可交互操作的文本
6	DataGridView	表格	用于显示数据

下面介绍人员自然状况、学位学历信息、标识状况的添加和修改。如要添加人员的各项信息，用到的方法是 CountInsertJiBenInfo()和 Binddata()。当需要添加人员信息时，先单击“添加”按钮，清空显示的信息，显示信息清空后在相应位置输入人员信息，输入信息后单击“确定添加”按钮，显示添加成功。此时，单击“>”或“<”按钮可以查看多条信息。这里用到了全局变量 recordcount，recordcount 用来统计添加人员个数。单击“<”或“>”按钮后界面更新为上一条或下一条信息，以“<”按钮为例，在其 Click 事件中，其实现代码如下：

```
if(this.BindingContext[ds,datamember].Position > 0)
            {
                this.button1.Enabled = true;
                this.button2.Enabled = true;
                this.button4.Enabled = true;
                this.button3.Enabled = true;
                this.BindingContext[ds,datamember].Position -= 1;
                showposition();
            }
            else
            {
                this.button1.Enabled = false;
                this.button4.Enabled = false;
                this.button3.Enabled = true;
                this.button2.Enabled = true;
            }
```

CountInsertJiBenInfo()用来添加获奖信息到数据库中,而 Binddata()是和控件绑定显示该人员的信息。

修改人员信息是在查询到的信息里修改,查询分为按部门查询和按姓名查询,此处以按姓名查询为例。输入要修改人员的姓名,单击"确定"按钮,如果在数据库中有此人员的信息,则在下方控件中显示此人员的相关信息从而进行修改,此处通过调用 cbind()方法返回查询人员在数据源中要绑定到数据列表控件的信息;如果此人员的信息不在数据库中,则无法对其信息进行修改。

2) 数据转移

数据转移是数据管理的一部分,包括转入离退休人员库、调转人员库、其他人员库、调出人员库。通过转入离退休人员库可以看到转入其他人员库是如何实现的,离退休人员数据转移图如图 14.46 所示。

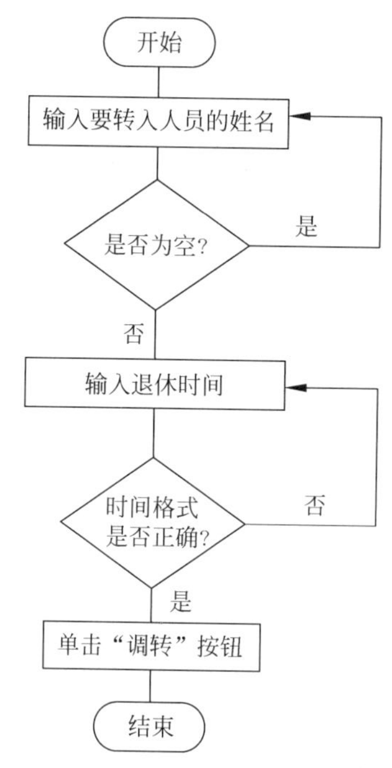

图 14.46 离退休人员数据转移图

转入离退休人员库界面中用到的控件如表 14.20 所示。

表 14.20 转入离退休人员库界面的主要控件

编 号	控件名称	描 述	功 能
1	Label	标签	显示用户不可交互操作的文本
2	DataGridView	表格	用于显示数据
3	TextBox	文本框	用于文本的输入和显示
4	Button	命令按钮	在用户选定命令或操作后执行它
5	Panel	分组框(可以有滚动条)	在内部放入控件

转入离退休人员库功能的实现是先输入要转入人员的姓名,在输入姓名后单击"确定"

按钮触发 Click 事件,在该事件中调用 cbind()方法,cbind()方法是将按姓名查询后的数据绑定到下面的文本框和组合框里。cbind()方法的参数为 string table、string name。其内容如下:

```
sql = "SELECT * FROM " + table + " WHERE 姓名 = '" + name + "'";
                        da = new SqlDataAdapter(sql,conn);
                        da.Fill(ds,table);
                        return ds;
```

然后输入退休时间,单击"调转"按钮,将信息转入离退休人员库。其中调用了 tuixiudiaozhuan()方法,将查询到的人员信息转入离退休人员库。

4. 数据统计的实现

数据统计是对性别、民族、年龄等的统计,同时还包括对人员的工作时间、政治面貌、学位学历、行政职务和专业职务、基层教职工人数的统计等。民族统计又按照全院职工、行政职务、人员类别等来统计。统计大体上都类似,只是条件不同,在这里以全院职工民族统计为例来说明数据统计是如何实现的。全院职工民族统计界面如图 14.47 所示。

图 14.47 全院职工民族统计界面

该界面中的主要控件如表 14.21 所示。在该界面中单击"统计"按钮触发一个 Click 事件,在这个事件中调用了 xingbieall()方法,xingbieall()方法通过 procCountMall、procCountMallM、procCountMallMeng 等存储过程从数据库中读取到值后分别赋给界面中 TextBox 的 Text 属性,返回值显示在 TextBox 中。

表 14.21 全院职工民族统计界面的主要控件

编 号	控件名称	描 述	功 能
1	GroupBOx	分组框	将各类信息分类显示
2	TextBox	文本框	用于文本的输入和显示
3	Button	命令按钮	在用户选定命令或操作后执行它
4	Label	标签	显示用户不可交互操作的文本

5. 系统维护的实现

系统维护功能包括用户密码的修改和用户密码的找回。在用户密码修改中首先输入用户姓名和原密码,再连续输入两次新密码,如果两次输入的密码不一致,则修改失败;如果两次输入的密码一致,则修改成功。其实现方法如下:

```
if(this.textBox2.Text.Trim() == this.textBox3.Text.Trim())
```

```
                    {
                        conn.Close();
                        conn.Open();
                        string sql1 = "UPDATE manage SET PassWord = '" + this.textBox2.Text.
Trim() + "' WHERE Mname = '" + this.textBox4.Text.Trim() + "'";
                        SqlCommand cm1 = new SqlCommand(sql1,conn);
                        cm1.ExecuteNonQuery();
                        MessageBox.Show("密码修改成功!");
                    }
                    else
                    {
                        MessageBox.Show("您两次输入的新密码不一致!");
                        this.textBox2.Text = "";
                        this.textBox2.Focus();
                        this.textBox3.Text = "";
                    }
```

修改密码界面中的主要控件如表 14.22 所示。

表 14.22 修改密码界面的主要控件

编 号	控件名称	描 述	功 能
1	GroupBox	分组框	将各类信息分类显示
2	TextBox	文本框	用于文本的输入和显示
3	Button	命令按钮	在用户选定命令或操作后执行它
4	Label	标签	显示用户不可交互操作的文本

如果用户忘记密码,可在用户找回密码界面中输入用户名,单击“找回密码”按钮。其实现方法为首先与数据库连接,建立一个 SqlDataReader 对象 dr,用于读取输入用户名信息并与数据库中的数据进行对比,判断该用户是否在数据库中,若在,返回用户密码,否则返回错误提示“这个用户不存在”。其代码实现如下:

```
string str = "server = .;uid = sa;pwd = sa;database = aab";
            SqlConnection conn = new SqlConnection(str);
            try
            {
                conn.Open();
                string sql = "SELECT PassWord FROM manage WHERE MName = '" + this.
textBox1.Text.Trim() + "'";
                SqlCommand cm = new SqlCommand(sql,conn);
                SqlDataReader dr = cm.ExecuteReader();
                if(dr.Read())
                {
                    this.textBox2.Text = dr.GetString(0);
                }
                else
                {
                    MessageBox.Show("这个用户名不存在!");
                    this.textBox1.Text = "";
                    this.textBox1.Focus();
```

```
        }
    }
    catch(Exception ex)
    {
        MessageBox.Show(ex.Message);
    }
    finally
    {
        conn.Close();
    }
```

14.3 基于 Java 的公交网站开发

人们每去一个新的地方，都会尽可能提前了解那里的交通情况，以便能够以最快的速度到达目的地。过去人们主要依靠纸质地图来选择合适的公共交通工具，这需要人们足够耐心和细心，从所有的线路方案中选择出最为合适的一套乘车方案。但是，纸质地图收藏和携带起来不够方便，而且在蚂蚁大小字体的地图上能够找到一条线路已属不易，更不要谈找出一套最佳的乘车方案了。更重要的是，在现代社会城市建设的速度越来越快，城市面貌日新月异，城市地图也在随之不断变化，一不留神，手中的纸质地图就已经成为文物了。然而，随着计算机技术的发展、网络的普及，人们越来越习惯在网络上寻找各种问题的解决办法，随之而来诞生了很多专门的网站，其中公交网站由于实时性、动态性、查询方便/快捷等特点，迅速获得人们的青睐，甚至公交网站还变成了一个城市的窗口，向外界和市民们展示城市建设的成果。目前，国内的公交网站已经比较普遍，尤其像北京等国际大都市，公交网站的建设更是比较出色，不过有些城市的公交网站还比较落后，界面简单，甚至有的查询结果有误。根据实际分析，本节开发一个主要服务于江城人民的公交网站。

为了用户查询方便和管理人员使用方便，该系统从用户查询和后台管理两个方面入手。

通过对实际需求分析，用户查询分为 5 个方面的查询。

(1) 线路详细信息的查询：通过线路的名称查询线路的起点、终点、行车距离、最早班车、最晚班车、发车间隔等。

(2) 线路对应站点的查询：通过线路的名称查询线路从起点到终点经过的各个站点。

(3) 站点查询：通过站点的名称查询站点的位置等详细信息。

(4) 站点对应线路的查询：通过站点的名称查询经过该站点的所有线路。

(5) 倒车查询：通过输入“起点”和“终点”查询是否有直达的线路，如果没有，可以进行二次查询，查询倒一次车的情况。

后台管理是为了对系统的维护更方便。

(1) 线路详细信息的管理：通过线路名查询线路信息进行修改、删除操作，可添加新的线路。

(2) 站点详细信息的管理：通过站点名查询站点信息并可进行修改、删除操作，可添加新的站点。

(3) 线路与站点对应信息的管理：通过线路名查询结果，在选择后进行修改或删除操作，可添加新的线路与站点关系。

14.3.1 需求分析

1. 可行性分析

在对系统目标和环境精心分析的基础上，从运营可行性、技术可行性和经济可行性3个方面对本系统进行可行性研究。

1) 运营可行性

用户通过 Web 页面进行查询操作，并且系统提供了出错提醒，用户可以很容易地使用，并对各个数据提供详细说明。后台管理人员只需要简单地使用就可以，并不需要对系统的运行进行全面的了解，在"操作说明"的帮助下可以快速上手。

2) 技术可行性

(1) 开发的软件可行性：从目前流行的数据库开发管理软件来看，对于有关数据库的信息管理系统，用基于 J2EE 的架构开发 B/S 结构，在数据库方面采用 SQL Server，无疑是实际应用中最合适的一种解决方案。

(2) 开发的硬件可行性：本系统对计算机的硬件环境有一定的要求，对计算机的操作系统、内存、主频、外设等都有最低要求，如果低于这个要求，将影响本系统的正常运行。

3) 经济可行性

借助网络平台的查询有着纸张查询无法比拟的优越性，通过人工检索费时、费力，并且有的查询通过人工无法完成，而通过算法计算很容易实现。随着城市的发展，公交系统日趋庞大，通过计算机进行管理已经是实际需要，除了对信息的收集还要人工完成外，只需要把收集到的信息输入系统中。系统运行只需要服务器的硬件资金和少量的管理人员，更重要的是可以为更多的人提供方便。

由上述3个方面的分析可以看出，本系统的开发时机已经成熟，从多种角度考虑开发此系统都是可行的，并且也是十分必要的。

2. 具体分析

1) 用户需求

(1) 线路详细信息的查询：线路已知信息。

(2) 线路对应站点的查询：车辆的行驶路线。

(3) 站点查询：站点所在的位置。

(4) 站点对应线路的查询：经过站点的线路。

(5) 倒车查询："起点"到"终点"的方法。

2) 管理员需求

(1) 线路详细信息的管理操作。

(2) 站点详细信息的管理操作。

(3) 线路与站点对应信息的管理操作。

3. 系统功能设计

根据需求分析，设计系统功能模块如图14.48所示。

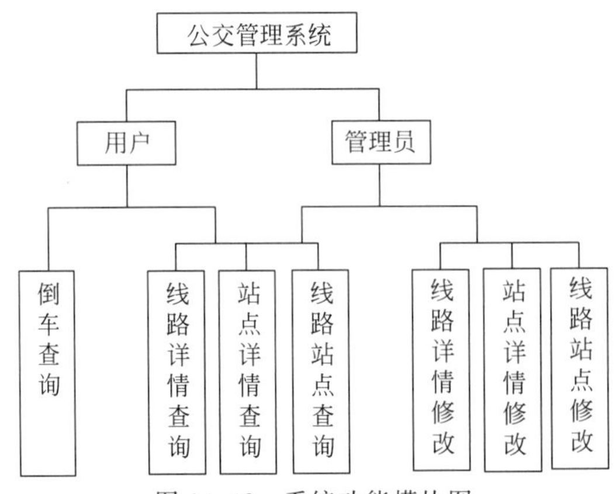

图 14.48 系统功能模块图

14.3.2 数据库设计

1. 概要设计

设计的 E-R 图如图 14.49 所示。

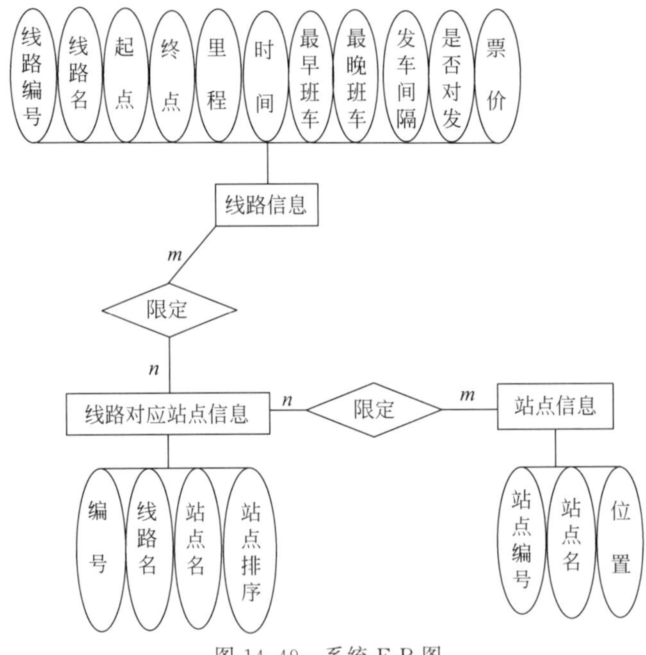

图 14.49 系统 E-R 图

2. 详细设计

本系统根据需求确定 3 个信息表,如表 14.23～表 14.25 所示。

表 14.23 站点表(stay1)

编 号	列 名	数据类型	长 度	是否允许为空	默 认 值	描 述
1	stayid	int	12	否		站点 ID(主键)
2	stayname	char	30	否		站点名
3	didian	char	20	否		位置

表 14.24　线路表(road1)

编　号	列　名	数据类型	长　度	是否允许为空	默认值	描　述
1	roadid	int	4	否		线路 ID(主键)
2	roadname	char	20	否		线路名
3	start	char	20	否		起点
4	finish	char	20	否		终点
5	longs	char	10	是		总里程
6	atime	char	10	是		总时间
7	ftime	char	10	是		首班车时间
8	ltime	char	10	是		末班车时间
9	itime	char	10	是		发车间隔
10	duifa	char	10	是	是	是否对发
11	piao	char	10	是	1.00	票价

表 14.25　线路站点表(road2)

编　号	列　名	数据类型	长　度	是否允许为空	默认值	描　述
1	id	int	4	否		ID(主键)
2	roadname	char	20	否		线路名(外键)
3	stayname	char	30	否		站点名(外键)
4	away	int	4	否		站点排序

3. 系统关系图

系统关系图如图 14.50 所示。

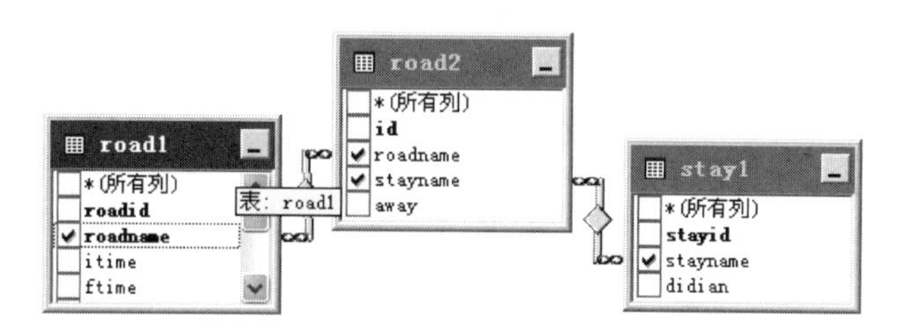

图 14.50　系统关系图

14.3.3　系统功能界面

1. 主界面设计

在主界面中包含两个界面，分别为前台主界面和后台主界面。其中，前台是为用户提供的，并且会发布到网络上供用户使用；后台在本机使用，用户无法访问。

前台主界面如图 14.51 所示，用户无须登录，直接可以使用。

该界面从上到下分别为站站查询、线路查询站点、站点查询线路、线路详情查询、站点详情查询，根据提示输入信息，单击“提交”按钮后将返回结果。

实用查询
IP地址查询
手机号码查询
身份证号码查询
生活查询
列车时刻表查询
万年历查询
电话区号查询
邮政编码查询
合作伙伴
价格比较网
东方旅游

公交查询

站站查询：
起始站： 终点站： 提交

线路查询站点：
请输入线路名： 提交

站点查询线路：
请输入站点名： 提交

线路详情查询：
请输入线路名： 提交

站点详情查询：
输入站点名： 提交

图 14.51　前台主界面

2. 用户查询界面

1）倒车查询

倒车查询根据用户输入的起点和终点通过算法进行计算，给出不倒车的线路名称和经过站点数量，如果没有直接到达的车，再次查询倒一次车的路线，并给出经过的站点数量，如果数量值为负，表示乘坐方向与公交车行驶的正方向相反。

图 14.52 所示为有结果的情况。

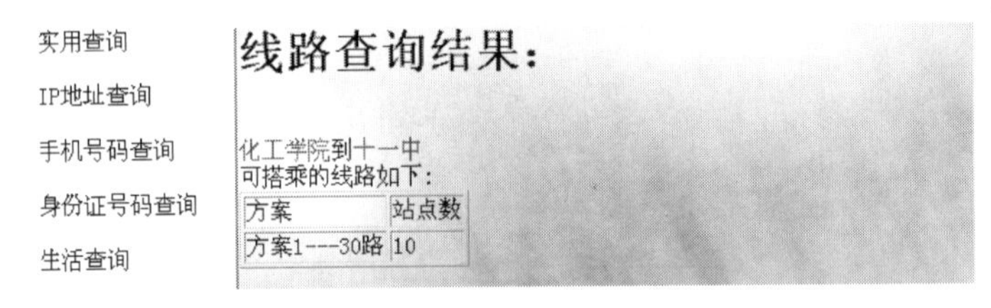

图 14.52　倒车查询(有结果)

没有结果的情况如图 14.53 所示。

线路查询结果：

化工学院到铁合金厂
可搭乘的线路如下：

倒一次车请重新输入

站站查询：
起始站： 终点站： 提交

返回

图 14.53　倒车查询(无结果)

图 14.53 没有显示查询结果。此时可重新输入起始站和终点站，然后单击“提交”按钮，查询倒一次车到达的情况，如果还没结果，并且输入正确，则表示无法倒一次到达。倒一次车的情况如图 14.54 所示。

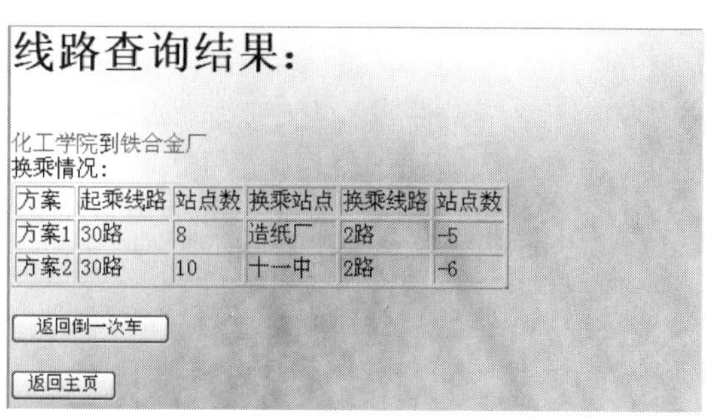

图 14.54　倒车查询(倒一次车)

2）线路详情查询

通过输入线路名得到线路的完整信息，例如起点、终点、行车里程、总时间、票价等，线路详情查询如图 14.55 所示。

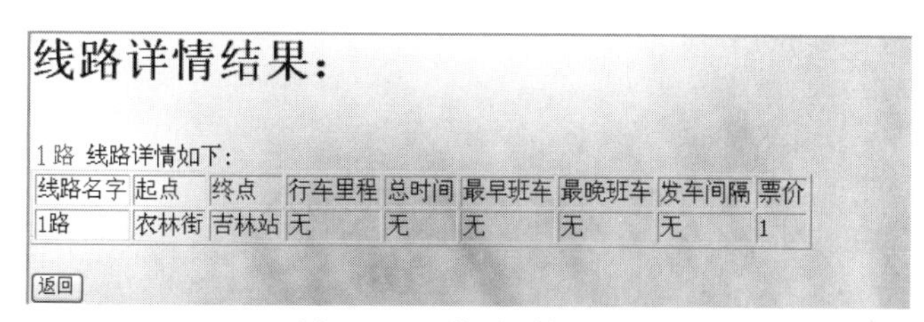

图 14.55　线路详情查询

3）站点详情查询

通过输入站点名得到站点的位置信息，站点详情查询如图 14.56 所示。

图 14.56　站点详情查询

4）线路途经站点查询

通过输入线路名得到由起点到终点的站点情况，线路途经站点查询如图 14.57 所示。

5）站点对应线路查询

通过输入站点名获得对应线路，站点对应线路查询如图 14.58 所示。

3. 管理员界面

管理员界面如图 14.59 所示。

后台主界面是对管理的引导界面，根据提示信息输入线路名或站点名可以进入相应修改、删除界面，或者进入添加的界面。

1路 行车站点如下:
站点1---农林街
站点2---温德桥
站点3---西关宾馆
站点4---市政协
站点5---临江广场
站点6---毓文中学
站点7---水门洞
站点8---北大街
站点9---市委
站点10---公安局
站点11---医学院
站点12---东市场
站点13---建设街
站点14---吉林站
返回

图 14.57　线路途经站点查询

站点查询结果:
在吉林站 可搭乘的线路如下:
线路1---1路
线路2---2路
线路3---42路
线路4---42路
线路5---8路
返回

图 14.58　站点对应线路查询

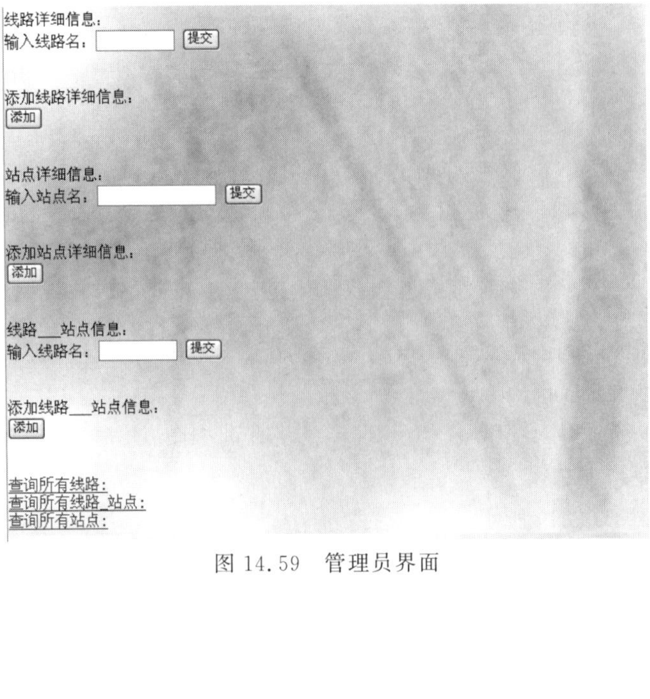
线路详细信息:
输入线路名:
提交
添加线路详细信息:
添加
站点详细信息:
输入站点名:
提交
添加站点详细信息:
添加
线路___站点信息:
输入线路名:
提交
添加线路___站点信息:
添加
查询所有线路:
查询所有线路_站点:
查询所有站点:

图 14.59　管理员界面

1）线路详情管理

查询线路，可以得到全部线路信息；输入指定线路名，可以得到指定线路信息，然后选择具体信息进行修改或者删除。指定线路详情管理如图 14.60 所示。

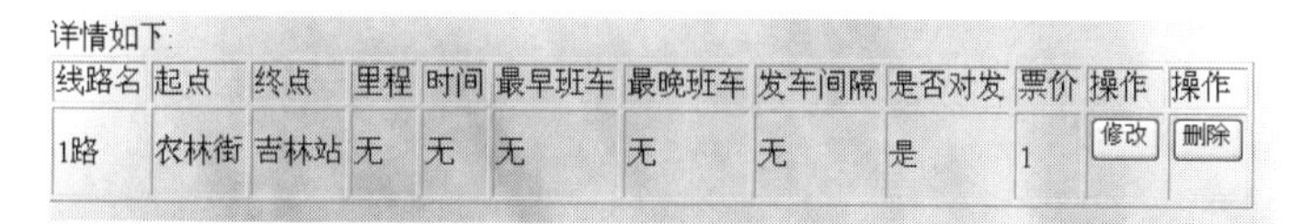

详情如下:

线路名	起点	终点	里程	时间	最早班车	最晚班车	发车间隔	是否对发	票价	操作	操作
1路	农林街	吉林站	无	无	无	无	无	是	1	修改	删除

图 14.60　指定线路详情管理

全部线路详情管理如图 14.61 所示。

线路编号	线路名	起点	终点	里程	时间	最早班车	最晚班车	发车间隔	是否对发	票价	操作	操作
1	1路	农林街	吉林站	无	无	无	无	无	是	1	修改	删除
2	2路	铁合金厂	吉林站	40公里	40分钟	6：30	22：30	5分钟	是	1	修改	删除
8	8路	冯家屯	吉林站	null	null	5：30	22：30	5分钟	是	1	修改	删除
30	30路	化工学院	江城广场	70公里	60分钟	6:30	22:30	10分钟	是	1	修改	删除
42	42路	电线厂	北山公园	40	60分钟	6：30	22：30	10分钟	是	1	修改	删除
43	43	43	43	43	43	43	43	43	43	43	修改	删除

图 14.61　全部线路详情管理

通过线路修改界面可以获取修改信息，在更改信息后执行修改，如图 14.62 所示。

线路编号	线路名	起点	终点	里程	时间	最早时间	最晚时间	发车间隔	是否对发	票价	操作
43	43	43	43	43	43	43	43	43	43	43	确定修改

线路编号/线路名 不可更改

返回:

图 14.62　线路修改界面

2）站点详情管理

输入指定的站点名，选择具体信息进行修改或者删除操作。指定站点详情管理如图 14.63 所示。

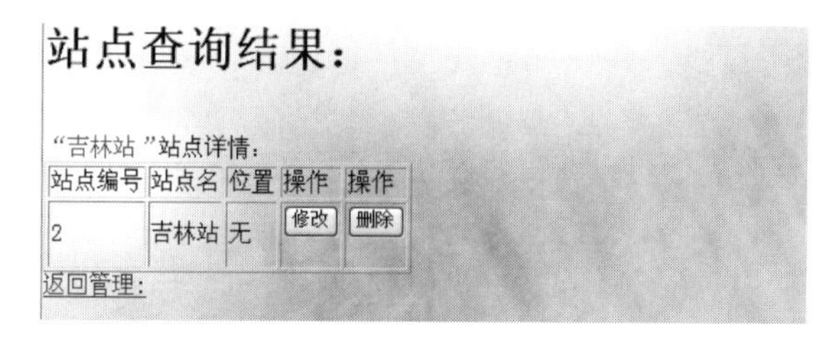

站点查询结果:

"吉林站 "站点详情:

站点编号	站点名	位置	操作	操作
2	吉林站	无	修改	删除

返回管理:

图 14.63　指定站点详情管理

或者查询全部站点，全部站点详情管理如图 14.64 所示。

通过站点修改界面可以获得修改信息，在更改信息后执行修改，如图 14.65 所示。

站点编号	站点名	位置	操作	操作
1	江城广场	江南	修改	删除
2	吉林站	无	修改	删除
3	化工学院	无	修改	删除
4	电力学院	无	修改	删除
5	武汉路	无	修改	删除
6	龙潭山公园	无	修改	删除
7	交通医院	无	修改	删除
8	武警支队	无	修改	删除
9	农林街	无	修改	删除

图 14.64　全部站点详情管理

站点编号	站点名	位置	操作
52	9	9	确定修改

站点编号/站点名 不可更改

返回:

图 14.65　站点修改界面

3）线路途经站点管理

输入线路名获得指定线路途经的所有站点，然后选择站点进行修改、删除操作。指定线路途经站点管理如图 14.66 所示。

或者查询全部线路，全部线路途经站点管理如图 14.67 所示。

id	线路名	站点名	站点排序	操作	操作
1	1路	农林街	1	修改	删除
2	1路	温德桥	2	修改	删除
3	1路	西关宾馆	3	修改	删除
4	1路	市政协	4	修改	删除
5	1路	临江广场	5	修改	删除
6	1路	毓文中学	6	修改	删除
7	1路	水门洞	7	修改	删除
8	1路	北大街	8	修改	删除
9	1路	市委	9	修改	删除

图 14.66　指定线路途经站点管理

12	1路	东市场	12	修改	删除
13	1路	建设街	13	修改	删除
14	1路	吉林站	14	修改	删除
15	2路	铁合金厂	1	修改	删除
16	2路	碳素长西门	2	修改	删除
17	2路	和平街	3	修改	删除
18	2路	哈达湾	4	修改	删除
19	2路	子龙中学	5	修改	删除

图 14.67　全部线路途经站点管理

通过线路途经站点修改界面可以获得修改信息，在更改信息后执行修改，如图 14.68 所示。

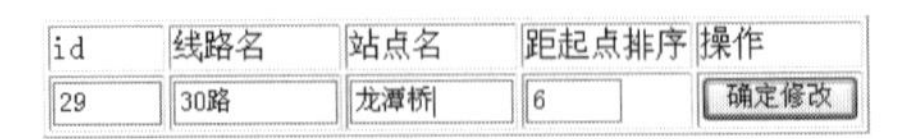

id	线路名	站点名	距起点排序	操作
29	30路	龙潭桥	6	确定修改

ID/线路名 不可更改

返回:

图 14.68　线路途经站点修改界面

14.3.4 系统功能实现

1. 公用类与方法

本设计主要的公用类如表 14.26 所示。

表 14.26 公用类表

编　　号	类　　名	功　　能
1	DBconnection	连接与关闭数据库并执行 SQL 语句

DBconnection 类的方法如表 14.27 所示。

表 14.27 DBconnection 类的方法

编　　号	方 法 名	参　　数	参数说明	功　　能
1	xlcx()	roadname	线路名	返回线路站点信息
2	zdcx()	stayname	站点名	返回站点详情
3	xl()	roadname	线路名	返回线路详情
4	zzcx1()	qishi、zhongdian	起点、终点	返回直达信息
5	zzcx2()	qishi、zhongdian	起点、终点	返回倒一次车信息
6	zlcx()	stayname	站点名	返回站点线路信息
7	insertS1()	stayname	站点名	插入新站点信息
8	insertR1()	roadname	线路名	插入新线路信息
9	insertR2()	roadname	线路名	插入新线路途经站点信息
10	deleter1()	roadid	线路 ID	删除线路信息
11	deleter2()	id	ID	删除线路途经站点信息
12	deletes1()	stayid	站点 ID	删除站点信息
13	updates1()	stayid	站点 ID	修改站点信息
14	updater1()	roadid	线路 ID	修改线路信息
15	updater2()	id	ID	修改线路途经站点信息
16	DBconnection()			连接数据库
17	close()			关闭连接

2. 普通用户功能实现

1）所用方法

用户的查询一共用了 6 个方法，分别为 xl()、xlcx()、zlcx()、zdcx()、zzcx1()、zzcx2()。

对应的查询界面为线路详情(xlx.jsp)、线路站点(xlz.jsp)、站点线路(zdx.jsp)、站点详情(zx.jsp)、站站直达(zxz1.jsp)、站站倒一次车(zxz2.jsp)。

2）程序运行流程

输入查询参数，进入对应的处理界面，运行网页中的脚本，返回对应的信息并显示。

(1) 线路详情查询：使用方法 xl()，该查询是让用户了解线路的基本信息。输入线路名,通过 sql=SELECT * FROM road1 WHERE roadname="+? +"获得对应线路的所有信息,通过表格在 HTML 中显示结果。xlx.jsp 中的 Java 语句如下：

```
<% DBconnection dbc = new DBconnection();
    request.setCharacterEncoding("gbk");
    ResultSet rs = dbc.xl(request.getParameter("xian")); %>
```

(2) 线路站点查询：使用方法 xlcx(),该查询是让用户查到每条线路所经过的站点,并按从起点到终点的顺序排列。输入线路名,通过 sql=SELECT * FROM road2 WHERE roadname="+? +"获得结果集。xlz.jsp 中的 Java 语句如下：

```
<% DBconnection dbc = new DBconnection();
    request.setCharacterEncoding("gbk");
    ResultSet rs = dbc.xlcx(request.getParameter("xianlu")); %>
```

(3) 站点详情查询：使用方法 zdcx(),该查询是让用户了解站点的位置信息,因为有时候只凭一个名字无法准确地知道其具体位置。输入站点名,通过 sql=SELECT * FROM stay1 WHERE stayname="+? +"获得结果集。zx.jsp 中的 Java 语句如下：

```
<% DBconnection dbc = new DBconnection();
 request.setCharacterEncoding("gbk");
 ResultSet rs = dbc.zdcx(request.getParameter("zd")); %>
```

(4) 站点线路查询：使用方法 zlcx(),可以查到经过一个站点的所有线路。输入站点名,通过 sql=SELECT * FROM road2 WHERE stayname="+? +"获得结果集。zdx.jsp 中的 Java 语句如下：

```
<% DBconnection dbc = new DBconnection();
    request.setCharacterEncoding("gbk");
    ResultSet rs = dbc.zlcx(request.getParameter("xianlu")); %>
```

(5) 倒车查询：使用方法 zzcx1()和 zzcx2()。输入起点和终点,经过计算可以得到倒车信息,例如所乘线路、经过站点的数量等。

zxz1.jsp 中的 Java 语句如下：

```
<% DBconnection dbc = new DBconnection();
    request.setCharacterEncoding("gbk");
    ResultSet rs = dbc.zzcx1(request.getParameter("qishi"),request.getParameter
("zhongdian")); %>
```

zxz2.jsp 中的 Java 语句如下：

```
<% DBconnection dbc = new DBconnection();
    request.setCharacterEncoding("gbk");
    ResultSet rs = dbc.zzcx2(request.getParameter("qishi"),request.getParameter
("zhongdian")); %>
```

3）流程图

所有查询的过程是一样的，这里用一个流程图来表示，如图14.69所示。

3. 管理员功能实现

1）查询

（1）所用方法：在查询中用到了6个方法，分别为xl()、xlcx()、zlcx()、zdcx()、zzcx1()、zzcx2()。

（2）程序运行流程：具体的查询过程和用户的查询是一致的，只是重新建立新的界面并调用方法，在界面中添加了具体操作的链接，不是只有查询一种功能。

（3）流程图与图14.69相同。

2）插入

（1）所用方法：在插入中用到了3个方法，分别为insertS1()、insertR1()、insertR2()，对应插入站点详情的页面(inserts1.jsp)、插入线路详情的页面(insertr1.jsp)、插入线路对应站点信息的页面(insertr2.jsp)。

（2）程序运行流程：开始插入，输入插入的所有数据参数，进入对应的处理界面。运行网页中的脚本，判断插入是否成功，若成功，返回成功信息；若不成功，提示出错信息并返回插入界面。

① 插入线路详情：使用方法insertR1()，在插入界面中输入线路信息，通过sql=INSERT INTO road1插入，完成后返回插入界面，如图14.70所示。

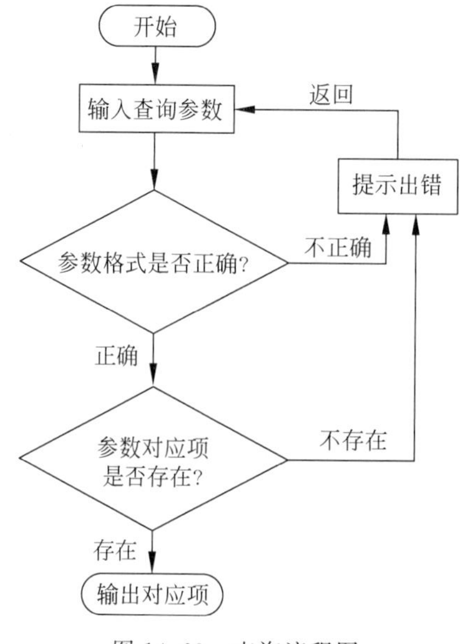

图14.69　查询流程图

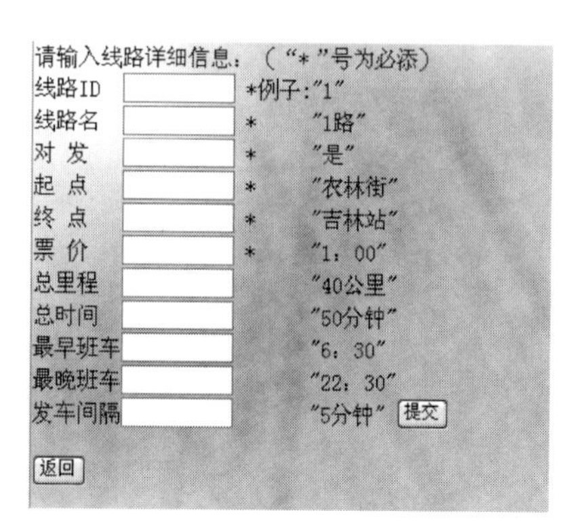

图14.70　插入线路详情

插入所用的Java语句如下：

```
<% DBconnection dbc = new DBconnection();
    request.setCharacterEncoding("gbk");
if(dbc.insertR1(request.getParameter("roadid"),request.getParameter("roadname"),request.
getParameter("itime"),request.getParameter("ftime"),request.getParameter("ltime"),request.
```

```
getParameter("atime"), request.getParameter("start"), request.getParameter("finish"),
request.getParameter("longs"),request.getParameter("duifa"),request.getParameter("piao")))
        {
        %>
        成功插入数据库!
        <% response.sendRedirect("/gjxt/ht/insertR1.jsp"); %>
        <%}
    else{ %>
        插入数据失败,线路重复! <%} %>
```

② 插入站点详情：使用方法 insertS1()，在插入界面中输入站点信息，通过 sql＝INSERT INTO stay1 插入，完成后返回插入界面，如图 14.71 所示。

插入所用的 Java 语句如下：

```
<% DBconnection dbc = new DBconnection();
        request.setCharacterEncoding("gbk");
if(dbc.insertR2(request.getParameter("roadname"),request.getParameter("stayname"),request.
getParameter("away")))
        {
        %>
        成功插入数据库!
        <% response.sendRedirect("/gjxt/ht/insertR2.jsp"); %>
        <%}
else{ %>
        插入数据失败!线路站点不存在或有数据未添 <%} %>
```

③ 插入线路对应站点的信息：使用方法 insertR2()，在插入界面中输入线路信息，通过 sql＝INESERT INTO road2 插入，完成后返回插入界面，如图 14.72 所示。

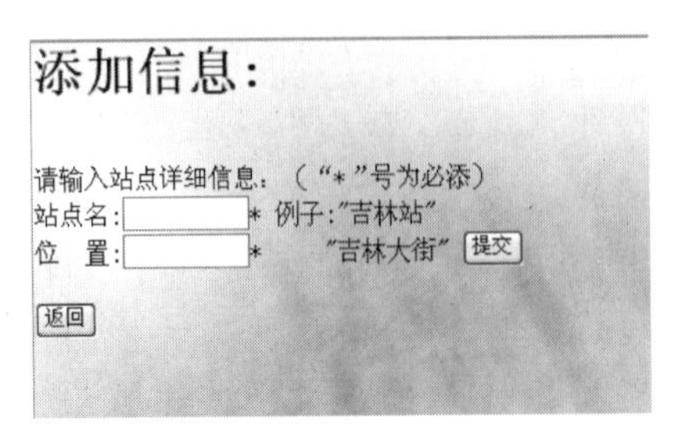

图 14.71 插入站点详情

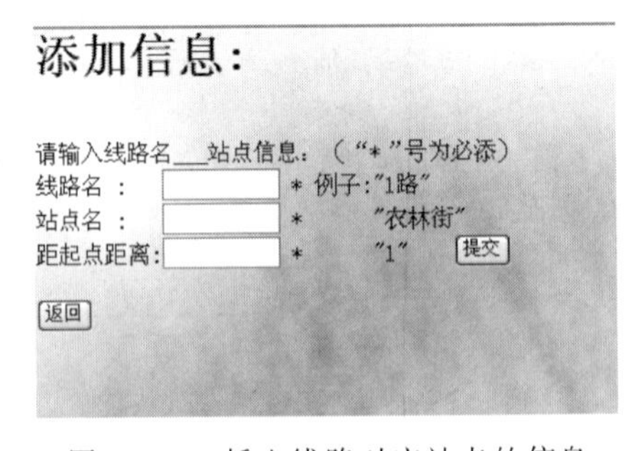

图 14.72 插入线路对应站点的信息

插入所用的 Java 语句如下：

```
<% DBconnection dbc = new DBconnection();
        request.setCharacterEncoding("gbk");
    if(dbc.insertS1(request.getParameter("stayname"),request.getParameter("didian")))
        { %>成功插入数据库!<% response.sendRedirect("/gjxt/ht/insertS1.jsp"); %>
        <%}
    else{ %>插入数据失败,站点名重复!<%} %>
```

(3) 流程图如图 14.73 所示。

4. 修改

1) 所用方法

在修改中用到了 3 个方法，分别为 updater1()、updater2()、updates1()。

2) 程序运行流程

选择要修改的项，对其进行修改，然后调用方法完成对数据的操作，并保存结果。

(1) 修改线路信息：选择线路，修改信息，使用方法 updater1()，通过 sql=UPDATE road1 SET…修改，完成后返回选择信息界面。修改所用的 Java 语句如下：

```
<% DBconnection dbc = new DBconnection();
   request.setCharacterEncoding("gbk");
   dbc.updater1(roadid, roadname, start, finish,
longs,atime,ftime,ltime,itime,duifa,piao); % >
```

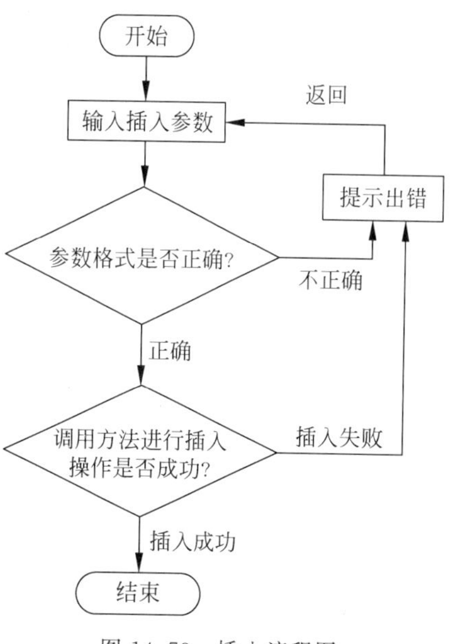

图 14.73　插入流程图

(2) 修改站点信息：选择站点，修改信息，使用方法 updater2()，通过 sql=UPDATE road2 SET…修改，完成后返回选择信息界面。修改所用的 Java 语句如下：

```
<% DBconnection dbc = new DBconnection();
   request.setCharacterEncoding("gbk");
   dbc.updater2(id,roadname,stayname,away);
   %>
```

(3) 修改线路途经站点信息：选择具体线路站点，修改信息，使用方法 updates1()，通过 sql=UPDATE stay1 SET …修改，完成后返回选择信息界面。修改所用的 Java 语句如下：

```
<% DBconnection dbc = new DBconnection();
request.setCharacterEncoding("gbk");
dbc.updates1(stayid,stayname,didian);
%>
```

3) 流程图

流程图以修改票价为例，如图 14.74 所示。

5. 删除

1) 所用方法

在删除中用到了 3 个方法，分别为 deleter1()、deleter2()、deletes1()。

2) 程序运行流程

选择要删除的数据，调用方法删除即可。

(1) 删除线路信息：选择线路，执行方法 deleter1()后跳转到选择信息界面。删除所用的 Java 语句如下：

```
<% DBconnection dbc = new DBconnection();
```

```
    request.setCharacterEncoding("gbk");
    dbc.deleter1(roadid); %>
```


(2) 删除站点信息：选择站点，执行方法 deleter2()后跳转到选择信息界面。删除所用的 Java 语句如下：

```
<% DBconnection dbc = new DBconnection();
    request.setCharacterEncoding("gbk");
    dbc.deleter2(id); %>
```

(3) 删除线路途经站点信息：选择线路和站点，执行方法 deletes1()后跳转到选择信息界面。删除所用的 Java 语句如下：

```
<% DBconnection dbc = new DBconnection();
    request.setCharacterEncoding("gbk");
    dbc.deletes1(stayid);
    %>
```

3) 流程图

流程图如图 14.75 所示。

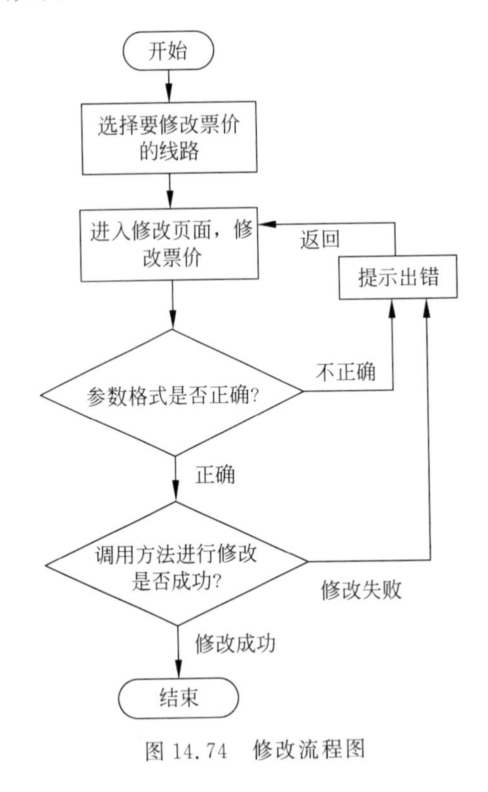

图 14.74　修改流程图

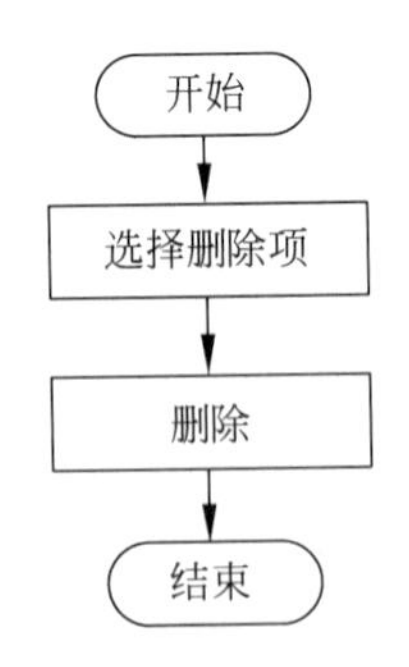

图 14.75　删除流程图

14.3.5　系统测试

黑盒测试倒车查询程序：

(1) 倒车查询所需参数及其说明如表 14.28 所示。

表 14.28　倒车查询参数说明表

编　号	参　数	说　明
1	qidian	起点
2	zhongdian	终点

(2) 划分等价类，如表 14.29 所示。

表 14.29　划分等价类表

输入数据	有效等价类	无效等价类
起点、终点	① 起点、终点存在于一条线路	④ 起点或终点为空
	② 起点、终点存在，并不在一条线路，倒车可到	⑤ 起点或终点不存在
	③ 起点、终点存在，倒车不可到	

(3) 为无效等价类设计测试用例，如表 14.30 所示。

表 14.30　无效等价类表

起点、终点	期望结果	测试范围
" "" "	输入无效	④
"吉林站"" "	输入无效	④
"不存在""吉林站"	输入无效	⑤
"不存在" "不存在"	输入无效	⑤
	输入无效	⑤

(4) 设计有效等价类需要的测试用例，如表 14.31 所示。

表 14.31　有效等价类表

起点、终点	期望结果	测试范围
"化工学院""江北站"	输入有效	①
"化工学院""吉林站"	输入有效	②
"吉林站""青海"	输入有效	③

14.4　基于 PHP 的物流管理系统

据调查，75%～85%的上网用户通过搜索引擎和商业网站寻找新客户。可见，搜索引擎的登录和商业网站的发布已经成为企业网站营利的手段。现在，互联网正在融入人们的生活，并影响和改变着人们的生活。网络提供给人们的不只是一个获取信息的来源，而且还是一个可以相互交流的空间。企业物流平台正是一个供客户与企业进行交流的网上虚拟空间，及时与客户进行沟通和交流对于企业来说是相当重要的。

14.4.1　需求分析

通过调查，要求系统具有以下功能：

(1) 通过网络，全面展示企业的形象。

(2) 全面介绍企业的服务项目。

(3) 发布企业的招聘信息、企业新闻等。

(4) 分公司及时填写分公司货物运营情况，并对分公司用户密码进行维护。

(5) 为客户提供在线查询运单信息及物品托运情况的功能。

(6) 通过后台对企业一系列新闻信息(公司简介、新闻信息、服务项目信息)进行管理。

(7) 通过后台，企业对客户运单信息进行全面管理。

(8) 通过后台，企业对分公司、分公司管理员信息进行管理。

(9) 管理企业的招聘信息。

(10) 由于操作人员的计算机知识普遍较差，要求网站有良好的操作界面。

(11) 当外界环境(停电、网络病毒)干扰本系统时，系统可以自动保护原始数据的安全。

(12) 退出系统。

企业物流平台是一个典型的数据库开发应用程序，由客户前台浏览和企业后台管理两大部分组成。

1. 前台功能模块

前台主要包括公司简介、物流服务、信息查询、新闻动态、招聘信息、联系我们、分公司登录入口、后台登录入口。

2. 后台管理模块

后台主要包括后台登录模块、初始化信息模块、公司简介管理模块、仓储服务管理模块、运输服务管理模块、配送服务管理模块、运单管理模块、新闻管理模块、招聘信息管理模块、分公司管理模块、联系我们、退出后台。

网站的前台系统功能结构如图 14.76 所示。

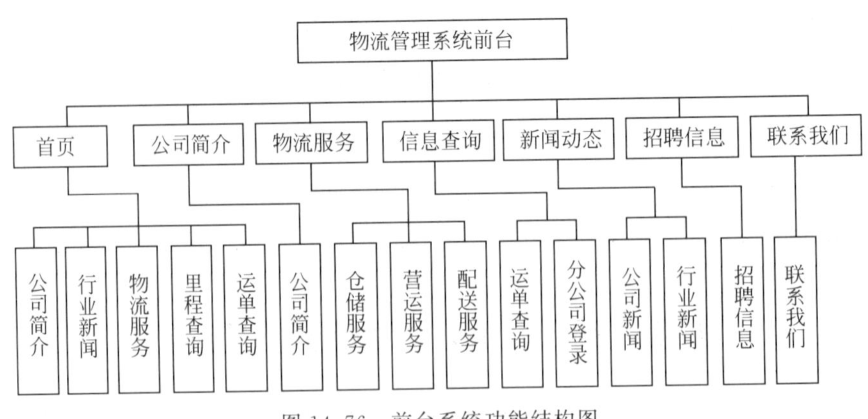

图 14.76 前台系统功能结构图

网站的后台系统功能结构如图 14.77 所示。

14.4.2 数据库设计

本系统数据库采用 SQL Server，系统数据库名称为 db。在数据库 db 中包含 7 个表，分别为管理员表(admin)，存储管理员的姓名、密码；分公司表(fgongsi)，记录所有分公司；分公司管理员表(fuser)，记录所有分公司的管理员；新闻表(new)，记录公司新闻和行业新闻；信息表(news)，记录公司各项信息；运单表(yundan)，记录物流运单信息；招聘表

(zhaopin)，用来记录要发布的招聘信息，总体框架如图 14.78 所示。

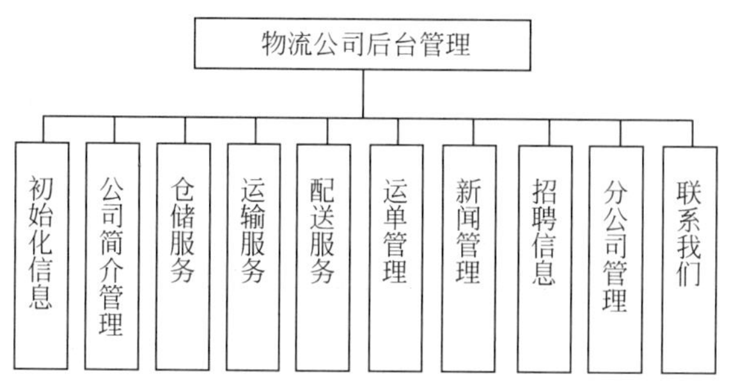

图 14.77 后台系统功能结构图

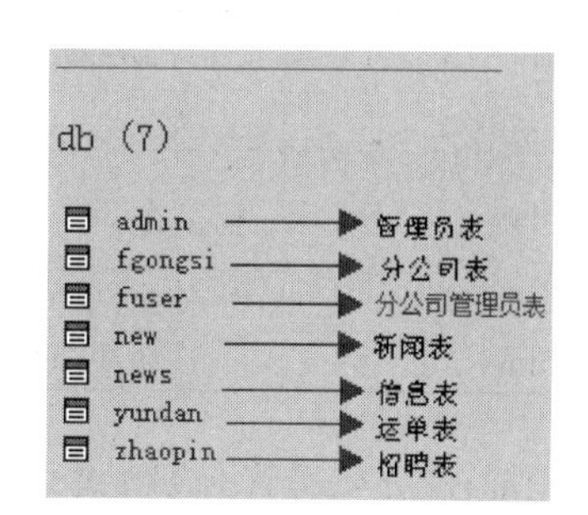

图 14.78 数据库总体框架图

new(新闻)表主要用于保存新闻信息，该表的结构如表 14.32 所示。

表 14.32 news 表的结构

字 段 名	数 据 类 型	长 度	主 键 否	描 述
id	自动编号		是	自动编号
lei	文本	50	否	新闻类别
title	文本	50	否	新闻标题
content	备注		否	新闻内容
time	日期/时间		否	新闻发布时间

news(信息)表主要用于保存各类信息内容，该表的结构如表 14.33 所示。

表 14.33 news 表的结构

字 段 名	数 据 类 型	长 度	主 键 否	描 述
id	自动编号		是	自动编号
title	文本	50	否	发布标题
content	备注		否	信息内容

yundan(运单)表主要用于保存运单信息，该表的结构如表 14.34 所示。

表 14.34 yundan 表的结构

字 段 名	数 据 类 型	长 度	主 键 否	描 述
id	自动编号		是	自动编号
nid	文本	50	否	运单编号
start	文本	50	否	寄件地点
mudidi	文本	50	否	目的地
ctime	文本	50	否	出发时间
qs	文本	50	否	签收人/未签收原因
qstime	文本	50	否	签收日期
zhuangtai	文本	50	否	派送状况
fgzhuangtai	文本	50	否	寄件地点
fg	文本	50	否	指定分公司派送

续表

字 段 名	数据类型	长　度	主 键 否	描　述
fgtime	文本	50	否	到达分公司时间
fgqs	文本	50	否	到达分公司的签收人/未签收原因
beizhu	备注		否	备注
time	日期/时间		否	审核日期

fuser(分公司管理员)表主要用于保存分公司管理员信息,该表的结构如表 14.35 所示。

表 14.35　fuser 表的结构

字 段 名	数据类型	长　度	主 键 否	描　述
id	自动编号		是	自动编号
username	文本	50	否	用户名
userpwd	文本	50	否	用户密码
fengongsi	文本	50	否	所属公司

admin(管理员)表主要用于保存管理员相关信息,该表的结构如表 14.36 所示。

表 14.36　admin 表的结构

字 段 名	数据类型	长　度	主 键 否	描　述
id	自动编号		是	自动编号
admin_name	文本	50	否	管理员名称
admin_pwd	文本	50	否	管理员密码
title	文本	50	否	系统名称

fgongsi(分公司)表主要用于保存分公司信息,该表的结构如表 14.37 所示。

表 14.37　fgongsi 表的结构

字 段 名	数据类型	长　度	主 键 否	描　述
id	自动编号		是	自动编号
fengongsi	文本	50	否	分公司名称

zhaopin(招聘)表主要用于保存相关招聘信息,该表的结构如表 14.38 所示。

表 14.38　zhaopin 表的结构

字 段 名	数据类型	长　度	主键否	描　述
id	自动编号		是	自动编号
content	备注	80	否	分公司名称
time	日期/时间		否	发布日期

14.4.3 模块功能设计与实现

1. 运单管理模块设计

运单管理模块主要包括运单查询、运单添加、运单修改和运单删除 4 个部分。

运单管理页面的设计效果如图 14.79 所示。

请输入您要查找的编号： 查找

添加 信息

运单编号	寄件地	目的地	寄件日期	签收人/未签收原因	签收时间	指派分公司	是否到达分公司	分公司签收人	分公司签收时间	流通状态	备注	管理	
												修改	删除
												修改	删除
												修改	删除
												修改	删除

共页 当前页： 上一页 下一页

图 14.79 运单管理页面的设计效果

1）运单查询

运单查询是指当用户/管理员输入正确的运单编号后，单击“查找”按钮，可以查询到运单详细信息。运单查询页面的设计效果如图 14.80 所示。

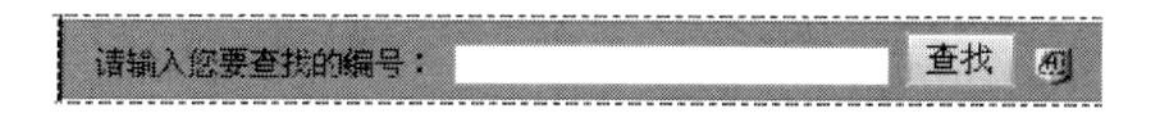

图 14.80 运单查询页面的设计效果

运单查询页面涉及的相关程序代码如下：

```
<?
session_start();
if ( $ _SESSION["admin_name"] == null){echo "您还没有登录,请< a href = ../../admin/index.php >
登录</a >";}
else
{
if ( $ del!= null)
{
require("../../conn/adminconn.php");
 $ mysql1 = "DELETE FROM 'yundan' WHERE 'id'  =   $ del";
    mysql_query( $ mysql1, $ conn);
  }
if ( $ pp!= null)
  {
     require("../../conn/adminconn.php");
      $ mysql = "SELECT  * FROM 'yundan' WHERE 'nid'  =   ' $ bianhao'";
      $ result = mysql_query( $ mysql, $ conn);
  }
else
  {
     require("../../conn/adminconn.php");
```

```
        $ mysql = "SELECT * FROM 'yundan' ORDER BY 'time' DESC";
        $ result = mysql_query( $ mysql, $ conn);
    }
```


在运单查询页面中对显示的所有运单信息进行分页显示，并对当前的页码进行统计。其涉及的相关程序代码如下：

```
<?
   $ num = mysql_num_rows( $ result);
   $ shum = 15;
   $ mp = ceil( $ num/ $ shum);
    if ( $ p == null)
   { $ rp = 1;}
   else
   {
   if( $ p <= 0){ $ rp = 1;}
   else
        {
         if( $ p >= $ mp){ $ rp = $ mp;}
         else
         { $ rp = $ p;} }}
if ( $ mp == 1)
     {
            for( $ i = 0; $ i < $ num; $ i++)
            {
              $ rs = mysql_fetch_array( $ result);
?>
<?
}
     mysql_close( $ conn);
           }
else
{
     if ( $ mp == 0){ echo "没有运单";}
else {
if( $ rp == 1) {
for( $ i = 0; $ i < 15; $ i++)
{
 $ rs = mysql_fetch_array( $ result);
?>
<?
   }
mysql_close( $ conn);
}
else
{
if(( $ num - ( $ rp - 1) * 15)> 15)
{
for( $ i = 0; $ i<(( $ rp - 1) * 15); $ i++){ $ rs = mysql_fetch_array( $ result);}
for( $ i = 0; $ i < 15; $ i++)
{
```

```
 $ rs = mysql_fetch_array( $ result);
?>
<?
}
mysql_close( $ conn);
}
else
{
for( $ i = 0; $ i<(( $ rp - 1) * 15); $ i++){ $ rs = mysql_fetch_array( $ result);}
for( $ i = 0; $ i<( $ num - ( $ rp - 1) * 15); $ i++)
{
 $ rs = mysql_fetch_array( $ result);
?>
<?
}
mysql_close( $ conn);}}}} ?>
```

运单查询页面的运行结果如图 14.81 所示。

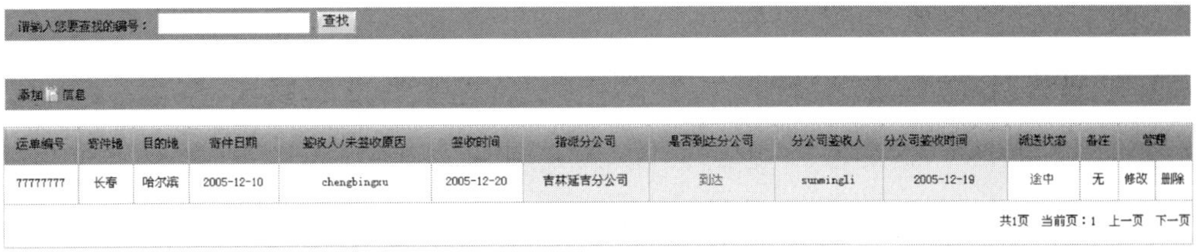

图 14.81　运单查询页面的运行结果

2）运单添加

运单添加主要用于管理员追加新运单信息。运单添加页面主要由两部分组成，即用于收集运单信息的前台表单部分和用于对数据库进行操作的后台处理部分。运单添加页面的设计效果如图 14.82 所示。

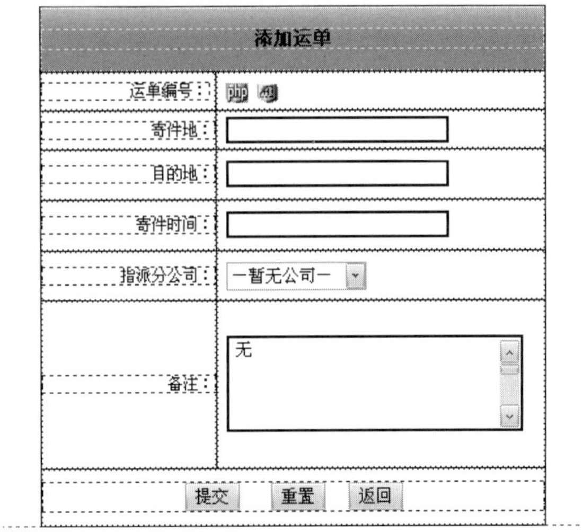

图 14.82　运单添加页面的设计效果

添加运单信息时所涉及的相关程序代码如下：

```
<?
session_start();
if ( $ _SESSION["admin_name"] == null){echo "您还没有登录,请< a href = ../index.php >登录
</a >";}
else
{
require("../../conn/adminconn.php");
 $ mysql2 = "SELECT * FROM 'yundan' WHERE 'time' LIKE 'NOW()'";
 $ result2 = mysql_query( $ mysql2, $ conn);
 $ num2 = mysql_num_rows( $ result2);
if (num2!= 0)
{
   $ t = date(Y) * 10000000 + date(m) * 100000 + date(d) * 1000 + num2 + 1;
}
else
{
   $ t = date(Y) * 10000000 + date(m) * 100000 + date(d) * 1000 + 1;
}
function writ( $ t, $ start, $ mudidi, $ ctime, $ fg, $ beizhu)
{
   if ( $ start!= null and  $ mudidi!= null and  $ ctime!= null and  $ beizhu!= null)
        {
         require("../../conn/adminconn.php");
          $ mysql = "INSERT INTO 'yundan' ('id', 'nid', 'start', 'mudidi', 'ctime', 'qs', 'qstime',
'zhuangtai', 'fgzhuangtai', 'fg', 'fgtime', 'fgqs', 'beizhu', 'time') VALUES (NULL, '$ t', '$ start
', '$ mudidi', '$ ctime', '', '', '途中', '途中', '$ fg', '', '', '$ beizhu', NOW())";
         mysql_query( $ mysql, $ conn);
         echo "< script language = javascript > alert('提交成功');location = 'yundanadd.php'
</script >";
       }
   else
       {
         echo "< script language = javascript > alert('请把信息填写完整');location =
'javascript:history.go( - 1)'</script >";
       }
}
if ( $ post!= null)
 {
    writ( $ t, $ start, $ mudidi, $ ctime, $ fg, $ beizhu);
 }
?>
```

3）运单修改

运单修改主要用于管理员修改运单信息。运单修改页面也是由两部分组成，即用于收

集运单信息的前台表单部分和用于对数据库进行操作的后台处理部分。运单修改页面的设计效果如图 14.83 所示。

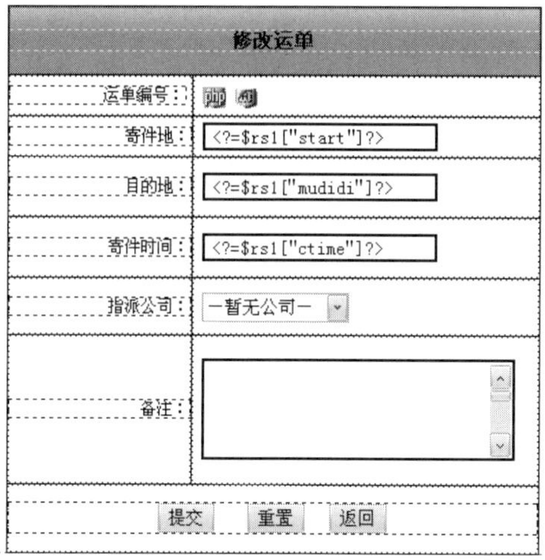

图 14.83　运单修改页面的设计效果

运单修改页面涉及的相关程序代码如下：

```
<?
session_start();
if ( $_SESSION["admin_name"] == null){echo "您还没有登录,请<a href = ../index.php>登录
</a>";}
else
{
require("../../conn/adminconn.php");
$mysql1 = "SELECT * FROM 'yundan' WHERE 'id' =  $id";
$result1 = mysql_query( $mysql1, $conn);
$rs1 = mysql_fetch_array( $result1);
function writ( $start, $mudidi, $ctime, $beizhu, $fg, $id)
{
  if ( $start!= null and $mudidi!= null and $ctime!= null and $beizhu!= null)
      {
        require("../../conn/adminconn.php");
         $mysql = "UPDATE 'yundan' SET 'start' = '$start', 'mudidi' = '$mudidi', 'ctime' =
'$ctime', 'fg' = '$fg', 'beizhu' = '$beizhu' WHERE 'id' =  $id";
        mysql_query( $mysql, $conn);
        echo "<script language = javascript>alert('提交成功')</script>";
      }
  else
      {
        echo "<script language = javascript>alert('请把信息填写完整');location =
'javascript:history.go( - 1)'</script>";
      }
}

if ( $post!= null)
```

```
    {
      writ( $ start, $ mudidi, $ ctime, $ beizhu, $ fg, $ id);
    }
?>
```


运单修改页面的运行结果如图 14.84 所示。

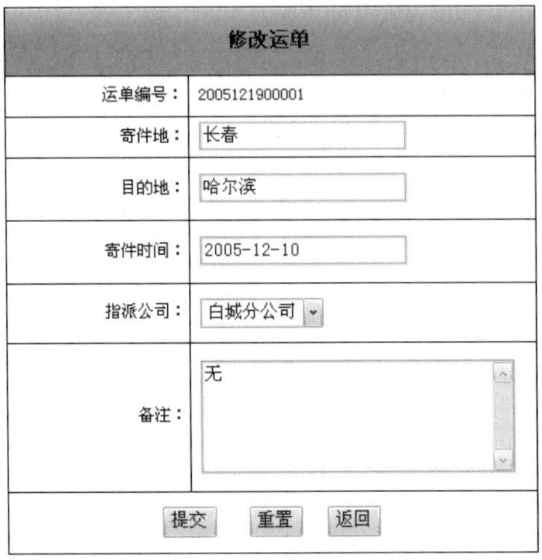

图 14.84　运单修改页面的运行结果

4）运单删除

运单删除主要用于管理员删除运单信息。在删除运单时将弹出提示框，提示是否确定删除所选运单，单击“确定”按钮，将删除已选定的运单。

运单删除页面涉及的程序代码如下：

```
<a href = "xinxi.php?del = <? = $ rs["id"]?> &p = <? = $ rp?>" onClick = "return confirm('你确定删除吗?')">删除</a>
```

2. 新闻管理模块设计

新闻管理模块主要包括新闻查询、新闻添加、新闻修改和新闻删除 4 个部分。

新闻管理页面的设计效果如图 14.85 所示。

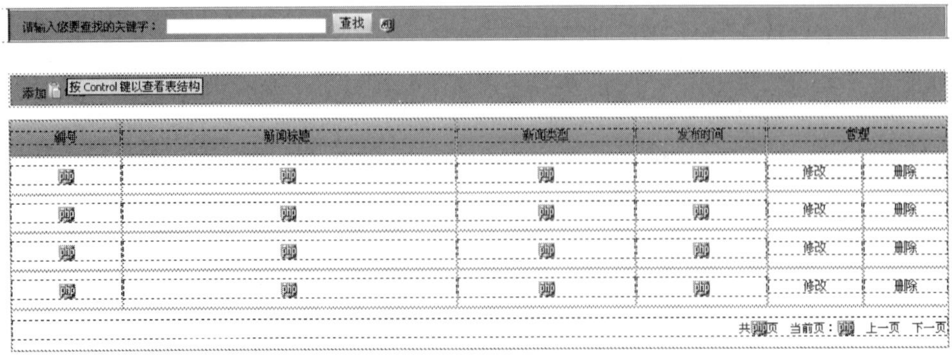

图 14.85　新闻管理页面的设计效果

新闻查询主要采用模糊查询,新闻查询页面涉及的程序代码如下:

```
<?
session_start();
if ( $ _SESSION["admin_name"] == null){echo "您还没有登录,请< a href = ../../admin/index.php >
登录</a >";}
else
{
if ( $ del!= null)
    {
        require("../../conn/adminconn.php");
         $ mysql1 = "DELETE FROM 'new' WHERE 'id' =  $ del";
        mysql_query( $ mysql1, $ conn);
    }
if ( $ pp!= null)
    {
        require("../../conn/adminconn.php");
         $ mysql = "SELECT * FROM 'new' WHERE 'title' LIKE '$ bianhao'";
         $ result = mysql_query( $ mysql, $ conn);
    }
else
    {
        require("../../conn/adminconn.php");
         $ mysql = "SELECT * FROM 'new' ORDER BY 'time' DESC";
         $ result = mysql_query( $ mysql, $ conn);
    }
?>
```

新闻查询模块主要通过新闻标题进行模糊查询,新闻查询页面的运行结果如图 14.86 所示。

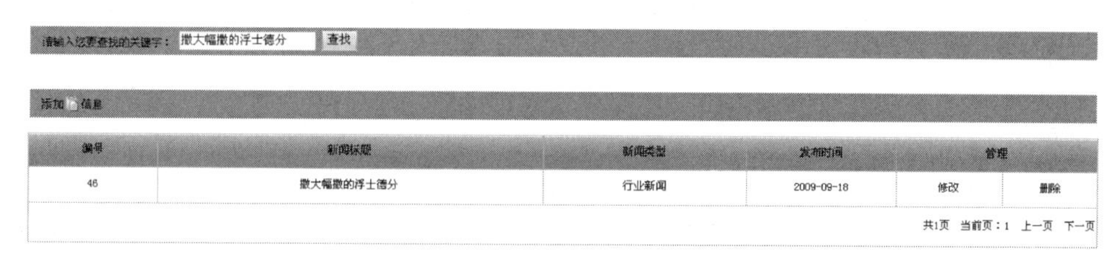

图 14.86　新闻查询页面的运行结果

3. 分公司管理模块设计

分公司管理模块主要包括分公司添加、分公司修改、分公司删除,以及分公司管理员添加、分公司管理员修改、分公司管理员删除、分公司管理员显示 7 个部分。

分公司管理页面的设计效果如图 14.87 所示。

其主要包括分公司管理模块、分公司管理员模块两大部分。其中,分公司管理模块包括分公司添加、分公司修改、分公司删除;分公司管理员模块包括分公司管理员添加、分公司管理员修改、分公司管理员删除、分公司管理员显示。分公司管理模块、分公司管理员模块

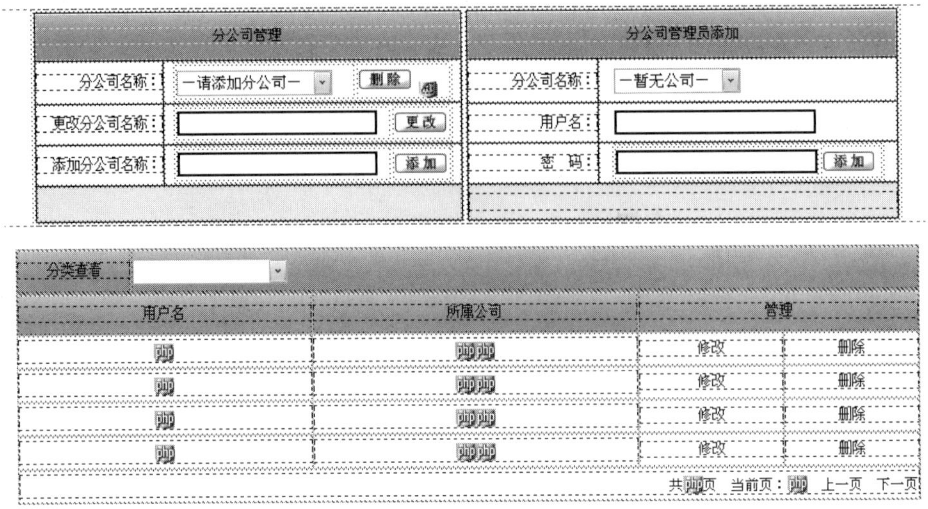

图 14.87　分公司管理页面的设计效果

所涉及的程序代码如下：

```
<?
session_start();
if ( $ _SESSION["admin_name"] == null){echo "您还没有登录,请<a href = ../index.php>登录
</a>";}
else
{
switch( $ _POST['options'])
{
case "tname":
                {
                    if ( $ tname == null)
                        {
                        echo "< script language = javascript > alert('请把信息填写完整');location
 = 'javascript:history.go( - 1)'</script >";
                        }
                        else
                        {
                         require("../../conn/adminconn.php");
                          $ mysql = "INSERT INTO 'fgongsi' ('id', 'fengongsi') VALUES (NULL, '$ tname');";
                         mysql_query( $ mysql, $ conn);
                         echo "< script language = javascript > alert('添加成功!');location =
'fgongsi.php'</script >";
                          }
                   }
                   break;
case "gname":
                   {
                     if ( $ gname == null)
                          {
                           echo "< script language = javascript > alert('请把信息填写完整');
```

```
location = 'javascript:history.go( - 1)'</script >";
                        }
                        else
                        {
                          require("../../conn/adminconn.php");
                          $ mysql = "UPDATE 'fgongsi' SET 'fengongsi' = '$ gname' WHERE 'id' =
$ select1";
                          mysql_query( $ mysql, $ conn);
                          echo "< script language = javascript > alert('修改成功!');location =
'fgongsi.php'</script >";
                         }
                  }
                  break;
  case "del":
                   {
                     require("../../conn/adminconn.php");
                      $ mysql = "DELETE FROM 'fgongsi' WHERE 'id' =  $ select1";
                      $ mysql1 = "DELETE FROM 'fuser' WHERE 'fengongsi' = '$ gongsi'";
                       mysql_query( $ mysql, $ conn);
                       mysql_query( $ mysql1, $ conn);
                       echo "< script language = javascript > alert('删除成功');location =
'fgongsi.php'</script >";

                     }
                     break;
  case "user":
                     {
                       if ( $ username!= null and $ userpwd!= null)
                           {
                             require("../../conn/adminconn.php");
                              $ mysql = "SELECT * FROM 'fuser' WHERE 'username' = '$ username'";
                              $ result = mysql_query( $ mysql, $ conn);
                              $ num = mysql_num_rows( $ result);
                             if ( $ num!= null)
                                 {
                                   echo "< script language = javascript > alert('用户名已经存在!');
location = 'javascript:history.go( - 1)'</script >";
                                 }
                              else
                                 {
                                   require("../../conn/adminconn.php");
                                    $ mysql = "INSERT INTO 'fuser' ('id', 'username', 'userpwd',
'fengongsi') VALUES (NULL, '$ username', '$ userpwd', '$ gongsi')";
                                   mysql_query( $ mysql, $ conn);
                                   echo "< script language = javascript > alert('添加成功!');
location = 'fgongsi.php'</script >";
                                  }
                           }
                        else
                            {
                              echo "< script language = javascript > alert('请把信息填写完整');
```

```
location = 'javascript:history.go( - 1)'</script >";
                                        }
                               }
                               break;
        }
        ?>
        <? } ?>
```

分公司管理员修改页面主要用于修改管理员密码、管理员所在分公司，在对管理员进行修改时用户名不可以进行修改。分公司管理员修改页面的设计效果如图 14.88 所示。

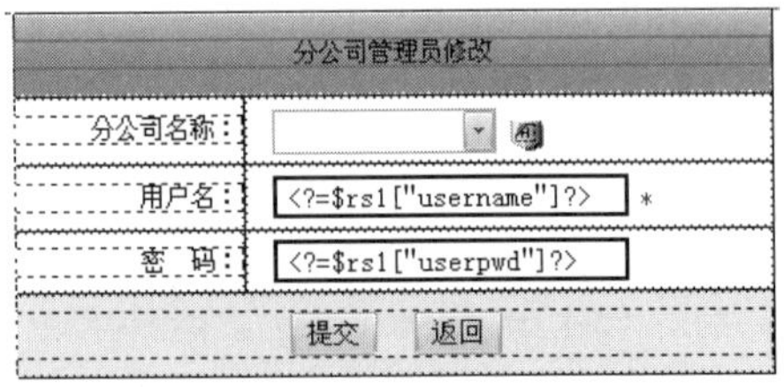

图 14.88　分公司管理员修改页面的设计效果

将用户名文本框的 readonly 属性设为 true，此时的文本框是不可编辑的。管理员修改涉及的相关程序代码如下：

```
<?
session_start();
if ( $ _SESSION["admin_name"] == null){echo "您还没有登录,请< a href = ../index.php >登录
</a >";}
else
{
if ( $ post!= null)
   {
    require("../../conn/adminconn.php");
    $ mysql2 = "UPDATE 'fuser' SET 'username' = ' $ username','userpwd' = ' $ userpwd','fengongsi'
 = ' $ gongsi' WHERE 'id' = $ id";
    mysql_query( $ mysql2, $ conn);
    echo "< script language = javascript > alert('修改成功');location = 'fgongsi.php'</script >";
   }
require("../../conn/adminconn.php");
 $ mysql1 = "SELECT * FROM 'fuser' WHERE 'id' =  $ id";
 $ result1 = mysql_query( $ mysql1, $ conn);
 $ rs1 = mysql_fetch_array( $ result1);
?>
```

通过下拉列表选择所要查看的各分公司的用户详细信息，分类查看页面的设计效果如图 14.89 所示。

在下拉列表中选择所要查看的公司名称后可以查看相应公司下的所有用户的详细信息。分类查看用户信息所涉及的程序代码如下：

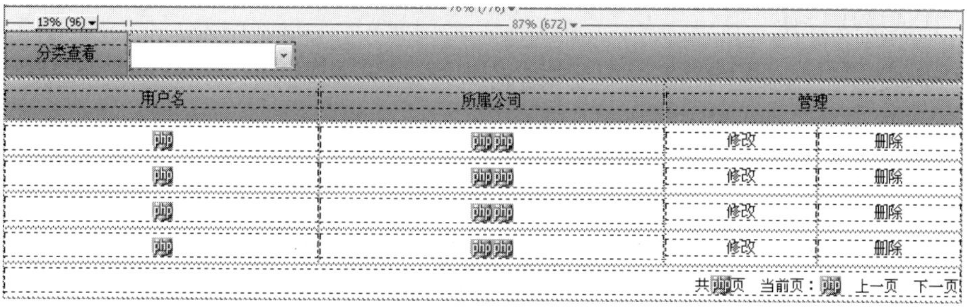

图 14.89　分类查看页面的设计效果

```
<?
        require("../../conn/adminconn.php");
         $mysql = "SELECT * FROM 'fgongsi'";
         $result = mysql_query($mysql, $conn);
         $num = mysql_num_rows($result);

      if ($num == 0)
      {
      ?>
            <option selected> - 请添加分公司 - </option>
            <?
              }
              else
              {
              echo "<option value = fgongsi.php> ------ 显示全部分公司 ------ </option>";
            ?>
   <?

     for($i = 0; $i < $num; $i++)
     {
         $rs = mysql_fetch_array($result);
         if ($fenlei == $rs["id"])
         {
   ?>

            <option value = fgongsi.php?fenlei = <? = $rs["id"]?> selected><? =
$rs["fengongsi"]?></option>
            <?
              }
              else
              {
            ?>
            <option
value = fgongsi.php?fenlei = <? = $rs["id"]?>><? = $rs["fengongsi"]?></option>
        <? }}} ?>
```

4. 其他模块设计

网站首页为 index. php，具体设计结构如图 14.90 所示。

图 14.90　首页结构设计

后台登录网页文件为 admin 下的 index. php，具体设计结构如图 14.91 所示。

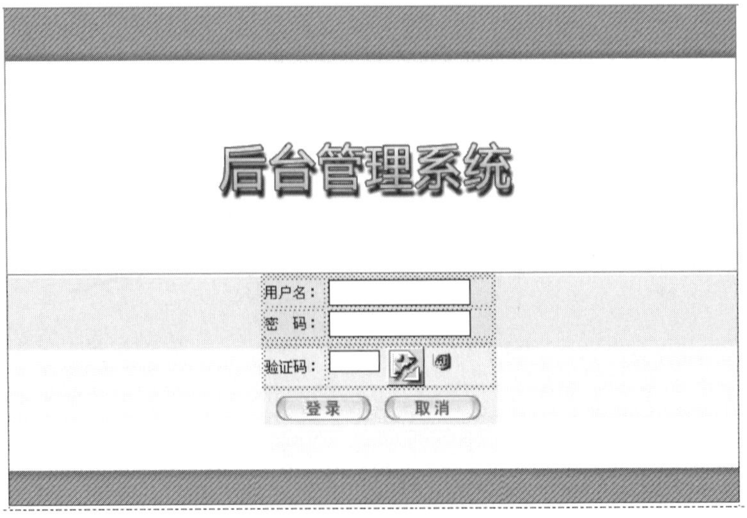

图 14.91　后台登录页面结构设计

新闻显示页面为 news. php,具体结构如图 14.92 所示。

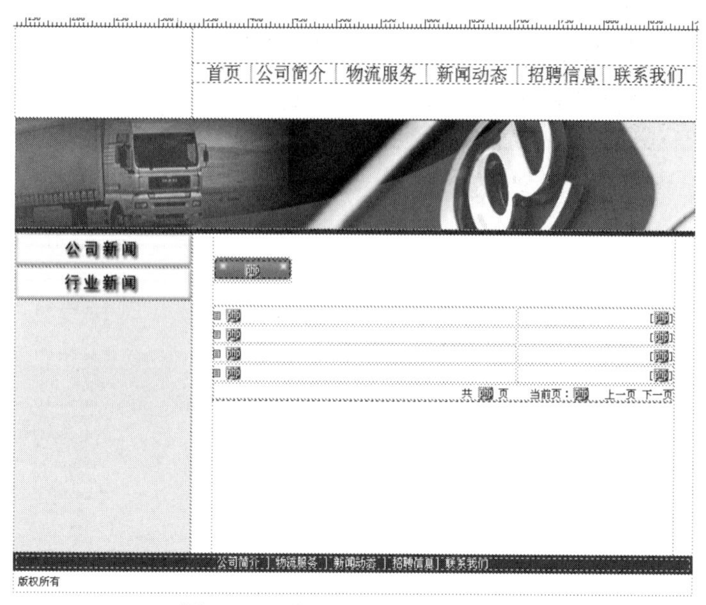

图 14.92　新闻显示页面结构设计

14.4.4　系统测试

物流管理系统主要分前台用户界面和后台管理界面两个主要界面,以及与这两个功能相关的其他子界面,图 14.93 是首页成功运行后的效果图,图 14.94 是首页中新闻显示页面的效果图,图 14.95 是后台成功登录的效果图,图 14.96 是后台分公司管理界面效果图。

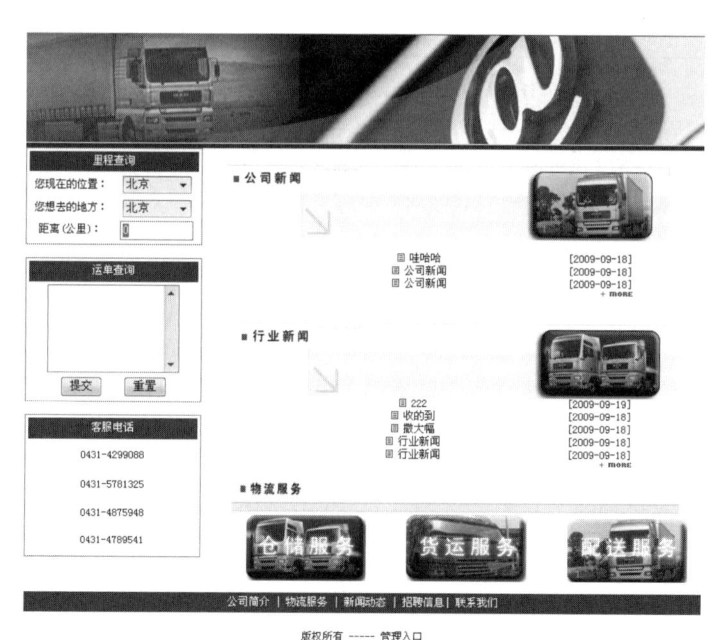

图 14.93　首页运行效果图

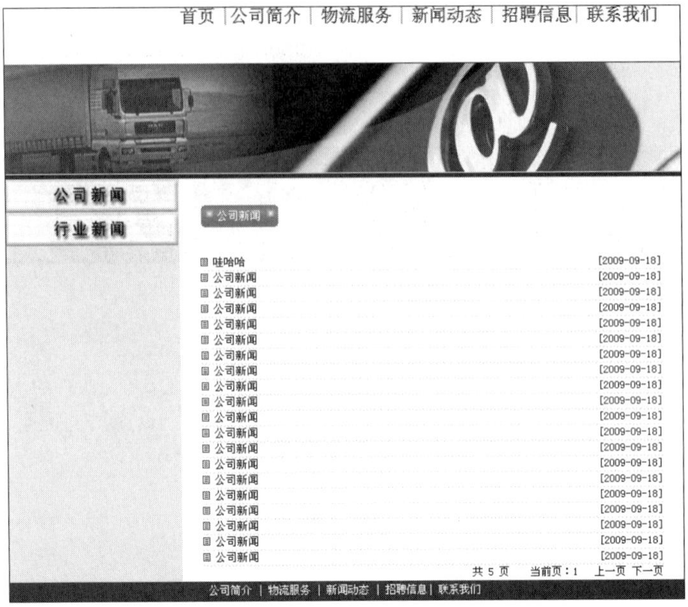

首页 | 公司简介 | 物流服务 | 新闻动态 | 招聘信息 | 联系我们

公司新闻

行业新闻

公司新闻

哇哈哈	[2009-09-18]
公司新闻	[2009-09-18]
公司新闻	[2009-09-18]
公司新闻	[2009-09-18]
公司新闻	[2009-09-18]
公司新闻	[2009-09-18]
公司新闻	[2009-09-18]
公司新闻	[2009-09-18]
公司新闻	[2009-09-18]
公司新闻	[2009-09-18]
公司新闻	[2009-09-18]
公司新闻	[2009-09-18]
公司新闻	[2009-09-18]
公司新闻	[2009-09-18]
公司新闻	[2009-09-18]
公司新闻	[2009-09-18]
公司新闻	[2009-09-18]
公司新闻	[2009-09-18]
公司新闻	[2009-09-18]
公司新闻	[2009-09-18]

共 5 页　当前页：1　上一页 下一页

公司简介 | 物流服务 | 新闻动态 | 招聘信息 | 联系我们

图 14.94　新闻显示页面效果图

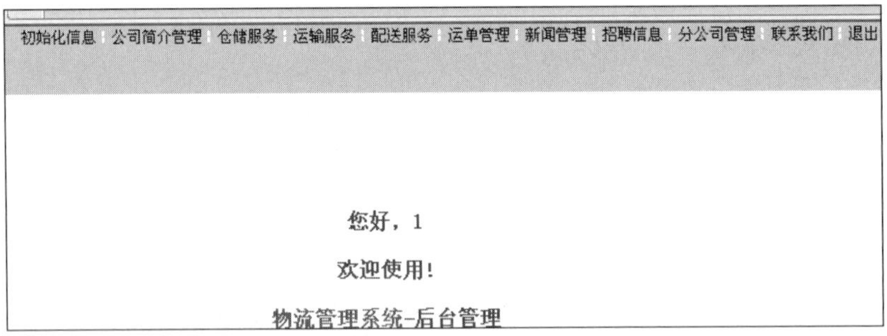

初始化信息 | 公司简介管理 | 仓储服务 | 运输服务 | 配送服务 | 运单管理 | 新闻管理 | 招聘信息 | 分公司管理 | 联系我们 | 退出

您好，1

欢迎使用!

物流管理系统-后台管理

图 14.95　后台成功登录的效果图

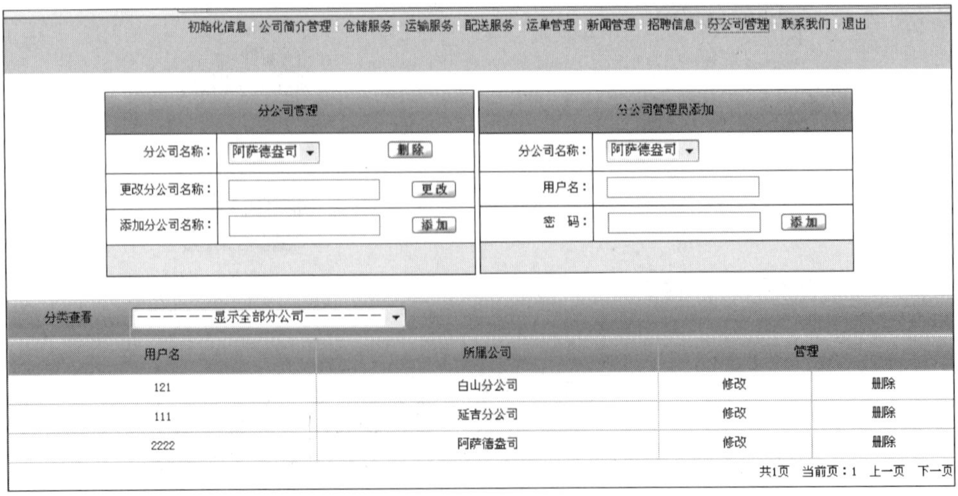

初始化信息 | 公司简介管理 | 仓储服务 | 运输服务 | 配送服务 | 运单管理 | 新闻管理 | 招聘信息 | 分公司管理 | 联系我们 | 退出

分公司管理

分公司名称：阿萨德盎司　删除

更改分公司名称：　更改

添加分公司名称：　添加

分公司管理员添加

分公司名称：阿萨德盎司

用户名：

密　码：　添加

分类查看　------显示全部分公司------

用户名	所属公司	管理	
121	白山分公司	修改	删除
111	延吉分公司	修改	删除
2222	阿萨德盎司	修改	删除

共1页　当前页：1　上一页　下一页

图 14.96　分公司管理界面效果图

14.5 使用 Python 访问 SQL Server 数据库

使用 Python 访问 SQL Server 数据库主要有 3 种方式，一种是通过 pyodbc(可访问所有类型的关系数据库)；一种是通过 pymssql 模块访问，它是基于_mssql 模块的封装；另一种是直接使用_mssql 模块访问。

使用 Python 访问数据库 SQL Server 需要启动 TCP/IP 协议，具体操作如图 14.97 所示。

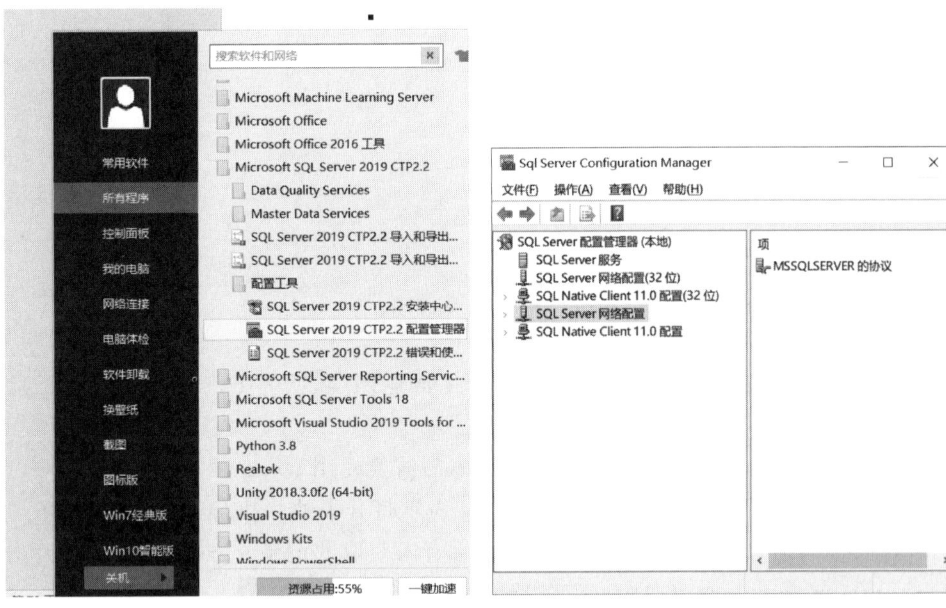

(a) 启动SQL Server 2019配置管理器

(b) 选中SQL Server网络配置

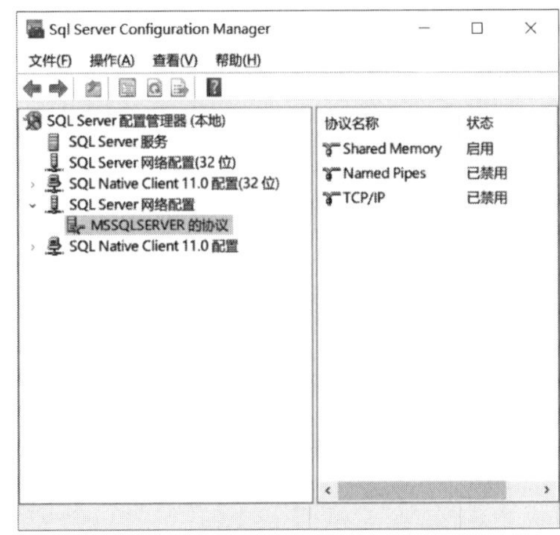

(c) 双击(b)图中的“MSSQLSERVER的协议”

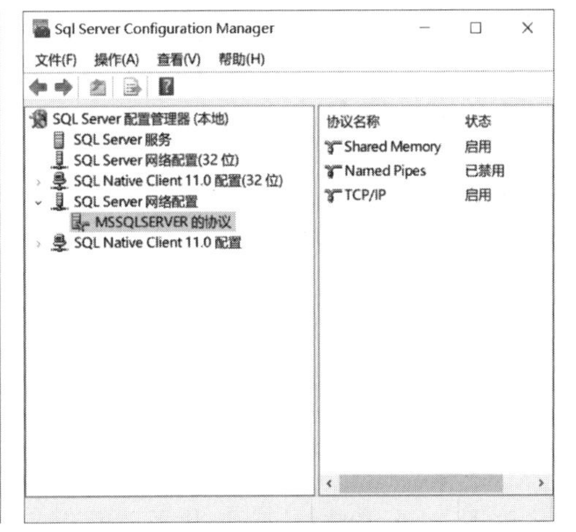

(d) 右击启动右侧的TCP/IP

图 14.97 打开 SQL Server 2019 的 TCP/IP 协议

访问需要的 pymssql 模块，在只安装 Python 3.7 后并不能被下载。这个时候需要启动

cmd 命令窗口，执行 pip install python 进行安装，如果没有，在提示下下载安装即可。目前，较好的办法是在安装好 SQL Server 2019 后下载 Visual Studio 2019（简称 VS2019）并安装所有组件（企业版即可），安装 VS2019 会自动安装 Python 3.7。单独启动 Python 3.7 的 IDLE，新建文件，并保存为 *.py 类型。用户可以在 IDLE 的文件窗口中执行（RUN）编辑好的 Python 代码，或者在 VS2019 中打开保存的 *.py 文件进行编辑、执行和修改，最终实现 Python 对数据库的修改和访问。

14.5.1 使用 pymssql 连接 SQL Server 数据库并实现数据库基本操作

1. 基本操作

（1）导入 pymssql 库。

（2）建立连接 conn。

其常用参数如下。

- host：主机。
- user：用户名。
- password：密码。
- database：数据库。
- charset：字符集。
- as_dict：查询结果列表中的元素是否以字典返回（默认为 False，列表中的元素为元组）。
- autocommit：自动提交事务（默认为 False，需要使用 commit()提交事务）。

（3）通过 conn 打开游标 cursor（返回 None 表示打开失败），执行 SQL 语句。

（4）获取查询结果，cursor.fetchall()获取所有未获取的记录，cursor.fetchone()获取第一条记录，cursor.fetchmany(*i*)获取前 *i* 条记录。

（5）在进行 INSERT、UPDATE、DELETE 操作后，需要用 conn.commit()提交事务，保存操作。

（6）操作结束，用 conn.close()关闭数据库连接。

示例代码如下：

```
import pymssql
host = "连接服务器地址"
user = "连接账号"
password = "连接密码"
database = "连接默认数据库名称"
conn = pymssql.connect(host,user,password,database)
cursor = conn.cursor()
#建表#
cursor.execute("""
IF OBJECT_ID('student', 'U') IS NOT NULL
      DROP TABLE student
CREATE TABLE student (
      id int NOT NULL PRIMARY KEY,
      name varchar(100)
)
```

```
""")
#插入多条数据#
cursor.executemany(
    "INSERT INTO student VALUES ( %d, %s)",[(1, 'x1'),(2, 'x2'),(3, 'x3')])
    #必须调用commit()来保持数据的提交与执行,或者将自动提交设置为True#
conn.commit()

#查询数据#
cursor.execute('SELECT * FROM student WHERE name = %s', 'x2')
#对查询数据进行遍历访问(存放到元组中),方式1#
row = cursor.fetchone()
while row:
   print("ID = %d, Name = %s" % (row[0], row[1]))
   row = cursor.fetchone()
#遍历数据(存放到元组中),方式2#
# for row in cursor:
print('row = %r' % (row,))
#遍历数据(存放到字典中)#
cursor = conn.cursor(as_dict = True)
cursor.execute('SELECT * FROM student WHERE name = %s', 'x1')
for row in cursor:
    print("ID = %d, Name = %s" % (row['id'], row['name']))
conn.close()
```

注意：任何时候，在一个连接下，一个正在执行的数据库操作只会出现一个cursor对象。

2. 使用with避免手动关闭cursor和connection连接

1）引入pymssql

```
import pymssql
```

2）设置连接服务

```
server = "连接服务器地址"
user = "连接账号"
password = "连接密码"
```

3）利用with直接访问数据

```
with pymssql.connect(server, user, password, "你的连接默认数据库名称") as conn:
    with conn.cursor(as_dict = True) as cursor: #数据存放到字典中
        cursor.execute('SELECT * FROM student WHERE name = %s', 'x1')
        for row in cursor:
            print("ID = %d, Name = %s" % (row['id'], row['name']))
```

3. 调用存储过程

关键示例代码如下：

```
with pymssql.connect(server, user, password, "TestDB") as conn:
    with conn.cursor(as_dict = True) as cursor:
        cursor.execute("""
```

```
    CREATE PROCEDURE FindStu
      @name varchar(100)
    AS BEGIN
      SELECT * FROM student WHERE name = @name
    END
    """)
cursor.callproc('FindStu', ('x1',))
for row in cursor:
    print("ID = %d, Name = %s" % (row['id'], row['name']))?
```


14.5.2 使用_mssql 连接 SQL Server 数据库并实现操作

示例代码如下：

```
import _mssql
#创建连接
conn = _mssql.connect(server = '.', user = 'sa', password = 'huyanju', database = 'TestDB')
print(conn.timeout)
print(conn.login_timeout)

#创建表
conn.execute_non_query('CREATE TABLE student2(id int, name varchar(100))')
#插入数据
conn.execute_non_query("INSERT INTO student2 VALUES(1, 'x1')")
conn.execute_non_query("INSERT INTO student2 VALUES(2, 'x2')")
#查询操作
conn.execute_query('SELECT * FROM student2 WHERE name = %s', 'x1')
for row in conn:
    print "ID = %d, Name = %s" % (row['id'], row['name'])
#查询数量
numemployees = conn.execute_scalar("SELECT COUNT(*) FROM student2")
#查询一条数据
employeedata = conn.execute_row("SELECT * FROM student2 WHERE id = %d", 1)
#带参数查询的几个例子
conn.execute_query('SELECT * FROM student2 WHERE id = %d', 1)
conn.execute_query('SELECT * FROM student2 WHERE name = %s', 'x1')
conn.execute_query('SELECT * FROM student2 WHERE id IN (%s)', ((1, 2),))
conn.execute_query('SELECT * FROM student2 WHERE name LIKE %s', 'x%')
conn.execute_query('SELECT * FROM student2 WHERE name = %(name)s AND id = %(ID)s', { 'name':
'x1', 'id': 1 } )
conn.execute_query('SELECT * FROM student2 WHERE name = %s AND id IN (%s)', ('x1', (1, 2, 3)))
conn.execute_query('SELECT * FROM student2 WHERE id IN (%s)', (tuple(xrange(4)),))
conn.execute_query('SELECT * FROM student2 WHERE id IN (%s)', (tuple([3, 5, 7, 11]),))
#关闭连接
conn.close()
```

小　　结

数据访问技术的发展由嵌入式 SQL 语言开始，Microsoft 公司的数据访问技术历经 ODBC、DAO、RDO、JDBC、OLEDB、ADO 和 ADO.NET 技术，而 JDBC 是 Java 技术的数据访问技术，它封装了 ODBC。近年来 Microsoft 公司将大数据、网络云、人工智能、Python 等融合进自己的技术，Python 访问数据库可以通过 pyodbc，专门访问 SQL Server 数据库主要使用封装了_mssql 模块的 pymssql 模块，或者直接使用_mssql 模块访问 SQL Server 数据库。在 SQL Server 数据库中有可以存储大数据的 Python 数据库，二者的数据可以互相导入和导出。

基于 C# 的高校人事管理信息系统采用 C# 语言和 SQL Server 数据库开发，实现了职工数据录入、查找、修改、统计、打印以及系统维护的功能。该系统是典型的 C/S 架构的模式，全面、完整、便捷且功能强大。

基于 Java 的公交网站是采用 Java、HTML 和 JavaScript 语言，JSP、Servlet 和 JavaBean 技术以及 SQL Server 数据库开发而成。该系统充分体现了 Java 的跨平台的便利，并且由于前台页面采用 Web 的形式，更加容易让人接受。该系统实现了某城市公交网站用户站点查询和线路查询的详细功能，以及管理员的复杂数据管理功能。

基于 PHP 的物流管理系统采用的是目前比较流行的 PHP 技术，Dreamweaver 8.0 作为前台界面开发环境，SQL Server 作为后台数据库，该系统实现了运单管理模块、新闻管理模块和分公司管理模块等功能。

参考文献

[1] 郭道扬. 会计史研究[M]. 北京：中国财政经济出版社，2008.

[2] 虞益诚，孙莉. SQL Server 2000 数据库应用技术[M]. 北京：中国铁道出版社，2006.

[3] 王珊，萨师煊. 数据库系统概率[M]. 4 版. 北京：高等教育出版社，2006.

[4] 赵杰，等. 数据库原理及应用(SQL Server)[M]. 北京：人民邮电出版社，2006.

[5] 常本勤，徐洁磐. 数据库技术原理与应用教程[M]. 北京：机械工业出版社，2009.

[6] 刘智勇，刘径舟. SQL Server 2008 宝典(电子书)[M]. 北京：电子工业出版社，2011.

[7] 姚世军. Oracle 数据库原理及应用[M]. 北京：中国铁道出版社，2011.

[8] 贺特克. SQL Server 2008 从入门到精通[M]. 潘玉琪，译. 北京：清华大学出版社，2011.

[9] 闵娅萍. 从 ODBC 到 ADO. NET[J]. 福建电脑，2004(10)：46-48.

[10] David Sceppa. ADO. NET 技术内幕[M]. 北京：清华大学出版社，2003.

[11] 李芝兴. Java 程序设计之网络编程[M]. 北京：清华大学出版社，2006.

[12] Barbara Liskov, John Guttag. Program Development in Java [M]. New York: Transaction Publishers, 2007.

[13] Stacia Varga, Denny Cherry, Joseph D'Antoni. Introducing Microsoft SQL Server 2016 Mission-Critical Applications, Deeper Insights, Hyperscale Cloud [M]. Washington: Microsoft Press, 2016.

[14] https://docs. microsoft. com/zh-cn/sql/sql-server/sql-server-ver15-release-notes? view = sqlallproducts-allversions&viewFallbackFrom=sql-server-2017[EB/OL].

图书资源支持

感谢您一直以来对清华版图书的支持和爱护。为了配合本书的使用，本书提供配套的资源，有需求的读者请扫描下方的"书圈"微信公众号二维码，在图书专区下载，也可以拨打电话或发送电子邮件咨询。

如果您在使用本书的过程中遇到了什么问题，或者有相关图书出版计划，也请您发邮件告诉我们，以便我们更好地为您服务。

我们的联系方式：

地　　址：北京市海淀区双清路学研大厦 A 座 714

邮　　编：100084

电　　话：010-83470236　010-83470237

客服邮箱：2301891038@qq.com

QQ：2301891038（请写明您的单位和姓名）

资源下载：关注公众号"书圈"下载配套资源。

资源下载、样书申请

书圈

图书案例

清华计算机学堂

观看课程直播